BASTEI LÜBBE

Über die Autoren:

Robin Baker hat viele Jahre als Evolutionsbiologe an der Universität von Manchester geforscht und gelehrt. Seit 1996 widmet er sich ganz dem Schreiben. Er hat mehrere sehr erfolgreiche Bücher geschrieben, als letztes den internationalen Bestseller *Krieg der Spermiem,* der als Bastei Lübbe Taschenbuch Band 60465 vorliegt.
Elizabeth Oram war Mitarbeiterin von Robin Baker an der Universität von Manchester. Sie hat viele wissenschaftliche Artikel und fünf Kinderbücher verfaßt.
Robin Baker und **Elizabeth Oram** leben zusammen in Manchester und haben zwei Kinder.

Robin Baker
Elizabeth Oram

Baby Wars

Eltern, Kinder, Streitigkeiten – wie die Gene unser Familienleben tyrannisieren

Aus dem Englischen von
Friedrich Griese

BASTEI
LÜBBE

BASTEI LÜBBE TASCHENBUCH
Band 60487

Erste Auflage: Dezember 2000

Vollständige Taschenbuchausgabe

Bastei Lübbe Taschenbücher ist ein Imprint
der Verlagsgruppe Lübbe

Titel der englischen Originalausgabe:
Baby Wars: Parenthood and Family Strife
Originalverlag: Fourth Estate, London

Titel der deutschen Hardcoverausgabe:
Baby Wars: Fortpflanzungswettbewerb und Familienstrategien
Lizenzausgabe: Verlagsgruppe Lübbe GmbH & Co. KG,
Bergisch Gladbach
Umschlaggestaltung: ZERO, München//TB: Manfred Peters
Titelillustrationen: Arthothek und Tony Stone Images
Satz: Textverarbeitung Garbe, Köln
Druck und Verarbeitung: Elsnerdruck, Berlin
Printed in Germany
ISBN 3-404-60487-3

Sie finden uns im Internet unter
http://www.luebbe.de

Der Preis dieses Bandes versteht sich einschließlich
der gesetzlichen Mehrwertsteuer.

Für
Nat und Mimi

INHALT

DANKSAGUNG

Dieses Buch setzt sich aus Szenen zusammen, die Aspekte der Elternschaft und des Familienlebens schildern. Jeweils anschließend wird das Verhalten der Hauptbeteiligten mit dem Ziel erörtert, die vielen interessanten Thesen, die in den letzten Jahren von der Evolutionsbiologie entwickelt wurden, zu beleuchten, und zwar so, daß es auch Laien verstehen. Ohne die bahnbrechende Arbeit vieler Wissenschaftlerinnen und Wissenschaftler hätte dieses Buch nicht geschrieben werden können. Dennoch haben wir uns dagegen entschieden, die Seiten mit Fußnoten und Literaturhinweisen zu füllen. Unser Hauptdank gilt daher all den Ungenannten, die durch ihre Forschungen oder Erkenntnisse zu den Ideen und Geschichten in diesem Band beigetragen haben. Wer das Thema vertiefen möchte, findet am Ende des Buches weiterführende Literatur; wir haben, soweit wie möglich, leicht zugängliche Bücher gewählt und keine wissenschaftlichen Forschungsberichte oder ähnliches.

Mit Dank erwähnen wir die Unterstützung, die wir seit den ersten Stadien der Planung von unserem Verlag erhielten. Christopher Potter von Fourth Estate, britischer Verlag des Jahres 1996, war dem Projekt von Anfang an gewogen und unterstützte uns während der langen Zeit des Recherchierens und Schreibens. Auch Laura Susuijn hat uns wichtige Anstöße gegeben und nach dem Wechsel zu unseren Agenten Sheil Land Associates weiterhin mit Rat und Ermutigung beigestanden.

Schließlich möchte ich, Robin Baker, der School of Biological Sciences der Universität Manchester danken, die Ende September 1996 in Rekordzeit mein Gesuch um Frühpensionierung zum 1. Oktober desselben Jahres akzeptierte. So konnte ich mich ganz meiner Schriftstellertätigkeit widmen. Mein Ausscheiden aus der Universität wurde möglich durch den persönlichen Einsatz mehrerer Personen, darunter vor allem Dr. Ron Butler. Besonders erwähnen möchte ich auch Chris Bainbridge und Charlie Nicholls, die den zweifelhaften Vorzug genießen, meine letzten Doktoranden und Forschungsassistenten zu sein; sie fanden sich nicht nur großmütig mit meinem plötzlichen Verschwinden ab, das für sie eine verkürzte Betreuung bedeutete, sondern leiteten obendrein zum größten Teil die Beaufsichtigung der studentischen Forschungsprojekte, für die ich weiterhin verantwortlich blieb.

Wir danken ihnen allen. Ohne ihre Hilfe wäre dieses Buch erst viele Monate später erschienen.

EINLEITUNG

Elternschaft und Familienleben betreffen jeden. Außerdem erleben die meisten beide Seiten dieser Erfahrung, zuerst als Kinder und dann, zwanzig bis dreißig Jahre später, ihrerseits als Eltern. Viele erinnern sich gern an das Familienleben, und viele vergessen ihre Erinnerungen an die Kindheit lieber. Kinder und Eltern haben es nicht leicht, und selbst in den friedlichsten Familien machen sich die Belastungen des Alltags bisweilen bemerkbar. Für manche ist das Familienleben sogar ein ständiger Kampf. In allen Familien sind Kinder mehr oder weniger gleichbedeutend mit Auseinandersetzungen.

Wenn es in der Familie zu Streit kommt, neigen viele dazu, sich selbst die Schuld daran zu geben – oder ihrem Partner, ihren Eltern oder Großeltern – und Unzulänglichkeit dahinter zu vermuten. Doch wie dieses Buch zeigen soll, sind Konflikte eine normale, unvermeidliche und wichtige Begleiterscheinung von Elternschaft und Familienleben: Ohne Konflikte würden die meisten weniger von dieser Erfahrung haben. Dieses Paradox ist eines der Hauptthemen des Buches.

In *Baby Wars* wird – wie schon in *Krieg der Spermien*, wo es um das Sexualverhalten ging – jedes Thema zunächst in einer kurzen Szene im Stil einer fiktiven Fallstudie anschaulich dargestellt. Wir sehen jeweils unter einem bestimmten Aspekt, wie Menschen eine Phase der Kindheit oder des Erwachsenenlebens erfahren; daran schließt sich eine Interpretation des Verhaltens der Hauptbeteiligten an. Die behandelten Themen reichen von üblichen Verhaltensweisen und Vorkommnissen wie der zielstrebigen Zeugung, Übelkeit während der Schwangerschaft, Wehenschmerzen und schlaflosen Nächten, bis zu verbotenen Handlungen wie Inzest und Kindesmißhandlung.

Wie schon in *Krieg der Spermien* wird die theoretische und philosophische Perspektive in der Behandlung der Beispiele die der Evolutionsbiologie sein. Sie bietet die elementarste Sichtweise, da sie alle Facetten des Menschseins, von denen elterliches Verhalten und Familienleben nur zwei sind, auf die Evolution zurückzuführen versucht. Andere Wissenschaften – zum Beispiel Biologie, Medizin, Psychologie, Soziologie und Anthropologie – gehen davon aus, daß Menschen eine bestimmte Anatomie und Physiologie sowie bestimmte Verhaltensweisen haben; von dieser Basis aus suchen sie nach übergreifenden kausalen Zusammenhängen. Die Evolutionsbiologie hingegen möchte klären, wie das genetische Programm entstand, das diese Anatomie, Physiologie und diese Verhaltensweisen hervorbrachte.

Das Vorgehen der Evolutionsbiologie ist sehr einfach. Bei jedem Aspekt des menschlichen Verhaltens fragt der Evolutionsbiologe als erstes, wie dieses Verhalten sich auf das Fortpflanzungsergebnis auswirkt; das wird auch Fortpflanzungserfolg genannt. Bei einem verbreiteten Verhaltensschema nimmt er an, daß es dem Fortpflanzungserfolg dient. Das klingt einleuchtend, aber die Beispiele dieses Buches werden zeigen, daß nicht immer auf Anhieb zu erkennen ist, wie ein Verhalten die Fortpflanzung fördert. Der Evolutionsbiologe sucht nach einer Erklärung, die er zunächst an Hand der frühmenschlichen Umwelt, in der sich der moderne Mensch entwickelte, und dann an Hand verschiedener Tiere überprüft. Trifft er ein bestimmtes Verhalten in verschiedenen menschlichen Gesellschaften und bei Tieren an und fördert es den Fortpflanzungserfolg in allen Situationen auf dieselbe Weise, kann der Evolutionsbiologe davon ausgehen, daß seine Erklärung zutrifft. In der Regel kann er auch annehmen, daß die chemische, neurale und zerebrale Grundlage des Verhaltens durch den Evolutionsprozeß zu einem Bestandteil des menschlichen Erbguts wurde.

Wie den Reaktionen auf das Buch *Krieg der Spermien* zu entnehmen war, hat es viele überrascht, daß auch so komplexe Verhaltensweisen wie die sexuelle Aktivität von der natürlichen Auslese programmiert sein können. Wir vermuten, daß die Leser auf *Baby Wars* ähnlich reagieren werden. Dieser Punkt ist zwar wichtig, doch der Beitrag des Buches zum allgemeinen Verständnis der Elternschaft sollte sich nicht darauf beschränken. Die evolutionsbiologische Betrachtung elterlichen Verhaltens ist auch deshalb so faszinierend, weil sie ein neues Licht auf Verhaltensweisen und Situationen wirft, die wir alle kennen. Warum leiden Frauen während der Schwangerschaft unter Übelkeit? Warum ist das Geschrei eines Babys so nervenaufreibend? Warum streiten sich Geschwister so oft? Warum rebellieren Jugendliche, und warum packt sie das Fernweh? Die Antworten auf solche Fragen sind an sich schon interessant, und obendrein vervollständigen sie unser Bild von der Evolution elterlichen Verhaltens beim Menschen.

Das Vorgehen des Evolutionsbiologen baut – eigentlich nicht erstaunlich – auf der Darwinschen Theorie der Evolution durch natürliche Auslese auf. Evolution ist hier nicht in dem Sinne zu verstehen, wie sie in unzähligen philosophischen Abhandlungen über den Sinn des Lebens diskutiert wurde. Das den Gedanken dieses Buchs zugrundeliegende Prinzip der natürlichen Auslese eignet sich nicht für philosophische Debatten, ja, es ist strenggenommen nicht einmal Biologie, sondern schlichte Mathematik und entzieht sich damit jeder Diskussion.

Das Prinzip ist folgendes: *Wenn* ein bestimmtes Verhalten genetisch motiviert ist *und wenn* Individuen, die eine Form des fraglichen Gens besitzen, im Durchschnitt größeren Fortpflanzungserfolg haben als diejenigen, die andere Gene besitzen, werden sich *mit mathematischer Sicherheit* schließlich die Individuen in der Bevölkerung durchsetzen, die das erfolgreiche Gen besitzen. Die meisten von uns sind Nachkommen derer, die sich in ihrer jeweiligen Generation am erfolgreichsten fortgepflanzt haben. Wenige von uns sind Nachkommen derer, die sich nicht so erfolgreich fortgepflanzt haben. Und natürlich ist niemand von uns Nachkomme derer, die sich gar nicht fortgepflanzt haben. Da das Verhalten von Eltern beim Menschen sehr wesentlich für den Fortpflanzungserfolg ist, muß die überwältigende Mehrheit unserer Generation von den besten Eltern früherer Generationen abstammen.

Dieses Prinzip ist unwiderleglich und sollte zum allgemeinen Bildungsgut gehören – aber das ist nicht der Fall. Dafür scheinen eher emotionale als vernünftige Gründe verantwortlich zu sein. Immer mehr Menschen sehen ein, daß ihre Anatomie und diverse gesundheitliche Probleme eine Folge ihrer Gene sind, doch die Einsicht, daß ihr *Verhalten* etwas mit den Genen zu tun haben könnte, widerstrebt den meisten. Sie haben keine Probleme mit der Vorstellung, daß Augen-, Haar- und Hautfarbe bei der Zeugung durch die Gene festgelegt wurden, die sie von ihren Eltern geerbt haben, und vielen ist auch der Umstand bekannt, daß man eine Reihe von Krankheiten, zum Beispiel Brustkrebs und zystische Fibrose, von seinen Eltern erben kann. Weshalb wehren sich dann die meisten von uns noch immer gegen den Gedanken, daß auch unser Verhalten von den Genen abhängen könnte, die wir von unseren Vorfahren erben?

Die Forschung macht immer deutlicher, daß das Verhalten von Genen beeinflußt, wenn nicht sogar bestimmt wird.

Der sexuelle Appetit eines Mannes, seine Neigung zur Promiskuität und so weiter hängen ebenso wie das Maß seiner Aggressivität davon ab, wieviel Testosteron und andere Androgene sein Körper erzeugt. Das wird teilweise von der Größe seiner Hoden bestimmt, und die Hodengröße ist genetisch bedingt. Oder nehmen wir als ein weiteres Beispiel die Bisexualität. Die Beweise ihrer genetischen Vererbung sind inzwischen so eindeutig, daß nur Vorurteile der Grund dafür sein können, diese Vorstellung abzulehnen. Heute gelten viele Geisteskrankheiten als erblich, zum Beispiel die Schizophrenie, aber auch der Hang zum Alkoholismus. Zigmillionen Amerikaner, vor allem solche indianischer oder japanischer, aber auch einige europäischer Abstammung, besitzen eine angeborene Alkoholunverträglichkeit. Inzwischen glauben Genetiker sogar an Gene für gewalttätiges und asoziales Verhalten.

Daß man sich gegen die Vorstellung wehrt, Verhalten könnte angeboren sein, hat damit zu tun, daß wir vielfach nicht wissen, wie stark unser Verhalten zerebral anstatt chemisch gesteuert ist. Wir neigen zu der Annahme, das Gehirn sei maßgebend, weil das eben unser Eindruck ist. Aber das stimmt nicht, wie die Forschung immer klarer zeigt. Fragen Sie jemanden, der an einer tiefen klinischen Depression leidet, wie stark seine geistige Kontrolle über seine Gedanken und Verhaltensweisen ist. Oder fragen Sie jemanden, der unter SAD (saisonbedingter Affektstörung) leidet, einer Depression, die auf mangelnden Kontakt mit Sonnenlicht zurückzuführen ist. Sie werden die eindeutige Antwort bekommen, er habe keinerlei Kontrolle. Die Verzweiflung beruht in beiden Fällen auf einem zu geringen Niveau der einen oder anderen Substanz im Gehirn (zum Beispiel Serotonin). Was genau Sie empfinden, hängt davon ab, welche Substanz und welcher Teil des Gehirns am stärksten betroffen ist. Oder fragen Sie eine Frau, welchen Einfluß sie in den einzelnen Phasen ihres Menstruationszyklus auf ihre Stimmung hat. Die Antwort ist dieselbe. Das liegt daran, daß all ihre Stimmungsschwankungen und Verhaltensweisen chemisch ausgelöst werden, von Hormonen, deren Erzeugung genetisch gesteuert ist.

Auch wenn man einsieht, daß Anatomie, Physiologie und Verhalten eine genetische Grundlage haben, findet man sich vielfach nur ungern damit ab, daß man keinerlei Kontrolle über seine Gene hat. Der Gedanke, bloß ein Fahrgestell für den genetischen Motor zu sein, bereitet Unbehagen. Selbst wenn man nichts gegen die Vorstellung einzuwenden hat, ein Fahrgestell zu sein, möchte man doch wenigstens der Fahrer sein. In einem gewissen Sinne sind die Menschen das Vehikel ihrer Gene: Sie tragen sie von Ort zu Ort und hinterlassen an verschiedenen Haltepunkten auf ihrer Lebensreise Kopien von ihnen in Form von Spermien oder Eizellen. Doch die Gene sind ihre eigenen Fahrer. Sie orchestrieren die Entwicklung eines Menschen vom befruchteten Ei zum Erwachsenen. Sie bestimmen, welchem Geschlecht einer angehören soll, wie er, falls männlich, aussehen soll, wie er zusammengesetzt sein soll, wie sein Gehirn verdrahtet sein soll, welche Hormone er haben soll und in welchen Mengen – und damit, wie er sich verhalten wird. Die Gene konstruieren sogar selbst das Fahrgestell, das sie umherbefördert. Ob es einem gefällt oder nicht, man kommt nicht an der Schlußfolgerung vorbei: *Das Verhalten wird von Genen orchestriert.*

Das heißt natürlich nicht, daß Umwelt und Erfahrung keine Rolle spielen. Das Gehirn wird von den Genen verdrahtet und programmiert, damit sich Erfahrungen einprägen, in einer neuen Situation von diesen früheren Erfahrungen Gebrauch gemacht und über eine geeignete Reaktion entschieden werden kann. Erweist sich diese Reaktion als falsch, so ist das Gehirn darauf geeicht, sich das zu merken und denselben Fehler beim nächsten Mal nicht zu wiederholen. Gene befähigen sogar das Gehirn in der ersten Zeit des Lebens, in Reaktion auf frühe Erfahrungen feine Veränderungen an der eigenen »Verdrahtung« vorzunehmen.

Meistens kümmert der Körper sich darum, sein Leben zu organisieren, ohne das Gehirn damit zu behelligen, so daß es sich ungehindert der Tätigkeit widmen kann, die es am besten beherrscht, nämlich aufzupassen und sich zu merken, was man sehen, riechen und sonstwie wahrnehmen kann. Das Gehirn ist außerdem darauf programmiert, sich zu merken, wo wir sind, wo wir Dinge hinlegen, mit wem wir zusammen sind und wie wir irgendwo hinkommen. Es tut sein Bestes, um sicherzustellen, daß wir nicht von einem Tiger gefressen oder von einem Bus überfahren werden. Diese Aufgaben sind die Stärke des Gehirns, und je weniger es mit körperlichen Dingen behelligt wird, desto besser ist seine Leistung. Doch gelegentlich muß der Körper das Gehirn konsultieren.

Nehmen wir zum Beispiel die Tatsache, daß der Körper von Zeit zu Zeit aufgetankt werden muß. In diesem Fall erzeugt er ein Hungergefühl, und oft ruft er, nachdem er seine aktuelle chemische Zusammensetzung geprüft und festgestellt hat, an welchen Proteinen, Vitaminen oder was auch immer es gerade mangelt, einen spezifischen Hunger hervor. Er läßt im Bewußtsein den Gedanken entstehen, daß, sagen wir, eine Banane nicht schlecht wäre. Nein, kein Apfel, sondern eine Banane. Mit Aufgaben wie dieser am besten vertraut, versucht das Gehirn sich nun darauf zu besinnen oder, falls das zu nichts führt, herauszufinden, wo unter Berücksichtigung des Aufenthaltsortes, der Tageszeit und sonstiger Umstände die nächste Banane aufzutreiben ist. Das Gehirn glaubt, die ganze Sache mit dem Bedürfnis nach einer Banane sei seine eigene Idee, aber das ist sie nicht. Das Verlangen nach einer Banane ist die Folge davon, daß der Körper Millionen von chemischen Überprüfungen vorgenommen hat, wobei er Instruktionen befolgte, die letztlich von den Genen erteilt wurden. Es waren auch Gene, welche festlegten, wie tief der Anteil von Bananensubstanzen im Körper sinken durfte, bis er dem Gehirn die Aufgabe erteilte, eine Banane zu besorgen. Etwas anders funktioniert die Sache nur, wenn Opportunismus ins Spiel kommt. Die Augen machen in der Nähe eine Banane aus, das Gehirn meldet dies dem Körper, der rasch seine chemischen Vorräte überprüft und entweder sagt: »Ja, die Bananensubstanzen werden in Kürze zur Neige gehen, iß die Banane«, oder: »Nein, wir haben noch genug. Laß sie liegen, aber falls du einen Apfel siehst ...«

Sex, Elternschaft und alle sonstigen Verhaltensaspekte funktionieren genau wie Hunger. Die Gene liefern die Instruktionen, der Körper führt sie aus und nimmt notfalls das Gehirn in Anspruch, damit es sich etwas merkt oder damit es herausfindet, wie das, was getan werden muß, am besten erledigt wird. Unsere Gene wurden wiederum davon geprägt, wie die natürliche Auslese unsere Vorfahren behandelt hat, wenn es um das Verhalten als Eltern, als Liebende, als Gelehrte, als Gegner oder Konkurrenten oder unter sonst einem Aspekt des Lebens ging. Und weil eben nicht unser Gehirn, sondern unsere Gene und unsere Physiologie unser Verhalten steuern, geht es in diesem Buch überwiegend um Verhaltensweisen, die unbewußt gesteuert werden. Dabei bleibt unberücksichtigt, wie der einzelne sein Verhalten rational begründet. Den Evolutionsbiologen interessiert, *was Menschen tatsächlich tun*, und nicht, was sie denken, sagen oder fühlen. Und dieses Buch handelt speziell davon, wie das Verhalten der Menschen ihren Fortpflanzungserfolg beeinflußt.

Die Menschen sind unbewußt auf Elternschaft programmiert. Und sie sind, wie schon gesagt, darauf programmiert, gute und erfolgreiche Eltern zu sein. Warum? Weil diejenigen, die im Laufe der letzten Jahrtausende keine guten Eltern waren oder gar nicht erst Eltern wurden, wenige oder gar keine Nachkommen hinterlassen haben, die ihre Merkmale von ihnen geerbt haben. Und als Produkt von Generationen erfolgreicher Eltern tragen wir alle die Gene mit uns herum, die uns dazu treiben, wiederum Eltern zu werden. Diese Gene bereiten uns in der Jugend auf die Elternschaft vor, führen uns im mittleren Lebensalter durch das Labyrinth der Elternschaft und disponieren uns dafür, im Alter über unsere Erfolge und Fehlschläge als Eltern nachzudenken. Unter den Lesern dieses Buches werden natürlich viele sein, die keine – oder noch keine – Eltern sind. Von ihnen werden viele möglicherweise eisern behaupten, sie strebten diese Rolle nicht an, während andere den verzweifelten Wunsch haben, Eltern zu werden, aber – jedenfalls im Augenblick – nicht dazu in der Lage sind. Sie alle könnten sagen, ihr eigenes Beispiel widerlege die Behauptung, die Menschen seien auf die Elternschaft programmiert. Doch diejenigen, die die Elternschaft vermeiden oder versäumen, gehören, wie wir sehen werden, genauso dazu wie die Mütter und Väter mit zweistelligen Kinderzahlen.

Es gibt in der Programmierung, in der »genetischen Strategie« für die Elternschaft Unterschiede zwischen den Menschen. Diese Vielfalt ist nicht nur faszinierend, sie ist der Rohstoff, mit dem die natürliche Auslese auch in der gegenwärtigen Generation arbeitet. Manche genetischen Programme funktionieren besser als andere, und so sind manche erfolgreichere Eltern als andere.

Für den Evolutionsbiologen ist die Elternschaft ein Wettbewerb – ein Wettbewerb zwischen Genen. Natürlich sehen wir nicht die Gene miteinander wetteifern. Was wir sehen, ist ein Wettbewerb zwischen Menschen, zwischen Individuen, aber das läuft auf dasselbe hinaus. In jeder Generation werden Gene in unterschiedlichen Kombinationen zusammengepackt, und jedes Bündel entspricht einer individuellen Person. Jedes Gen ist bestrebt, mit anderen Genen so gebündelt zu werden, daß eine in der Fortpflanzung möglichst erfolgreiche Person entsteht und dadurch jedes an dem Bündel beteiligte Gen einen mächtigen Schub in seinem Bestreben erhält, sich zu vermehren – und zwar über Generationen hinweg. So gesehen ist jedes Bündel – jedes Individuum – ein genetisches Experiment. In jeder Generation sind einige dieser Experimente sehr erfolgreich, einige haben mäßigen Erfolg, und einige sind regelrechte Fehlschläge.

An dieser Stelle müssen wir auf die Frage der individuellen Unterschiede eingehen. Wenn es stimmt, daß die natürliche Auslese in jeder Generation ausschließlich das erfolgreichste Verhalten begünstigt, wie kommt es dann, daß wir uns nicht alle auf die gleiche – perfekte – Weise verhalten? Dafür, daß die Evolution nicht in diesem Sinne auswählt, gibt es viele Gründe, doch zunächst müssen zwei unterschiedliche Aspekte auseinandergehalten werden. Der eine betrifft einen Evolutionsmechanismus: Unter bestimmten Umständen veranlaßt die natürliche Auslese Individuen, sich unterschiedlich zu verhalten, wobei sich aber alle gleich erfolgreich fortpflanzen. Der andere ist eine Eigentümlichkeit des Evolutionsprozesses: Der natürlichen Auslese fällt es sehr schwer, eine perfekte Reaktion auszubilden, mit der Folge, daß die Menschen sich unterschiedlich verhalten, und dabei sind die einen erfolgreicher als die anderen.

Befassen wir uns zunächst mit der Tatsache, daß die natürliche Auslese unterschiedliche Verhaltensweisen mit gleichem Erfolg entstehen läßt. In *Krieg der Spermien* wurde ausführlich erörtert, warum manche heterosexuell, manche homosexuell, manche bisexuell sind, während andere Prostituierte und wieder andere Vergewaltiger sind – sie alle sind unterschiedliche Ausformungen des Strebens nach Fortpflanzungserfolg mit entsprechenden Vor- und Nachteilen. Der Erfolg einer Verhaltensweise hängt sehr oft davon ab, wie viele Menschen dieses Verhalten zeigen, und dieser Anteil wird von der Evolution bestimmt. Sie legt außerdem fest, daß sich der Anteil der jeweiligen Verhaltensweise genau auf der Höhe einpendelt, auf der jede Strategie den gleichen durchschnittlichen Fortpflanzungserfolg hat. Infolgedessen setzt die Menschheit sich aus unzähligen Individuen zusammen, die alle unbewußt nach Fortpflanzungserfolg streben, dabei aber Strategien verfolgen, die sich von den Strategien der Mitmenschen erheblich unterscheiden. Somit erzeugt die Evolution in der Regel nicht exakte Übereinstimmungen, sondern *genetische Unterschiede* zwischen Individuen.

Es gibt noch einen Grund, warum Menschen mit unterschiedlichem Verhalten vergleichbare Erfolge haben: Die natürliche Auslese sorgt dafür, daß Menschen ihr Verhalten entsprechend den Umständen abwandeln, daß sie »bedingte Strategien« anwenden. Wir sind genetisch darauf programmiert, unsere Situation zu überprüfen und uns dem Ergebnis entsprechend zu verhalten. Die Menschen verhalten sich deshalb unterschiedlich, weil ihre Umstände sich unterscheiden, aber alle verhalten sich auf die ihrer Situation angemessenste Weise. Daraus könnte man leicht den irrigen Schluß ziehen, bedingte Strategien hätten keine genetische Grundlage und das Verhalten werde allein von ihrer Umwelt bestimmt. Tatsache ist jedoch, daß die Instruktion, zunächst die Situation zu prüfen und dann entsprechend zu reagieren, genauso streng programmiert und genetisch verankert ist wie jede andere Strategie.

Nun zu der Tatsache, daß es der natürlichen Auslese schwerfällt, eine perfekte Reaktion auszubilden. Das hat mehrere Gründe. Zunächst ist es nicht einfach, Gene loszuwerden, die nur geringfügig weniger erfolgreich sind als ihre Rivalen. Unvermeidlich werden solche Gene im Laufe der Generationen allmählich zurückgehen, aber es kann viele tausend Jahre dauern, bis ein nur geringfügig unterlegenes Gen vollkommen verschwindet. Bis dahin erben Menschen diese weniger erfolgreichen Gene von ihren weniger erfolgreichen Vorfahren – und verhalten sich weniger erfolgreich als ihre glücklicheren Zeitgenossen.

Neue Gene entstehen durch Mutation, und die Mutationsrate ist niedrig. Da wir aber so viele Gene besitzen, ist es nicht erstaunlich, wenn wir ein oder gar mehrere frisch mutierte Gene aufweisen, die in uns oder unseren Eltern oder Großeltern entstanden sind. Die meisten dieser Mutationen ändern vermutlich kaum etwas an unserer Funktions- oder Verhaltensweise, doch gelegentlich tritt eine Mutation auf, die uns – und damit unseren Nachkommen – große Probleme bereitet. Noch seltener dürfte eine Mutation sein, die gegenüber dem Bestehenden eine Verbesserung darstellt und uns sowie unseren Nachkommen einen Vorteil gegenüber den Konkurrenten verschafft. Die natürliche Auslese verschafft diesem Gen dann in künftigen Generationen einen ständig wachsenden Anteil an der Population. Was nun aber ein Gen für die »perfekte Strategie« angeht, so müßte es erst einmal durch Mutation entstanden sein, damit die natürliche Auslese künftige Generationen mit einer perfekten Strategie schaffen könnte. Solange es nicht zu dieser Mutation gekommen ist, kann die Auslese nur an den besten vorhandenen Genen ansetzen, und folglich sind auch die erfolgreichsten Menschen strategisch nicht perfekt.

Wir sagten, das Verhalten der Menschen werde nicht von ihrer Umwelt bestimmt, aber natürlich spielt die Umwelt eine wichtige Rolle. Und ein weiterer Grund dafür, daß wir uns nicht alle perfekt verhalten, ist der, daß die Umwelten geographisch wie historisch differieren. Gene und Verhaltensweisen, die an einem bestimmten Ort in einer bestimmten Zeit ungeheuer erfolgreich waren, müssen anderswo und zu anderen Zeiten vielleicht um ihr Überleben kämpfen. Vor fünfhunderttausend Jahren waren die Menschen überwiegend nackte Jäger nach tierischer Beute und Sammler von Früchten, Nüssen und Wurzeln. Viele der Gene, die wir heute besitzen, gelangten auf der Woge des Erfolges, mit dem sie andere Gene in dieser speziellen Umwelt ausstachen, zu uns. Seither haben viele menschliche Gesellschaften Zehntausende von Jahren damit verbracht, den Körper wenigstens teilweise zu bedecken, und zehn- bis fünfzehntausend Jahre mit dem Hüten von Vieh und dem Anbau von Feldfrüchten. Viele haben letzthin knapp zweihundert Jahre der Industrialisierung durchlebt. Natürlich gab es gewisse Gene, die in all diesen Situationen erfolgreich waren, und diese werden die meisten von uns besitzen. Andere Gene hatten ihre beste Zeit dagegen in den Jäger-, Sammler- und den Ackerbaukulturen und dürften seither auf dem Rückzug sein. Wer diese Gene noch besitzt, dürfte die Konkurrenz in der modernen Umwelt nicht so leicht bewältigen wie andere.

Es ist denkbar, daß nur eine Minderheit von uns Gene besitzt – darunter vielleicht ganz frische Mutationen –, die uns an die moderne industrielle Umwelt anpassen, und daß die entsprechenden verschiedenartigen Gene weit verstreut sind. Man könnte sich einen Mann vorstellen, der ein Gen besitzt, das seine Lungen befähigt, stark verschmutzte Luft zu atmen, und zugleich ein anderes, das ihn auf künstliche Substanzen heftig reagieren läßt. Oder eine Frau mit Genen, die sie gegen moderne, sexuell übertragene Krankheiten resistent machen, und zugleich einem anderen, das ihr eine drogenabhängige Psychologie verschafft, die sie an der Fortpflanzung hindert. Bis die für das Leben in einer modernen Umwelt geeignetsten Gene sich auf die Mehrheit der Menschen ausgebreitet haben, wird viel Zeit vergehen, und dann hat die Umwelt sich wahrscheinlich schon wieder verändert. *Mag die Evolution auch Perfektion anstreben, so hat sie doch wenig Zeit, sie zu erreichen.*

Daß die Evolution nicht bewirkt hat, daß wir alle perfekt funktionieren, liegt schließlich auch daran, daß sie nicht nur auf uns einwirkt, sondern auch auf unsere biologischen Rivalen. Allmählich kommt man dahinter, daß unser Erfolg in allen Dingen – vom schlichten Überleben bis zu den verwickelten Problemen beim Erobern eines Geschlechtspartners – in überraschendem Maße von unserer genetischen Widerstandsfähigkeit gegen Krankheiten abhängt. Er hängt davon ab, wie gut unsere Gene während Kindheit und Jugend mit den unzähligen Krankheitserregern fertig werden, die uns pausenlos angreifen. Diese Erreger, darunter Viren, Bakterien, Bandwürmer und sonstige Parasiten, versuchen ständig, sich unseren Körper zunutze zu machen, um selbst zu wachsen, zu überleben und sich fortzupflanzen. Die hervorgerufenen Krankheiten können auffällig sein, wie zum Beispiel Masern, oder nur unterschwellige Symptome zeigen, die wir nicht bemerken. Sie alle können jedoch unsere Vitalität beeinträchtigen, bewirken, daß wir zu Unfällen neigen, unsere Fruchtbarkeit und unsere Attraktivität verringern. Wer Gene besitzt, die ihn gegen diese Krankheiten ausgesprochen resistent machen, erzielt einen größeren Fortpflanzungserfolg als andere.

Die verbreitetsten Krankheiten sind in der jeweiligen Generation jene, die die Gene und die Physiologie der Menschen zu überlisten verstehen. Doch während die natürliche Auslese ein menschliches Gen begünstigt, das Resistenz gegen eine Krankheit verleiht, begünstigt sie auch schon ein Gen des Krankheitserregers, gegen das die menschliche Resistenz nichts auszurichten vermag. Gelegentlich sterben Parasiten aus, evolutionär überlistet von ihren Wirtstieren; gelegentlich sterben Wirtstiere aus, evolutionär überlistet von ihren Parasiten. Meistens liefern Wirtstier und Parasit sich allerdings einen evolutionären Rüstungswettkampf, bei dem jeder auf das perfekte Gen aus ist, mit dem der Widerstand des anderen gebrochen werden kann, und befinden sich derweil in einem heiklen Gleichgewicht, in dem jeder den Anschlägen des anderen ausgesetzt ist. Das hat zur Folge, daß beide Organismen ihr Leben lang und über Generationen hinweg unvollkommen funktionieren.

Manchmal begegnet man der Vorstellung, der moderne Mensch stehe außerhalb der Evolution, die natürliche Auslese wirke nicht mehr auf ihn ein. Aber das ist ein Mythos. Die Menschen sind den Kräften der natürlichen Auslese in der modernen Welt genauso ausgesetzt wie eh und je, nur die Art dieser Kräfte hat sich geändert. Die natürliche Auslese kommt erst dann für eine Spezies zum Stillstand, wenn der genetische Beitrag, den einzelne Individuen zu künftigen Generationen beisteuern, von den Genen, die sie selbst besitzen, numerisch unabhängig ist. Das ist bei modernen Menschen durchaus nicht der Fall. Was die heute Lebenden zu künftigen Generationen beitragen werden, hängt weitgehend von den Genen ab, die wir in uns tragen. So, wie eine Mehrheit unter uns Gene in sich trägt, die in früheren Generationen erfolgreich waren, so werden die erfolgreichsten Gene *unserer* Generation numerisch in den kommenden Generationen überwiegen. Dies betrifft elterliches Verhalten genauso wie alles andere. Darüber kann es keinen Streit geben und auch keine Meinungsverschiedenheit – es ist nüchterne, mathematische Realität.

HÖHEN UND TIEFEN

Szene 1
Seifenoper und Realität

Als er sich zu seiner Ansprache erhob, standen ihm Tränen in den Augen. Er ließ seinen Blick über die Menschen schweifen, die gekommen waren, um die Mündigwerdung seines Sohnes zu feiern, und ihm war bewußt, daß die Rührung, die ihn ergriffen hatte, und der Kloß in seinem Hals diesen Augenblick, einen seiner stolzesten, zu verderben drohten. Er hielt inne, griff nach seinem Glas. Der Schluck, den er nahm, machte ihm den Hals frei, und doch war seine Stimme noch unsicher, als er die ersten Worte hervorstieß.

Er dankte den Gästen, die gekommen waren, um mit ihm und seiner Frau diesen besonderen Anlaß zu feiern. Sich halb ihr zuwendend, die mit strahlendem Lächeln neben ihm saß, erklärte er, was für eine wunderbare Partnerin und Mutter sie immer gewesen sei. Zudem sei sie, so schön sie immer gewesen sei, nie schöner gewesen als damals, als sie mit ihrem gemeinsamen Sohn schwanger ging. Nie würde er den zauberhaften Augenblick vergessen, als er ihn zum ersten Mal in seinen Armen hielt. Ein musterhaftes Kind sei sein Sohn gewesen, erzählte er den aufmerksam lauschenden Zuhörern. Immer fröhlich, immer verantwortlich, sei er ein wunderbarer Spielkamerad, Freund und Helfer für seine kleinere Schwester gewesen. Er wandte sich ihr zu, die neben ihrem Bruder saß. Sie waren noch immer unzertrennlich.

In einer abschließenden emotionalen Aufwallung rühmte er noch einmal den Charakter seines Sohnes, wies auf sein gutes Aussehen hin und erklärte dann bescheiden, er wisse nicht, womit er zwei so wunderbare Kinder verdient habe. Dann forderte er die Gäste auf, mit ihm auf die Gesundheit seines geliebten Sohnes zu trinken.

Im Raum war kaum ein Auge trocken, als der Sohn sich zu seiner Dankesrede erhob. Selbstsicherer und nicht ganz so gerührt wie sein Vater, dankte auch er zunächst den Gästen, daß sie zu diesem für ihn ganz besonderen Anlaß gekommen waren. Während er sprach, verrieten die Blicke so manches jungen Mädchens in der Runde den Wunsch, von ihm – oder jemandem genau wie ihm – erobert und entführt zu werden in eine lange, leidenschaftliche Beziehung. Am Schluß wandte er sich seinen Eltern zu und hob sein Glas. Dem Vater dankte er, daß er sein Freund und Mentor gewesen sei, der Mutter, daß sie immer so heiter und großmütig gewesen sei; ihnen, ihrer Liebe und ihrer Beständigkeit, verdanke er absolut alles. An die Worte seines Vaters anknüpfend, sagte er, er habe keinen Schimmer, womit er so wunderbare Eltern verdient habe, er wisse aber, daß er sich für die Zukunft nichts anderes wünsche, als genau wie sie zu sein.

Gerade hatte der Abspann begonnen, als krachend die Haustür zufiel. Die beiden Zuschauerinnen, eine Frau und ihre Tochter im Teenageralter, konnten gerade noch einen Blick tauschen und sich lachend die Tränen abwischen, als eine dröhnende Männerstimme verkündete, der ganze Flur sei voller Dreck. Dann flog die Wohnzimmertür auf, und ein großer und sehr zorniger Mann erschien. Der ganze Flur sei voller Dreck, wiederholte er; was sie sich nur einbildeten, einfach herumzusitzen, *während der ganze Flur voller Dreck sei.* In diesem Moment erkannte er die Titelmelodie der Seifenoper, die gerade zu Ende ging, und befahl, »den Mist« auszuschalten, tat es aber, noch während er das sagte, selbst. Sich drohend vor den beiden Frauen aufbauend, erklärte er ihnen, sie seien faul und nichtsnutzig, täten nie etwas anderes, als vor der Glotze zu hocken. In Richtung Flur deutend, wetterte er, ihr Sohn sei um keinen Deut besser; wenn er nicht bald anfinge zu arbeiten, würde nie etwas aus ihm werden; es könne nur zu Scherereien führen, wenn er dauernd auf der Straße herumhinge, und seinen Charakter habe er natürlich von seiner Mutter geerbt.

Von der Sendung, die sie gerade gesehen hatte, emotional aufgeladen, sprang die Mutter auf. Er sei genauso schlimm, schnauzte sie ihren Mann an. Er sei am allerfaulsten, und sie wisse verdammt gut, wo ihr Sohn seine Faulheit herhabe. Die Tochter wandte sich empört gegen beide: Sie sollten nicht wieder anfangen zu streiten, sie könne das nicht ertragen, schrie sie und rannte aus dem Zimmer. Die Frau wies ihren Mann darauf hin, was er mit seiner schlechten Laune angerichtet habe, sagte, am liebsten hätte sie ihn nie kennengelernt, und fragte ihn schließlich: »Warum gehst du heute nicht raus wie jeden Abend und besäufst dich?« Er stürmte vor sich hin fluchend aus dem Zimmer.

Als er die Haustür öffnete, wischte sein Sohn wortlos an ihm vorbei ins Haus, ohne von dem Versprechen seines Vaters Notiz zu nehmen, er werde ihn umbringen, wenn er noch mehr Dreck auf dem Fußboden hinterließe. Als seine Mutter ihm vorhielt, was er für Probleme verursacht habe, und ihn anbrüllte, er solle seinen Dreck beseitigen, beschimpfte er sie und stampfte, noch mehr Dreck verbreitend, die Treppe hinauf.

Als die Mutter sich aufs Sofa warf, hörte sie, wie ihr Nachwuchs sich oben zankte. Sie warf den Kopf zurück und brüllte so laut, daß ihr die Kehle schmerzte: »Haltet endlich die Schnauze, verschwindet und laßt mich in Ruhe!«

Das herkömmliche romantische Bild der Elternschaft ist das eines Mannes und einer Frau, die in einer langfristigen monogamen Beziehung zusammenarbeiten, um ein gemeinsames Ziel zu erreichen: die Zeugung und Aufzucht von Kindern. Während der Schwangerschaft ist der Mann umsorgend und aufmerksam, die Frau wird langsam dicker und wartet gelassen darauf, das langersehnte Baby zur Welt zu bringen. Anschließend hegen und pflegen sie jedes ihrer Kinder, helfen ihnen froh und gesund durchs Leben und tun alles, damit jedes seine Gaben voll entfalten kann. Die Kinder wiederum helfen einander und vergelten die Anstrengungen ihrer Eltern damit, daß sie ihnen unablässig Dankbarkeit und Bewunderung für alles bekunden, was für sie getan wurde und getan wird.

Natürlich gibt es Momente und Situationen, in denen diese Fiktion für kurze Zeit Wirklichkeit wird. Hin und wieder erleben Menschen flüchtig jenes Elternparadies, wie es das Fernsehen in der eben geschilderten Szene zeigte. Aber die Alltagsrealität der Elternschaft und des Familienlebens ist, wie alle Eltern wissen, ganz anders. Schmerz und Unbehagen während Schwangerschaft und Geburt, die Probleme der Baby- und Kinderpflege, Streit wegen der Kinder und unter diesen, die Belastungen der Jugendzeit – das sind Erfahrungen, die alle Eltern machen. Manche erleben die Elternschaft in Isolation, was die möglichen Schwierigkeiten noch verschärft. Für andere wird die Kernfamilie durch Trennung aufgebrochen und Stiefelternschaft abgelöst. Und für einige wenige werden die Jahre der Elternschaft verdunkelt durch möglicherweise verheerende Probleme wie Inzest, Vernachlässigung, Mißhandlung oder gar Mord.

Elternschaft ist im Regelfall nicht mit extremen Emotionen verbunden, sondern ein Gemisch aus kleinen Belohnungen und Ärgernissen. Aber fast jede Situation kann im Handumdrehen eskalieren – als stünde das Familienleben ständig unter Spannung. Die Momente, in denen die Elternschaft als problemlos und lohnend empfunden wird, können schnell umschlagen in Kummer und Streit.

Was macht die Elternschaft zu einer spannungsgeladenen Sache? Warum ist eine so alte, elementare Einrichtung der menschlichen Fortpflanzung mit vielen potentiellen Problemen behaftet? Seit vielen Jahrtausenden betreiben Menschen und ihre Primatenvorläufer das Geschäft der Elternschaft; mit einer gewissen Berechtigung dürfen wir eigentlich erwarten, daß es eine unproblematische Sache ist. Aber das ist es nicht, und dieses Buch soll aus der philosophischen und wissenschaftlichen Sicht des Evolutionsbiologen erklären, warum es das nicht ist.

Um es gleich zu verraten: Von allseitiger Kooperation haben Eltern und Kinder nur Vorteile zu erwarten, aber noch größer sind die zu erwartenden Vorteile, wenn sie gleichzeitig ihre Eigeninteressen fördern können. Fast jeder Aspekt der Elternschaft erzeugt einen biologischen Interessenkonflikt, und diesem Konflikt entspringen die Schwierigkeiten, die alle Eltern bekommen. Das Ergebnis ist: Babys bedeuten Krieg – zwischen Mutter und Vater, zwischen Eltern und Kindern und zwischen den Kindern selbst.

AUFTAKT

Szene 2
Zielstrebige Zeugung

Es war ein heißer Spätsommertag gewesen, doch als sie aus der Bar traten, um nach Hause zu gehen, hing bereits eine herbstlich-kühle Feuchtigkeit in der Luft. Wenn sie die Abkürzung durch den Park nahmen, waren es bloß achthundert Meter, und sie hatten ein besseres Gefühl, wenn sie, statt ein Taxi zu nehmen, die kurze Strecke liefen; sie hatten auch etwas getrunken. Sie konnten sich sogar einreden, ihr Fitneßprogramm ernst zu nehmen. Es war kein Programm von der Bodybuildingart, mit 1 500 Metern in vier Minuten. Vor allem sie war vor übertriebener körperlicher Betätigung gewarnt worden. Es war eher ein Antischlaffheitsprogramm, im Sinne von »wäre doch gut, wenn ich die Treppe rauflaufen und dabei noch pfeifen kann«. Nach einem Kneipenabend zu Fuß nach Hause zu gehen war genau das richtige.

Nach einigen hundert Metern bogen sie von der spärlich beleuchteten Straße ab und traten durch das Tor in den Park. Bei Tage war er eine grüne Oase in einer Wüste aus Stein und Beton. Jetzt erschien das Grün wegen der schwachen Beleuchtung schwarz, und durch die Abkühlung lag ein kniehoher dünner Nebel auf dem Gras.

Der kürzeste Weg durch den Park führte über einen Kinderspielplatz, der eingezäunt war, um die Kinder drinnen und die Hunde draußen zu halten. Das ausgeleierte Tor schleifte beim Öffnen über den Boden. Sie konnte der Versuchung nicht widerstehen, ein bißchen zu schaukeln, und als sie zum Karussell kamen, stieg sie darauf und bat ihn, es anzuschieben. Die kühle Luft erfrischte sie, und als er gelangweilt aufhörte anzuschieben, bat sie ihn weiterzumachen. Als das Karussell in Schwung war, sprang er auf und schlang, mit einer Hand sich am Metallgeländer festhaltend, den Arm um ihre Hüfte.

Es lag wohl an der Nähe, dem Körperkontakt – jedenfalls hatten beide, als das Karussell zum Stillstand kam, dieselbe Idee. Hier war ein Ort für Kinder. Sie schauten einander an und sagten beinahe gleichzeitig: Dieser Platz wäre prima. Wäre es nicht toll – und eine Geschichte, die man später erzählen konnte –, wenn es hier passieren würde?

Aber wie, vor allem wenn das Karussell sich drehen sollte? Und sie waren sich einig, daß es sich drehen mußte, um aus der Sache ein unübertreffliches Erlebnis zu machen. Die Frau probierte es auf allen vieren, den Hintern in die Höhe gereckt, aber als er das Karussell in Schwung brachte, fiel sie hinunter. Es ging nur so, daß sie sich auf den Rücken legte und sich, die Arme über den Kopf gestreckt, an dem inneren Geländer festhielt. Es würde wohl klappen, meinte sie, er müsse sich nur beeilen. Damit stand sie auf und zog sich das Höschen aus, was nicht einfach war, weil sie die Schuhe anbehielt.

Er hatte Zweifel, ob er es schaffen würde. Vor einem halben Jahr konnte er überall und jederzeit eine Erektion bekommen, und wenn er nackt und entsprechend erregt war, konnte sie eine halbe Stunde anhalten. Doch in letzter Zeit war sein Selbstvertrauen erschüttert worden. Als sie nun aber ihr Höschen in die Tasche steckte, äußerte er großes Vertrauen in seine Fähigkeit.

Er überlegte, ob es angezogen ginge, und kam zu einem negativen Schluß. Also zog er sich, nervös ins neblige Dunkel des Parks spähend, Hose und Unterhose aus. Als er in seinem langen Hemd vor ihr stand, mußte sie lachen. Seine Nervosität, die kalte Luft und vielleicht auch der heute abend genossene Alkohol – alles zusammen wirkte sich verheerend auf seinen Penis aus. Er schien sich zu verstecken, Wärme und Geborgenheit in der Schambehaarung zu suchen; es sah aus wie ein Vogelnest mit einem einzigen roten Ei. Er brauche wohl ein bißchen Hilfe, sagte sie und zog ihn zu sich. Mit gespreizten Beinen am Rand des Karussells sitzend, schob sie ihren Mund über seinen Penis. Es dauerte eine ganze Weile, ehe sie eine Reaktion verspürte, doch schließlich tat die feuchte Wärme ihre Wirkung. Inzwischen war sie erleichtert, wenn sie die beeindruckende Erektion sah, die sie früher als eine Selbstverständlichkeit betrachtet hatte. Doch wenn sie einmal hergestellt war, konnte man sich gewöhnlich auf sie verlassen. Sie legte sich wieder zurück, zog Mantel und Rock hoch, hob die Knie an, öffnete die Beine und griff über ihrem Kopf nach der Eisenstange. Es war nicht perfekt, aber eine bequemere und zugänglichere Position brachte sie nicht zustande.

Er begann das Karussell anzuschieben, und endlich erregt, genoß er es, wie sein erigierter Penis im Laufen gegen den Bauch schlug. Als er den Moment für gekommen hielt, kletterte er an Bord und krabbelte, während sie sich schneller drehten, über sie. Unter Schwierigkeiten – sie war nicht sehr feucht – gelang es ihm, den Penis in sie hineinzuschieben. Das Stoßen war nicht ganz einfach, und die Ejakulation kostete einige Mühe. Tatsächlich stand das Karussell schon einige Zeit, als er abspritzte; wenn sie die Geschichte in den folgenden Wochen ihren Freunden berichteten, behaupteten sie allerdings, er habe es noch geschafft, während sie in Fahrt waren.

Trotz ihrer unbequemen Position zog er sich erst zurück, als er sicher war, auch den letzten Tropfen Samen abgegeben zu haben. Ihr machte inzwischen etwas anderes zu schaffen: Wenn sie gleich aufstünde und nach Hause ginge, könnte sie etwas von dem Samen, den sie sich so mühsam verdient hatte, verlieren. Als sie ihm ihr Problem gestand, hatte er eine Eingebung: Die Fliehkraft war die Lösung. Sie müßte sich mit dem Kopf nach außen auf das Karussell legen; wenn er dann das Karussell in möglichst schnelle Fahrt versetzte, würde die Fliehkraft den Samen weiter in ihren Körper hineintreiben.

So machten sie es, sehr zur Verwirrung zweier Jugendlicher, die den Park aufgesucht hatten, um ein Plätzchen zu finden, wo sie sich ungestört küssen und befummeln konnten. Sie hielten Distanz, um nicht Teil des seltsamen Rituals zu werden, dessen Zeugen sie wurden. Da lag eine Frau rücklings auf einem Karussell, die Beine angezogen und die Füße Richtung Mitte, während sie sich mit den Händen an den Metallstangen hinter ihrem Kopf festhielt. Der Mann lief, noch immer halbnackt und die Füße im Nebel, im Kreis und schob das Karussell an, wobei das Hemd, das über seinem geschrumpften Penis hinabhing, hinter ihm herflatterte.

Die beiden waren acht Jahre zusammen, als sie beschlossen, eine Familie zu gründen. Ungläubig blickten sie auf all die Jahre der Empfängnisverhütung zurück, auf die Wochen voller Sorge, daß sie schwanger geworden sein könnte, wenn sie es hatten darauf ankommen lassen oder sie eine Pille ausgelassen hatte oder ein Kondom nicht gehalten hatte. Seit sechs Monaten hatten sie jetzt ein überaus aktives Sexualleben ohne die geringste Empfängnisverhütung, und noch immer war sie nicht schwanger. Als sie mit der zielstrebigen Zeugung anfingen, hatten die verstärkten Empfindungen des ungeschützten Geschlechtsverkehrs und die Aussicht auf die Zeugung ihre sexuelle Erregung angestachelt. Die Entscheidung, ein Kind zu zeugen, hatte neue Spannung in eine – wenn sie ehrlich waren – nachlassende und zur Routine gewordene sexuelle Beziehung gebracht. Nachdem die Entscheidung gefallen war, verkehrten sie wochenlang praktisch jeden Tag miteinander. Besonders für ihn war es paradiesisch. Bei ihm war das Verlangen nach Ejakulation immer stärker gewesen als bei ihr das Verlangen nach Geschlechtsverkehr, und wenn sie ein paar Tage ausgelassen hatten, masturbierte er. Das war nun vorbei, da er sie besamen durfte, wann immer er wollte. Außerdem war es ihr gemeinsamer Wunsch, daß er in ihr kam. Er brauchte sich nicht einmal darum zu kümmern, ob und wann sie zum Höhepunkt kam. Es ging, zumindest anfangs, wirklich nur um eines: daß sie die Beine breitmachte und er sie besamte.

Das änderte sich jedoch, als ihre erste, dann ihre zweite und dritte Periode kam. Sie begannen, Bücher zu lesen, bei Freunden mit Kindern Rat einzuholen – und sich Sorgen zu machen. An seiner Fruchtbarkeit war kein Zweifel erlaubt. Bei seinem starken Sexualtrieb und dem reichhaltigen, gesund wirkenden Samen hielten sie seine Zeugungsfähigkeit für gegeben. Also mußte es an ihr liegen. Sie begannen zu überlegen, ob es möglicherweise verkehrt gewesen war, mit dem Kinderkriegen zu warten, bis sie dreißig war. Vielleicht produzierte sie keine Eier?

Sie probierten es mit einem Anzeigegerät für die fruchtbaren Tage, das sie für teures Geld in der Apotheke erwarben und das in allen möglichen und unmöglichen Phasen ihres Zyklus positive Resultate erbrachte. Also begann sie, nachdem sie in einem ihrer Bücher über Schwangerschaft ein Hilfe versprechendes Diagramm entdeckt hatte, jeden Morgen als erstes ihre Temperatur zu messen. Doch die Kurve, die sie zustande brachte, hatte keinerlei Ähnlichkeit mit derjenigen im Buch. Trotzdem maß sie weiterhin ihre Temperatur. Es kostete nichts, und es gab ihnen das Gefühl, daß sie für eine Zeugung wenigstens etwas taten, außer dem, was man ohnehin dafür tut.

Auf das Anraten von Freunden hin verkehrten sie statt täglich nur alle zwei und dann alle drei Tage miteinander. Zunächst begann der Mann an den Tagen dazwischen gewohnheitsmäßig wieder zu masturbieren, doch dann zwang er sich zur Enthaltsamkeit, weil möglicherweise seine Fruchtbarkeit darunter litt. Die Abstinenz fiel ihm schwer, und gelegentlich gab er dem Drang nach, aber meistens konnte er sich beherrschen. Nach der Lektüre eines Zeitungsartikels verzichtete er auf heiße Bäder und ging zu locker sitzenden Unterhosen über.

Die Frau hatte, anders als ihr Partner, nicht so häufig masturbiert, machte sich nun aber ihrerseits Sorgen. Möglicherweise kam es darauf an, daß sie *während* des Geschlechtsverkehrs einen Orgasmus hatte. Sie hatte nur ungefähr jedes dritte Mal einen Orgasmus – und seit die Besamung zur Hauptsache geworden war, noch seltener. Ihrer Intuition folgend, gab sie das Masturbieren ganz auf, und sie bemühten sich besonders, damit sie während des Geschlechtsverkehrs zum Orgasmus kam. Doch je mehr sie sich anstrengten, desto schwerer fiel ihr die Reaktion, und widerstrebend überließen sie es schließlich dem Zufall. Sie tat jedoch, was sie konnte: Nach dem Geschlechtsverkehr blieb sie reglos liegen, die Füße gegen die Wand gelehnt, so daß der Samen länger in ihrer Scheide blieb. Doch alle Tricks halfen nichts, immer wieder bekam sie ihre Periode – ein düsteres Vorzeichen.

Dann lasen sie, daß Sperma leichter in die Gebärmutter gelangt, wenn sie statt auf dem Rücken auf dem Bauch liegt, und so drang er im achten Monat ihres Zeugungsprogramms jedesmal von hinten in sie ein. Mal lag sie mit gespreizten Beinen auf dem Bett, mal kniete sie, den Hintern in die Höhe gereckt. Hinterher blieb sie etwa eine halbe Stunde auf dem Bauch liegen.

Während dieses Monats versuchte er sich zu konzentrieren, wenn der Orgasmus nahte, und so tief wie möglich in sie hineinzuspritzen. Es war die Zeit, in der er merkte, daß sein Interesse am Sex mit ihr nachzulassen begann. Bei drei Gelegenheiten, wo sie glaubte, eine Regung ihrer Libido zeige ihr den richtigen Zeitpunkt an, konnte er überhaupt nicht. Sie mochte tun, was sie wollte, er bekam keine Erektion zustande. Zunehmend stellten sie fest, daß sie auf Abwechslung angewiesen waren. Sie richteten es so ein, daß sie ein ganzes Wochenende nicht aus dem Haus mußten; sie waren beide nackt, so daß er sie jederzeit nehmen konnte, sobald es ihn gelüstete. Bis zu einem bestimmten Punkt funktionierte es. Einmal bekam er eine Erektion, während er sie beobachtete, wie sie mit Gummihandschuhen in der Küche an der Spüle hantierte. Nachdem sie die Beine gespreizt hatte und ein wenig in die Knie gegangen war, drang er, wenn auch unter gewissen Schwierigkeiten, von hinten in sie ein, während sie sich nach vorn über die Spüle beugte. Verkehr hatten sie auch beim Betrachten eines Pornovideos. Doch der Tag, an dem sie acht Monate geschützten Sex feiern wollten, wurde ihnen dadurch verdorben, daß wieder einmal ihre Periode einsetzte.

Nachdem sie alle erdenklichen Bedingungen – Häufigkeit, Kleidung, Positionen – variiert hatten, waren sie zuletzt darauf verfallen, den Ort zu wechseln. An sich rationale Menschen, machten sie am Ende das Haus für ihr Versagen verantwortlich und kamen auf die Idee, daß es vielleicht von selbst zur Empfängnis käme, wenn sie in einer »natürlichen« Umgebung Sex hätten.

Zu Beginn des neunten Monats hatten sie sich, mit einer Decke versehen, nackt in den Garten geschlichen, um unter den Sternen Geschlechtsverkehr zu haben. Während er am Stoßen war, fixierte sie den hellsten Stern am Himmel und erging sich in kosmischen Betrachtungen. Zwei Nächte später stürzten sie in einem Anfall von Wahnsinn während eines Gewitters hinaus und machten es im Sturzregen auf dem

Rasen. Sie bildeten sich ein, daß ein Blitz über den Nachthimmel zuckte, als er zu ejakulieren begann, und daß der Donner grollte, als er seinen letzten Spritzer von sich gab. Von Mal zu Mal trauten sie sich mehr und trieben es schließlich am helllichten Tag mitten auf dem Rasen.

Das Risiko, beobachtet zu werden, fanden beide erregend, und sie versuchten, sich Alternativen zu ihrem Garten vorzustellen – einerseits aus dem Bedürfnis, eine abflauende sexuelle Erregung anzustacheln, andererseits aber ihrer abergläubischen Vorstellung zuliebe, je gewagter der Ort, desto größer die Wahrscheinlichkeit, daß ihr Körper durch einen »Schock« empfängnisbereit würde.

Letzten Sonntag waren sie aufs Land gefahren zu einem Wald, den sie kannten, und hatten eine Aufgabe, die er sich einst als frustrierter und einsamer Jugendlicher gestellt hatte, noch einmal durchgespielt. Die Kleider in einer Tüte, gingen sie nackt durch den Wald, und wenn sich jemand näherte, versteckten sie sich hinter einem Baum. Ihre Aufgabe war, einen Fluß zu erreichen, etwa anderthalb Kilometer entfernt, ohne beobachtet oder zumindest ohne verhaftet zu werden. Sie schafften es, abgesehen von einem neugierigen Hund, der sie aufspürte und hartnäckig versuchte, ihnen die Lenden zu lecken. Die erregende Blöße des Nacktseins und der Kitzel des Erfolges führten dazu, daß der Geschlechtsverkehr, den sie am Flußufer im hohen Gras hatten, so befriedigend war wie seit Monaten nicht mehr.

Und jetzt hatten sie es gerade auf einem Spielplatz gemacht, umgeben von den Geistern von Kindern. Als sie sich anzogen, um nach Hause zu gehen, dachten beide, daß, wenn es diesen Monat nicht klappte, nie klappen würde.

Dieses Kapitel befaßt sich mit dem ersten Schritt auf dem Weg zur Elternschaft, der Zeugung. Für viele Paare ist es ein sehr kurzer, rasch verflogener Schritt, den sie kaum wahrnehmen. Bei anderen – so bei dem Paar in der obigen Szene – erfordert die Zeugung intensive Bemühung, die mit vielen Fragen und Sorgen einhergeht. Wir werden diesem Paar durch drei Szenen folgen, die sich über rund zwei Jahre ihres Lebens verteilen.

Wenn es um die Zeugung geht, kann man die Menschen und besonders unser Paar verstehen, wenn sie in der natürlichen Auslese eine verdammt unnütze und boshafte Kraft sehen. Wie ist es möglich, daß ein Paar nach Jahrmillionen der Evolution und einer natürlichen Auslese, die in jeder Generation rigoros an einem so elementaren Vorgang wie der Zeugung ansetzt, noch immer solche Probleme damit haben kann, ein Baby zu zeugen? Es gibt viele mögliche Antworten, und sie beruhen fast alle auf der grundlegenden Tatsache, daß die Zeugung ein Kampf ist – entweder zwischen dem Paar und anderen (infektiösen) Organismen oder, trotz aller scheinbaren Kooperation zwischen Mann und Frau in der geschilderten Szene, zwischen den beiden selbst.

Ein *fruchtbares* Paar braucht nach der Aufnahme von ungeschütztem Geschlechtsverkehr im Schnitt vier bis fünf Monate, um ein Kind zu zeugen. Im ersten Monat gelangt jedes dritte Paar zur Zeugung, aber danach sinkt die Wahrscheinlichkeit der Zeugung rasch auf eins zu zwanzig. Jedes zehnte *fruchtbare* Paar braucht über ein Jahr und jedes zwanzigste mehr als zwei. Wenn wir die unfruchtbaren und subfertilen Paare mit einbeziehen, bringen nur etwa sechzig bis fünfundsiebzig Prozent in einem Jahr ungeschützten Geschlechtsverkehrs eine Zeugung zustande. Das sind jedoch Mittelwerte, hinter denen sich unzählige Faktoren verstekken, die eine ganz normale Variation erzeugen. Es gibt Paare, denen erst nach Jahren ungeschützten Geschlechtsverkehrs plötzlich eine Zeugung gelingt, und andere, bei denen es auf Anhieb klappt.

Angesichts der Bedeutung, die Sex und Fortpflanzung im Leben haben, sind die meisten Menschen erstaunlich uninformiert. Das soeben beobachtete Paar bildet keine Ausnahme, wenn es in der Frage, was für eine Zeugung nötig ist, immer verworrener und irrationaler handelt. Wir sollten sie jedoch nicht allzu scharf beurteilen, sind sich doch selbst Biomediziner über viele Aspekte des Vorgangs im unklaren.

Das Paar in der Szene kaprizierte sich immer mehr auf praktische Einzelheiten. War es ein Fehler gewesen, so lange mit der Gründung einer Familie zu warten? Wie ließ sich die Phase innerhalb ihres Zyklus feststellen, in der eine Zeugung am wahrscheinlichsten war? Wie oft sollten sie Geschlechtsverkehr haben? Welche Position sollten sie wählen? Wie konnten sie sicherstellen, daß sein Samen so tief wie möglich in ihre Scheide gelangte? Was konnten sie dafür tun, daß er so lange wie möglich nach dem Geschlechtsverkehr in ihr blieb? Sollte er die Masturbation meiden? Sollte sie die Masturbation meiden? Wie wichtig war es, daß sie beim Geschlechtsverkehr einen Orgasmus hatte? Sollte er heiße Bäder und enge Unterhosen meiden?

In Wahrheit spielt keiner dieser Faktoren eine Rolle, solange beide fruchtbar sind. Sie brauchten im Grunde nichts anderes zu tun, als miteinander zu verkehren – wann, wo, wie und in welcher Position war völlig gleichgültig. Dann wäre die Frau – vorausgesetzt, es waren der richtige Mann und der richtige Moment für ihren Körper – auf jeden Fall schwanger geworden. Die natürliche Auslese hat den Weg zur Schwangerschaft wirklich sehr effektiv gestaltet. Nur eines wollen die Menschen nicht zur Kenntnis nehmen: Daß ihr Gehirn ihnen sagt, eine Schwangerschaft käme ihnen *jetzt* sehr gelegen, heißt noch längst nicht, daß eine Schwangerschaft jetzt auch ihren langfristigen Fortpflanzungsinteressen dient. Der Körper weiß das und trifft seine eigenen Urteile; was auch immer man sich bewußt wünschen mag, der Körper entscheidet. Das Gehirn kann eine Schwangerschaft nicht erzwingen, wenn der Körper entschieden hat, daß eine Schwangerschaft nicht seinen langfristigen Interessen dient.

Zwei Dinge schaffen Verwirrung, wenn eine Schwangerschaft ausbleibt. Zum einen ist Fortpflanzung nur eine der Funktionen des Geschlechtsverkehrs. Deshalb hat ein Mensch im Laufe seines Lebens rund dreitausendmal Verkehr, zeugt aber, je nach seiner geographischen Heimat, im Schnitt nur zwei bis sieben Kinder. Welche Funktionen der Geschlechtsverkehr sonst noch hat, wird im Laufe dieses Kapitels deutlich werden. Zum anderen ist es dem langfristigen Fortpflanzungserfolg eines Paares in der Regel dienlicher, eine Schwangerschaft zu *vermeiden*, statt sie zu erzielen. Das ist, wenn auch vage, dem Gehirn ebenso bewußt wie dem Körper – einer der Gründe, warum das Paar in der Szene acht Jahre lang Empfängnisverhütung betrieb. Daß das Gehirn beschlossen hatte, nun sei die Zeit zur Fortpflanzung gekommen, bedeutete aber nicht automatisch, daß auch der Körper dieser Meinung war.

Dies zeigt, daß es der natürlichen Auslese hervorragend gelungen ist, all die Forderungen, die die Menschen (und andere Arten) an den Geschlechtsverkehr und die Fortpflanzung stellen, unter einen Hut zu bringen. Der Eindruck der Ineffizienz entsteht nur, wenn, wie bei dem Paar in der Szene, die Schwangerschaft zum einzigen *bewußten* Ziel des Geschlechtsverkehrs wird. Dabei kann es durchaus sein, daß ihre Körper ein ganz anderes Spiel spielen und deren Wünsche sich wie gewöhnlich durchsetzen. Was geht hier vor? Ist es wirklich möglich, daß sie sich in ihrem Bewußtsein verzweifelt ein Baby wünschen, ihre Körper aber einen anderen Plan verfolgen? Wenn ja, wie kann dieser Plan dem Fortpflanzungserfolg der beiden dienen, wo er ihnen doch den naheliegenden Weg zu diesem Erfolg verwehrt?

Diese allgemeinen Fragen werden später leichter zu beantworten sein; an dieser Stelle wollen wir auf die konkreten Fragen eingehen, die unser Paar beschäftigten.

War es ein Fehler gewesen, so lange mit der Gründung einer Familie zu warten? Als sie mit der zielstrebigen Zeugung begannen, waren beide dreißig Jahre alt, und der Gedanke, sie könnten nicht mehr ganz so fruchtbar sein, war verständlich. Der Mißerfolg schien ihren Sorgen auf den ersten Blick recht zu geben. Bei ungeschütztem Geschlechtsverkehr werden von Frauen unter fünfundzwanzig rund neunzig Prozent, von Frauen über fünfundzwanzig weniger als zwanzig Prozent innerhalb von sechs Monaten schwanger. Diese altersabhängige Änderung hat im wesentlichen zwei Gründe, die für unser dreißigjähriges Paar beide beruhigend sein sollten.

Vermutlich haben sie wie fast jeder davon gehört, daß die Fruchtbarkeit eines Mannes mit achtzehn Jahren am größten ist und von da an abnimmt. Doch so richtig es ist, daß ein Achtzehnjähriger eine Erektion länger aufrechterhalten kann als ein älterer Mann, deutet doch nichts darauf hin, daß seine Spermien fruchtbarer sind. Die Spermienproduktion erreicht ihren Höhepunkt zwischen zwanzig und dreißig. Auf den Zusammenhang zwischen Alter und Fortpflanzung des Mannes kommen wir noch zurück. Daß das Alter des Mannes in dieser Szene eine Rolle spielte, ist höchst unwahrscheinlich.

Die Anzahl der Eizellen, die eine Frau im Jahr produziert, ändert sich im Laufe des Lebens. Die meisten Frauen wissen, daß sie praktisch keine Eizellen produzieren und folglich auch nicht schwanger werden können, wenn sie nicht menstruieren. Die meisten wissen aber nicht, daß sie, wenn sie menstruieren, nicht unbedingt einen Eisprung (Ovulation) gehabt haben müssen. Ein Zyklus ohne Eisprung heißt anovulatorisch und ist infertil; eine Schwangerschaft ist unmöglich, gleichgültig, wie oft das Paar Geschlechtsverkehr hat. An infertilen Zyklen ist nichts Ungewöhnliches; sie kommen bei jeder normalen, gesunden, fruchtbaren Frau vor. Sie sind alles andere als eine Gefahr für ihre Fruchtbarkeit; sie gehören sogar wesentlich zu ihrer Fortpflanzung dazu. Sie sind eines der wichtigsten Mittel, mit welchem der Körper einer Frau eine Schwangerschaft vermeidet, wenn sie ihrem langfristigen Fortpflanzungserfolg abträglich ist. Anders gesagt: Ohne infertile Zyklen würde eine Frau weit öfter schwanger, als gut für sie wäre.

Die Häufigkeit infertiler Zyklen ändert sich mit dem Alter einer Frau. Wenn ein Mädchen gleich nach der Pubertät ihre Periode bekommt, sind über neunzig Prozent ihrer Zyklen infertil. Auch noch mit zwanzig sind sechzig Prozent ihrer Zyklen infertil. Zwischen fünfundzwanzig und fünfunddreißig ist die Häufigkeit infertiler Zyklen am niedrigsten, aber immer noch ist es jeder fünfte. Über fünfunddreißig beginnt der Anteil der fertilen Zyklen abzunehmen, und mit fünfzig sind die meisten Zyklen wieder infertil – doch dann hören sie bei den meisten Frauen ohnehin auf. Der letzte Zyklus tritt im Rahmen der Menopause gewöhnlich zwischen achtundvierzig und einundfünfzig auf. Die Frau in der Szene brauchte sich also keine Sorgen zu machen, weil sie den Versuch der Familiengründung bis dreißig aufgeschoben hatte. Nach den oben angegebenen Zahlen für die Häufigkeit von Schwangerschaften ist jedoch klar, daß der Anteil der fertilen Zyklen nicht als einziger Faktor verantwortlich sein kann. Für die Chancen einer Schwangerschaft muß, außer der weiblichen Fruchtbarkeit, noch etwas anderes eine Rolle spielen – und damit sind wir bei der nächsten Sorge des Paares.

Wenn Paare über fünfunddreißig nicht so schnell zeugen wie jüngere, dann vor allem deshalb, weil die Wahrscheinlichkeit, daß sie während der fruchtbarsten Tage der Frau

Geschlechtsverkehr haben, geringer ist. Und das liegt daran, daß sie in der Regel weniger Geschlechtsverkehr haben als jüngere Paare – was aber nicht auf das Paar in der Szene zutraf, das während seiner zielstrebigen Zeugungsbemühungen manchmal täglich Verkehr hatte. Doch auch bei seltenem Geschlechtsverkehr kann das Problem, die fruchtbaren Tage zu verpassen, umgangen werden, wenn die Paare genau herausbekommen können, wann während des Zyklus die Frau fruchtbar ist. Das war eine der Fragen, die unser Paar beschäftigten. Wie konnten sie erkennen, in welcher Phase des Zyklus sie am besten Verkehr haben sollten? Ihnen war, wie der Mehrheit der aufgeklärten Paare in modernen Industriegesellschaften, bekannt, daß eine Frau nur an bestimmten Tagen während des Zyklus schwanger werden kann – aber an welchen genau? Und warum war es so schwer für sie, zu erkennen, wann diese Tage eingetreten waren?

In ovulatorischen Zyklen kommt, anders als in anovulatorischen, ein Tag ungefähr in der Mitte des Zyklus, an dem einer der beiden Eierstöcke ein Ei ausstößt – das ist der Eisprung. Anschließend schwebt das Ei kurze Zeit frei in der Bauchhöhle, bis es vom offenen Ende des näher gelegenen Eileiters aufgesaugt wird – die erste Etappe seiner achtzigstündigen Reise in die Gebärmutter, die es mit einer Geschwindigkeit von einem Millimeter pro Stunde zurücklegt. Unterwegs kann das Ei befruchtet werden, wenn es auf ein Spermium trifft, aber es kommt entscheidend auf Zeit und Ort an. Wahrscheinlich ist eine Befruchtung nur in einem bestimmten Abschnitt des Eileiters, etwa auf einem Drittel der Strecke zwischen Eierstock und Gebärmutter. Obendrein hat eine unbefruchtete menschliche Eizelle nur eine Lebensdauer von zwölf bis sechsunddreißig Stunden.

Erstaunlich viele Menschen glauben, Frauen würden am ehesten schwanger, wenn sie in den Tagen *nach* dem Eisprung Geschlechtsverkehr haben. Das trifft nicht zu. Weil das Ei eine so kurze Lebensdauer hat und die Spermien es nur in einem begrenzten Bereich in den beiden Eileitern tatsächlich befruchten können, ist eine Empfängnis wahrscheinlicher, wenn das Paar *vor* dem Eisprung Geschlechtsverkehr hat. Die Spermien stehen dann schon bereit, wenn die Eizelle in der Befruchtungszone ankommt. Am ehesten wird eine Frau schwanger, wenn sie *zwei Tage vor* dem Eisprung ungeschützten Geschlechtsverkehr hat. Die Wahrscheinlichkeit, in diesem Zyklus schwanger zu werden, beträgt dann eins zu drei – ein sehr guter Wert. Bei Geschlechtsverkehr vor oder nach diesem Zwei-Tage-Optimum wird die Wahrscheinlichkeit eines Erfolges immer geringer. Sechs Tage vorher beträgt sie praktisch null, fünf Tage vorher nur eins zu zehn. Das liegt daran, daß Spermien innerhalb der Frau höchstens fünf Tage lang fruchtbar bleiben. Bei Verkehr am Tag des Eisprungs selbst ist die Erfolgschance auch nur eins zu zehn. Am Tag danach ist die Chance praktisch null, da es höchst unwahrscheinlich ist, daß die Eizelle noch lebt. Unser Paar hätte also erkennen müssen, wann es noch zwei Tage bis zum Eisprung waren. Konnte es das?

Die Antwort ist leider: nein – oder allenfalls: vielleicht. Die moderne medizinische Forschung und die moderne Technik beantworten die Frage mit einem kategorischen Nein. Während die Weibchen bestimmter Primaten, Schimpansen zum Beispiel, durch Rötungen und unanständige Schwellungen der Vagina anzeigen, daß sie in die fertile Phase ihres Zyklus eingetreten sind, gibt sich der Körper von Frauen größte Mühe, um seine fertilste Phase zu *verbergen.* Unsere Spezies steht damit nicht allein. So machen es auch die Weibchen etlicher Primaten, zum Beispiel Krallenaffen und Orang-Utans. Dieses Verbergen der fertilen Phase, auch sexuelle Krypsis genannt, wurde von der natürlichen Auslese so effektiv gestaltet, daß weder der Partner der Frau noch sie selbst herausfinden kann, wann ein Geschlechtsverkehr höchstwahrscheinlich zur Schwangerschaft führt.

Wie wirkungsvoll die sexuelle Krypsis ist, zeigt sich daran, daß unsere Vorfahren von der Empfängnis eine sehr verschwommene Vorstellung hatten. Viele sahen nicht einmal einen Zusammenhang zwischen Geschlechtsverkehr und Schwangerschaft; weil die Menschen so oft Geschlechtsverkehr hatten, ohne schwanger zu werden – im Schnitt kommt eine Schwangerschaft auf fünfhundert Besamungen –, erschien ein Zusammenhang absurd. Bis in die zwanziger Jahre kursierten über Fruchtbarkeit und Empfängnis die unterschiedlichsten Vorstellungen. Eingeborene Australier, Brasilianer und zahlreiche Afrikaner glaubten, das Baby gelange aus der Umwelt in die Mutter, zum Beispiel, während sie schwimmt. In anderen Gegenden Afrikas glaubte man, Babys entstünden allein aus Menstruationsblut, das sich in der Frau sammelt. Es gab auch die Vorstellung, daß der Mann zwar beteiligt ist, aber nur den Körper der Frau für die Empfängnis vorbereitet und danach keine Rolle mehr spielt.

Es gab aber auch Kulturen, die nur den Mann beteiligt sahen und glaubten, das Baby entstehe im Mann und werde in ihm »ausgebrütet«, vielleicht im Gehirn, um dann in seinen Penis zu wandern und mit der Samenflüssigkeit in die Frau »eingepflanzt« zu werden. Aristoteles war einer der Verfechter dieser Pflanzungshypothese. Als vor rund dreihundert Jahren zum ersten Mal Sperma unter dem Mikroskop betrachtet wurde, glaubten die Wissenschaftler ernsthaft, im menschlichen Sperma winzige ganze Menschen, im Eselsperma Esel zu erkennen und so weiter. Seitdem nannte man diese Gebilde Spermatozoen, was »Samentiere« bedeutet.

Der erste Europäer, der an eine Mitwirkung der Frau an der Zeugung dachte, war Hippokrates. Wenn das Menstruationsblut nicht mehr aus der Scheide floß, sammelte es sich, so seine Theorie, in der Mutter und bildete das Fleisch des Babys und die Samenflüssigkeit das Gehirn und die Knochen. Man glaubte deshalb, das Ende der Menstruation sei die fruchtbarste Zeit. Erst als man Ende des 19. Jahrhunderts (an Seesternen und Seeigeln) beobachtete, wie Spermien Eier befruchten, wurde eine Mitwirkung des Weibchens – die Produktion von Eiern – anerkannt. Aber erst Ende der zwanziger Jahre bewies die medizinische Forschung, daß die Mitte des Zyklus und nicht das Ende der Menstruation die fertilste Phase des Menstruationszyklus ist.

Der Körper der Frauen ist im Verbergen seiner Fruchtbarkeit so gut, daß die Frage, wann im Verlauf ihres Zyklus die Frauen empfangen, erst durch die biomedizinische Forschung beantwortet wurde. Und das Rätsel wurde nicht dadurch gelöst, daß Forscher bloß ihre Augen aufsperren, denn die gesamte Chemie und das gesamte Verhalten der Frau ist an der Vertuschung beteiligt. In jeder Phase ihres Zyklus haben Frauen Lust – oder auch keine Lust – auf Sex. In jeder Phase ihres Zyklus sind sie gut oder auch schlecht gelaunt. Es steht außer Zweifel, daß Frauen während der fertilen Phase des Zyklus starkes Verlangen verspüren und Geschlechtsverkehr anstreben beziehungsweise begrüßen, doch werden diese Fälle so geschickt durch Momente vorgetäuschten Verlangens getarnt, daß weder die Frau noch die Männer ihrer Umgebung sagen können, welche nun Fruchtbarkeit anzeigen und welche nicht. Das Paar in der Szene tat daher das Richtige, als es geschlechtlich verkehrte, wann immer ihr danach gelüstete, auch wenn es nicht immer das bedeutete, was sie hofften, daß es bedeuten würde.

Das Verlangen der Frau ist kein todsicherer Hinweis auf Fruchtbarkeit; es gibt noch drei von der biomedizinischen Forschung entdeckte Methoden, die einen ebenso guten, wenn nicht noch besseren Hinweis geben. Alle sind freilich unvollkommen, und zwei erfordern moderne Technik – einen Ovulationsdetektor beziehungsweise ein Thermometer –, auf die wir in Kürze eingehen werden. Für die erste Methode sind jedoch nur die Finger der Frau erforderlich.

In ihrer fertilen Phase bemerkt sie vielleicht erhöhte Feuchtigkeit auf ihren Schamlippen. Und wenn sie ihre Finger in die Scheide steckt und etwas Schleim hervorholt, wird sie merken, daß er sehr elastisch ist. In infertilen Phasen ist dieser Schleim weit weniger elastisch, aber sehr viel dicker. Was ist dieser Schleim, woher kommt er, und warum verändert er trotz der sexuellen Krypsis seine Konsistenz in der fertilen Phase ihres Menstruationszyklus?

Dieser verräterische Schleim kommt aus dem Gebärmutterhals (die Mediziner sprechen von der Zervix), dem engen Durchgang, den die Spermien auf dem Weg von der Scheide zur Gebärmutter passieren müssen. Wenn eine Frau flach auf dem Rücken liegt, ähnelt ihre Gebärmutter einer umgestülpten Vase oberhalb ihrer Scheide. Der Gebärmutterhals ist der Hals dieser Vase, und er ragt etwa zwei Zentimeter weit durch das »Dach« der Scheide. Verschlossen wird der Hals durch Schleim, der von den Wänden des Gebärmutterhalses abgesondert wird. Der Schleim gleitet langsam wie ein Gletscher den Gebärmutterhals hinunter. Nach und nach sickert das ältere Ende des Schleimgletschers aus dem Gebärmutterhals in die Scheide hinein. Die Hauptfunktion des Zervixschleims besteht darin, Viren und Bakterien, die in die Gebärmutter vordringen wollen, das Leben schwerzumachen, und deshalb ist er meistens ziemlich dick und schwer zu durchdringen. Die Folge ist natürlich, daß auch

Spermien schwer hindurchkommen – es ist, als müßten sie durch Sirup schwimmen. In der fertilen Phase bleibt dem Gebärmutterhals also gar nichts anderes übrig, als seinen Schleim durchlässiger zu machen, weil Spermien sonst nicht leicht aus der Scheide in die Gebärmutter gelangen könnten. Allerdings kann eine Frau es sich auch in der fertilen Phase nicht leisten, den Schutz vor Krankheiten gänzlich zu verlieren.

Dieses doppelte Problem löst der Gebärmutterhals folgendermaßen: Zunächst macht er seinen Schleimpfropf flüssiger, so daß Sperma leichter hindurchschwimmen kann, zugleich erhöht er aber die Fließgeschwindigkeit des »Gletschers«. Diese Beschleunigung ist von der natürlichen Auslese vervollkommnet worden. Schnellschwimmende Spermien können trotzdem vorankommen und durchdringen – wie Lachse, die ein Wildwasser hinaufschwimmen –, und die langsamer wandernden Bakterien und Viren werden dennoch hinausgespült. Diese Veränderungen in Fluß und Konsistenz des Schleims können eine Frau und ihren Partner darauf aufmerksam machen, daß sie in ihrer fertilen Phase ist.

Man hat die Vermutung geäußert, daß Zervikal- und Scheidensekrete während der fertilen Phase angenehmer riechen würden. Untersuchungen, bei denen Frauen in allen Phasen ihres Zyklus eine Nacht lang einen Tampon trugen, haben dies nicht bestätigt; eine Testgruppe wurde gebeten, an den Tampons, die nicht zu sehen waren, zu schnuppern und sie nach ihrer »Angenehmheit« einzustufen. Man fand nur eine geruchliche Veränderung im Verlauf des Zyklus: Menstruationsausscheidungen wurden als weniger angenehm eingestuft als nichtmenstruelle.

Warum wurde dem Paar in unserer Szene nicht geraten, die Ausscheidungen der Frau zu beobachten und danach zu entscheiden, wann der günstigste Zeitpunkt für eine Zeugung war? Es gibt Leute, die genau dies tun; einen Versuch ist es sicherlich wert. Leider ist die Methode nicht verläßlicher und nicht einfacher als alles andere, was wir in Erwägung gezogen haben. Der Schleim kann nämlich etliche Tage vor der maximalen Fruchtbarkeit elastisch werden und es danach noch etliche Tage bleiben. Maximale Fruchtbarkeit und optimale Beschaffenheit des Schleims fallen manchmal zeitlich zusammen, aber eben nicht immer. Hinzu kommt ein praktisches Problem: Die Schwierigkeit beim Abwarten eines Maximums ist die, daß man das Maximum erst erkennen kann, wenn es vorbei und der Niedergang unverkennbar ist – und dann ist es zu spät.

Statt nach reichlichem und elastischem Zervixschleim Ausschau zu halten, wählte das Paar in der Szene »technische« Ersatzlösungen. Zunächst probierten sie es mit käuflichen Ovulationsnachweisen, dann begann die Frau, jeden Morgen ihre Temperatur zu messen. Beide Methoden können helfen, aber keine ist narrensicher. Auch hier besteht wieder das Problem, daß man wie beim Zervixschleim-Test ein Maximum beziehungsweise ein Minimum erkennen muß, und wenn das Maximum oder Minimum als solches erkannt wird, ist es zu spät.

Im Prinzip sollten Ovulationsnachweise dieses Problem beseitigen, und die neuesten Versionen sind so einfach anzuwenden wie Schwangerschaftstests. Die Frau hält den Teststreifen einfach in ihren Harnstrahl und wartet dann einige Minuten. Wenn der Eisprung bevorsteht, zeigt sich ein blauer Strich. Gemessen wird das Vorkommen eines Hormons, das immer vorhanden ist, aber zwei Tage vor dem Eisprung seinen Maximalwert hat. Das System ist so eingestellt, daß eine positive Reaktion nur eintritt, wenn das Hormon mindestens in der Menge vorhanden ist, die das ersehnte Maximum anzeigt. Bei den meisten Frauen funktioniert es.

Leider ist der *tatsächliche* Spiegel dieses Hormons von Frau zu Frau verschieden. Einige bekommen nie eine positive Reaktion, weil ihr höchster Spiegel unter dem Schwellenwert des Anzeigers liegt, einige bekommen sie immer, weil ihr tiefster Spiegel oberhalb des Schwellenwerts liegt. Beide Typen von Frauen haben normale, fertile Zyklen, aber mit dieser Art von Anzeiger können sie ihren Eisprung nicht ermitteln. Dies betrifft gewiß nur eine Minderheit, doch die Frau in der Szene hatte das Pech, in eine dieser Kategorien zu fallen.

Auch die Temperaturmessung half ihr wenig. Was sie in dem Buch gesehen hatte, war vermutlich eine Temperaturkurve, die in den Tagen der Menstruation allmählich abfiel, etwa zwei Wochen lang niedrig blieb, dann einen Tag mit einer wirklich niedrigen Temperatur zeigte, bevor sie anstieg, um sich schließlich auf einem hohen »Plateau« einzupendeln. Kommt es nicht zu einer Empfängnis, beginnt die Temperatur am Beginn der nächsten Menstruation wieder zu sinken. Ist es dagegen zu einer Empfängnis gekommen, bleibt die Temperatur hoch. Dies ist die übliche »biphasische« Kurve eines fertilen Menstruationszyklus. Bei infertilen anovulatorischen Zyklen bleibt die Temperaturkurve durchgängig niedrig.

Eine fertile biphasische Kurve weist einem zeugungswilligen Paar zwei wichtige Besonderheiten auf. Wenn sie vom ersten Tag der Blutung vierzehn Tage zurückrechnen, erhalten sie den Tag, an dem die Frau innerhalb dieses Zyklus ihren Eisprung hatte. Das eintägige Temperaturtief, der »Nadir«, liegt gewöhnlich zwei Tage vor dem Eisprung. Unser Paar hätte in seinen Temperaturaufzeichnungen nach dem Tag des Nadir suchen sollen. Geschlechtsverkehr an diesem Tag hätte vermutlich die besten Zeugungschancen gehabt.

Leider gibt es auch bei diesem System Schwierigkeiten. Schon eine Infektion, zum Beispiel ein Schnupfen, kann die

Temperatur in jeder Phase des Zyklus ungewöhnlich hochtreiben. Und es ist noch vertrackter: In den entscheidenden zwei Wochen vor dem Eisprung bleibt die Temperatur nicht konstant niedrig. Sie schwankt, in Abhängigkeit von mehreren Faktoren, erheblich. Sie wird zum Beispiel ungewöhnlich hoch ausfallen, wenn die Frau ein bißchen später als sonst mißt, wenn sie sich heftig bewegt hat oder wenn sie etwas gegessen hat. Hoch wird die Temperatur auch dann sein, wenn sie am Abend vorher viel Alkohol getrunken hat. Sie erreicht zwar selten das hohe Plateau, das nach dem Eisprung eintritt und in der Regel weit weniger schwankt, doch machen es diese unvermeidlichen Schwankungen vor dem Eisprung sehr schwer, den Punkt auszumachen, an dem der Nadir eintrat, ehe einige Tage später das Plateau erreicht ist. Dann aber ist es zu spät – das Ei wurde ausgestoßen und ist zugrunde gegangen.

Dennoch ist es sinnvoll, die Temperaturen aufzuzeichnen. Erstens kann man mit geübtem Blick an Hand einiger Zyklen erkennen, ob die Frau überhaupt einen Eisprung hat und wenn ja, in wie vielen ihrer Zyklen. Zweitens ist es wirklich sinnvoll für diejenigen, die eine Schwangerschaft vermeiden, zugleich aber möglichst auf die Anwendung von Empfängnisverhütungsmitteln verzichten möchten. Wenn das hohe Plateau der Temperaturkurve begonnen hat, hat das Paar rund zehn Tage – den Rest dieses Zyklus –, an denen es relativ ungestraft ungeschützten Geschlechtsverkehr haben kann.

Ziemlich nutzlos sind Temperaturaufzeichnungen dagegen, wenn man den günstigsten Zeitpunkt für eine Zeugung ermitteln möchte. Warum sollte man überhaupt nach Anzeichen der fertilen Phase Ausschau halten? Wenn der Menstruationszyklus achtundzwanzig Tage dauert und der Eisprung vierzehn Tage vor dem Beginn der nächsten Periode erfolgt, heißt das nicht, daß vierzehn Tage nach dem Beginn der vorigen Periode mit dem Eisprung zu rechnen ist? Der Tag der größten Fruchtbarkeit wäre demnach der zwölfte Tag. Unser Paar in der Szene brauchte also nur den Beginn einer Periode abzuwarten, die Tage zu zählen und dann darauf zu achten, daß sie am zwölften Tag Geschlechtsverkehr haben.

Leider funktioniert auch das nicht. Solchen simplen Berechnungen hat die natürliche Auslese dadurch vorgebeugt, daß sie den Körper der Frau für die sexuelle Krypsis einrichtete. Ganz selten kommt es vor, daß eine Frau tatsächlich am vierzehnten Tag ihres Zyklus ovuliert. Man kann zwar einigermaßen damit rechnen, daß es *vom Eisprung* bis zum Beginn der nächsten Periode vierzehn Tage dauert, nicht aber damit, daß es auch vom Beginn einer Periode *bis zum Eisprung* vierzehn Tage sind. Diese Spanne ist sogar unglaublich variabel, sowohl von einer Frau zur anderen als auch bei ein und derselben Frau von einem Zyklus zum anderen – sie schwankt zwischen vier bis fünf und vierzig bis fünfzig Tagen –, und daran liegt es, daß auch die Spanne von einer Periode zur nächsten so variabel ist.

Geschlechtsverkehr am zwölften Tag erhöht daher die Wahrscheinlichkeit einer Empfängnis nicht stärker als Geschlechtsverkehr an jedem anderen Tag des Zyklus.

Manche Frauen behaupten, den Eisprung daran zu erkennen, daß sie um die Mitte des Zyklus im Unterleib einen Schmerz verspüren, den sogenannten »Mittelschmerz«. Der Schmerz *könnte* auf eine Reizung des Bauchfells durch Blut oder eine andere Flüssigkeit zurückgehen, die beim Eisprung aus dem Eierstock austritt. Man weiß jedoch nicht, wie oft ein solcher Schmerz zeitlich mit dem Eisprung zusammenfällt, und ebensowenig weiß man, wie sicher die Frau ihn von anderen, ähnlichen Schmerzen im Unterleib unterscheiden kann. Aber selbst wenn sie es kann, ist diese Fähigkeit für eine Zeugung belanglos, denn wie wir gesehen haben, ist die Wahrscheinlichkeit einer Zeugung gering, wenn der Eisprung bereits erfolgt ist, auch wenn sie es fertigbringt, sofort Geschlechtsverkehr zu haben.

Wegen der sexuellen Krypsis konnte unser Paar also nicht herausfinden, wann die Frau am fruchtbarsten war. Aber kam es darauf überhaupt an? Mußten sie nicht, wenn sie jeden Tag Verkehr hatten, den Tag der größten Fruchtbarkeit zwei Tage vor dem Eisprung auf jeden Fall treffen? Sie probierten es aus, aber als es nicht klappte, probierten sie es mit Geschlechtsverkehr alle zwei oder drei Tage. Welche Strategie war theoretisch die beste? Wie oft hätten sie Verkehr haben sollen? Tatsache ist, daß es für eine Zeugung nichts bringt, täglich Geschlechtsverkehr zu haben. Der Mann bringt insgesamt nicht mehr Sperma in die Frau, und theoretisch ist die Wahrscheinlichkeit, das Ei zu verpassen, nicht geringer, als wenn sie nur alle zwei bis drei Tage Verkehr haben. Es kann sogar nachteilig sein, jeden Tag Geschlechtsverkehr zu haben. Wie ist das möglich?

Wenn ein Mann eine Frau besamt, wandert ein Teil der Spermien direkt zu den beiden Eileitern und kommt in weniger als einer Stunde nach der Ejakulation dort an. Von diesen »Vorhutspermien« wandern einige weiter, bis sie die Befruchtungszone erreichen, doch einige machen bei Erreichen des Eileiters halt und lassen sich in einer Art Ruhezone im unteren Teil nieder. Doch die meisten Spermien versuchen gar nicht, sofort zu den Eileitern zu gelangen. Sie wandern eine sehr viel kürzere Strecke zu anderen Ruheplätzen, den zahlreichen »Krypten« in der Innenwand des Gebärmutterhalses. Die Eingänge zu diesen Krypten lassen die Zervixwand stellenweise wie die Oberseite eines Pfefferstreuers erscheinen – ideal zum Verweilen für Spermien. In den folgenden fünf Tagen verlassen die Spermien nach und nach die Krypten und setzen ihre Reise durch die Gebärmutter zu ihrer zweiten Ruhezone in einem der beiden

Eileiter fort. Diese Ruhezonen sind inzwischen von den Vorhutspermien geräumt, die die Befruchtungszone und den Rest des Eileiters hinter sich gelassen haben und in die Bauchhöhle hinausgeschwommen sind. Hier gehen sie zugrunde. Nur eines von rund 150 Milliarden Spermien, die in eine Frau eingeführt werden, hat Glück und trifft auf dem Weg durch die Befruchtungszone auf eine Eizelle, die es befruchtet.

Diese schlaue Gliederung des Spermienverhaltens hat zur Folge, daß, etwa eine Stunde nach jedem Geschlechtsverkehr einsetzend, fünf Tage lang ein stetiger Strom von Spermien die Befruchtungszone passiert. Wichtig ist nun, daß, solange Paare alle zwei oder auch drei Tage Geschlechtsverkehr haben, ständig Spermien die Zone durchwandern. Theoretisch kann kein Ei der Befruchtung entgehen.

Täglicher Geschlechtsverkehr erhöht also nicht die Wahrscheinlichkeit einer Zeugung. Und er erhöht nicht einmal die Zahl der Spermien, die den Eileiter durchwandern. Der Körper des Mannes führt nämlich während des Geschlechtsverkehrs eine sehr komplizierte Berechnung durch, und die Zahl der Spermien, die er ejakuliert, richtet sich nach der Zeit, die seit der letzten Besamung seiner Partnerin verstrichen ist. Je kürzer die Zeit, desto weniger Spermien ejakuliert er. Der Körper des Mannes regelt dies so genau, daß die Gesamtzahl der Spermien, die durch ihre Eileiter wandern, gleich bleibt, ob er sie nun zweimal täglich oder zweimal wöchentlich besamt.

Bei allzu häufigem Geschlechtsverkehr kann es sogar passieren, daß die Zahl der Spermien, die durch die Eileiter der Frau wandern, nicht steigt, sondern sinkt. Die Spermien beginnen sich gegenseitig zu behindern. Spermien, die von einer früheren Besamung her noch im Zervixschleim stekken, blockieren bei der nächsten Besamung die sehr engen

Kanäle und erschweren den später gekommenen Spermien das Durchkommen. Geschlechtsverkehr alle zwei Tage dürfte optimal sein, und wenn man den Abstand nicht größer werden läßt als drei bis vier Tage, ist es höchst unwahrscheinlich, daß man eine mögliche Begegnung zwischen Spermium und Eizelle in der Befruchtungszone versäumt. Das Paar in der Szene erfüllte diese Bedingung, und doch klappte es nicht. Woran konnte es sonst noch liegen?

Die Sorgen der beiden wandten sich der Frage zu, ob seine Spermien zu ihren Eizellen »durchkamen« oder nicht. Sie überlegten sich, ob sie nicht die Position beim Geschlechtsverkehr wechseln sollten. Außerdem versuchte er, den Samen so tief wie möglich in sie hineinzuspritzen, und sie versuchte dafür zu sorgen, daß sie anschließend sowenig wie möglich davon verlor. Hätten sie gewußt, was sich nach der Ejakulation im Körper der Frau abspielt, wäre ihnen aufgegangen, daß es wenig Sinn hatte, etwas anderes zu tun, als ihren natürlichen Neigungen zu folgen.

Viele glauben, daß die Scheide, der Gebärmutterhals und die Gebärmutter mehr oder weniger ein gerades Rohr bilden, so daß der Mann, wenn er genügend Kraft und Genauigkeit aufwendet, sein Sperma direkt bis zur Eizelle spritzen kann. Das ist, wie wir gesehen haben, nicht der Fall. Wenn die Frau auf dem Rücken liegt, befindet sich die Gebärmutter *oberhalb* der Scheide, und der Gebärmutterhals ragt etwa ein Zoll durch das Scheidendach. Der Kanal durch den Gebärmutterhals ist außerdem mit Schleim gefüllt. Schließlich wird eine genaue und kraftvolle Zustellung dadurch vereitelt, daß der Gebärmutterhals während des Geschlechtsverkehrs länger wird und sich bis zum Boden der Scheide streckt, so daß die Spitze des Penis nicht auf den Eingang zur Gebärmutter trifft, sondern auf eine Wand – die Vorderseite des Gebärmutterhalses. Egal, ob der Mann den Samen tropfenweise von sich gibt oder kraftvoll herausschleudert – am Ende bilden seine Spermien einen Tümpel am Boden der Scheide, und sie gelangen nicht durch irgendwelche Aktionen von ihm, sondern durch eigene Anstrengungen in den Gebärmutterhals und die Gebärmutter. Während der Gebärmutterhals in den Samentümpel herabhängt und sein Schleim sich mit dem Samen vermischt, schwimmen die Spermien einfach in den Schleim hinein.

Wenn wir uns das klarmachen, erkennen wir, daß die beiden natürlich recht hatten mit der Annahme, daß die Position der Frau während des Geschlechtsverkehrs und danach *irgendwie* von Bedeutung sei. Der Samentümpel am Ende der Scheide bleibt dort, wenn der Penis zurückgezogen wird; die Position spielt keine Rolle. Das liegt teils daran, daß der Tümpel fast unmittelbar nach seiner Bildung gerinnt und gallertartig wird, teils daran, daß die Scheide sich hinter dem schrumpfenden Penis zusammenzieht, so daß der Tümpel bleibt, wo er ist. Die Gefahr, daß ein Teil des Tümpels verlorengeht, bevor die Spermien sicher in den Gebärmutterhals entkommen konnten, besteht nur in der Frau-oben-Stellung. Eine echte Gefahr ist der entsprechende Verlust nur, wenn der Mann sich nach der Besamung allzu rasch, in noch halberigiertem Zustand, zurückzieht.

Die Stellung beim Geschlechtsverkehr hat nicht nur kaum einen Einfluß auf die Zurückhaltung des Samentümpels, sie hat auch, wenn überhaupt, kaum einen Einfluß auf die Fähigkeit von Spermien, den Tümpel zu verlassen. Das liegt an der Konstruktion des Gebärmutterhalses. In der Missionarstellung zum Beispiel wird der Tümpel am Boden der Scheide deponiert, und der Gebärmutterhals tunkt hinein. In der Stellung, bei der der Mann von hinten eindringt, befindet sich der Gebärmutterhals entweder unterhalb des Samentümpels, wie ein Abfluß im Waschbecken, oder er ragt hinauf und krümmt sich zurück, wie eine Spiralfeder, die eine Treppe hinuntergeht. In der Stellung, in der die Frau oben sitzt, ist die Scheide beinahe senkrecht. Der Gebärmutterhals ragt durch das vordere Scheidendach und krümmt sich in den Tümpel hinein, der nach der Ejakulation und dem Rückzug des Penis zurückbleibt. Außerdem sorgt, unabhängig davon, welche Stellung die Frau nach der Besamung einnimmt, die Schwerkraft dafür, daß auch ein geronnener Samentümpel in eine andere Position gleitet und daß ihr Gebärmutterhals weiter in den Tümpel herunterhängt und den Kontakt zwischen Schleim und Samen aufrechterhält.

Man könnte meinen, das Paar habe am Ende richtig gehandelt und ein Verkehr von hinten, nach dem die Frau auf dem Bauch liegenbleibt, sei am günstigsten; wenn die Gebärmutter sich unten befindet, wie bei einem Abfluß, sei für maximalen Kontakt zwischen Samentümpel und Gebärmuttermund gesorgt. Aber auch das ist nicht der Fall. Im Ruhezustand, nach der Erregung des Geschlechtsverkehrs, ragt der Gebärmutterhals fast einen Zoll in die Scheide hinein. Kaum ein Samentümpel dürfte so tief sein, daß die Frau – und sei es auch in Bauchlage – einen Kontakt zwischen Gebärmuttermund und Samentümpel erzwingen kann, der länger dauert, als es der Gebärmutterhals selbst diktiert. Wenn er sich einmal aus dem Tümpel zurückgezogen hat, kann sie wahrscheinlich nichts tun, damit er sich wieder hineinsenkt.

Diese Eigenwilligkeit in Konstruktion und Verhalten des Gebärmutterhalses ist kein Zufall. Tatsache ist, daß das Sperma, das ein Mann in sie hineinspritzt, von der Frau im Regelfall weder gewünscht noch benötigt wird. Die meisten Spermien im Samentümpel sind vergreist oder sonstwie überflüssig, jedenfalls aus Sicht der Frau. Ihr Gebärmutterhals tunkt in den Samentümpel, um bloß die besten herauszufischen – der Rest interessiert nicht. Sie hat für den Tümpel keinen Bedarf mehr, nachdem die gewünschte Zahl von geeigneten, fruchtbaren Spermien aufgenommen ist. Die Samenflüssigkeit dient nicht dem Wohl der Frau, sondern soll die Spermien vor den sauren Ausscheidungen in ihrer Scheide schützen. Die Samenflüssigkeit befördert nicht nur Krankheiten – es könnte sogar gefährlich werden, wenn sie jemals in die Gebärmutter geriete. Hätten die beiden das alles gewußt, hätten sie wohl nicht so mühsam zu verhindern gesucht, daß sie nach dem Geschlechtsverkehr »ausläuft«.

Der sogenannte »Rückfluß«, den eine Frau innerhalb von ein bis zwei Stunden nach dem Geschlechtsverkehr ausscheidet, ist etwas Normales, und er ist, auch wenn sich das Paar auf dem Karussell deshalb Sorgen machte, sogar wichtig. Er besteht aus unerwünschtem Material, einem Gemisch aus Zervixschleim (der harmlos ist), Samenflüssigkeit (die nicht harmlos ist) und Spermien, die zu alt oder zu lahm waren, um aus dem Samentümpel herauszukommen und in den Zervixschleim einzudringen. Das alles ist für die Frau entbehrlich, und so stößt sie es aus. Wenn der Mann ejakuliert hat, tunkt ihr Gebärmutterhals ein, nimmt ein Schlückchen, wählt aus und verwirft den Rest – in Minutenschnelle. Am besten, sie überläßt ihrem Gebärmutterhals alle Entscheidungen – etwas anderes bleibt ihr auch nicht übrig. Ihr Gebärmutterhals ist so programmiert, daß er die Situation völlig unter Kontrolle hat und sich von keinem Ereignis nach dem Geschlechtsverkehr stören läßt, gleichgültig, was die Frau tut oder was mit ihr geschieht. Wenn die Frau schwanger werden will, sind der Gebärmutterhals und sein Schleim ihre besten Verbündeten.

Die Frau in der Szene wäre wohl nie darauf gekommen, aber gerade weil ihr Gebärmutterhals und der Schleim so wichtig für sie sind, empfand sie von Zeit zu Zeit den Drang zu masturbieren. Masturbation ist so etwas wie »Hausputz im Gebärmutterhals«. Der Zervixschleim wird ständig vollgestopft mit Abfällen: Überreste von der Menstruation, alte Spermien von früheren Besamungen, Zellen aus der Gebärmutter und, am allergefährlichsten, Kolonien eindringender Viren und Bakterien – das alles sammelt sich vor allem in dem älteren Schleim, der den Gebärmutterhals dort abschließt, wo er in die Scheide ragt. In der Regel genügt der langsame, gletscherartige Fluß des Schleims, um den Gebärmutterhals sauber und gesund zu halten, doch gelegentlich bedarf es energischerer Schritte. Es ist vergleichbar mit der Art, wie die Nase sich durch allmähliche Schleimabsonderung gesund erhält und, wenn es etwas schneller gehen muß, eine laufende Nase oder ein kräftigeres Niesen oder Schneuzen produziert.

Die Aufgabe des Zervixschleims ist aber noch nicht beendet, wenn er aus dem Gebärmutterhals in die Scheide gesickert ist. Er gleitet an den Wänden der Scheide hinab und bildet einen dünnen Film auf ihnen. Wenn eine Frau sexuell erregt wird, schwitzen ihre Scheidenwände. Diese Flüssigkeit selbst ist nicht schlüpfrig, aber zusammen mit dem Film von altem Zervixschleim ergibt sich eine sehr schlüpfrige Mischung, die im wesentlichen für die Schmierung beim Geschlechtsverkehr sorgt. In der Regel genügt das stetige Fließen und Tröpfeln des Schleims, aber wenn der Film zu dünn wird, muß rasch für einen Zustrom von Schleim gesorgt werden.

Ein durch Masturbation herbeigeführter Orgasmus löst zwei Probleme auf einmal. Er macht – ohne die störenden, wenn nicht verderblichen Einflüsse des Samens – den Gebärmutterhals frei von dem älteren Schleim, sorgt so für eine neue Beschichtung der Scheidenwände und bereitet dadurch die Schmierung für den nächsten Geschlechtsverkehr vor. Ein Orgasmus in Abwesenheit von Samenflüssigkeit läßt vermutlich auch den restlichen Zervixschleim saurer werden, was die Abwehr gegen eindringende Krankheitserreger stärkt. Diese Wirkungen können einer Frau, die schwanger werden möchte, nur willkommen sein, und deshalb sollte sie einen aufkommenden Drang zum Masturbieren nicht unterdrücken. Sie kann sich darauf verlassen, daß ihr Körper den Zustand ihres Gebärmutterhalses und ihrer Scheide laufend überwacht, und sollten diese den Aufräumeffekt eines Orgasmus benötigen, wird sie den Drang zum Masturbieren verspüren. Natürlich muß sie es nicht unbedingt selbst machen. Ein Orgasmus, den ihr ein Partner verschafft, erfüllt denselben Zweck, vorausgesetzt, es geschieht vor dem Geschlechtsverkehr und nicht hinterher.

Dieselben Vorteile für den Gebärmutterhals erreichen auch nächtliche Orgasmen, Orgasmen, die im Schlaf auftreten, gewöhnlich, aber nicht immer in Verbindung mit sexuellen Träumen. Aber nur wenige Frauen erleben solche Episoden oder erinnern sich daran. Mit zwanzig haben etwa zehn Prozent der Frauen einen nächtlichen Orgasmus gehabt, und auch mit vierzig Jahren sind es erst vierzig Prozent. Dagegen haben etwa achtzig Prozent gelegentlich das Bedürfnis zu masturbieren. Diejenigen, die das Verlangen nach einem Orgasmus ohne Mann nie erleben oder verspüren, sind offensichtlich nicht darauf angewiesen, über das normale Fließen und Tröpfeln ihres Schleimgletschers hinaus Hausputz im Gebärmutterhals zu halten.

Die Frau in unserer Szene machte sich nicht nur darüber Sorgen, daß sie ohne ihren Partner Orgasmen hatte, sondern auch darüber, daß sie beim Geschlechtsverkehr keine hatte. Dabei hätte sie sich nicht zu sorgen brauchen. Daß ein Orgasmus beim Geschlechtsverkehr für eine Zeugung nicht nötig ist, weiß man seit Jahrzehnten. Gewiß erhöht ein Orgasmus beim Geschlechtsverkehr – oder danach bis zu dem Punkt, wo sie den Rückfluß ausstößt – die Zahl der Spermien, die sie von diesem Verkehr in ihrem Gebärmutterhals zurückhält. Doch dieser quantitative Unterschied ist für ihre Empfängnisaussichten nicht entscheidend, aus Gründen, auf die wir in diesem Kapitel zurückkommen werden.

Was ist mit den Masturbationsgewohnheiten des Mannes? Auch er glaubte, ihre Zeugungschancen zu gefährden, und bemühte sich phasenweise, seinen Drang zu unterdrücken. Auch auf die Frage, ob es wichtig war, daß er sich darum bemühte, ist die Antwort: nein. Wenn ein Mann masturbiert, stößt er die ältesten in seinen Speichergefäßen vorhandenen Spermien ab. Bei der nächsten Besamung einer Frau ejakuliert er dann zwar weniger Spermien, aber dafür sind sie jünger und aktiver. Ein größerer Anteil von ihnen schafft es, dem Samentümpel zu entkommen und in den Zervixschleim einzudringen, und weil sie jünger sind, werden sie länger am Leben bleiben. Mit dem Körper des Mannes verhält es sich genau wie bei der Frau und ihrem Zervixschleim: Er beobachtet die Gesundheit und Vitalität der gespeicherten Spermien, und wenn er findet, daß einige abgestoßen werden müssen, löst er im Mann einen Drang zur Masturbation aus. Er kann sie aber auch nachts im Schlaf abstoßen, wie bei den Frauen. So oder so kann das Abstoßen von Spermien ein positiver Schritt für einen Mann sein, der seine Partnerin schwängern möchte.

Unser Mann machte sich außerdem Sorgen, daß heiße Bäder und enge Unterhosen seine Fruchtbarkeit beeinträchtigen könnten. Das war nicht nötig. Spermien möchten gern relativ kühl gelagert werden. Deshalb liegt das Hauptspeichermedium, der Nebenhoden, außen an den Hoden an, direkt unter der Haut des Hodensackes, und deshalb sind die Hoden nicht sicher im Inneren verstaut, sondern baumeln außen am Körper. Beim unbekleideten Mann erfahren die Spermien eine Temperatur, die sechs Grad niedriger ist als die des übrigen Körpers, ist er bekleidet, beträgt der Unterschied drei Grad. Die Durchschnittstemperatur, der seine Spermien ausgesetzt sind, ist um so höher, je enger seine Kleidung ist und je mehr heiße Bäder er nimmt. Bei höherer Hodentemperatur produziert er etwas weniger Spermien – etwas mehr geriatrische Spermien. Der Unterschied ist jedoch eher statistisch und nicht dramatisch; auf die Zeugungschancen wirkt er sich höchstwahrscheinlich gar nicht aus, besonders wenn man es damit vergleicht, was seine Masturbation und die Auslese durch ihren Gebärmutterhals bewirken.

Ein Faktor, den das Paar nicht in Erwägung zog, der aber theoretisch den Erfolg ihrer Bemühungen beeinflussen konnte, war die Jahreszeit. Wir denken nicht, daß der Mensch ein saisonaler Brüter sein könnte, aber die Wahrscheinlichkeit, daß eine Frau einen Eisprung hat und infolgedessen schwanger wird, ist in manchen Monaten höher als in anderen. Diese saisonale Verteilung des Eisprungs zieht im Abstand von neun Monaten eine entsprechende Häufigkeit der Geburten nach sich. In nördlichen Breiten werden mehr Menschen im Februar/März geboren, mit einem Nebenmaximum im September, Ausdruck eines Maximums von Eisprung und Empfängnis im Mai/Juni und Dezember. Als wir dem Paar begegneten, war es Spätsommer, und sie bemühten sich schon seit neun Monaten um eine Zeugung, so daß beide Maxima umfaßt waren.

Wir begreifen jetzt, daß die meisten Sorgen unseres Paares und die Abhilfen, die sie in ihrem zielstrebigen Bemühen um Zeugung dagegen unternahmen, unnötig waren. Irgend etwas hatte eine Zeugung vereitelt, aber vermutlich war es keiner der Faktoren, die sie bewußt in Erwägung zogen. Jedenfalls waren sie nach ihren Heldentaten im Garten, im Wald und auf dem Karussell recht optimistisch.

Szene 3
Unfruchtbare Zeiten

Rund vierzehn Tage nach dem Abenteuer auf dem Karussell gab das Paar ein Abendessen, zu dem sie die Studienfreundinnen der Frau und deren Partner einluden. Zehn Jahre zuvor hatten die vier Frauen im letzten Jahr vor der Abschlußprüfung eine Wohnung miteinander geteilt. Drei wohnten noch in der Stadt und konnten sich leicht gegenseitig besuchen, doch die vierte war fortgezogen. Sie kam zweimal im Jahr, gewöhnlich mit ihrem Partner und ihren beiden Kindern, zu Besuch, und dann trafen sie sich alle im Haus einer der drei, um miteinander zu essen, zu trinken und über die alte Zeit zu reden. Sie hatten alle Kinder, außer dem Gastgeberpaar.

Die erste Stunde war für die Gastgeberin und ihren Partner recht unangenehm gewesen, weil die drei Mütter sich über Verhalten, Unarten, Ausscheidungen und allerlei Gewohnheiten ihres Nachwuchses ausließen. Mit der Selbstgefälligkeit derer, die ihre Fruchtbarkeit unter Beweis gestellt hatten, schwärmten die drei von der Zeit vor der Elternschaft, als sie tun konnten, was sie wollten, und nach Belieben ausgegangen waren. Sie waren jedoch so rücksichtsvoll, sich der Äußerung zu enthalten, wie gut es doch ihre kinderlose Freundin hätte, wußten sie doch alle, daß sie seit Monaten schwanger zu werden versuchte. Sie war sich so sicher gewesen, daß sie und ihr Partner fruchtbar waren, und hatte sich so gefreut, als die Schranken der Empfängnisverhütung fielen, daß sie allen vom Beginn ihrer zielstrebigen Zeugungskampagne erzählt hatte.

Es gab diese unbehaglichen Momente, und trotzdem machte ihr der Abend Spaß, nicht zuletzt deshalb, weil sie im Innersten überzeugt war, endlich auch schwanger zu sein. *Seit drei Tagen* war ihre Periode überfällig! Je mehr ihre

Gäste tranken, desto anzüglicher und persönlicher wurde die Unterhaltung. Hin und wieder gelang es der Gastgeberin sogar, die Belastungen der letzten Monate zu vergessen oder doch weniger sorgenvoll an sie zu denken.

Während der Alkohol seine Wirkung tat, berichteten sie und ihr Partner von ihren jüngsten Abenteuern, und es machte durchaus Eindruck, wie oft sie Geschlechtsverkehr hatten. Der Höhepunkt war unzweifelhaft die Geschichte mit dem Karussell. Sie wußten, daß es eine todsichere Sache war. Die Runde war nahe daran zu verlangen, den Ort des Geschehens aufzusuchen und die Aktion vorzuführen. Von der fröhlichen Stimmung erfüllt, beugte die Frau sich vor, um sich noch ein Glas Wein einzuschenken, als sie erstarrte. Da war es, dieses unverwechselbare warme, feuchte Gefühl zwischen ihren Beinen. Einen Moment lang dachte – hoffte – sie, es sei bloß von der Erregung, die das Erzählen von ihren sexuellen Abenteuern ihr bereitete. Doch im Innersten wußte sie: Ihre Periode hatte eingesetzt.

Die Hand auf der Flasche, hielt sie einen Moment inne. Plötzlich war sie allein im Raum, isoliert durch ihre Gedanken, und das Gespräch, die Geräusche ringsum waren bloß Hintergrund. Sie lehnte sich zurück, vollkommen auf das Gefühl in ihrer Scheide konzentriert, und registrierte, analysierte, was sie dort empfand. Jemand fragte, ob alles in Ordnung sei. Mit einem gezwungenen Lächeln antwortete sie, es gehe ihr gut, aber dann stand sie auf und sagte, sie müsse zur Toilette. Im Bad zog sie sich hastig den Slip herunter und erblickte den braunen Fleck, den sie mittlerweile haßte, den Fleck, der die rote Flut ankündigte und wieder einmal ihre Hoffnungen für einen Monat zunichte machte. Nach dem Flußufer und dem Karussell war sie überzeugt gewesen, daß das allmonatliche Erlebnis, einen Fleck im Slip zu entdecken, der Vergangenheit angehörte und daß sie dieses Erlebnis würde vergessen können, bis auch sie sich über die Entbehrungen beklagen würde, die mit der Elternschaft verbunden sind.

Sie brach in Tränen aus. Zur Seite gewandt, betrachtete sie sich in der verspiegelten Badezimmerwand. Den Slip zu den Knien hinuntergestreift, stand sie mit tränenumflortem Blick da, an sich selbst verzweifelnd und ihren Körper hassend. Warum ausgerechnet sie? Allen anderen fiel es so leicht. Was stimmte nicht mit ihr? Sie wollte doch nur ein Baby. Es war ungerecht, verdammt ungerecht.

Sie hatte eine ganze Zeitlang vor sich hingeschluchzt, als eine ihrer Freundinnen, die auswärtige, an die Badezimmertür klopfte und fragte, ob alles in Ordnung sei. Sie ließ sie hinein, die beiden setzten sich auf den Badewannenrand, und die Besucherin schlang ihren Arm tröstend um die Schultern der Frau. Wenn der Ausfluß nur in einem Fleck bestehe, könne sie sehr wohl noch schwanger sein, sagte sie. Bei ihr sei die Periode recht auffällig gewesen, als sie schon mit ihrem zweiten Kind schwanger war. Nicht so viel wie sonst, aber genug, um sie glauben zu lassen, es habe diesen Monat nicht geklappt, bis dann die anderen Anzeichen einsetzten – sie solle also ihre Hoffnung noch nicht aufgeben.

Sie wolle ihr ja glauben, sagte die Frau, aber sie wisse genau, daß ihre Periode kommen würde. Die Freundin fragte, seit wann sie es versucht hätten, obwohl sie nun wirklich Bescheid wußte – oft genug war an diesem Abend von neun Monaten die Rede gewesen. Neun Monate, das sei doch gar nichts, sagte sie beruhigend; sie kenne welche, bei denen habe es erst nach Jahren geklappt. Gefragt, wie es denn bei ihr selbst gewesen sei, mußte sie allerdings zugeben, daß es bei ihren beiden Kindern auf Anhieb funktioniert hatte.

Sie habe in den letzten Monaten genug über Zeugung und Schwangerschaft gelesen, sagte die verweinte Frau; ihr sei schon klar, daß es manchmal eine Weile dauern kann. Ihr sei auch klar, daß der Arzt sie vermutlich wegschicken werde mit der Bemerkung, sie solle es noch einige Monate lang probieren. Die Vorstellung, es wieder und wieder zu probieren und jeden Monat seine Hoffnungen vernichtet zu sehen, sei jedoch die reinste Hölle für sie; das halte sie nicht aus. Sie wolle doch nur ein Baby – wieso klappe das nicht? Sie sei eine Frau – was stimme nicht bei ihr? Schließlich beruhigte sie sich, vor allem dank ihrer Freundin und ihres betrunkenen Partners, der ein wenig später im Badezimmer auftauchte. Sie sagte ihm, sie bekomme wieder ihre Periode. Er wollte es zunächst nicht glauben, dann verfluchte er das ganze Universum, schließlich nahm er sich zusammen und teilte ihre Trauer.

Was sie, zurück im Eßzimmer, zur Erklärung ihrer Abwesenheit vortrug, dämpfte die allgemeine Stimmung und verkürzte die Gespräche nach Tisch. Die beiden Paare aus der Stadt riefen höflicherweise bald ein Taxi, und die auswärtigen Gäste entschuldigten sich und gingen früh schlafen, schauten zuvor noch nach ihren Kindern, die friedlich schlummerten in dem Zimmer, das die Gastgeber so gern in ein Kinderzimmer verwandelt hätten.

Das kinderlose Paar hatte eine furchtbare Nacht, besonders nach einem frühmorgendlichen Besuch im Bad, der bestätigte, daß die Periode voll eingesetzt hatte. Als sie sich hingelegt hatten, waren sie noch einmal die Ereignisse des letzten Monats im einzelnen durchgegangen, um den Grund ihres Versagens zu finden. Die Eskapaden, deren Schilderung ihnen am Abend so viel Spaß gemacht hatte und die eben noch die Quelle ihrer Hoffnungen gewesen waren, kamen ihnen jetzt töricht und kontraproduktiv vor, waren vielleicht sogar die Ursache ihres Versagens. Nächsten Monat, sagten sie sich, würden sie nur im Bett Geschlechtsverkehr haben.

Am nächsten Morgen, während die anderen duschten oder mit den Kindern beschäftigt waren, hatte die Frau beim Kaffee ein langes Gespräch mit dem Partner ihrer Freundin. Er konnte sie nicht beruhigen, aber sie empfand es als kathartisch, daß sie über ihre Hoffnungen und Befürchtungen detailliert und ausführlich mit jemandem sprechen konnte, den sie nicht sehr gut kannte, der ihr aber sympathisch war. Ähnliche Ermutigung empfand sie eine Woche später, als sie, ohne ihrem Partner etwas zu sagen, den Arzt aufsuchte. Nicht so lohnend war ein erneuter Besuch zusammen mit dem Partner, bei dem der Arzt ihnen all das erzählte, was sie bereits gelesen hatten, ihnen all die Versicherungen gab, die sie bereits gehört hatten, sie mit dem Rat fortschickte, es nochmals einige Monate zu probieren, und der Frau empfahl, allmorgendlich die Temperatur zu messen, was sie bereits tat.

Ihre Beziehung wäre beinahe gescheitert in den nächsten Monaten, in denen sie Schwierigkeiten durchlebten, von denen sie einige vorhergesehen, viele aber nicht erwartet hatten. Der Geschlechtsverkehr, früher ein solches Vergnügen für sie, wurde allmählich zu einer Last. Ängste, bezüglich der eigenen Fruchtbarkeit und Zeugungsfähigkeit, trieben beide zu der heimlichen Hoffnung, der andere möge schuld sein. Alles litt darunter, sogar die Wahrnehmung des Körpers des anderen. Es schien jetzt eine Ewigkeit zu dauern, bis Begehren nach dem anderen erwachte. Verzweifelt verlangten beide nach einer Beruhigung, die keiner von beiden dem anderen geben konnte, und sie scheuten allmählich vor Situationen zurück, in denen Geschlechtsverkehr unvermeidlich, seine Vermeidung dagegen zu Vorwürfen führte.

Infolge der sexuellen und sonstigen Spannung häuften sich die Streitigkeiten. Meinungsverschiedenheiten weiteten sich aus zu tagelangem Schweigen. Es kam vor, daß einer von beiden aus dem Haus stürmte und stundenlang in der Stadt herumfuhr, weil er sein Leben und seine Gefühle nicht mehr verstand. Sogar gemeinsames Fernsehen wurde zu einer Belastung. Jede Sendung schien eine Anspielung auf ihre Situation zu enthalten. Nicht nur die vielen Sendungen, die sich mit Sexualität, Geburt und Elternschaft befaßten, sondern auch scheinbar harmlose Dinge hinterließen tiefe Wunden. Ob für einen kurzen Moment niedliche Kinder gezeigt wurden, ob eine Kernfamilie fröhlich Drachen steigen ließ und Cornflakes aß – alles tat weh. Schließlich bereiteten ihnen sogar Filmausschnitte Unbehagen, in denen Paare beim Geschlechtsverkehr gezeigt wurden.

Besonders die Frau fühlte sich von der Außenwelt in ihren Gefühlen angegriffen. Jede Schwangere, jeder Kinderwagen, jeder süße Dreikäsehoch löste brennende Sehnsucht in ihr aus, bis sie eine gewisse Erleichterung darin fand, nach Gründen der Abneigung gegen die Kinder anderer Leute zu suchen. Wenn sie Rotznasen und Gesichter mit Ausschlag sah, Zeugin von kindlichen Wutanfällen wurde und Anhaltspunkte für schmutzige Windeln entdeckte, bildete sie sich ein, dankbar dafür zu sein, daß ihr all das erspart blieb. Aber lange hielt dieser Trick nicht vor. Wenn sie eine Minute oder einen Tag später ein makelloses Baby sah, war ihre Sehnsucht, ihre Trauer, ihre zornige Verzweiflung wieder da. Als sie sich erneut zum Arzt begaben, litten sie unter den emotionalen Rückwirkungen von vier vergeblichen Versuchen, den Geschlechtsverkehr zu vollziehen – nicht einmal eine Andeutung einer Erektion. Ihre Beziehung war auf einem beispiellosen Tiefpunkt angekommen. Dabei wußte die Frau nicht – ihr Partner hatte es ihr verschwiegen –, daß sich schon bei den beiden vorangegangenen Gelegenheiten, als es ihm wenigstens gelungen war, in sie einzudringen, absolut nichts in seinen Lenden geregt und er eine Ejakulation nur vorgetäuscht hatte.

Der Arzt schaute sich ihre Temperaturaufzeichnungen an, konnte aber nichts Problematisches entdecken und schickte beide zu einer Reihe von Untersuchungen. Während sie auf die Ergebnisse warteten, hegten beide wieder die Hoffnung, das Problem möge am anderen liegen. Doch paradoxerweise weckten ebendiese Gedanken bei beiden eine vorwegnehmende Sympathie für den anderen, als sei die Nachricht, die sie insgeheim erhofften, schon erteilt worden. Auch waren beide erleichtert, daß endlich etwas Greifbares geschah. Sie waren nicht mehr allein, jemand befaßte sich mit ihrem Problem, auch wenn es nur ein anonymer Mensch in einem fernen Labor war. Während der Jüngste Tag näher rückte, wurden sie gelassener und gaben einander endlich die gegenseitige Unterstützung und Beruhigung, die beide seit Monaten gebraucht hatten. An dem Tag, als sie hingingen, um die Ergebnisse über ihre Zeugungschancen zu erfahren, fühlten sie sich einander so nahe wie seit dem Abendessen nicht mehr.

Nach einem 1990 erschienenen Bericht der Weltgesundheitsorganisation wurde in einer weltweiten Studie festgestellt, daß fünfzehn Prozent der Menschen unfruchtbar sind. (In Industrieländern liegt die Zahl näher bei zehn Prozent und ist für Männer und Frauen ungefähr gleich.) Das bedeutet: Jedem sechsten Paar auf der Welt ist es unmöglich oder fällt es zumindest extrem schwer, eine Schwangerschaft herbeizuführen. Bei einem Drittel dieser Paare liegt die Schwierigkeit am Mann, bei einem Drittel an der Frau und bei einem Drittel an beiden. Wenn es nach zwei Jahren ungeschützten Geschlechtsverkehrs nicht zu einer Schwangerschaft gekommen ist, beträgt die Aussicht, ohne ärztliche Hilfe noch zu einer Schwangerschaft zu kommen, eins zu vier. Das Paar in der Szene wird sein Problem daher sehr wahrscheinlich nicht dadurch lösen können, daß es wie bisher Geschlechtsverkehr hat. Umgekehrt bestehen gute Aussichten, daß die Ursache ihres Problems durch medizinische Untersuchungen gefunden wird.

Eine von der Weltgesundheitsorganisation koordinierte Untersuchung an über zehntausend unfruchtbaren Paaren in fünfundzwanzig Ländern ergab, daß blockierte Eileiter bei den Frauen und Probleme der Spermienerzeugung oder -weitergabe bei den Männern die Hauptursachen der Unfruchtbarkeit waren. Wenn ein solches Problem bei einem von beiden vorliegt, ist die Diagnose also rasch gestellt.

Ist ein so hohes Maß an Unfruchtbarkeit nicht erstaunlich, wo die natürliche Auslese doch seit vielen Generationen nur die fruchtbarsten Männer und Frauen begünstigt hat? Warum hat sie ein so elementares Problem nicht beseitigt und der Menschheit dadurch den Sieg im Kampf um die Fruchtbarkeit geschenkt? Die Antwort wird viele überraschen, aber menschliche Unfruchtbarkeit liegt in über der Hälfte der Fälle nicht an einem körperlichen Versagen, sondern an Krankheiten, an Infektionen des Urogenitaltrakts, die in Eileiter beziehungsweise Spermienspeichergänge vordringen und Entzündungen und Blockaden verursachen. Dadurch kommen Eizellen und Spermien nicht zu den Orten, die sie für eine Befruchtung erreichen müssen. Manchmal verursachen die Infektionen nur temporäre Unfruchtbarkeit, und wenn sie zurückgehen, kehrt die normale Fruchtbarkeit wieder. Sie können aber auch nachhaltige Blockaden und damit bleibende Unfruchtbarkeit hervorrufen. Zu den entsprechenden Krankheiten gehören scheinbar harmlose Kindheitsinfektionen, flüchtige Irritationen, die man kaum zur Kenntnis nimmt. Doch wenn jemand Pech hat, kann eine einzige Urogenitalinfektion in der Kindheit zu lebenslanger Unfruchtbarkeit führen.

Wenn die meisten Fälle von Unfruchtbarkeit durch Krankheit verursacht sind, ist klar, warum die natürliche Auslese die Menschen nicht von diesem Problem befreit hat. Auch die Krankheitserreger müssen sich in der Welt behaupten, und die natürliche Auslese hat keine Lieblinge. Bringt ein

Erreger einen Mechanismus hervor, der seine Fortpflanzung auf unsere Kosten fördert, so wird die natürliche Auslese ihn begünstigen; gelingt uns dasselbe, wird sie uns begünstigen. So kommt es zu einem evolutionären Rüstungswettlauf zwischen den Krankheitserregern und uns, den bisher keine Seite gewonnen hat. Das heikle Gleichgewicht der Koexistenz zwischen ihnen und uns bedeutet, daß in jeder Generation ein Teil der Menschen Krankheiten und Unfruchtbarkeit entgeht und ein anderer Teil nicht.

Vielleicht hat eine der beiden Hauptpersonen unserer Szene früher einmal an einer scheinbar harmlosen Urogenitalinfektion gelitten und gehört daher zu den unglücklichen zehn Prozent, die entweder unfruchtbar oder subfertil sind. In diesem Fall werden sie bald Bescheid wissen; die Untersuchungen werden es ausweisen. Sie werden auch erfahren, ob die Frau hormonelle Probleme hat, die daran schuld sein könnten, daß sie keinen Eisprung bekommt oder, falls sie doch einen Eisprung hat und ein Ei befruchtet wird, das Ei sich in der Gebärmutter einnistet. Eine Prüfung ihrer Temperaturaufzeichnungen wird, wie schon vermerkt, dem Kenner einen recht verläßlichen Fingerzeig geben, ob ihre Zyklen fruchtbar sind oder nicht. Doch bei den Untersuchungen wird man auch die Hormonspiegel gemessen haben, die sehr viel genauer zeigen, ob sie in diesem Bereich Probleme hat.

Liegt eines dieser Probleme vor, werden Ärzte ihnen sicher helfen können. Grundsätzlich können die meisten dieser Probleme durch Chirurgie, Hormontherapie oder künstliche Befruchtung (In-vitro-Fertilisation, IVF) oder eine Kombination davon – heute außerdem noch durch die Leihmutterschaft – umgangen werden. Bei der IVF wird die weibliche Eizelle von den Spermien des Mannes im Reagenzglas befruchtet; dadurch werden Hindernisse wie blockierte Eileiter umgangen. IVF bietet auch eine Lösung, wenn der Mann Probleme mit der Spermienproduktion oder der Besamung hat. Es ist möglich, eine Befruchtung durch ein einzelnes Spermium – selbst ein unreifes ohne Schwanz – dadurch herbeizuführen, daß man es direkt in das Ei einführt. Bei den meisten IVF-Behandlungen wird das befruchtete Ei in die Gebärmutter der Frau reimplantiert, und Schwangerschaft und Geburt verlaufen wie üblich. Ist eine Implantation jedoch nicht möglich oder ist die Mutter unfähig, ein Kind in ihrer Gebärmutter auszutragen, so kann ihr befruchtetes Ei in die Gebärmutter einer Leihmutter verpflanzt werden, die das Baby nach der Geburt den genetischen Eltern übergibt.

Das sind theoretisch wundervolle Behandlungsmöglichkeiten, doch bei den meisten Methoden sind Mißerfolge häufiger als Erfolge. Trotzdem geben sie den Paaren, die sonst keinerlei Abhilfe für ihre Kinderlosigkeit fänden, eine gewisse Hoffnung. Das Paar in der Szene ist noch nicht soweit. Wenn zielstrebige Zeugungsbemühungen über längere Zeit nicht fruchten, so liegt das nicht immer an Unfruchtbarkeit oder Subfertilität. Oft liegt es an temporären Leiden, die irgendwann vorbei sind, so daß einem Paar plötzlich und scheinbar unerklärlich doch eine Zeugung gelingt.

Einer der wichtigsten Faktoren bei diesen befristeten Phasen der Unfruchtbarkeit ist der Streß, und er kann viele Ursachen haben. Finanzielle Schwierigkeiten, beengte Lebensverhältnisse, ein Unfall, Krankheit oder ein Todesfall in der Familie, Sorgen um die Treue des Partners – das alles kann Streß erzeugen, und Streß ist ein wirksames Empfängnisverhütungsmittel. Fast jeder Aspekt der Zeugungsbemühungen kann davon betroffen sein: Verlust der Libido, Erektionsprobleme, Ausbleiben des Eisprungs, nicht erfolgende Einnistung und Fehlgeburt – das alles tritt mit größerer Wahrscheinlichkeit auf, wenn Menschen unter hoher Belastung stehen. Größer ist auch die Wahrscheinlichkeit, daß

Männer unfruchtbare Ejakulate liefern. Als Endergebnis steigt der Streß und sinkt die Wahrscheinlichkeit einer Zeugung. Wie unser Paar erfahren mußte, kann das Mißlingen einer Zeugung zu noch mehr Streß führen. Es ist durchaus kein Zufall, daß Streß temporäre Unfruchtbarkeit fördert. Die natürliche Auslese hat beides eng miteinander verkoppelt.

Wir werden in einem anderen Kapitel noch sehen, wie wichtig es biologisch für ein Paar ist, genau die richtige Zahl von Kindern zu haben. Hier geht es darum, je weniger Kinder sie haben, desto wichtiger ist der optimale Zeitpunkt, diese Kinder zu bekommen. Sie sollten besonders dann eine Schwangerschaft vermeiden, wenn die Zeiten schlecht sind. Genau das hat die natürliche Auslese bewirkt, als sie Streß und natürliche Empfängnisverhütung miteinander koppelte. Sie hat die Physiologie von Mann und Frau so ausgebildet, in schlechten Zeiten sicherzustellen, daß die Betreffenden sich vorläufig nicht auf etwas so Anspruchsvolles wie Elternschaft einlassen – im Interesse ihres eigenen *langfristigen* Fortpflanzungserfolges.

Es könnte also sein, daß das Paar in der Szene unter Belastung stand, bevor es mit seinen Zeugungsbemühungen begann. Vielleicht waren ihre finanziellen Verhältnisse noch nicht gesichert, vielleicht war ihre berufliche Karriere nicht in gewünschtem Maße vorangekommen, vielleicht bot ihr Haus nicht genügend Platz. Es mochte Probleme mit ihren Eltern geben, oder vielleicht waren beide nicht so recht überzeugt, daß sie sich auf den anderen verlassen konnten.

Bei der Erörterung dieser Frage muß man wissen, daß es nicht auf die objektive Lage des Paares ankommt, sondern darauf, wie weit diese ihren Erwartungen entspricht. Was für das Paar in der Szene belastend sein mag, ist für ein Paar in der dritten Welt, das in einem Abflußrohr haust, vielleicht gar kein Thema, weil es andere Erwartungen hat. Ein relativ hoher Lebensstandard bedeutet nicht, daß die Menschen vor Streß geschützt wären, der sich auf ihre Zeugungschancen auswirken kann. Wir wissen nicht, was sie belastete, ehe sie mit ihren Zeugungsbemü-hungen begannen, aber eines steht fest: Nachdem sie mit ihren Bemühungen begonnen hatten und erfolglos blieben, gerieten sie noch mehr unter Druck. Insbesondere fing jeder an, an der Fruchtbarkeit des anderen zu zweifeln. Wenn Streß die Ursache ihrer Probleme war, konnten sie keinen Erfolg haben, bevor sie ihn nicht beseitigten.

Die Beziehung des Paares litt darunter, daß Monat für Monat eine Enttäuschung der anderen folgte. Als wir die beiden verließen, war ihre Beziehung noch intakt, aber sie wären keine Ausnahme gewesen, wenn es anders gewesen wäre. Unfruchtbare Paare trennen sich deutlich häufiger als Paare mit Kindern, was aus evolutionärer Sicht nicht überrascht. Wenn jeder sein möglichstes für seinen persönlichen Fortpflanzungserfolg tut, ist es offensichtlich von Nachteil, mit einem unfruchtbaren Partner zusammenzubleiben. In der Hoffnung, die ihnen sogar zu Bewußtsein kam, daß das Problem beim anderen und nicht bei ihm oder ihr selbst liegen möge, gestanden sich beide, der Mann und die Frau, insgeheim ein, daß sie vielleicht besser daran täten, auseinanderzugehen und sich einen anderen Partner zu suchen.

Die Zeit arbeitete nicht für sie, wie immer am Ende die Lösung aussah. Zwar kann man problemlos bis dreißig oder noch länger warten, ehe man mit dem Versuch der Familiengründung beginnt, solange der Erfolg sich relativ rasch einstellt, doch kann es besonders für Frauen hochgradigen Streß bedeuten, wenn sie mit dreißig nicht schwanger werden. Die Kriterien sind von Land zu Land verschieden, doch ist es in diesem Alter oft schwierig, bei Programmen für künstliche Befruchtung angenommen zu werden, nicht zuletzt, weil die Erfolgsaussichten nach dreißig rasch sinken.

Auch die Aussichten, einen neuen Partner zu finden, mit ihm eine Bindung einzugehen und ein Kind zu zeugen, vermindern sich. Die Frau in der Szene mußte daher mit der Zeit immer nervöser werden.

Frauen, die mit Unfruchtbarkeit zu kämpfen haben, fühlen sie oft bemüßigt, ihren Kinderwunsch logisch zu begründen. Das sollte eigentlich nicht nötig sein. Der Drang, Kinder zu haben, ist, wie in der Einführung dargelegt, unvermeidlich: Die natürliche Auslese rottet Gene, die Menschen darauf programmieren, keine Kinder zu haben, rücksichtslos aus. Wer wenigstens ein Kind zeugt, hat immer noch die Aussicht auf langfristigen Fortpflanzungserfolg; bei manchen könnte eins sogar die optimale Kinderzahl sein. *Keine Kinder* kann aber keinesfalls das Optimum sein, und der Körper der Menschen müßte darauf drängen, sich wenigstens einmal fortzupflanzen, auch wenn die Leute lange auf den richtigen Zeitpunkt warten. Es sollte uns nicht überraschen, wenn einige Schwierigkeiten haben, ihren Kinderwunsch zu rechtfertigen; die Sehnsucht ist eine Sehnsucht des Körpers, und sie erreicht das Gehirn nicht immer in logischer Form. Erst die Evolutionsbiologie macht einsichtig, warum die überwiegende Mehrheit der Menschen auf den Kinderwunsch programmiert ist.

Die natürliche Auslese läßt sich nicht davon beeindrukken, was die Leute sagen, sondern nur davon, was sie tun. Etliche Frauen erklären steif und fest, sie wollten keine Kinder, und am Ende ihres Lebens haben sie genauso viele Kinder und Enkel wie die anderen. Ihre anfängliche Meinung ist Teil einer unbewußten Strategie der Familienplanung, und das Gehirn täuscht über die verborgenen Pläne ihres Körpers hinweg. Das Paar in unserer Szene, das bewußt Kinder wollte, tat alles, um ein Kind zu zeugen. Wenn sie einen Eisprung hatte, mußte das Ei zwangsläufig befruchtet werden. Wenn es dazu nicht kam, gibt es dafür nur zwei Erklärungen. Die eine ist natürlich, daß sie jeweils unfruchtbar oder subfertil sind und deshalb irgendwann ärztliche Hilfe benötigen. Die andere ist, daß einer von beiden oder beide unbewußt die Zeugung vermeidet beziehungsweise vermeiden. Der eine oder andere Körper mag im Interesse seines langfristigen Fortpflanzungserfolges einen starken Grund haben, gerade jetzt *kein* Kind zu zeugen. Wenn dem so ist, dann hat der persönliche Streß das Seine für die Empfängnisverhütung getan.

Noch ist nicht klar, welche Möglichkeit die wahrscheinlichere ist. Doch das werden wir gleich erfahren, wenn wir sie in die Sprechstunde des Arztes begleiten, wo sie auf das medizinische Gutachten warten.

Szene 4
Erfolg?

Der Arzt meinte, das Ergebnis sei positiv. Sie empfanden eine Mischung aus Erleichterung und Unglauben, während sie ihm gegenübersaßen und beobachteten, wie er die Untersuchungsberichte durchblätterte und einige länger prüfte als andere. Ihre Eileiter waren offenkundig frei, ihre Gebärmutter wirkte gesund, sie ovulierte, und ihr Hormonprofil war, wie es sein sollte. Er hatte vielleicht etwas weniger Spermien, als man erwarten würde – es sei denn, er ejakuliere ausgesprochen oft, bemerkte er, ohne aufzublicken –, und vielleicht etwas mehr Spermien mit seltsam geformten Köpfen, aber nichts, was nicht innerhalb des normalen Spektrums für einen fruchtbaren Mann läge. Er sehe keinen Vorteil darin, ja nicht einmal einen Anlaß dafür, sie zur künstlichen Befruchtung oder zu sonst einer Form der medizinischen Empfängnishilfe zu überweisen. Den Streß, die Mühe und die Kosten könne er ihnen ersparen.

Soweit er sehe, faßte er zusammen, gebe es nichts, was sie hindern könnte, auf normalem Wege ein Kind zu bekommen, und er könne ihnen nur raten, es wie bisher weiter zu probieren. »Werfen Sie die Temperaturkurven weg!« riet er. »Denken Sie an nichts und probieren Sie es. Folgen Sie einfach Ihren Neigungen!«

»Und warum machen Sie nicht einmal Urlaub?« bemerkte er zum Abschied. »Sie müssen sich ein bißchen von dem Streß befreien. Fahren Sie weg. Ich wünsche Ihnen viel Spaß!«

Auf dem Heimweg schwiegen sie, erleichtert und verwirrt. Erleichtert, weil sie offenbar fruchtbar waren, verwirrt, weil sie achtzehn Monate nach dem Verzicht auf jede Empfängnisverhütung noch nicht schwanger war. Und irgendwie waren sie beide enttäuscht, daß beim jeweils anderen kein Problem festgestellt worden war, auch wenn sie kein Wort darüber verloren. Die Aussicht, es einfach weiterzuprobieren, ohne irgendeine Erklärung, was sie möglicherweise verkehrt machten, erfüllte sie mit Schrecken und – Langeweile.

Zu Hause leerten sie eine Flasche Wein und »feierten«, indem sie etwas halbherzig miteinander schliefen. Anschließend brachen sie, noch immer im Bett, ihre zweite Flasche an und überlegten den frühestmöglichen Urlaubstermin. Entgegen dem Rat des Arztes und wider bessere Einsicht versuchten sie herauszuknobeln, wann mit ihren nächsten beiden Perioden zu rechnen sei, damit sie den Urlaub in ihre fruchtbarste Zeit verlegen konnten. Doch als sie ihren Urlaub gebucht hatten – in sechs Wochen sollte es soweit sein –, kam ihre nächste Periode eine Woche zu früh und warf alle Berechnungen über den Haufen.

Am Wochenende vor dem Urlaub hatten sie Besuch von ihren auswärtigen Freunden und deren zwei Kindern. Sie waren auf der Durchreise und würden eine Nacht bleiben.

Die beiden anderen Studienfreundinnen der Frau und deren Partner hatten keine Zeit, und so fiel die übliche Zusammenkunft aus.

Wie immer, wenn die beiden Paare zusammensaßen und die Kinder endlich im Bett waren, tranken die Frauen sich einen leichten und ihre Partner einen erheblichen Rausch an. Die Gesprächsthemen reichten, ebenfalls wie üblich, von sehnsüchtigen Erinnerungen an die Studentenzeit über berufliche Zukunftsaussichten und Sex bis hin zu Empfängnisproblemen. Zur Enttäuschung der Gäste gab es diesmal keine pikanten Anekdoten, sondern nur den Besuch beim Arzt. Als die beiden Männer schlafend in ihren Sesseln zusammengesackt waren, kamen die beiden Frauen flüchtig auf frühere Liebhaber zu sprechen.

Als die Gastgeberin am nächsten Morgen erwachte, hatte sie einen klaren Kopf, ihr Magen war in Ordnung, und sie verspürte zu ihrer Überraschung – denn das war ein seltenes Gefühl in letzter Zeit – ein überwältigendes Verlangen, einen Penis in sich zu haben. Sie gratulierte sich dazu, daß sie die gestern abend konsumierte Alkoholmenge so einwandfrei abgeschätzt hatte, und machte sich daran, ihren Partner zu wecken, indem sie mit seinen Genitalien spielte. Er stöhnte, aber nicht vor Vergnügen oder Erregung, sondern wegen des Schmerzes in seiner rechten Schläfe und eines Gefühls der Übelkeit. Trotzdem, als besäße er einen eigenen Willen – es war drei Tage her, daß er ejakuliert hatte, und das war eine lange Zeit für ihn –, reagierte sein Penis auf die Ansprache. Während des Geschlechtsverkehrs und kurz nach der Ejakulation wich der Kater, kehrte aber zurück, als die koitale Erregung abklang.

Nachdem sie noch einmal kurz eingenickt war, stand die Frau auf, duschte, zog sich einen Bademantel an und ging nach unten, um in der Küche aufzuräumen, die sie gestern abend in Unordnung zurückgelassen hatten. Kaum hatte sie begonnen, fingen die Kinder der Gäste oben an herumzuhüpfen. Die Kinder pflegten bei jedem Besuch in ihr Schlafzimmer zu kommen und ihren Partner zum Spielen aufzufordern. Er war sehr geschickt und geduldig im Umgang mit Kindern – er würde, wenn es dazu käme, einen wunderbaren Vater abgeben. Während das Getöse von oben an ihr Ohr drang, kam Traurigkeit in ihr auf.

Eine Viertelstunde später erschien, geduscht und angezogen, aber immer noch blaß und zerzaust, ihr Partner, um den sich lärmend die Kinder drängten. Sie bat ihn, mit den Kindern in den nahe gelegenen Laden zu gehen, wie er es oft tat, wenn sie zu Besuch waren. Stets hatte er bei diesen Gelegenheiten einen Kater, und er fand den Spaziergang wohltuend. Gewöhnlich kaufte er sich seine Zeitung und etwas für die Kinder, was sie nach der Rückkehr davon abhielt, nach Frühstück zu verlangen. Heute erklärte er sich zwar bereit, mit ihnen zu gehen, aber vorher wollte er unbedingt eine Tasse Kaffee haben. Während er trank, trat die Mutter der Kinder ein und entschuldigte sich wortreich für ihren Nachwuchs. Auch sie hatte Lust auf einen Spaziergang und wollte mitgehen, um ihn vor den schlimmsten Ansprüchen der Kinder zu bewahren.

Sie hatten kaum die Tür hinter sich zugemacht, als der Vater der Kinder in einem hastig übergezogenen Trainingsanzug zur Gastgeberin in die Küche kam. Er hatte gehört, wie die Tür zuschlug, und sich einen Reim darauf gemacht, war doch der Ausflug zum Laden ein Ritual. Während sie sich Gummihandschuhe überstreifte, um sich an den Abwasch zu machen, kochte er Kaffee für sie beide, ganz langsam, um seinen Kopf zu schonen.

Sie sprachen kaum etwas, denn nach ihrer langjährigen Bekanntschaft fühlten sich beide in der Gesellschaft des anderen entspannt. Nach einigen Minuten fragte er sie, ob sie Kaffee wolle. Noch immer mit dem Abwasch beschäftigt, deutete sie auf das Fenstersims vor sich. Er trat hinter sie und streckte den Arm aus, um den Kaffee an der von ihr gewünschten Stelle abzusetzen, doch als er sich wieder entfernen wollte, lenkte sie seine Aufmerksamkeit auf etwas im Garten. Um eine bessere Aussicht zu erhalten, mußte er dicht an sie herantreten und über ihre Schulter hinweg aus dem Fenster schauen. Weil er dabei ein wenig aus dem Gleichgewicht geriet, legte er, nach einem Halt suchend, seine Hände auf ihre Hüften. Die unerwartete Berührung und Nähe löste in beiden Körpern schlagartig eine Woge sexueller Begierde aus. Normalerweise wäre es bei einer flüchtigen Berührung geblieben, und er hätte sich anschließend entschuldigt. Er entschuldigte sich jetzt, ließ aber seine Hände Sekunden länger, als es beide erwarteten, auf ihren Hüften ruhen. Unwillkürlich bewegten sich beide so, daß ihr Hintern sich in seine Lende schmiegte, während sie sich, einen schmutzigen Teller in der behandschuhten Hand, noch ein wenig stärker über die Spüle beugte. Sie spürte durch ihren Bademantel und seinen Trainingsanzug hindurch, wie sein Penis steif wurde.

Beide erstarrten, von dem Geschehen der letzten Sekunden vollkommen verwirrt. Er packte sie ein wenig anders, zog ihren Hintern vorsichtig an sich und machte mit seinem Unterleib eine kaum merkliche Bewegung, genug, um ihr ein Signal zu schicken, aber zugleich so geringfügig, daß beide notfalls so tun konnten, als sei nichts gewesen. Nach einem kurzen Moment war es die Frau, die das Schweigen brach.

»Los«, sagte sie, ohne sich im geringsten zu rühren, »mach schon!« In ihrer ruhigen, aber entschiedenen Stimme lag mehr Zorn als Leidenschaft. Als er nicht sofort reagierte, sagte sie noch einmal: »Los, mach schon!«

Benommen und wie automatisch, aber bebend vor Ungeduld schob er ihren Bademantel hoch und entblößte ihren Hintern. Noch immer den Teller in der Hand, bewegte sie sich nur, um sich noch weiter über die Spüle zu beugen. Er griff ihr zwischen die Beine, um die Scheide zu lokalisieren, und zog die Lippen mit den Fingern auseinander. Sie war sehr feucht, vor Erregung, wie er glaubte, nicht ahnend, daß sie vor weniger als einer Stunde von ihrem Partner besamt worden war. Seine Trainingshose vorn herunterziehend, gab er seinen steifen Penis frei, der hart und prall, wie er seit Monaten nicht mehr gewesen war, vorsprang. Er schob ihn mit der Hand zwischen ihre Beine und rieb mit der Spitze zwischen ihren Lippen auf und ab. Die Spitze ging hinein, aber der Winkel stimmte nicht, und selbst auf Zehenspitzen kam er nicht tiefer hinein. Da er spürte, daß eine Ejakulation schon unterwegs war, bat er sie eindringlich, ein bißchen in die Knie zu gehen und die Beine etwas mehr zu spreizen. Sie gehorchte – und sogleich war er tief in ihr. Sie stand reglos wie ein Denkmal. Nur ganz verhaltene Töne drangen aus ihrer Kehle, als er nach sehr wenigen Stößen zu ejakulieren begann, und eine sanfte Welle lief über ihren Körper. Das Ganze hatte, vom ersten Berühren ihrer Hüften bis zum ersten Schwall der Ejakulation, knapp drei Minuten gedauert.

Kaum hatte sich der zweite Schwall in ihre Scheide ergossen, als von der Haustür Kinderstimmen zu vernehmen waren, und nur Sekunden später hörte das kopulierende Paar das ferne Geräusch von Schlüsseln im Schloß. Er war noch in ihr, und noch war er seinen Samen nicht restlos losgeworden. Voller Panik und mit einem gewissen Mißbehagen zog er seinen Penis heraus, der nach wie vor erigiert war und zuckte. Hektisch zog er ihr den Bademantel über den Hintern und riß die Trainingshose hoch, über den immer noch steifen Penis. Dabei ging der letzte Tropfen Samen in seine Unterhose.

Als die Kinder in die Küche gestürzt kamen, lösten sich die beiden, als wenn nichts wäre, voneinander, und als ihre Partner hereinkamen, befanden sie sich an entgegengesetzten Enden der Küche, er Kaffee schlürfend und vor den Kindern über seinen Kater klagend, sie mit dem letzten Aufwasch beschäftigt. Ihm war die nächsten Minuten, bis sein Penis auf Normalgröße geschrumpft war, unbehaglich, und er fürchtete, seine Partnerin würde durch die Trainingshose den geschwollenen Zustand bemerken. Auch der Gastgeberin erging es schlimm, als sie, einige Minuten nachdem sie die Handschuhe ausgezogen hatte und die Erwachsenen besprachen, was es zum Frühstück geben sollte, auf dem Küchenboden vor der Spüle einen Tropfen Samenflüssigkeit entdeckte. Mit einer unauffälligen Bewegung ihres nackten Fußes beseitigte sie die Spur.

Hauptsächlich wegen der Ausgelassenheit der Kinder fiel die Beklommenheit des untreuen Paares nicht auf. Nach dem Mittagessen fuhren die Besucher ab, und die Gastgeber kehrten in ihren Alltag zurück. Einige Tage später traten sie ihren einwöchigen Urlaub an; die Tage verbrachten sie an heißen, sonnigen Stränden, die Abende mit Essen und Trinken, während sie zuschauten, wie sich die einheimischen Kinder um die Tische tummelten. Mindestens einmal am Tag hatten sie Geschlechtsverkehr, und ihre Beziehung empfanden sie als so glücklich und positiv wie seit über einem Jahr nicht mehr.

Und diesmal kam ihre Periode nicht. Zwei Wochen nach der Heimkehr wachte er davon auf, daß sie sich in der Toilette übergab, und noch am selben Tag bestätigte ein Test, daß sie schwanger war. Der Arzt erhielt dickes Lob für seinen Vorschlag, daß ein Urlaub ihnen guttun würde, und bald war ihr so übel, daß sie sich fragte, ob sie wirklich schwanger sein wollte. Sie warteten drei Monate, bis die Schwangerschaft ungefährdet erschien, und teilten dann ihren Freunden die Neuigkeit mit. Und als sie beim nächsten Mal alle wieder zusammen waren, brauchte von zielstrebigen Zeugungsbemühungen keine Rede mehr zu sein. Jetzt waren sie alle Eltern – jedenfalls glaubten sie das.

Was war passiert? Wie kam es, daß es bei einem Paar ohne erkennbare gesundheitliche Probleme nach fast zwei Jahren vergeblicher Zeugungsbemühungen auf einmal klappte?

Das kann viele Ursachen haben, und eine der interessantesten, aber am wenigsten offenkundigen ist die, daß ihre zielstrebigen Zeugungsversuche von Anfang an nicht, wie es schien, ein gemeinschaftliches Unternehmen waren, sondern in Wirklichkeit ein Abnützungskrieg, daß im Grunde seines Herzens nur einer von ihnen wirklich ein Kind gewollt hatte – bis zu dem Monat, in dem sie Urlaub machten.

Natürlich gibt es bei vielen Paaren *offene* Meinungsverschiedenheiten darüber, wann man mit der Gründung einer Familie beginnen sollte, und sie können zu erbitterten Streitigkeiten führen. Der Mann wird für seine Haltung ebenso gute Gründe haben wie die Frau, und beide werden sich nach Kräften für ihren persönlichen Fortpflanzungserfolg einsetzen. Bei den meisten wird die Fähigkeit, darüber zu urteilen, was dem eigenen Wohl am besten dient, von der natürlichen Auslese beeinflußt, und wenn das persönliche Wohl nicht mit dem des Partners identisch ist, ist der offene Konflikt unvermeidlich. Die Lage unseres Paares war jedoch nicht von *offener* Meinungsverschiedenheit gekennzeichnet. Äußerlich kooperierten sie, so gut sie konnten. Wenn es eine Meinungsverschiedenheit gab, mußte sie verdeckt sein – und wenn wir uns den Gang der Dinge anschauen, finden wir mehr als einen Hinweis darauf, daß der Körper der Frau ein anderes, versteckteres Spiel spielte als der des Mannes. Er hatte – bewußt und unbewußt – zweifellos sein Bestes getan, um seine Partnerin zu schwängern, und *bewußt* hatte die Frau ihr Bestes getan, um daran mitzuwirken. Doch ihr Körper könnte, ohne daß sie oder er davon ahnten, die Schwangerschaft hinausgezögert haben, um den richtigen Moment und vielleicht sogar den richtigen Mann abzuwarten. Es ist mehr als wahrscheinlich, daß der genetische Vater des Kindes, das als Frucht *ihrer* (der Frau) Zeugungsbemühungen geboren wurde, nicht ihr Partner war, sondern der Partner ihrer Freundin, der, mit dem sie eines Sonntagsmorgens beim Geschirrspülen einen Geschlechtsverkehr von drei Minuten hatte. Nun die Begründung: Der Menstruationszyklus der Frau weist eine Besonderheit auf, die wir bisher nicht erwähnt haben und die sich eigens entwickelt hat, damit sie Situationen nutzen kann, wie wir sie in der obigen Szene geschildert haben. Offenbar läuft bei jedem Menstruationszyklus das folgende ab: In den Tagen nach dem Beginn der Periode macht der Körper der Frau verschiedene hormonelle Veränderungen durch, die ihn darauf vorbereiten, eine Eizelle zu produzieren, doch etwa zwei Tage ehe es zum Eisprung kommen kann, geht ihr Körper praktisch »in Wartestellung«. Ob sie schließlich eine Eizelle produziert oder nicht, hängt davon ab, was in den nächsten Tagen oder gar Wochen passiert.

Diese Wartezeit ist eine Gelegenheit, Sperma aufzunehmen, vielleicht von ihrem Partner, vielleicht auch nicht; vielleicht nur von einem Mann, vielleicht von zweien oder mehr. Ob ein Eisprung erfolgt oder nicht, hängt auch davon ab, wie ihr Körper den Mann oder die Männer beurteilt, von dem oder denen sie Sperma aufgenommen hat. Vor allem hängt es aber davon ob, wie der Körper darüber urteilt, unter den gegenwärtigen Umständen, wie sie sich in der Streßbelastung der Frau äußern, ein Kind zu zeugen. Wenn der Mann und der Zeitpunkt genau richtig zu sein scheinen, kann ein Geschlechtsverkehr den Eisprung und damit die Empfängnis auslösen. Wenn aber der Mann und der Zeitpunkt nicht stimmen, kann es sogar passieren, daß der Geschlechtsverkehr den Eisprung verhindert.

Gibt es dafür Beweise? Zwischen dem vierzehnten und dem fünfunddreißigsten Tag ihres Zyklus ist die Wahrscheinlichkeit, daß eine Frau von einem *einmaligen* Geschlechtsverkehr schwanger wird, sehr viel größer als die Wahrscheinlichkeit, durch *routinemäßigen* Geschlechtsverkehr mit ihrem langfristigen Partner schwanger zu werden. Ein einmaliger Geschlechtsverkehr mit einem Liebhaber oder Vergewaltiger, sogar ein einmaliger Geschlechtsverkehr mit einem langfristigen Partner, der für kurze Zeit (vielleicht auf einen Wochenendurlaub) nach Hause kommt, hat an diesen Tagen des Zyklus größere Chancen als der routinemäßige Geschlechtsverkehr, zu einer Schwangerschaft zu führen. Das heißt nicht, daß der langfristige Partner einer Frau sie nicht auch durch routinemäßigen Geschlechtsverkehr zum Eisprung veranlassen kann. Nur ist es weniger wahrscheinlich, daß sie auf ihn unter routinemäßigen Umständen so positiv reagiert, wie sie unter einmaligen Umständen auf ihn oder andere Männer reagiert.

Die gelegentliche Auslösung des Eisprungs durch Geschlechtsverkehr ist vermutlich die Erklärung dafür, daß eine Frau mit größter Wahrscheinlichkeit durch Geschlechtsverkehr *zwei Tage vor* dem Eisprung schwanger wird, obwohl während eines Zeitraums, der rund eine Stunde nach dem Geschlechtsverkehr beginnt und bis zu fünf Tagen dauert, ein stetiger Strom von Spermien durch ihre Eileiter fließt. Der Grund ist wohl der, daß ein Verkehr in ihrer Wartestellung zwar den Eisprung auslöst, wenn ihr Körper den Mann und den Zeitpunkt richtig findet, der Vorgang von der Auslösung bis zum Eisprung aber zwei Tage dauert. Statt also über den Zeitpunkt des Eisprungs zu grübeln, braucht ein Paar im Grunde nur miteinander zu verkehren, sooft sie – besonders die Frau – Lust darauf haben.

Zu dieser Fähigkeit, den Eisprung je nach den Gegebenheiten herbeizuführen, kommt hinzu, daß die Frau, wenn ihr Körper in Wartestellung ist, durch ihre Hormone auf einen Liebhaber sehr viel empfänglicher reagiert als auf ihren regulären Partner. Wie wir oben sahen, wird eine Frau in jeder Phase ihres Zyklus mit ihrem langfristigen Partner verkehren. Während der Wartezeit ist nicht nur die Wahrscheinlichkeit eines Verkehrs mit einem Liebhaber größer, sondern die Hormone der Frau steuern sie auch so, daß sie sich in dieser Zeit anders verhält. Studien über das Freizeitverhalten zeigen, daß das Verhalten von Frauen ohne langfristigen Partner sich im Verlauf ihres Menstruationszyklus kaum ändert; Frauen mit einem langfristigen Partner verbringen in ihrer fruchtbarsten Phase weniger Zeit mit ihm und mehr Zeit mit der Erkundung neuer Örtlichkeiten. Und sie kleiden und verhalten sich provokanter, wenn sie außer Sichtweite ihrer Partner sind.

In einer Wiener Untersuchung fotografierte man Diskobesucherinnen. Man ermittelte, wieviel Haut entblößt war und wie eng und durchsichtig ihre Kleider waren. Ferner stellte man durch einen Speicheltest ihren Östrogenspiegel fest. In der fertilen Phase des Zyklus, bei hohem Östrogenspiegel, kleiden sich Frauen mit einem langfristigen Partner, den sie aber zu Hause gelassen haben, um »mit den Mädchen« auszugehen, im Schnitt provozierender. Diese zeitweise Änderung war bei Frauen ohne langfristigen Partner nicht zu beobachten.

Was bedeutet das? Solange eine Frau keinen langfristigen Partner hat, der sie unterhält, sucht sie in der »Wartephase« ihres Zyklus keinen einmaligen Geschlechtsverkehr. Bei einer Frau, die von einem Partner unterhalten wird, ist die Wahrscheinlichkeit sehr viel höher, daß ihre Körperchemie sie dazu treibt, während ihrer »Wartephase« die Aufmerksamkeit anderer Männer zu erregen. Größer ist auch die

Wahrscheinlichkeit, daß sie bei passender Gelegenheit Sperma von diesen Männern aufnimmt und schwanger wird. Der Umstand, daß die Frau in der Szene an jenem Morgen mit dem Verlangen erwachte, einen Penis in ihrer Scheide zu haben, läßt vermuten, daß sie in Wartestellung war. Ihr Körper wollte noch einen Monat abwarten und sehen, was passieren würde, bevor er eine Entscheidung über den Eisprung traf. Auch der Umstand, daß sie, die kürzeste Gelegenheit nutzend, dem Partner ihrer Freundin erlaubte, sie zu besamen, oder dies sogar unbewußt einfädelte, deutet darauf hin, daß sie sich in der Wartephase befand.

Warum stieg die Bereitschaft dieser Frau, ihren Eisprung zu bekommen und schwanger zu werden, nachdem sie Sperma von einem anderen Mann aufgenommen hatte? Vor rund zehn Jahren hatten sie und ihr Partner beschlossen, zusammenzuziehen und ihr Leben miteinander zu teilen, und sie hatten in der Zeit der zielstrebigen Zeugung um des ersehnten Kindes willen viel gemeinsam durchgemacht. Warum wurde sie ihm jetzt untreu?

Zum Leidwesen derer, die es gern anders sähen, hat die natürliche Auslese den Körper des Menschen mit einer Neigung ausgestattet, stur seine egoistischen Ziele zu verfolgen; er besitzt keinen Mechanismus, der die Entwicklung von wahrem Altruismus gestatten würde. Wir sind die Nachkommen von Menschen, deren Körper die eigene Fortpflanzung an die erste Stelle setzte, und wir haben den Egoismus unserer Vorfahren geerbt. Gewiß kooperiert unser Körper bei vielen Gelegenheiten und oft über lange Zeitabschnitte mit anderen Körpern – aber nur, wenn eine solche Kooperation unseren persönlichen Fortpflanzungserfolg fördert. Sobald eine solche Kooperation diesen Fortpflanzungserfolg auch nur ansatzweise gefährdet, tut unser Körper, was für ihn das beste ist, und nicht, was für den anderen das beste ist. Die natürliche Auslese hat diejenigen Körper begünstigt, die zwar mit einem langfristigen Partner kooperieren, aber dennoch ständig auf die Gelegenheit aus sind, ihren Fortpflanzungserfolg um genau jenes Quentchen zu verbessern, das ihnen mit diesem Partner nicht erreichbar ist. Wenn eine solche Gelegenheit sich ergibt, tut der Körper sein Bestes, um sie auszunutzen, ohne Rücksicht auf den Fortpflanzungserfolg des Partners. Und genau das tat die Frau in unserer Szene.

Es ist nicht erstaunlich, daß eine Frau von Zeit zu Zeit in eine Situation kommt, in der Untreue ihren Fortpflanzungserfolg steigern könnte. Es ist sogar eine fast unvermeidliche Folge davon, daß Männer nachhaltige elterliche Fürsorge an den Tag legen. Auf die Kriterien, nach denen eine Frau sich ihre(n) Partner auswählt, kommen wir in einem anderen Kapitel zu sprechen, aber es geht hier um einen bedeutsamen Dualismus. Einerseits braucht sie einen Mann, der ihr helfen kann, ihre Kinder aufzuziehen. Andererseits braucht sie Gene, aus denen in Verbindung mit ihren eigenen Genen attraktive, fruchtbare und erfolgreiche Kinder hervorgehen. Einige ihrer Schwierigkeiten beruhen darauf, daß sie an Genlieferanten eine sehr viel größere Auswahl hat als an langfristigen Partnern. Wie wir gerade beobachtet haben, braucht es nur wenige Minuten, um die Gene eines Mannes aufzunehmen, während die Aufzucht von Kindern viele Jahre der Kooperation von ihm verlangen.

In der Szene schien es, als sei die Frau mit ihrem Partner als Versorger und als demjenigen, der sich um etwaige Kinder kümmern würde, recht zufrieden. Sie waren leidlich wohlhabend, konnten sich ein eigenes Haus, ein Auto und Urlaubsreisen leisten. Und die Art, wie ihr Partner mit dem Nachwuchs ihrer Freundin umging, deutete darauf hin, daß er einen sehr guten Vater abgeben würde. Doch ihr Körper war wohl nicht ganz überzeugt, daß er das Beste war, was sie in Sachen Gene für ihre Kinder tun konnte. Vielleicht ließ er deshalb zunächst keine Empfängnis zu. Und nachdem der Zweifel an seiner Fruchtbarkeit einmal aufgekommen war, wurde seine Weigerung womöglich noch bestärkt.

Es sind unterschiedliche Eigenschaften, die Frauen bei kurz- und langfristigen Partnern suchen. Die sehr viel größere Auswahl an kurzfristigen Genlieferanten eröffnet zwei Hauptoptionen. Die eine ist, einen Mann zu suchen, der weder der beste Lieferant von Genen noch der beste Partner ist, der aber der beste verfügbare Kompromiß ist, den sie für sich gewinnen kann. Die andere ist, sich den besten verfügbaren langfristigen Partner auszusuchen und sich dann auf Untreue zu verlassen, um an die besten Gene zu kommen. Vor zehn Jahren hatte die Frau in der Szene vermutlich mit der ersten Option begonnen. Doch wie wir gerade gesehen haben, griff sie am Ende auf die zweite zurück – und sie ist nicht die einzige.

Rund zehn Prozent aller Kinder wurden nicht von demjenigen gezeugt, den sie für ihren Vater halten. Die Chancen, Hörner aufgesetzt zu bekommen, sind ungleich unter den Männern verteilt; diejenigen mit geringem Besitz und Status sind am schlimmsten dran. In Wohngebieten mit hohem Status in der Schweiz und den USA sind es ein Prozent, unter Männern von mittlerem Status in Großbritannien und den USA fünf bis sechs Prozent, unter Männern von niedrigem Status in Großbritannien, Frankreich und den USA zehn bis dreißig Prozent. Und diejenigen, die den Männern von niedrigem Status am ehesten Hörner aufsetzen, sind Männer von hohem Status. Männer von höherem Besitz und Status – und das ist in jeder Gesellschaft zu beobachten – erlangen früher Partnerinnen, erlangen unter Umständen mehr Partnerinnen, bekommen seltener Hörner aufgesetzt und setzen eher anderen Männern Hörner auf. Männer von Besitz und Status haben daher unter allen Aspekten die größeren Aussichten auf Fortpflanzungserfolg als ihre Zeitgenossen von geringerem Status.

Daß es bei der weiblichen Untreue ebenfalls eine statusabhängige Verteilung gibt, ist eigentlich nicht erstaunlich. Es verhält sich mit ihr folgendermaßen. Frauen, die mit Männern von höherem Besitz und Status verbunden sind, haben von Untreue wenig zu gewinnen und viel zu verlieren. Frauen, die mit Männern von niedrigerem Besitz und Status verpaart sind, haben dagegen wenig zu verlieren und viel zu gewinnen, besonders wenn sie mit Männern untreu sein können, die auf der sozialen Leiter höher stehen. Bei der Frau in der Szene dürfte die Suche nach Besitz und Status freilich nicht das Motiv der Untreue gewesen sein. Sie dachte nicht daran, ihren Partner zu verlassen, um sich mit dem Partner ihrer Freundin zusammenzutun, der im übrigen sozial nicht höher stand als sie. Das Interesse ihres Körpers an ihm kann nur genetischer Natur gewesen sein. Sie wollte sein Sperma und seine Gene, und sie nutzte eine Gelegenheit, sie zu ergattern. Unter dem Aspekt der Fortpflanzung lohnte sich ihre Strategie jedoch nur, wenn der genetische Gewinn größer war als die Nachteile, die sie durch ihre Untreue erleiden konnte, denn ihr Verhalten barg neben den Vorteilen auch Gefahren.

Da war zunächst das Risiko, sich Krankheiten zuzuziehen. Dieses Risiko wächst mit der Zahl der Sexualpartner. Es ist nicht besonders groß, aber es ist vorhanden, und jeder Akt der Untreue erhöht es und könnte die künftige Gesundheit und Fruchtbarkeit gefährden. Die anderen Gefahren würden nur dann ernst, wenn ihre Untreue ans Licht käme. Schlimmstenfalls hätte sie riskiert, daß ihr Partner oder gar ihre Freundin gewalttätig gegen sie werden. Es bestand sogar das Risiko, daß ihr Partner sie verließe, besonders wenn in ihm der Verdacht aufkam, das Kind sei nicht von ihm. Es gab noch andere Gefahren, die mit Alleinerziehen und Stiefelternschaft verbunden sind und auf die wir noch zurückkommen werden. Doch vom Krankheitsrisiko abgesehen war keine der Gefahren sonderlich groß, solange sie die Untreue verheimlichen konnte.

Auch dem Mann erwuchsen Risiken aus seiner Untreue. Auch er riskierte Krankheit, Verlassenwerden und vielleicht sogar Gewalt, wenn seine Untreue entdeckt wurde – Gewalt von seiten des Partners der Frau und vielleicht sogar von seiner eigenen Partnerin. Doch auch für ihn waren die Gefahren nicht sonderlich groß, solange er die Entdeckung der Tat verhindern konnte.

Weil die Wahrung der Heimlichkeit so wichtig war, reagierten der Mann und die Frau instinktiv mit Eile und List, als sie hörten, daß ihre Partner mit den Kindern vom Laden zurück waren. Keiner wird vorher überlegt haben, was er in einer solchen Situation tun würde, aber als die Situation da war, gingen beide automatisch zur Täuschung über. Adrenalin wurde so rasch und energisch ausgeschüttet, als wäre ein Tiger in den Raum gestürzt. Die Täuschung war, wie sich zeigte, erfolgreich. Ihre Partner erfuhren nichts von den Dingen, die sich in ihrer zehnminütigen Abwesenheit abgespielt hatten.

Nicht nur Menschen wenden List und Täuschung an, um die Nachteile der Untreue zu vermeiden, ihre Vorteile aber einzustreichen. Da hinter dem Ganzen ein Körper steckt, der chemisch darauf programmiert ist, Entdeckung zu vermeiden, werden geeignete Strategien gefunden, ohne das Gehirn in Anspruch zu nehmen. Viele werden den Film von einem Affenweibchen kennen, das am Boden nach Futter sucht, während ihr Gefährte sie von einem hohen Ast aus aufmerksam beobachtet. Ihr nähert sich ein anderes Männchen. Er setzt sich nieder und zupft unschuldig an seinem Fell, wobei er seine Erektion vor ihrem Gefährten verbirgt.

Sobald die Aufmerksamkeit des Gefährten abgelenkt ist, klopft das andere Männchen dem Weibchen auf die Schulter. Im Nu steht sie vor ihm und präsentiert sich, und er besamt sie. Das geht so blitzschnell, daß sie, als der Gefährte wieder in ihre Richtung blickt, schon wieder ihren bisherigen Tätigkeiten nachgehen – die Unschuld in Person.

Die Vorgänge um unser Paar in dieser Szene erhellen ein anderes Rätsel aus den Anfängen der zielstrebigen Zeugungsbemühungen, das Rätsel der sexuellen Krypsis. Wenn der tägliche Sex vom Vergnügen zur Pflicht geworden ist, hat schon so manches Paar über die Unfähigkeit geflucht, die fruchtbarsten Tage der Frau erkennen zu können. Viele sehen in der sexuellen Krypsis zunächst einen der übelsten Tricks der natürlichen Auslese. Doch mit der sexuellen Krypsis hat sie den Frauen im Gegenteil eine der wirksamsten Waffen zur Bestimmung ihres reproduktiven Schicksals in die Hand gegeben. Die Szene verdeutlicht, warum es für eine Frau so wichtig ist, daß ihr Körper nichts darüber verrät, in welchem Stadium ihres Menstruationszyklus sie sich befindet. Dadurch hat sie mehr Freiheit in der Auswahl des genetischen Vaters ihres nächsten Kindes, als wenn sie ihre Fruchtbarkeit nach außen anzeigen würde.

Die Weibchen bestimmter Primaten, zum Beispiel Paviane und Schimpansen, zeigen nach außen ihre Fruchtbarkeit an, und sie haben während ihrer fruchtbaren Phase mächtig zu tun. Die Männchen kämpfen um den sexuellen Zugang, und die Weibchen werden oft belästigt. Was noch schlimmer ist: Das stärkste Männchen tut alles, um sicherzustellen, daß er sie als einziger besamt. Das Weibchen hat davon natürlich den reproduktiven Vorteil, hauptsächlich von dem Männchen besamt zu werden, das gesund und stark genug ist, den Zugang zu erobern und sie zu bewachen. Sie bezahlt dafür allerdings mit einer Beschränkung ihrer Freiheit, sich ihren Partner selbst auszuwählen. Es könnte Männchen geben, die sie dem dominanten Männchen vorzieht, aber dieses versucht sie daran zu hindern, sich mit ihnen zu paaren. In der Horde könnte es zum Beispiel ein jüngeres Männchen geben, das offensichtlich in wenigen Jahren das erfolgreichste Männchen zu werden verspricht und das sie lieber als Vater ihres Nachwuchses sähe als das derzeit dominante Männchen. Gelegentlich schafft es so ein Weibchen, dem dominanten Männchen »untreu zu sein«, wie das geschilderte Beispiel zeigt. Doch so einfach wie einer Frau wird es ihr nicht fallen, ebendeshalb, weil das sie bewachende Männchen, anders als sein menschliches Pendant, *weiß*, wann sie fruchtbar ist. Es kann sogar vorkommen, daß er an den entscheidenden Tagen auf Fressen und Schlafen verzichtet, um sie ständig bewachen zu können und ihr einen Seitensprung so schwer wie möglich zu machen.

Hätte der Partner der Frau in der Szene *gewußt*, was für ein entscheidender Tag in seinem Leben es war, hätte er vielleicht nicht die Kinder des anderen Paares zum Einkauf mitgenommen und seine Partnerin mit dem anderen Mann allein gelassen. Für ihn war es jedoch ein beliebiger Tag. Auch hätten die meisten Männer wohl nichts dagegen, wenn ihre Partnerin mit anderen Frauen in eine Diskothek geht. *Wüßte* ein Mann aber, daß es ein kritischer, ein entscheidender Abend ist, an dem seine Partnerin chemisch darauf vorbereitet ist, einen anderen Mann anzuziehen, mit ihm zu flirten, auf ihn zu reagieren und von ihm schwanger zu werden, würde er sie wohl nicht so leicht ziehen lassen.

Das also ist der Grund, warum die natürliche Auslese den Körper der Frau so konstruiert hat, daß ihre fruchtbaren Phasen vor den Männern verborgen sind. Warum aber hat sie diese Information sogar vor dem Bewußtsein der Frau verborgen? Ganz einfach: Damit eine Frau ihre Fruchtbarkeit vollkommen überzeugend vor den Männern verbergen kann, muß sie sie auch vor sich selbst verbergen. Dadurch wird sichergestellt, daß sie nicht versehentlich etwas verrät.

Mit einem Aspekt der Szene haben wir uns noch nicht befaßt. Wenn, wie wir vermuten, die Frau nach dem Morgen an der Spüle schwanger wurde, geschah das, während sie Sperma von zwei Männern in sich hatte. Nach dem Aufwachen hatte sie ihren Partner zum Geschlechtsverkehr bewegt, und binnen einer Stunde hatte sie Geschlechtsverkehr mit dem Partner ihrer Freundin. Zumindest während der nächsten fünf Tage enthielt ihr Körper Spermien von beiden, die in stetigem Strom durch ihre Eileiter wanderten. Rund vier Prozent der Kinder werden unter diesen Umständen gezeugt. Wann immer eine Frau innerhalb weniger Tage mit zwei Männern Geschlechtsverkehr hat, ringen die beiden Spermienheere um den Preis, ein von ihr produziertes Ei zu befruchten. Dieses Ringen ist zugleich eine Lotterie und ein Wettlauf, aber vor allem ist es ein Krieg. Das Ejakulat eines normalen, gesunden, fruchtbaren Mannes enthält Spermien von ganz unterschiedlicher Gestalt und Größe. Es gibt solche mit großen und solche mit kleinen Köpfen, und manche Köpfe sind so klein, daß nicht einmal Chromosomen und Gene hineinpassen. Es gibt Spermien mit kurzen Schwänzen und solche mit zwei, drei oder gar vier Schwänzen. Jede dieser Arten erfüllt im Spermienkrieg eine andere Aufgabe. Weniger als ein Prozent der Spermien sind darauf programmiert, das Ei aufzusuchen und zu befruchten, alle anderen sind auf diverse Angriffs- und Verteidigungsmaßnahmen programmiert, und sie alle müssen auf ihre Weise versuchen, die Befruchtung des Eis durch Spermien eines anderen Mannes zu unterbinden.

Frauen profitieren manchmal davon, daß sie einen Spermienkrieg anzetteln. Die Frau in der Szene hat sicherlich davon profitiert. In den letzten Monaten dürften ihre wachsenden Zweifel an der Fruchtbarkeit ihres Partners sein Ansehen als geeigneter genetischer Vater geschwächt haben. Sie konnte ihren Partner und seine Ejakulate auf die Probe stellen, indem sie seine Spermien in einen direkten Wettbewerb mit den Spermien eines anderen Mannes von bewiesener Fruchtbarkeit schickte und sie die Sache unter sich ausfechten ließ. Genau das tat sie.

Sehr wahrscheinlich haben die Spermien ihres Partners die Schlacht nicht gewonnen. Nicht zuletzt deshalb, weil der von ihr angezettelte Spermienkrieg ein ungleicher Kampf war, da sie ihren Partner von vornherein benachteiligte. In welcher Weise? Nun, an dem fraglichen Morgen hatte sie mit ihrem Partner keinen Orgasmus, wohl aber mit ihrem Liebhaber. Bestimmt hat sie daher, auch wenn der letzte Schwall vom Ejakulat ihres Liebhabers auf dem Fußboden landete, von seinen vorangegangenen Ejakulationen insgesamt mehr Spermien zurückbehalten als von sämtlichen Ejakulationen ihres Partners. In diesem Fall hatte ihr Liebhaber, da er das größere Spermienheer besaß, die größeren Chancen, den Spermienkrieg zu gewinnen. Für ihre Empfängnischancen spielte es, wie schon gesagt, keine Rolle, ob sie einen Orgasmus hatte oder nicht, aber wenn sie, das Sperma beider Männer in sich, schwanger wurde, dann spielte der Orgasmus sehr wohl eine Rolle für die Frage, *welcher Mann* ihr Ei befruchtete.

Wir sind bisher davon ausgegangen, daß das Urteil des Arztes über den Partner der Frau zutraf und er wirklich fruchtbar war. Wir können seine Fruchtbarkeit aber nicht als gegeben ansehen, nur weil die ärztlichen Untersuchungen kein Problem zutage förderten. Die Erforschung der männlichen Unfruchtbarkeit ist leider noch weit davon entfernt, definitive Aussagen über die Fruchtbarkeit eines bestimmten Mannes zu erlauben. Man findet statistische Zusammenhänge zwischen Graden der Fruchtbarkeit und allen möglichen Eigenschaften von Ejakulaten, so etwa der Zahl der Spermien, dem Anteil der normal aussehenden Spermien und der Beweglichkeit der Spermien. Aber das sind eben nur statistische Zusammenhänge. Sie lassen sich nicht hundertprozentig auf einen bestimmten Mann übertragen. Es gibt Männer, die bei einem kläglich erscheinenden Ejakulat fruchtbar sind, und es gibt Männer, die bei einem großartig erscheinenden Ejakulat unfruchtbar sind.

Es gehört zu den verbreitetsten Mißverständnissen, daß ein Geschlechtsverkehr nur dann mit einiger Aussicht zur Schwangerschaft führt, wenn der Mann Spermien in gewaltiger Zahl in die Frau einführt. Dieses Mißverständnis geht auf zwei Ursachen zurück. Erstens ist es eine Tatsache, daß Männer normalerweise Spermien in gewaltiger Zahl in die Frau einführen; ein durchschnittliches Ejakulat enthält rund dreihundert Millionen von ihnen. Zweitens zeigen medizinische Untersuchungen, daß Männer, die (per Masturbation nach drei Tagen Abstinenz) weniger als zwanzig Millionen Spermien ejakulieren, eher subfertil sind als Männer, die die üblichen dreihundert Millionen ejakulieren.

Das heißt nur, daß niedrige Spermienzahlen manchmal auf ein zugrundeliegendes Gesundheitsproblem hindeuten. Es heißt nicht, daß eine Frau nicht schwanger werden kann, wenn ein Mann, der kein Gesundheitsproblem hat, nur zwanzig Millionen Spermien in sie einführt. Für eine Zeugung werden sehr wenige gesunde und fruchtbare Spermien benötigt. Ejakuliert ein Mann per Masturbation oder Oralsex weniger als eine Stunde vor einem Geschlechtsverkehr mit Penetration, so wird er nur etwa zwanzig Millionen oder noch weniger Spermien in seine Partnerin einführen. Dokumentiert ist der Fall eines Mannes, der nach einer Vasektomie bei jeder Besamung höchstens einige Dutzend Spermien einführte, und doch wurde seine Partnerin schwanger. Weder er noch die Ärzte mochten glauben, daß die paar Spermien eine Befruchtung bewerkstelligt haben könnten, und sie vermuteten, daß die Partnerin dem Mann untreu gewesen war. Sie bestritt das entschieden und verlangte einen Vaterschaftstest nach der Methode des genetischen Fingerabdrucks. Natürlich bekam sie recht. Ihr Partner war tatsächlich der Vater des Kindes. Wie auch immer der Arzt in unserer Szene sich über das Ejakulat des Mannes äußern mochte, es war nur *eine Meinung* über seine Fruchtbarkeit zu einem bestimmten Zeitpunkt und nicht ein Urteil über einen unabänderlichen Zustand.

In dieser Analyse wurde bisher angenommen, der genetische Vater des Kindes sei der Mann mit der bewiesenen Fruchtbarkeit und nicht der Partner der Frau, weil es kein Zufall sein kann, daß sie gerade in dem Zyklus schwanger wurde, in dem sie untreu war. Aber ist es wirklich ausgeschlossen, daß ihr Partner sie schwängerte?

Eine Möglichkeit wäre, daß die Frau weder von dem einen noch von dem anderen Geschlechtsverkehr am Tag ihrer Untreue schwanger wurde. Die Empfängnis kann in der folgenden Woche eingetreten sein, als das Paar im Urlaub war – in diesem Fall hätte der Arzt das ihm ausgesprochene Lob verdient. Das Paar war seit Beginn seiner zielstrebigen Zeugungsbemühungen unter Druck gewesen. Sorgen um ihre Fruchtbarkeit hatten sie in einen Teufelskreis getrieben, und es ist durchaus möglich, daß der Streß, wie schon erwähnt, ihre Körper in den Modus der Familienplanung, also der Empfängnisverhütung versetzte. Als dann ein Monat nach dem anderen verstrich, ohne daß eine Schwangerschaft zustande kam, litt ihre Beziehung, und der Streß sorgte noch gründlicher für Empfängnisverhütung. Möglicherweise waren also, auch wenn sie bewußt etwas anderes wünschten, ihre Körper zu dem Schluß gekommen, daß, ehe die Verhältnisse sich nicht gebessert und ihre Beziehung sich nicht gefestigt hatte, eine Empfängnis ihren langfristigen Fortpflanzungserfolg gefährden könnte. Als sie sich dann im Urlaub entspannten und über die absolvierten ärztlichen Untersuchungen erleichtert waren, mögen ihre Körper entschieden haben, daß nun die Zeit gekommen sei. Vielleicht begann der Mann, fruchtbarere Ejakulate zu produzieren, und vielleicht wurde die Frau aufgeschlossener für den ganzen Prozeß des Spermientransports, der Befruchtung, der Einnistung und der Schwangerschaft.

Eine zweite Möglichkeit wäre, daß während ihrer Zeugungsbemühungen ein Gesundheitsproblem vorlag, das zufällig zu der Zeit verschwand, als sie mit den Untersuchungen begannen. Unbedeutende, aber wiederkehrende Infektionen können im weiblichen wie im männlichen Genitaltrakt zeitweilige Blockaden auslösen, die ohne Behandlung verschwinden und damit die Fruchtbarkeit wiederherstellen. Vielleicht hatten ihre Körper tatsächlich die Empfängnis hinausgezögert, bis das Problem sich erledigt hatte, und dann klappte es.

Für den, der es gern moralisch hätte, mag keines der Szenarien eine befriedigende Erklärung bieten. Trotzdem spricht fast alles dafür, daß die Frau durch den Akt der Untreue schwanger wurde. Wenn das stimmt, haftet diesem Geschlechtsverkehr eine ungeheure, aber auch lehrreiche Ironie an. Die Frau und ihr Partner hatten fast zwei Jahre lang ihr Äußerstes getan, um eine Schwangerschaft herbeizuführen; sie hatten Zeitpunkt und Stellung mit Bedacht gewählt, sich Zeit gelassen und bei jeder Gelegenheit ihr Bestes getan, damit möglichst viel Samen möglichst lange in ihr blieb. Und dann kam es zu einer spontanen Paarung, die nur drei Minuten dauerte, bei der die Frau stand und ein Teil des Ejakulats nicht in ihrer Scheide, sondern auf dem Küchenfußboden und in der Unterhose landete.

An dieser Episode wird die Realität der Empfängnis deutlich. Wenn der Mann und der Zeitpunkt stimmen, kann die Befruchtung bei einer fruchtbaren Frau sehr zügig verlaufen. Wenn der Körper einer Frau – im Gegensatz zu ihrem Geist – schwanger werden möchte, kann er es ohne Umstände erreichen.

SCHWANGERSCHAFT, WEHEN UND AUSGEGLICHENHEIT

Szene 5
Sex während der Schwangerschaft

Im Moment der Ejakulation erwachte er aus dem Traum. Die Erleichterung war unglaublich; sein Unbewußtes hatte ihm anscheinend gesagt, die Umstände würden die Befriedigung seines Dranges immer trickreicher zu hintertreiben versuchen. Vorsichtig stand er auf, um seine Partnerin nicht zu wecken, die fest neben ihm schlief.

Der Wecker auf dem Nachttisch zeigte kurz nach Mitternacht an. Sie schlief schon seit fast vier Stunden; jetzt, da sie schwanger war, schien sie viel Schlaf zu brauchen. Noch vor ein paar Monaten wäre sie nie vor zehn ins Bett gegangen, und wenn, nur mit ihm zusammen, um Geschlechtsverkehr mit ihm zu haben. Wann hatten sie zuletzt miteinander geschlafen? Mindestens drei Monate war es her.

Während er sich im Badezimmer wusch, dachte er an die ersten Wochen ihrer Schwangerschaft zurück, in denen sie noch nicht genau wußten, daß sie schwanger war. Damals hatten sie oft miteinander verkehrt, öfter als sonst, und meistens war die Initiative von ihr ausgegangen. Ihre Libido hatte damals schlagartig zugenommen. Und sie hatte auch mehr Orgasmen verlangt und ihn häufig gebeten, es ihr mit der Hand zu besorgen, bis sie kam. Hätte der Ultraschall sie nicht eines anderen belehrt, hätten beide geglaubt, sie sei erst in dieser Zeit schwanger geworden.

Er hatte diese ersten Wochen genossen, doch alles wurde anders, als die Übelkeit, die Kopfschmerzen und die Mattigkeit einsetzten. Auf einmal stand ihr der Sinn überhaupt nicht mehr nach Sex. Sie ging immer früher schlafen. Der Körperkontakt beschränkte sich jetzt aufs Kuscheln und Streicheln. Seine Enttäuschung hatte er bewußt verborgen, um sie nicht unter Druck zu setzen, aber frustriert war er schon. Sie hatte ein wenig an Gewicht verloren, weil ihr der Appetit fehlte, und ihre Brüste hatten sich vergrößert. Er fand sie – und das schien irgendwie nicht zu passen – so anziehend wie noch nie.

Doch nach und nach sah man ihr die Schwangerschaft immer mehr an. Ihr Bauch wurde dick, und sie bekam einen watschelnden Gang. Sie sagte jetzt hin und wieder, daß sie sich unattraktiv finde, mit dem versteckten Wink, er möge doch das Gegenteil behaupten. Ihm fielen daraufhin andere Komplimente ein, aber in Wirklichkeit fand er ihr Äußeres tatsächlich zunehmend unattraktiv. Nicht, daß seine Gefühle für sie nachgelassen hätten, im Gegenteil, nie hatte er so viel Zärtlichkeit und Zuneigung für sie empfunden, nur war es kein ausgesprochen sexueller Drang mehr, und er empfand deshalb ein schlechtes Gewissen, wenn sie über ihre Gefühle füreinander sprachen. Zu allem Überfluß änderten sich seine Empfindungen ausgerechnet in einer Zeit, in der sie sich verunsichert fühlte. Ein- oder zweimal hatte sie ihn sogar beschuldigt, anderen Frauen nachzuschauen. Zum Konflikt kam es dann, als sie zusammen auf eine Party gingen. Es fing schon schlecht an. Sie klagte, sie habe nichts Passendes anzuziehen, aber eigentlich wollte sie gar nicht hingehen; lieber wäre sie zu Hause geblieben, hätte ein bißchen ferngesehen und wäre früh zu Bett gegangen.

Er war gut gelaunt und freute sich, ein bißchen unter Leute zu kommen. Und er freute sich, auch wenn er ihr nichts davon sagte, auf die Gelegenheit, mit seiner schwangeren Partnerin anzugeben. Im Laufe der Party gerieten sie in unterschiedliche Gesprächskreise. Er hatte eine intensive Diskussion mit einer Frau, die er irgendwie aus dem Arbeitszusammenhang kannte, und wenn er bisher nicht sonderlich Notiz von ihr genommen hatte, so fand er sie heute abend merkwürdig anziehend. Ohne daß er es bemerkt hätte, war im Gespräch mit ihr über eine halbe Stunde verflogen, als seine Partnerin hinzutrat, ihn am Arm packte und meinte, es sei Zeit, nach Hause zu gehen. Er merkte, daß etwas nicht stimmte. War ihr übel, hatte sie sich über irgend etwas aufgeregt?

Nach ein paar verlegenen Abschiedsworten gingen sie schweigend zum Auto. Sie starrte verbissen vor sich hin; er warf ihr verstohlene Blicke von der Seite zu. Als sie im Auto saßen, platzte es aus ihr heraus: Er habe mit der Frau aus seinem Betrieb geflirtet. Er wollte sich verteidigen, aber es war zwecklos. Sie wollte nichts davon hören. Als sie gerade vor dem Haus ankamen, warf sie ihm vor, ihm gefalle ihre äußere Erscheinung als Schwangere nicht. Dann forderte sie ihn auf – und kaum ausgesprochen, tat es ihr schon leid, denn sie wußte, daß es lächerlich war –, zu beweisen, daß er sie noch attraktiv fand, und mit ihr zu schlafen.

Nach Sex mit ihr stand ihm überhaupt nicht der Sinn. Er wußte außerdem, daß die Aussichten, in seinem halb angetrunkenen Zustand eine Erektion zu bekommen und aufrechtzuerhalten, nicht sehr gut waren, zumal er ohnehin nicht besonders interessiert war. Eigentlich wollte er nur schlafen. Aber er sagte, ihm sei nicht ganz wohl bei dem Gedanken, in ihrem fortgeschrittenen Zustand mit ihr zu verkehren; es könnte ja auch irgend etwas auslösen. Wäre es nicht besser, sich hinzulegen und ein bißchen zu kuscheln? Sie gab ihm schließlich recht, und zunächst kuschelten sie auch, sie auf der Seite, mit angezogenen Beinen, er den Arm um sie gelegt, die Hand sanft auf ihrem Bauch ruhend. In wenigen Minuten war er eingeschlafen. Sie lag wach, und in ihren Augen schimmerten unvergossene Tränen. Erst nach über einer Stunde schlief auch sie endlich ein.

Irgendwann in den ersten Nachtstunden hatten beide bemerkt, daß der andere wach war, und angefangen, sich zu küssen, langsam, auf eine sinnliche Art. Er merkte, daß er erregt wurde – vielleicht ließ die Wirkung des Alkohols nach. Sie sprachen kein Wort, sondern küßten und streichelten sich nur. Er war nicht ganz sicher, was sie von ihm erwartete, hatten sie doch vorher vereinbart, kein Risiko einzugehen. Doch nicht lange, und sie machte ihm ihre Wünsche unmißverständlich klar. Mit einer geübten, wenn auch etwas unbeholfenen Bewegung schob sie sich über ihn, griff sanft nach seinem Penis und führte ihn sich in die Scheide ein.

Ihr Treiben endete damit, daß er sich nach der Ejakulation etwas abrupt zurückzog, aus Sorge, er könnte Schaden in ihr anrichten. Abgesehen von dem vagen Eindruck, ihre Scheide sei ungewöhnlich kurz, war ihm der Geschlechtsverkehr nicht anders vorgekommen als sonst. Allerdings hatte er sich mit Stößen zurückgehalten, und so war er überrascht, als sie offenbar einen Orgasmus hatte.

Kaum hatte sie ihn in sich hineingelockt, war auch ihr nicht mehr ganz wohl bei dem, was sie taten. Gewiß, sie bekam einen Orgasmus, doch schnell wünschte sie, es wäre nicht dazu gekommen. Unmittelbar danach hatte sie gespürt, wie sich das Kind in der Gebärmutter vollständig umdrehte, so als habe ihr Orgasmus es irgendwie aufgestört. Es hatte ihr nicht besonders Spaß gemacht, und es kam ihr wie eine Ewigkeit vor, ehe die Unruhe in ihrem Leib sich so weit gelegt hatte, daß sie wieder in den Schaf sinken konnte.

Nachdem er sich gesäubert hatte, stand der Mann vor dem Badezimmerspiegel und schaute sich an. Sich an seinen Traum erinnernd, dachte er an das Kind, das in Kürze zur Welt kommen würde, und er fragte sich, ob es ihm ähnlich sein würde. Als er wieder ins Schlafzimmer trat, fiel sein Blick auf die dunkle Gestalt seiner schlafenden Partnerin. In rund einer Woche würde er wissen, auf was er sich eingelassen hatte. Vermutlich würde er bald wieder in den frühen Nachtstunden im Zimmer auf und ab gehen, aber aus einem ganz anderen Grund.

Auf den ersten Blick erscheint es seltsam, daß die natürliche Auslese die Gewohnheit hat entstehen lassen, den Geschlechtsverkehr bis in die Schwangerschaft hinein – manchmal sogar die ganze Schwangerschaft hindurch – fortzusetzen. Offenbar fördert das weder den Fortpflanzungserfolg der Frau noch den des Mannes. Die Frau ist schon schwanger, nochmals kann sie nicht empfangen. Noch eigentümlicher erscheint das Ganze im Lichte der Tatsache, daß praktisch jedes Spermium, das der Mann in sie einführt, mit dem Rückfluß der Frau ausgestoßen wird. Wieso haben Menschen – und viele Säugetiere – auch dann noch Geschlechtsverkehr, wenn die Frau beziehungsweise das Weibchen schon schwanger ist?

Die Antwort lautet: Die Schwangerschaft ist, anders als viele es erwarten oder wünschen, nicht eine Zeit heiterer Kooperation. Sie ist, wie die drei Szenen dieses Kapitels zeigen, eine Zeit des Konflikts, des Konflikts innerhalb und außerhalb der Frau. Einige der Kämpfe finden innerhalb des sich entwickelnden Kindes und innerhalb des Mutterleibes statt; auf sie gehen wir in den nächsten Szenen ein. Deutlicher sichtbar sind andere Kämpfe, die sich zwischen Mann und Frau abspielen; Beispiele dafür sind in der obigen Szene vorgestellt. Einige der Konflikte zwischen Mann und Frau sind offenkundig, und jeder bemerkt sie. Andere sind verdeckt und werden leicht übersehen. Doch bei allen geht es um Sex.

Eine der subtilsten Formen des Konflikts zwischen Mann und Frau ist die sexuelle Aktivität in den ersten Wochen der Schwangerschaft. Sie ist so subtil, daß kaum jemand darauf kommt, daß hinter dem Verhalten bedeutende Interessensunterschiede zwischen den Beteiligten stecken könnten. Nicht ganz so versteckt sind Meinungsverschiedenheiten darüber, bis in welches Stadium der Schwangerschaft der Geschlechtsverkehr fortgesetzt werden sollte. Ganz und gar nicht versteckt sind Streitigkeiten darüber, daß der Mann in einer Zeit, in der seine Partnerin besonders verletzlich ist, verstärktes Interesse an anderen Frauen zeigt.

All diese Konflikte sind keine widernatürlichen Zufälle. Sie sind ein unvermeidlicher Ausfluß der Tatsache, daß die natürliche Auslese Männer und Frauen so geschaffen hat, daß jeder dem eigenen Fortpflanzungserfolg den Vorrang gibt, wenn es sein muß, auch auf Kosten des Partners. Wir werden später auf die Frage eingehen, die das Paar am meisten beschäftigte: Wie gefährlich ist Sex während der Schwangerschaft? Wenn, wie wir meinen, Sex während der Schwangerschaft ein Kampf ist, besteht dann die Gefahr von Verletzungen? Zunächst zu der Frage, die wir klären müssen, wenn wir diese Konflikte überhaupt verstehen wollen: Wieso sind Männer und Frauen einem unterschiedlichen Druck ausgesetzt?

Die Schwangerschaft ist, was den Fortpflanzungserfolg der Frau wie des Mannes betrifft, eine der kritischsten und ambivalentesten Lebensphasen. Einerseits haben die Frau und der genetische Vater des Kindes erkennbar einen bedeutenden Schritt in der Fortpflanzung bewältigt. Andererseits kann die Schwangerschaft, wenngleich es intuitiv nicht so einleuchtend ist, auch eine Gefahr für die langfristige Fortpflanzung der Frau und ihres Partners sein. Die Natur dieser Gefahr müssen wir genauer betrachten.

Was die Frau betrifft, so kann ihr Körper, wenn während der Schwangerschaft etwas schiefgeht, dermaßen in Mitleidenschaft gezogen werden, daß ihre künftige Fortpflanzung in Frage steht. Der Schaden kann so groß sein, daß sie unter Umständen keine Kinder mehr bekommen kann; auf die körperliche Schädigung einer Frau durch eine Schwangerschaft gehen wir am Ende des Kapitels ein. Zu den körperlichen Gefahren kommt das Risiko, daß ihr Partner sie verläßt oder daß er beschließt, sich um sie und das Kind künftig wenig zu kümmern. Oft ist eine Frau so stark auf die Unterstützung ihres Partners angewiesen, daß das Überleben und der spätere Erfolge ihres Kindes auf dem Spiel stehen, wenn der Mann das eine oder das andere tut.

Was den Mann betrifft, so ist die Schwangerschaft seiner Partnerin durchaus ein bedeutender Schritt zu seinem Fortpflanzungserfolg – aber nur, wenn er der genetische Vater ist. Wenn dem nicht so ist, stellt ihre Schwangerschaft sogar eine Gefahr für seinen langfristigen Fortpflanzungserfolg dar. Nicht nur engagiert er sich viele mühevolle Jahre lang, um den Fortpflanzungserfolg eines anderen auf Kosten seines eigenen zu fördern, sondern ein gutes Jahr wird er seine Partnerin nicht schwängern können. Hat er einen gewichtigen Grund, daran zu zweifeln, daß er der Vater des Kindes ist, mit dem sie schwanger geht, sollte er sie im Interesse seines langfristigen Fortpflanzungserfolges vielleicht besser verlassen, besonders wenn er eine andere Frau für sich finden kann.

Wegen der möglichen Gefahr für seine langfristige Fortpflanzung ist der Glaube eines Mannes an seine Vaterschaft in starkem Maße dafür verantwortlich, wie gut er als Vater für das erwartete Kind sein wird. In fast allen noch ausstehenden Kapiteln dieses Buches werden wir Anlaß haben, das väterliche Verhalten eines Mannes in diesem Kontext zu betrachten. Manchmal wird sein Verhalten für ihn bewußt von seinem Glauben an seine Vaterschaft beeinflußt. In der Regel wird es jedoch, genau wie das väterliche Verhalten anderer Arten, unbewußt beeinflußt. Untersuchungen an Sperlingen, Löwen und Affen haben gezeigt, daß die Art des väterlichen Verhaltens eines Männchens stark von der Wahrscheinlichkeit bestimmt wird, daß es der genetische Vater ist.

Wünscht eine Frau – für die Weibchen der genannten Arten gilt dasselbe – vom Mann die größtmögliche Hilfe bei der Aufzucht ihrer Nachkommen, so muß sie alles tun, um ihn von seiner Vaterschaft zu überzeugen. Gleichzeitig versucht er zu bestimmen, wie wahrscheinlich es ist, daß er der genetische Vater ist.

In der obigen Szene überlegte der Mann, ob das Kind ihm ähneln würde. Er zeigte damit das verbreitete menschliche Bedürfnis, äußere Ähnlichkeiten zwischen Kindern und ihren Eltern zu entdecken. Dieses Bedürfnis darf uns nicht überraschen. Brauchte ein Mann ein Kind bloß anzuschauen, um herauszufinden, ob es von ihm ist, wüßte er zugleich, ob ausgiebige elterliche Fürsorge im Interesse seines langfristigen Fortpflanzungserfolges ist. Auf diese Weise kann er es jedoch nicht feststellen, jedenfalls nicht mit Sicherheit. Entsprechende Untersuchungen ergaben kein einheitliches Bild, aber insgesamt kann man sagen, daß unbeteiligte Versuchspersonen, die man aufforderte, durch Vergleich mit dem Kind unter mehreren Männern den Vater zu benennen, nur geringfügig häufiger den richtigen fanden, als wenn sie bloß geraten hätten. Auch das ist nicht überraschend, denn schließlich wird das Äußere des Kindes durch Gene bestimmt, die nur zur Hälfte vom Vater stammen. Zwar lassen sich auch im ersten Lebensjahr schon Ähnlichkeiten feststellen, doch ist die Identifikation sehr vage und der Fehlerspielraum sehr groß. Auch hier gibt es keine Überraschungen. Würden die Gene der Frau es zulassen, daß ihr Kind seinem Vater unverwechselbar ähnelt, würde sie ihre Freiheit, den besten genetischen Vater für dieses Kind auszusuchen, sicher verlieren; das wäre ebenso der Fall, wenn sie die fertile Phase ihres Zyklus anzeigen und ihrem Partner gestatten würde, sie rund um die Uhr zu bewachen. Für die genetischen Vorteile der Untreue müssen die Gene der Frau mit denen des Vaters konkurrieren, um ein Kind mit einem möglichst undefinierbaren Gesicht zustande zu bringen. Je undefinierbarer das Gesicht des Kindes ist, desto eher kann *jeder* Mann scheinbare Ähnlichkeiten mit seinem eigenen entdecken. Normalerweise wird das Baby ihm wenigstens in einem Merkmal ähneln, gleichgültig, ob er der Vater ist oder nicht. Es scheint, als hätten die Frauen diesen genetischen Kampf gewonnen. Da kein Mann je vollkommen sicher sein kann, daß ein Kind von ihm ist, nur weil er und andere eine Ähnlichkeit zu erkennen glauben, braucht er zur Beurteilung der wahren Wahrscheinlichkeit mehr Informationen, als er durch einen bloßen Vergleich von äußerlichen Merkmalen erlangt. Kann eine Frau ihren Partner wahrheitswidrig überzeugen, daß er der Vater ist – wie wir es im vorigen Kapitel gesehen haben, wo die Frau wahrscheinlich durch einen Akt der Untreue beim Spülen schwanger wurde –, gehören sie und der genetische Vater zu den Gewinnern im Fortpflanzungsspiel, während ihr Partner zu den Verlierern gehört. Kann sie einen Mann, der wirklich der Vater ist, nicht davon überzeugen, dann sind beide Verlierer, weil das Kind nicht die vorzügliche elterliche Fürsorge erfahren wird, die es sonst erhalten hätte. Vom Mann wird also verlangt, die Situation richtig zu beurteilen, und von der Frau, ihren Partner zu überzeugen, daß er der genetische Vater ist, gleichgültig, ob er es ist oder nicht. Beide können diesem Verlangen gar nicht früh genug entsprechen. Besonders wichtig sind dabei die Ereignisse, die zur Empfängnis führen und ihr Umfeld bilden.

In den Monaten oder gar Jahren, in denen eine Frau den richtigen Moment für eine Schwangerschaft abwartet, muß sie sich so viele Optionen wie möglich bewahren. Die sexuelle Krypsis gibt ihr, wie wir gesehen haben, die Überlegenheit. Der Mann ist verwundbar: Er kann nur auf der Hut sein und versuchen, dafür zu sorgen, daß, wenn der Moment gekommen ist, er der genetische Vater ist. Die Umstände ändern sich jedoch schlagartig, sobald die Frau beschlossen hat, sich von einem bestimmten Mann schwängern zu lassen. Jetzt ist sie verwundbar, besonders wenn sie es versäumt hat, ihren langfristigen Partner davon zu überzeugen, daß er der Vater ist.

Sein Vertrauen könnte dadurch gestärkt werden, daß sie sich vor der Empfängnis auf ausgiebige sexuelle Aktivitäten mit ihm einläßt. Gewöhnlich setzt die Frau jedoch ihren vorsichtigen, die Fruchtbarkeit verbergenden Kurs bis zu diesem Augenblick fort. Ist sie schwanger geworden, erzeugt ihr Körper den Drang nach häufigerem Geschlechtsverkehr mit ihm. Wegen ihrer sexuellen Krypsis kann der Körper des Mannes nie genau berechnen, wann seine Partnerin schwanger geworden ist, und so wird er stets zu der Annahme neigen, die Empfängnis habe ungefähr in der Zeit ihrer größten Libido und ihrer stärksten sexuellen Aktivität stattgefunden. Genau so verhielt sich die Frau in der gerade geschilderten Szene; wir dürfen annehmen, daß hier keine List angewandt wurde und daß ihr langfristiger Partner – wie in neunzig Prozent der Fälle – auch der genetische Vater des Kindes ist. Doch genau so verhielt sich auch die Frau im vorigen Kapitel, die, über das Spülbecken in der Küche gebeugt, vom Partner einer anderen geschwängert wurde. Ihr Partner nahm an, nach zwei Jahren des Bemühens habe ihr sexuell aktiver Urlaub bewirkt, daß er Vater wurde.

Daß die Frau den Geschlechtsverkehr während der Schwangerschaft fortsetzt, ist gewissermaßen die stärkste Waffe ihrer sexuellen Krypsis. Würde sie mit der Empfängnis das Interesse am Geschlechtsverkehr verlieren, gäbe sie den Männern ihrer Umgebung klar zu verstehen, wie es um sie bestellt ist. Sie alle könnten dann, besonders aber ihr langfristiger Partner könnte sehr viel besser abschätzen, wer der genetische Vater sein wird und wer nicht. Durch zusätzliche Gewährung von sexueller Aufmerksamkeit und sexuellem Zugang während der Schwangerschaft vermeidet sie es, irgendeinen Hinweis darauf zu geben, daß sie schwanger ist, und verschafft sich die Gelegenheit, bei dem Mann, den sie sich ausgeguckt hat – gewöhnlich ihr langfristiger Partner –, den Glauben an die Vaterschaft zu stärken.

Der Körper der Frau hat einen anderen Trick entwickelt, um den genauen Zeitpunkt der Empfängnis zu verhüllen. Oft kommt es vor, daß er vierzehn Tage später, bisweilen sogar einen oder zwei Monate später menstruiert. Diese scheinbare Monatsblutung ist vielleicht etwas leichter, aber dennoch schwer genug, um Verwirrung zu stiften. Auch das gibt der Frau Gelegenheit, bei ihrem Partner den Glauben an seine Vaterschaft zu stärken, indem sie ihm zusätzliche sexuelle Aufmerksamkeit gewährt, obwohl sie schon schwanger ist. Solche Täuschungsmenstruationen haben schon so manches Paar (und seinen Arzt) zu einer falschen Berechnung des Empfängnisdatums verleitet. Erst seit es vor gut zehn Jahren üblich wurde, in der vierten bis achtzehnten Schwangerschaftswoche Ultraschallaufnahmen von dem Kind zu machen, ist es möglich geworden, das Datum der Empfängnis zumindest bis auf einen Spielraum von etwa einer Woche zu ermitteln.

Verstärkte Libido in den ersten Wochen der Schwangerschaft beschränkt sich nicht auf die westlichen Industrieländer. Das gleiche Verhalten zeigen zum Beispiel auch

Frauen der Kung-Buschmänner und Primatenweibchen. Ob es sich um eine monogame Art handelt wie die Gibbons oder ob die Weibchen offen mit zahlreichen Männchen verkehren wie bei den Schimpansen – bei vielen Arten profitieren die Weibchen von der Möglichkeit, durch Fortsetzung des Geschlechtsverkehrs in die Schwangerschaft hinein bei bestimmten Männchen den Glauben an die Vaterschaft zu stärken. Doch beileibe nicht alle Primaten zeigen dieses Verhalten; offenbar hat es sich eher bei Arten wie dem Menschen mit weiblicher sexueller Krypsis entwickelt.

Aber warum sollte ein Paar weiterhin Geschlechtsverkehr haben, nachdem für jeden erkennbar ist, daß die Frau wirklich schwanger ist? Dafür gibt es mehrere mögliche Erklärungen, darunter wahrscheinlichere und leider auch unerfreuliche. Alle beruhen jedoch darauf, daß die sexuellen Akte Bestandteil eines Kampfes sind, der auch während der Schwangerschaft nicht endet, da von Männern und Frauen unterschiedliche Dinge verlangt werden.

Es stimmt, daß Männer schwangere Frauen verlassen. Es stimmt auch, daß sie ihnen untreu sind. Der Zeitraum der neun Schwangerschaftsmonate erscheint dem Körper des Mannes als nicht gewinnbringend und relativ sicher. Seine Partnerin kann ihm in dieser Zeit nicht bei dem helfen, was die natürliche Auslese ihm als sein vorrangiges, wenn auch unbewußtes sexuelles Ziel diktiert hat: der Befruchtung von Eiern. Zumindest während dieser neun Monate kann er dieses Ziel nur bei anderen Frauen verfolgen. Es ist denn auch nicht erstaunlich, daß Männer während der Schwangerschaft ihrer Partnerin eher untreu sind als zu irgendeiner anderen Zeit. Ebensowenig sollte es uns überraschen, daß Frauen – wie in der obigen Szene – während der Schwangerschaft die Aufmerksamkeit ihres Partners possessiv und eifersüchtig hüten. Bei der Frau ist das Bedürfnis, Vorkehrungen gegen die Untreue ihres Partners zu treffen, in dieser Phase ebenso stark, wie bei ihm in der Phase vor der Empfängnis das Bedürfnis war, sie von einer Untreue abzuhalten. Gelingt es ihm, untreu zu sein, kann sie nur verlieren. Er könnte sich eine Krankheit einfangen und sie damit anstecken, oder er könnte sie zugunsten der anderen Frau verlassen. Am ehesten hilft es ihr, wenn sie ihren Besitz aggressiv verteidigt.

Noch ungünstiger ist die Situation für die Frau durch den Umstand, daß sich ihre Schwangerschaft für den Partner tatsächlich anbietet, untreu zu sein. Zwar ist das vorrangige unbewußte Ziel der Untreue, nämlich mit einer anderen Frau ein weiteres Kind zu zeugen, ständig gegeben, gleichgültig, ob sie schwanger ist oder nicht, doch einige der möglichen Nachteile der Untreue, die ihn vor ihrer Schwangerschaft von einem Seitensprung abgehalten haben, sind jetzt stark eingeschränkt. Vor allem sinkt die Wahrscheinlichkeit, daß seine Partnerin ihn verläßt, wenn sie seiner Untreue gewahr wird, denn sie kann es sich im Grunde nicht leisten, nach der Geburt ohne seinen Beistand zu sein. Auch die Wahrscheinlichkeit, daß sie sich ihrerseits mit Untreue rächt, ist gering.

Für einen Mann, der während der Schwangerschaft seiner Partnerin mit dem Gedanken der Untreue liebäugelt, besteht allerdings eine andere Gefahr: Seine Handlungsweise könnte eine Fehlgeburt auslösen. Die Gefahr einer Fehlgeburt ist also ein weiteres Mittel, mit dem die Frau sich vor dem Verlassenwerden schützt. Die Entdeckung, daß der Partner untreu ist, löst häufig eine Fehlgeburt aus, ebenso wie der Tod des Partners. Es ist klar, warum die natürliche Auslese eine so drastische Reaktion vorgesehen hat: Statt ein Kind auszutragen, das verringerte Aussichten auf väterliche Unterstützung hat, optiert der Körper der Frau für einen Neuanfang, vielleicht mit einem anderen Mann.

Die Frau in der obigen Szene ließ Geschlechtsverkehr nicht nur weiterhin zu, sondern forderte ihn sogar heraus, bis sie im sechsten Monat schwanger war. Es gibt Frauen, die es während der gesamten Schwangerschaft so halten. Inwiefern hilft solche sexuelle Aktivität der Frau, eine Untreue ihres Partners oder das Verlassenwerden zu unterbinden? Eine häufig geäußerte Erklärung, die sich sowohl auf die Weibchen von Tierarten als auch auf Frauen bezieht, ist die, daß sie, indem sie ihren Partner in ihr ejakulieren läßt, das Verlangen reduziert, in einer anderen zu ejakulieren. Das ist optimistisch – und unwahrscheinlich. Männer ejakulieren (je nach Alter und Umständen) im Durchschnitt nur zwei- bis dreimal wöchentlich, doch es gibt eine Situation, in der die meisten Männer ejakulieren können, gleichgültig, wie kurz ihre letzte Ejakulation zurückliegt oder wie oft sie ejakuliert haben: wenn sie die Gelegenheit haben, eine andere Frau zu besamen. Nicht immer werden Männer eine Gelegenheit zur Besamung einer anderen Frau als ihrer Partnerin annehmen – die Angst ihres Körpers vor Krankheit, Entdeckung oder Bindung sorgt manchmal für Abneigung –, doch in der Regel werden sie es tun.

Dafür, daß eine Frau in der Mitte oder gegen Ende ihrer Schwangerschaft gelegentlich Interesse am Geschlechtsverkehr hat, gibt es auch eine Erklärung, und sie ist das Gegenteil der vorigen. Danach haben die meisten Männer schon ein Interesse, innerhalb einer Stunde nach der Besamung einer schwangeren Partnerin eine Geliebte zu besamen, während sie weit weniger daran interessiert sind, innerhalb einer Stunde nach der Besamung einer Geliebten eine schwangere Partnerin zu besamen. Wenn eine schwangere Frau Geschlechtsverkehr herausfordert und ihr Partner nicht darauf reagiert, kann das ein Hinweis auf eine Affäre sein, von der sie sonst nichts bemerkt hätte. Das Ausbleiben einer Reaktion kann natürlich auch darauf beruhen, daß der

Mann vor kurzem masturbiert hat. Trotzdem lohnt die Probe sich, wenn sie auf die Möglichkeit einer Affäre aufmerksam wird, selbst wenn es sich als ein Fehlalarm erweist. Wenn eine schwangere Frau gelegentlich ein unerwartetes Interesse am Geschlechtsverkehr mit ihrem Partner zeigt, versucht sie damit also sehr viel eher zu prüfen, ob er kürzlich ejakuliert hat, als daß sie ihn damit von einer Ejakulation in der nahen Zukunft abzuhalten versuchte.

Es ist natürlich nicht erstaunlich, daß Männer schließlich das Interesse daran verlieren, eine schwangere Partnerin zu besamen. Für ihre Fortpflanzung haben sie vom Geschlechtsverkehr mit ihr nichts Greifbares zu erwarten, und deshalb hat die natürliche Auslese ihre Wahrnehmung so geprägt, daß sie auf die Gestalt einer schwangeren Frau mit geringerem sexuellem Interesse reagieren als auf eine nichtschwangere. Männer sind so programmiert, daß sie das größte sexuelle Interesse an einem Frauenkörper zeigen, bei dem der Taillenumfang rund siebzig Prozent des Hüftumfangs beträgt. Bei Frauen mit dieser Körperform ist eher zu erwarten, daß sie ovulieren, und weniger damit zu rechnen, daß sie schon schwanger sind.

Wenn die Schwangerschaft die Körperform zu zerstören beginnt, bei der die Frau am fruchtbarsten ist, sinkt das sexuelle Interesse des Mannes an ihr. Dennoch ist es für die Frau oft von strategischer Bedeutung, ihn zu fragen, ob sie trotz fortgeschrittener Schwangerschaft noch sexuell attraktiv für ihn ist, so, wie es für den Mann wichtig ist, diese Frage zu bejahen. Es gehört zu ihrer immer wieder vorgenommenen Abschätzung, ob ihr Partner bei ihr bleiben und sie und ihr Kind unterstützen wird. Sie wissen jedoch jeweils nicht, wie oft der Mann seine bejahende Antwort ehrlich meint und wie oft die Frau ihm glaubt.

Die verstärkte Libido und sexuelle Aktivität der beginnenden Schwangerschaft und der sanfte, rücksichtsvolle

Sex der fortgeschrittenen Schwangerschaft erscheinen daher als Teil eines Kampfes zwischen Mann und Frau im Bemühen um Förderung ihres langfristigen Fortpflanzungserfolges. Ein solcher Kampf ist, wie schon gesagt, in neunzig Prozent der Fälle unnötig, und wenn sie für das erwartete Kind ihr Bestes tun, werden beide hinsichtlich ihrer Fortpflanzung davon profitieren. Doch gelegentlich ist er nötig, und vom Sieg wird der eine auf Kosten des anderen profitieren. Zu diesem Kampf kommt es immer, weil keiner hundertprozentig sicher sein kann, daß die Interessen beider sich decken.

Die weniger erfreuliche Seite am Sex während der Schwangerschaft betrifft die Frage, die das Paar in der obigen Szene am meisten beschäftigte. Wie gefährlich ist Sex während der Schwangerschaft? Diese Frage läßt sich nicht mit eindeutigen Daten beantworten; die Meinungen der Ärzteschaft schwanken. Letztlich kommen sie aber alle zu demselben Schluß: Solange es die Frau ist, die Lust auf Geschlechtsverkehr hat, die den Zeitpunkt und die Stellung wählt und das Geschehen bestimmt, ist nicht mit unerwünschten Folgen zu rechnen. Ihr Körper vollzieht dann einen Akt, der von der natürlichen Auslese determiniert ist, die zugleich auch ihre Abwehr gegen im wesentlichen drei potentielle Gefahren determiniert hat.

Die erste ist die Gefahr der Infektion durch den Penis des Mannes, die Samenflüssigkeit und die Spermien selbst, die Viren und Bakterien auf ihrer Oberfläche mitführen können. Binnen einer Woche nach der Empfängnis baut die Frau weitestgehend einen Schutz vor Infektionen auf, wobei die Gebärmutter und der sich entwickelnde Embryo absoluten Vorrang genießen. Zu diesem Zweck verändert sich ihr Zervixschleim, und zwar noch stärker als während ihres Menstruationszyklus. Er wird zäher, gallertartiger, sogar faserig. Vorhandene Kanäle werden sehr eng und füllen sich mit abgebauten Zellen, so daß Spermien nicht hindurchkönnen. Außerdem steigern sich die Erzeugung und die Fließgeschwindigkeit des Schleims. Daher kommt es, daß die Frau während der Schwangerschaft oft das Gefühl hat, daß es feucht zwischen den Beinen ist, aber von einem klebrigeren Zeug. Dank dieser Verdickung und des verstärkten Flusses des Zervixschleims kann sie sich praktisch von allem, was beim Geschlechtsverkehr in die Scheide gelangt, befreien; fast der gesamte Samen einschließlich der Spermien und eventuell vorhandener Bakterien und Viren wird mit dem Ausfluß ausgestoßen.

Die zweite potentielle Gefahr geht, unabhängig von der gewählten Stellung, von einem stoßenden Penis in ihrer Scheide aus. Man kann aber annehmen, daß die Evolution ihren Körper so prädestiniert hat, daß er nur dann Geschlechtsverkehr anstrebt, wenn ein Penis keine Gefahr ist, und daß die Evolution ihren Körper darauf vorbereitet hat, mit einem Penis auch dann zurechtzukommen, wenn er eine Gefahr ist – wenn nicht sie, sondern ein Mann den Geschlechtsverkehr anstrebt. Der Schutz, den die natürliche Auslese ihr unter solchen Umständen gewähren kann, ist natürlich begrenzt.

Womit wir bei der dritten Gefahr sind – einem Mann, der gewaltsamen und aggressiven Sex fordert, besonders in der Missionarsstellung. Der Schaden, den ein Mann einer Schwangeren zufügen kann, wenn er unter aggressiven Stößen mit seinem Penis mit vollem Gewicht auf ihren dicken Bauch einhämmert, dürfte kaum geringer sein, als wenn sie die Treppe hinunterfällt oder Opfer eines gewalttätigen Angriffs wird. Eine Gefährdung der Frau und des Kindes ist unausweichlich, wann immer der Mann den Geschlechtsverkehr einleitet und steuert. Leider gibt es aber Fälle, in denen gewalttätiger Geschlechtsverkehr im Interesse der Fortpflanzung eines Mannes ist. Wir sind wieder bei der Frage des Glaubens an die Vaterschaft und werden gleich der ersten von mehreren Situationen in diesem Buch begegnen, in denen ein Taktieren mit sanfter List in offenen Krieg ausartet.

Solange ein Mann fest an seine Vaterschaft glaubt, ist es im Interesse seiner Fortpflanzung, daß dem Baby nichts zustößt. Glaubt er nicht daran, könnten seine Aussichten, sich mit seiner Partnerin fortzupflanzen, sich verzögern, solange sie mit dem Kind eines anderen schwanger ist. Es könnte dann seinen Fortpflanzungsinteressen dienen, wenn sie eine Fehlgeburt hätte, weil sie dann schneller wieder fruchtbar wäre. Es liegen keine Daten darüber vor, ob Schwangere eher Opfer gewalttätiger Sexualakte werden, wenn ihre Partner nicht von ihrer Vaterschaft überzeugt sind; die Evolutionsbiologie geht aber davon aus. Natürlich kann ein Mann auch durch andere Formen körperlicher Gewalt eine Fehlgeburt bei seiner Partnerin herbeiführen.

Der Mann in der obigen Szene dachte keinen Augenblick an Gewalt, im Gegenteil; er war, fest von seiner Vaterschaft überzeugt, genau wie sie wegen möglicher Rückwirkungen des Geschlechtsverkehrs besorgt. Sie machte sich außerdem Gedanken über die Folgen des Orgasmus und war besorgt wegen der Reaktion des Kindes auf den letzten Geschlechtsverkehr. Über die Wirkungen des Orgasmus auf das Kind im Mutterleib liegen auch keine verläßlichen Daten vor, doch aus der Sicht der Evolutionsbiologie sind schädliche Folgen nicht zu erwarten. Die natürliche Auslese hat es so gewollt, daß Frauen auch während der Schwangerschaft weiterhin Orgasmen haben, und daher wird sie ihren Körper so geformt haben, daß er damit fertig wird.

Aus welchem Grund sollten Schwangere weiterhin Orgasmen haben, ob nun beim Geschlechtsverkehr, im Schlaf oder durch Masturbation? Auf diese Weise wird nicht unwesentlich zum »Hausputz im Gebärmutterhals« beigetragen, und auch eine Schwangere muß sich gelegentlich um ihren Zervixschleim kümmern, wozu sie mit dem Orgasmus einen wichtigen Hebel hat.

Mit dem Geschlechtsverkehr während der Schwangerschaft hat es eine letzte, überraschende Bewandtnis, und das betrifft die ersten Stunden und Tage nach der Empfängnis. Im allgemeinen kann eine Frau, nachdem sie einmal schwanger geworden ist, mit Spermien nichts anfangen, aber das gilt nicht unmittelbar danach und nicht für jede Frau. Neuere Untersuchungen haben gezeigt, daß zweieiige Zwillinge manchmal das Produkt von zwei Eiern sind, die im Abstand von ein bis zwei Tagen produziert wurden. Es wird daher manchmal vorkommen, daß die beiden Eier von Spermien aus verschiedenen Besamungen befruchtet werden. Im Normalfall wird es dabei um sukzessive, einen Tag auseinanderliegende Besamungen durch ein und denselben Mann gehen, den langfristigen Partner der Frau. Doch in jedem zweihundertsten Fall werden zweieiige Zwillinge durch sukzessive Besamungen von *verschiedenen* Männern gezeugt. Das Interesse der Öffentlichkeit finden besonders Fälle, in denen die Väter und damit die Zwillinge verschiedenen Rassen angehören.

Bei ganz wenigen Frauen, die zweieiige Zwillinge gebären werden, dient Geschlechtsverkehr in der ersten Woche nach der Empfängnis also nicht dazu, den Glauben des Partners an seine Vaterschaft zusätzlich zu stärken, sondern der Befruchtung eines zweiten Eis. Selbst in diesem Fall kann das Verhalten einer Frau manchmal die Tatsache verbergen, daß eines ihrer zwei Eier von einem anderen befruchtet wurde. Es besteht immer noch die Gefahr eines Konflikts, diesmal nicht nur zwischen der Frau und ihrem Partner, sondern auch zwischen den beiden Männern und zwischen den Spermien der beiden Männer.

Gleichgültig, welchen Aspekt der Schwangerschaft wir betrachten – immer stoßen wir auf einen Konflikt, sogar dort, wo wir ihn am wenigsten erwarten. Das gilt auch für die Übelkeit in der Schwangerschaft und die Wehen, mit denen wir uns in den beiden folgenden Szenen befassen.

Szene 6
Übelkeit während der Schwangerschaft

Die Frau ließ sich schwer gegen die Badezimmerwand sinken. Es war halb drei morgens, und zum fünften Mal in dieser Nacht durchbrach die Toilettenspülung die Stille. Wieder im Schlafzimmer, blieb sie kurz stehen und betrachtete ihren Partner, der fest schlief. Ärger wallte in ihr auf, weil er so gut schlief, während es ihr so elend ging. Wenn er ihr schon nicht ihre Beschwerden abnehmen konnte, könnte er wenigstens aufwachen und ihr beistehen.

Sie spielte mit dem Gedanken, nochmals die Toilettenspülung zu betätigen, diesmal bei offener Tür. Oder sollte sie vielleicht ins Badezimmer gehen und dort ein bißchen Krach machen? Sie stellte sich die unvermeidliche folgende Szene vor. Er würde freundlich und mit verschlafenen Augen in der Badezimmertür erscheinen, die Augen gegen die Helligkeit abschirmen und fragen, ob mit ihr alles in Ordnung sei. Ja, natürlich, würde sie antworten, bei mir ist alles in Ordnung, abgesehen von Rückenschmerzen, Kopfschmerzen, Übelkeit und einem beinahe ständigen Drang zum Harnlassen, eigentlich fast alles, womit sie, wie man ihr angekündigt hatte, in den letzten Schwangerschaftswochen zu rechnen habe. Doch, mir geht's prima, und warum legst du dich nicht wieder hin? Sich mühsam einen aufmerksamen und besorgten Blick zulegend, würde er fragen, ob er etwas für sie tun könne. Sie würde ein wenig milde werden, ihren Sarkasmus bedauern und ein leichtes Schuldgefühl empfinden, weil sie ihn geweckt hatte. Nein, du kannst wirklich nichts für mich tun. Er würde ein wenig zögern, darauf wartend, daß sie ihn anschaut, und dann mit einem blöden Grinsen wieder im Schlafzimmer verschwinden. Sie würde hören, wie er sich ins Bett fallen ließe, das Licht ausmachen und ihm folgen.

Als sie die Schlafzimmertür zumachte, drang durch den Vorhangspalt das Scheinwerferlicht eines Autos und unterbrach, langsam durch den Raum wandernd, ihre Gedanken. Ihr Ärger legte sich, und auf einmal fühlte sie sich schrecklich müde. Während sie sich vorsichtig auf das Bett niederließ, war sie froh, daß sie ihn nicht geweckt hatte.

Es war nicht einfach, ins Bett zu gehen und aufzustehen, aber die Bewegung war ihr schon in Fleisch und Blut übergegangen. Mit gestrecktem Rücken auf die Arme gestützt, schwenkte sie die angewinkelten Beine aufs Bett und ließ sich dann in die Kissen sinken. Ein vertrautes ziehendes Gefühl im Leib erinnerte sie daran, daß sie nicht mehr auf dem Rücken schlafen konnte. Auf dem Bauch konnte sie auch nicht schlafen. Einigermaßen bequem war nur die Seitenlage mit angezogenen Beinen, so daß die Oberschenkel vorn den Bauch berührten. Während sie sich in die richtige Lage brachte, drehte ihr Partner sich um und bekam mit der Hand ihr Knie zu fassen. Sie legte sich vorsichtig hin und studierte im Dämmerlicht sein Profil. Während ihr Körper sich aufwärmte und wieder entspannte, begannen ihre Gedanken zu zerfasern. Als er sich dann kurz bewegte und die Hand von ihrem Knie nahm, zog sie die Beine weiter an den Leib. Schließlich sank sie in den Schlaf.

Die Frau hatte ihre Schwangerschaft nicht geplant. Irgendwann wollte sie Kinder haben, aber jetzt noch nicht. Gewiß, das ferne Ticken ihrer biologischen Uhr hatte sich bemerkbar gemacht, aber sie hatte sich einreden können, daß noch genügend Zeit sei. Die Mutterschaft war ihr vorgekommen wie ein gewaltiger Sprung ins Ungewisse. Aber als sie dann schwanger war, hatte sie sich damit abgefunden. In gewissem Sinne war es ihr sogar willkommen, und sei es nur als Beweis ihrer Fruchtbarkeit.

Die ersten Wochen vergingen ereignislos. Abgesehen von einem leicht schmerzenden Kribbeln in den Brüsten hatte sich eigentlich nichts verändert. Als Erinnerung an ihren neuen Status hatte sie auf allen verfügbaren Kalendern im Haus den Entbindungstermin angekreuzt. Als wollte sie ein anderes Lebensgefühl herbeizwingen, hatte sie einige Leute in der Firma eingeweiht und dabei ihre Absicht verkündet, bis wenige Wochen vor der Entbindung weiterzuarbeiten. Entspannt und zugleich erregt hatte sie auf den strahlenden Ausdruck heiterer Gelassenheit gewartet, der sich, nach den Weichzeichnerfotos in Zeitschriften zu urteilen, einstellen mußte. Sie begann, sich verstohlen nach Frauen umzusehen, die im fortgeschrittenen Schwangerschaftsstadium waren. Auf einmal schien es, als seien überall Babys. Die seidigen Haare und die weiche Haut fielen ihr ins Auge, und sie staunte darüber, wie sie sich mit ihrem Gebrüll in Ekstase versetzten. Sie beobachtete eine alte Frau, die nichts unversucht ließ, nur um ein kleines Lächeln aus einem Kind hervorzulocken.

Dann setzte die Übelkeit ein. Sie begann nicht plötzlich, wie man ihr gesagt hatte. Ungefähr um die sechste Schwangerschaftswoche war sie eines Nachts mit einem Bärenhunger aufgewacht. Also schlich sie sich in die Küche und kochte sich eine Kleinigkeit. Doch dieses nächtliche Verlangen verwandelte sich nach und nach in ein überwältigendes Gefühl der Übelkeit, das Tag und Nacht kaum von ihr wich. Wieviel lieber hätte sie das morgendliche Erbrechen ertragen!

Sie verlor gänzlich den Appetit. Das Essen wurde ihr regelrecht zur Qual, auch wenn sie sich hinterher meistens besser fühlte, zumindest eine Zeitlang. Nicht nur der Anblick von Essen und der Gedanke daran lösten Widerwillen bei ihr aus, auch ihr Geruchsempfinden verstärkte sich. In der Firma konnte sie die Kantine riechen, obwohl ihr Büro vier Stockwerke höher lag. Sie gewöhnte sich an, die Straßenseite zu wechseln, nur um dem Geruch auszuweichen, der aus Restaurants drang. Supermärkte und der Geruch von Rotwein verursachten ihr Brechreiz. Sie begann abzunehmen, und am Ende konnte sie nur noch daran denken, wie übel ihr war.

Sie wandte sich um Rat an die Mütter unter ihren Freundinnen. Nur die ersten drei, vier Monate, dann sei es mit der Übelkeit vorbei, wurde ihr versichert. Allerdings konnte jede von einer anderen berichten, der es während der gesamten Schwangerschaft übel gewesen war – eine entsetzliche Aussicht. Sie war überzeugt davon, daß es bei ihr die ganze Zeit so weitergehen würde. Ihr Partner konnte nicht mehr für sie tun, als ihre Haare zur Seite zu halten, wenn sie sich in die Toilette erbrach, und sie mit Fruchtsaft und Mineralwasser zu versorgen, auch wenn er dafür mitten in der Nacht aus dem Haus mußte. Und er mußte immer wieder dieselbe Litanei geduldig über sich ergehen lassen. Sie sagte, daß es ihr bis hierhin stehe, und er sagte, es werde bald vorbei sein.

In den nächsten Wochen stellte sich ein Gefühl der Schwäche und Erschöpfung ein. Morgens hatte sie kaum die Kraft aufzustehen. Abends war sie fast trunken vor Müdigkeit und ging bei der ersten Gelegenheit zu Bett. Am Wochenende lag sie fast nur im Bademantel auf dem Sofa. Eine geistige Trägheit hatte sie ergriffen. Zum ersten Mal im Leben passierte es ihr, daß sie sich Listen und Notizen machen mußte, um Dinge nicht zu vergessen. Sie war nicht mehr fähig, sich Daten und Zeiten zu merken. In der Firma verließ sie die gewohnte Selbstsicherheit. Sie bekam eine Depression. Es schien, als sauge ihr das winzige Wesen in ihrem Innern die Kraft aus, als bedrohe es ihr Wohlergehen, als wachse es auf Kosten ihrer Physis. Sie hielt ihr Elend mit allen Einzelheiten in einem Tagebuch fest. Wenn es dazu kam, würde sie auch die Rückkehr zu relativem Wohlbefinden festhalten.

Die Besserung begann um die vierzehnte Woche. Allmählich kehrte ihr Appetit zurück, und sie kam wieder zu Kräften. Abgesehen von einem kaum merklichen Schmerz, der sie morgens im unteren Rückenbereich heimsuchte, fühlte sie sich sogar gut. Sie kaufte sich neue Kleider. Ihr Partner machte Fotos von ihrem sanft gewölbten Bauch. Das Kind begann mit den Füßen zu stoßen.

Doch diese Phase sollte bald vorüber sein. Das Rückenweh wuchs sich aus zu einem heftigen, anhaltenden Schmerz. Auch in der Gebärmutter meldete sich ein durchdringender Schmerz. Dann setzte eines Morgens, als sie auf der Toilette war, eine starke Blutung ein. Sie war wie gelähmt von dem Anblick. Dann griff sie nach dem Handtuch, das über dem Badewannenrand hing, und stopfte es sich zwischen die Beine. Durch die offene Tür rief sie nach ihrem Partner. Sie warteten eine Weile, doch als die Schmerzen in ihrer Gebärmutter schlimmer wurden, beschlossen sie, ins Krankenhaus zu fahren. Während der Fahrt ertappte sie sich dabei, daß sie nicht an das Kind, sondern an sich dachte. Wenn sie in diesem Stadium eine Fehlgeburt hätte, würde sie all das noch einmal durchmachen müssen. Zwanzig Wochen Schwangerschaft, die sich in nichts auflösten. Das ganze Elend umsonst.

In Industrieländern wird die Schwangerschaft traditionell als eine Zeit der Gelassenheit verklärt, eine Zeit, in der der Körper der Frau seine Bestimmung erfüllt, indem er in der

Geborgenheit und Wärme des Mutterleibes still ein neues Wesen heranzieht, um es schließlich in die Welt zu entlassen. Es mag Frauen geben, deren reale Erfahrung nicht weit von diesem Bild entfernt ist. Doch die meisten sind himmelweit davon entfernt. Die Frau in der Szene mußte entdecken, daß Schwangerschaft monatelanges äußerstes Unwohlsein bedeuten kann; und wer bei alledem mehr Schmerz als Freude erfährt, wird eher stoisch als gelassen.

Wie ist es zu erklären, daß der Körper der Frau darauf programmiert ist, sich neun Monate lang dem Unwohlsein auszusetzen, und das nicht nur einmal, sondern so oft, wie es erforderlich ist, um die Familie auf die Beine zu stellen? Daß die natürliche Auslese etwas so Grundlegendes wie die Schwangerschaft dermaßen traumatisch gestaltet haben soll, kommt einem auf den ersten Blick merkwürdig vor. Es gibt dafür jedoch eine überraschende Erklärung: Bei jeder Schwangerschaft wird ein Krieg geführt. Das Schlachtfeld ist der Körper der Frau. Und die natürliche Auslese steht dabei auf allen Seiten.

Wer sind, wenn das Schlachtfeld ihr Körper ist, die Kämpfenden? Bei oberflächlicher Betrachtung könnte man meinen, daß der Kampf zwischen Mutter und Kind stattfindet. In Wahrheit ist es jedoch eine genetische Schlacht, und die beiden Armeen sind die aufeinandertreffenden mütterlichen und väterlichen Gene. Der Kampf beginnt, sobald die väterliche Samenzelle mit ihren dreiundzwanzig Chromosomen die mütterliche Eizelle befruchtet hat, die ebenfalls dreiundzwanzig Chromosomen enthält.

Jedes menschliche Chromosom besteht aus einem schraubenförmigen DNS-Strang, einer Sequenz von Millionen von Aminosäuremolekülen. Darin steckt unser genetischer Code, stecken unsere Gene, die dem befruchteten Ei befehlen, wie es sich entwickeln und welche Organe es ausbilden soll. Codiert sind ebenfalls die Einzelheiten der Anatomie, der Physiologie und des Verhaltens, die jeden von uns zu einem unverwechselbaren Einzelwesen machen. Es ist verblüffend, wie jedes einzelne Chromosom unseres Vaters neben das entsprechende Chromosom der Mutter zu liegen kommt, und noch bemerkenswerter ist, wie jedes Gen unseres Vaters sich mit dem entsprechenden Gen unserer Mutter paart: Augenfarbengen mit Augenfarbengen, Haarfarbengen mit Haarfarbengen, Krebsgen mit Krebsgen, Sexualitätsgen mit Sexualitätsgen und so weiter.

Vielfach stimmen die Gene von Mutter und Vater natürlich überein. Die Samen- und die Eizelle enthalten dann auf dem entsprechenden Chromosom etwa das Gen für braune Augen. Vielleicht enthalten beide das Gen für Resistenz gegen Brustkrebs und nicht das Gen für eine Neigung zum Brustkrebs. Vielleicht enthalten beide auch das Gen für Hetero- statt für Bisexualität. Bezüglich dieser Merkmale des Kindes besteht dann kein Konflikt zwischen mütterlichen und väterlichen Genen. Es wird aufwachsen mit braunen Augen, einer Resistenz gegen Brustkrebs und einer Neigung zur Heterosexualität.

Vielfach stimmen die Gene aber auch nicht überein. Die Samenzelle enthält vielleicht das Gen für blaue Augen, die Eizelle das Gen für braune. Dann liegt ein gewisser, aber begrenzter Konflikt vor. Für den Fortpflanzungserfolg von Mutter und Vater ist es vermutlich ziemlich unwichtig, ob das Kind blaue oder braune Augen hat; wichtig dürfte für beide sein, daß das Kind entweder blaue oder braune Augen hat – und nicht ein Mosaik aus beidem. Deshalb haben diese beiden Gene im Laufe der Evolution stillschweigend vereinbart, daß im Fall ihres Zusammentreffens das Gen für blaue Augen dem sich entwickelnden Kind nur wenige oder keine Befehle gibt, so daß das Kind braune Augen bekommt. (In Wirklichkeit ist die Vererbung der Augenfarbe nicht so einfach, wie hier vorgestellt. Es sind mehrere Gene beteiligt, und die Augenfarbe variiert von blaßblau bis dunkelbraun. Doch im Regelfall weichen die Gene für blaue Augen denen für braune, und unser Beispiel macht das Prinzip des Zusammenwirkens der Gene hinreichend deutlich.)

Es gibt indessen Gene, die nicht zu einer so freundschaftlichen Vereinbarung gelangt sind. Manchmal ist es der Mutter und dem Vater wirklich wichtig, daß ihre beziehungsweise seine Befehle befolgt werden und nicht die des Partners. Praktisch bedeutet das, daß der Körper des Kindes zum Kriegsschauplatz für die beiden Gensätze wird. Die eigentliche Ursache dieses genetischen Konflikts liegt in dem Unterschied der Methoden, mit denen Männer und Frauen ihren jeweiligen Fortpflanzungserfolg zu erreichen versuchen. Beide möchten ihren Fortpflanzungserfolg maximieren. Wir werden darauf noch ausführlich eingehen, doch hier mag eine Zusammenfassung genügen.

Eine Frau kann ihren Fortpflanzungserfolg nur dadurch maximieren, daß sie im Laufe ihres Lebens die optimale Zahl von Kindern gebiert. Jede Frau steht daher vor der Aufgabe, die optimale Familiengröße für ihre Umstände zu bestimmen und dann dafür zu sorgen, daß sie diese Kinderzahl auch bekommt. Außerdem muß sie noch etwas tun, um ihren Beitrag zu den künftigen Generationen zu steigern: Sie muß sich umsehen nach dem besten Vater (den besten Vätern) für ihre Kinder, also Männern mit den besten Genen, und nach dem besten Partner (den besten Partnern), also Männern mit den besten Ressourcen. Wenn sie sich von einem Mann schwängern läßt, der aus der Sicht der Evolutionsbiologie überdurchschnittliche Gene hat, wird sie überdurchschnittliche Kinder gebären, und wenn sie sich mit einem Mann zusammentut, der über größere Ressourcen verfügt, wird sie bessere Chancen haben, diese Kinder zu gesunden, fruchtbaren und konkurrenzfähigen Erwachsenen heranzuziehen.

Ein Mann dagegen kann theoretisch unbegrenzt viele Kinder haben. Er muß nur genügend Frauen finden, die nicht nur bereit sind, sich von ihm befruchten zu lassen, sondern auch, diese Kinder ohne seine Hilfe aufzuziehen. Da nur Männer mit reichlichen Ressourcen oder überdurchschnittlichen Genen das sexuelle Interesse vieler Frauen wecken können, schaffen nur sie es, mehr Kinder zu haben als die durchschnittliche Frau. Der berühmteste Fall war Ismail der Blutrünstige, ein ehemaliger Kaiser von Marokko. Vielleicht waren nicht alle 888 Kinder, die er gezeugt zu haben behauptete, tatsächlich von ihm, aber selbst wenn man die eine oder andere Untreue seitens seines Harems einkalkuliert, kann man getrost annehmen, daß sein Fortpflanzungserfolg überdurchschnittlich war. Der durchschnittliche Mann hat am Ende natürlich genauso viele Kinder wie die durchschnittliche Frau. Das Prinzip ist trotzdem klar: So ungeschickt ein Mann auch sein mag beim Finden von Frauen, die bereit sind, ein Kind von ihm zu haben, ist er für seinen Fortpflanzungserfolg doch keinesfalls so sehr auf den Körper einer bestimmten Frau angewiesen wie eine Frau eben auf ihren eigenen Körper. Wenn eine Frau keine Kinder mehr haben kann, ist das das Ende ihrer Fortpflanzung. Wird jedoch die Partnerin eines Mannes unfruchtbar, braucht er bloß eine andere Frau zu suchen, die ihm Kinder gebiert.

Diese unterschiedlichen Beschränkungen für Männer und Frauen bedeuten, daß die Gene einer Frau hinsichtlich einer potentiellen Schwangerschaft und Geburt sehr viel vorsichtiger sein müssen als die eines Mannes. Die Gene der Mutter müssen den Beitrag, den das Kind in ihrem Leib zur Gesamtzahl ihrer Enkelkinder beisteuern wird, abwägen gegen den Beitrag, den eventuelle künftige Kinder beisteuern könnten. Ihre Gene sind ständig darauf aus, die Zahl ihrer Enkelkinder und späteren Nachkommen zu maximieren. Gefährdet ihre aktuelle Schwangerschaft in irgendeiner Weise ihre Fähigkeit, künftig weitere Kinder zu haben, kann ihr Körper zu dem Schluß gelangen, diese Schwangerschaft abzubrechen.

Natürlich sind auch die Gene des Vaters bestrebt, die Zahl seiner Enkelkinder zu maximieren. Da sein Fortpflanzungserfolg aber weniger von der ununterbrochenen Fruchtbarkeit der Mutter abhängt, können seine Gene sehr viel unbekümmerter und aggressiver in der Frage sein, das Kind schon im Mutterleib so erfolgreich wie möglich zu machen. Seine Gene können weit größere Risiken mit dem Körper der Frau eingehen als ihre eigenen Gene.

Ehe wir auf diese Risiken zu sprechen kommen, müssen wir wissen, welche Optionen dem Kind und seinen beiden Gensätzen offenstehen. Die Vorgänge vor der Befruchtung des Eis durch ein Spermium im Eileiter der Frau haben wir bereits erörtert. Spinnen wir die Geschichte an der Stelle fort, wo das befruchtete Ei sich zu teilen beginnt, während es den Eileiter abwärts wandert. Wenn das, was einmal ein einzelliges Ei war, die Gebärmutter erreicht, ist es zu einer Blastocyste von rund hundert Zellen geworden.

Der Körper der Mutter bereitet sich auf den Empfang dieses winzigen Zellbündels dadurch vor, daß er die Schleimhaut ihrer Gebärmutter (von einem Millimeter auf vier Millimeter) anschwellen läßt und ihre Blutversorgung steigert. Wurde das Ei befruchtet, nistet sich die Blastozyste zwei bis vier Tage nach Ankunft in der Gebärmutter in die Schleimhaut ein. Während sie auf die Einnistung wartet, erhält sie Nahrung von der Mutter durch Sekrete der Uterusschleimhaut. Diese Sekrete bilden die Uterinmilch. Die Blastozyste entwickelt an ihrer Oberfläche spezielle Trophoblastenzellen, deren enzymatischen Sekrete Zellen in der Uterusschleimhaut verflüssigen und verdauen. Die Trophoblasten vermehren sich dann rasch und dringen in weitere Zellen aus der Uterusschleimhaut ein, lösen sie auf und verdauen sie; auf diese Weise entsteht die fötale Hälfte der Plazenta. Dieses »Eindringen« in die Uterusschleimhaut bezeichnet man als Einnistung oder Implantation. Ist sie abgeschlossen, kann die Schlacht zwischen mütterlichen und väterlichen Genen beginnen.

Beim Menschen dauert die Schwangerschaft im Schnitt 270 Tage. Mutter und Kind sind in dieser Zeit über die Plazenta chemisch miteinander verbunden. Die Plazenta besteht aus einer kindlichen und einer mütterlichen Hälfte – diese bildet sich aus der Uterusschleimhaut, in welche die Trophoblastenzellen eindringen. Und wo beide sich berühren und verflechten, treten riesige Oberflächen von Blutgefäßen und Membranen miteinander in Kontakt. Das so entstehende Netzwerk von Blutgefäßen und Membranen stellt die ganze Plazenta dar, mit der das Kind durch die rund fünfzig Zentimeter lange Nabelschnur verbunden ist. Durch Nabelschnur und Plazenta gelangt Nahrung von der Mutter zum Kind, und umgekehrt wandern Stoffwechselprodukte vom Kind zur Mutter. Die Plazentamembranen sind lebenswichtige chemische Übertragungskanäle, zugleich aber lebenswichtige Schranken. Ihre Aufgabe, in Jahrmillionen der Säugerevolution verfeinert, besteht darin, gutartige Substanzen durchzulassen und Substanzen, die entweder der Mutter oder dem Kind schaden würden, aufzuhalten. Es ist zum Beispiel die Plazenta, die die Immunsysteme beider daran hindert, sich gegenseitig abzustoßen oder sich fälschlich als eindringende Parasiten oder als nichteigene Transplantate zu interpretieren.

Bislang scheint es, als sei die Schwangerschaft eine Zeit der Kooperation zwischen Mutter und Kind, bei der keiner dem anderen zu schaden sucht. Bis zu einem gewissen Grade trifft das natürlich auch zu. Es ist im Interesse aller – des Kindes, der Mutter und des Vaters –, daß das Kind sich bildet, wächst, überlebt und gedeiht. Der Konflikt erwächst daraus, daß mütterliche und väterliche Gene sich nicht darüber einigen können, wie viele Risiken der Körper der Mutter eingehen sollte, während er dafür sorgt, daß das Kind all das tut. Die Gene des Vaters möchten, daß der Körper der Mutter sich weniger um ihre Zukunft sorgt und alles für das Kind tut, während die Gene der Mutter einen vernünftigen Kompromiß wünschen.

Das erste äußere Zeichen dafür, daß im Mutterleib ein Krieg tobt, ist die Übelkeit. Rund siebzig Prozent der Frauen erleben sie in unterschiedlichem Ausmaß, überwiegend morgens – aber nicht nur, wie man bei der Frau in der obigen Szene sehen kann. Ab der zwölften Woche läßt sie gewöhnlich nach. Doch fünfzig Prozent der Frauen leiden auch in der fünfzehnten Woche noch darunter und unglückliche fünfzehn Prozent während der gesamten Schwangerschaft, fünf Prozent müssen die ganze Zeit erbrechen.

Die Übelkeit schützt das Kind, allerdings auf Kosten des Wohlbefindens der Mutter – sie gehört zum Arsenal der väterlichen Gene. Das soll mit einigen Zahlen aus Nordamerika verdeutlicht werden. Zehn Prozent der Kinder leiden dort an einem angeborenen Defekt. Die Defekte reichen von relativ harmlosen wie Taubheit bis zu schwerwiegenden wie Mißbildungen. Bei einem Drittel der Fälle ist die Ursache bekannt: entweder ein erbliches Syndrom oder das Ergebnis von Drogen, die die Mutter während der Schwangerschaft genommen hat. In zwei Dritteln der Fälle ist die Ursache nicht bekannt. Womöglich beruhen sie alle auf Toxinen in der Nahrung der Mutter, von denen es viele gibt. Kaffee zum Beispiel enthält rund hundert – die plötzliche Aversion gegen Kaffee ist in der modernen Industriegesellschaft eines der ersten Anzeichen für eine Schwangerschaft.

Die Organe des Kindes entwickeln sich hauptsächlich in den ersten drei Monaten der Schwangerschaft. Die restliche

Zeit geht es nur noch ums Wachsen. Eine Entwicklungsstörung geht daher meistens auf ein Ereignis der ersten drei Monate zurück. Der Körper der Mutter versteht sich recht gut darauf, Anomalien beim sich entwickelnden Kind zu entdecken, und oft reagiert er, wenn er eine entdeckt, indem er eine Fehlgeburt einleitet. Damit bereitet er den Boden dafür, es so bald wie möglich noch einmal zu probieren. Die in den ersten drei Monaten fehlgeborenen Föten weisen zum großen Teil irgendeine Mißbildung auf.

Bei Frauen, die in der Schwangerschaft an Übelkeit leiden, ist die Wahrscheinlichkeit einer Fehlgeburt erheblich verringert. Daraus folgt, daß die Übelkeit den Fötus irgendwie vor Substanzen schützt, die sonst seine Entwicklung stören, Mißbildungen fördern und so eine Fehlgeburt auslösen könnten. Die Plazenta fungiert als mehr oder minder wirksamer Filter für unerwünschte Substanzen, doch am besten ist sie im Fernhalten großer Moleküle. Weil sie die Nährstoffe und Abbauprodukte zwischen Mutter und Kind durchlassen muß, ist es ihr unmöglich, etliche kleine Moleküle fernzuhalten, und viele davon sind für das Kind gefährlich. Im übrigen müssen auch die Ernährungsforderungen des mütterlichen Körpers erfüllt werden, wenn sie gesund bleiben und Reserven aufrechterhalten soll; der Körper muß vor allem ihr Gehirn gut versorgen, damit sie während der Schwangerschaft und danach richtig funktionieren kann. Die Gene des Vaters würden sich selbst einen Bärendienst erweisen, wenn sie die Nahrungsansprüche des Kindes dermaßen hochschrauben würden, daß das Gehirn der Mutter Schaden nähme.

Was die Ernährung angeht, sind die ersten drei Schwangerschaftsmonate ein Drahtseilakt. Die beste Nährstoffkombination für das Kind ist nicht unbedingt die beste für die Mutter. Die Gefahr, daß Toxine in der mütterlichen Nahrung die Entwicklung des Kindes beeinträchtigen könnten, ist in der Tat so groß, daß die sicherste Option für das Baby vermutlich darin bestünde, daß die Mutter überhaupt nicht ißt. Sie könnte dann ihre toxinfreien Fett- und sonstigen körperlichen Reserven allmählich abbauen, und das Kind könnte von den im Blut zirkulierenden Substanzen über die Plazenta das aufnehmen, was es braucht. Dies kann durchaus passieren, wie Untersuchungen in Hungergebieten gezeigt haben. Das Kind läßt der Mutter gerade genug Nahrung, daß ihr Gehirn keinen Schaden nimmt, und verbraucht den Rest für sich. Während die Mutter in der Schwangerschaft stark abmagert, geht das Geburtsgewicht des Kindes nur geringfügig zurück, vorausgesetzt, der Nahrungsmangel hält sich in Grenzen. Für die Mutter ist diese Option jedoch offensichtlich ungünstig, es sei denn, sie besäße – was unwahrscheinlich ist – vor Beginn der Schwangerschaft überreiche Reserven.

Nun kann die große Schlacht zwischen väterlichen und mütterlichen Genen beginnen. Die Gene des Vaters (im Kind) sind bestrebt, die Frau in dem Sinne zu manipulieren, daß sie sehr wenig Nahrung aufnimmt und verdaut, und zwar solche Nahrung, die für das Kind am besten ist. Die Gene der Mutter (in ihr selbst und im Kind) streben einen Kompromiß an zwischen dem, was am besten für das Kind ist, und dem, was am besten für ihre künftige Fortpflanzung ist. Der Weg, auf dem die Gene des Vaters die Mutter zu manipulieren suchen, sind Substanzen, die das Kind in den Blutstrom der Mutter ausschüttet. Sie lösen bei der Mutter Veränderungen in der Konzentration von Östrogen, Progesteron und anderen Hormonen aus, die ihren Appetit sowie ihren Geschmacks- und Geruchssinn beeinflussen. Auf diese Weise kann das Baby sporadisch den Appetit der Mutter und ihre Nahrungspräferenzen verändern, und wenn sie etwas ißt oder trinkt, was dem Kind schadet, löst es, als letztes Mittel, Übelkeit und Erbrechen aus.

Dringen trotz all dieser Abwehrmaßnahmen doch Toxine durch, so entdeckt der Körper der Mutter das Problem im Regelfall und führt eine Fehlgeburt herbei. Für sie ist es besser, eine Fehlgeburt zu haben, wenn das Baby noch klein ist, und noch einmal mit einem neuen Fötus zu beginnen, als zu riskieren, daß ein ausgewachsenes geschädigtes Kind geboren wird. Für den Vater, der infolge von Tod, Verlassenwerden oder Untreue der Frau vielleicht nie wieder die Chance bekommt, mit dieser Frau ein Kind zu zeugen, ist es jedoch besser, wenn er diesen Fötus schützt und dafür sorgt, daß Toxine gar nicht erst durchkommen – das ist der Zweck von Übelkeit und Erbrechen in der Schwangerschaft. Wenn also die Gene des Vaters die Oberhand gewinnen, leidet die Mutter an Übelkeit, aber das Kind erhält die bestmögliche Ernährung, und eine Fehlgeburt ist weniger wahrscheinlich. Setzen sich dagegen die Gene der Mutter durch, hält sich die Übelkeit sehr in Grenzen, Mutter und Fötus einigen sich gütlich über die Nahrung, und eine Fehlgeburt ist wahrscheinlicher.

Als wir die obige Szene verließen, sah es so aus, als verlören die Gene der Frau die Schlacht gegen die väterlichen Gene in ihrem Kind, die ihr in den ersten drei Monaten der Schwangerschaft großes Unbehagen beschert hatten. Wüßten wir nicht, daß es nicht zu einer Fehlgeburt kommen wird, könnten wir denken, der ganze, dem Schutz dienende Aufwand der Übelkeit in der Schwangerschaft sei vergebens. Wir könnten glauben, der Körper der Frau habe an dem ungeborenen Kind eine Anomalie entdeckt und beschlossen, eine Fehlgeburt herbeizuführen. Doch bald werden wir Genaueres wissen, denn wir setzen nun die Geschichte an der Stelle fort, an der wir sie verließen, mit den Ereignissen, die sich an ihren Krankenhausbesuch nach einer schweren Blutung anschlossen.

Szene 7
Wehen

Sechsunddreißig Stunden nach der Aufnahme im Krankenhaus war die Frau wieder zu Hause, und an der Schwangerschaft hatte sich nichts geändert. Eine Ursache für die Blutung hatte man nicht gefunden, aber die Ultraschallaufnahme hatte zumindest die beruhigende Gewißheit gebracht, daß das Kind normal entwickelt war und gesund und aktiv zu sein schien.

Die nächsten Wochen verliefen ereignislos, doch ihre Beinahefehlgeburt hatte sie beunruhigt. Die Schwangerschaft schien plötzlich sehr gefährdet zu sein, und die Möglichkeit einer Fehlgeburt ließ ihr danach keine Ruhe mehr. Jeden Abend strich sie einen weiteren Tag aus dem Kalender und sehnte den Entbindungstermin herbei. Danach ging sie zu Bett, träumte in bunten Farben von der Geburt und wachte beim leisesten Stechen in der Gebärmutter auf.

Je größer das Baby wurde, desto unruhiger wurde sie. Obwohl sie extra Kissen und einen Sitzsack für sie angeschafft hatten, wurde sie in letzter Zeit abends von einem eigentümlichen Zucken in den Beinen gequält, das sie nötigte, im Zimmer umherzulaufen und mit den Füßen aufzustampfen und sie zu schütteln. Ihre Brüste waren wund und schwer geworden, und sie hatte oft Sodbrennen. Sie wirkte nicht sehr dick, doch trug sie ein ziemlich großes Kind, dessen Bewegungen ihr mehr Schmerzen als Freuden bereiteten. In der achtunddreißigsten Woche hielt seine Unruhe sie nachts vom Schlafen ab, und seine Stöße waren so heftig, daß die Innenwand der Gebärmutter sich wund anfühlte. Über dem Bauch war die Haut so angespannt, daß sie auf Berührung empfindlich reagierte. Das schlimmste waren die Rückenschmerzen, die sie fast seit Beginn der Schwangerschaft begleitet hatten und die allmählich so schlimm geworden waren, daß sie sich manchmal, vor allem morgens, kaum bewegen konnte. Ihr Partner mußte ihr vorsichtig aus dem Bett helfen. Seit einiger Zeit half er ihr auch beim Anziehen des Slips.

Für heute vormittag hatte sie sich mit einer Freundin verabredet, die ebenfalls in den letzten Wochen der Schwangerschaft war. Sie wollten einen kurzen Spaziergang durch den Park machen und anschließend in einem nahe gelegenen Café Tee trinken. Ihre Freundin war in glänzender Stimmung und redete andauernd. Für sie war die Schwangerschaft wie im Flug vergangen. Von Anfang an hatte sie sich gesund und positiv gefühlt, von Übelkeit, Mattigkeit oder Rückenschmerzen keine Spur. Sie hatte sich sogar besser gefühlt als sonst, tatkräftig und entspannt; voller Vorfreude hatte sie die Tage bis zum Beginn der Mutterschaft gezählt.

Ein gewisses Neidgefühl konnte die Frau nicht unterdrücken. »Die Schwangerschaft macht dir sichtlich Spaß«, bemerkte sie trocken, als sie etwa ein Viertel des Weges durch den Park geschafft hatten. Für sie erwies sich der Spaziergang als eine Belastung. Das ziehende Gefühl im Leib verstärkte sich und zwang sie, in kurzen, flachen Stößen Luft zu holen. Die Beine taten ihr weh, und bei einem Blick auf ihre Füße glaubte sie zu bemerken, daß die Knöchel anzuschwellen begannen. Sie überredete ihre Freundin, die nächste Bank anzusteuern, und ließ sich dankbar niedersinken. Später im Café gestand sie, daß sie die Entbindung gar nicht erwarten könne, nicht weil sie sich sonderlich auf die Mutterschaft freue, sondern weil dann endlich die Schwangerschaft zu Ende sein würde.

Zwei Wochen später klingelte das Telefon. Schon vor dem Abheben des Hörers wußte sie, worum es ging. Eine Sekunde später gab der Klang der Stimme ihrer Freundin der Vorahnung recht. Abgekämpft, aber stolz erzählte sie die Geschichte ihrer Wehen und der Geburt ihres Sohnes. Er sei zwar ein bißchen klein geraten, aber pünktlich gekommen, nach kurzen Wehen ohne Komplikationen. Sie habe nicht einmal genäht zu werden brauchen. Sie hoffe, daß man sie am nächsten Tag nach Hause ließe.

Die Frau legte den Hörer auf und seufzte tief, wobei sich ihre Züge ein wenig entspannten. Ihr war bewußt, daß sie in den Ohren ihrer Freundin nicht so erfreut geklungen hatte, wie man es von ihr hätte erwarten können, aber im Moment konnte sie nur an sich selbst denken. Ihr Geburtstermin war seit zehn Tagen überschritten, und sie wurde immer nervöser. Die letzten Tage hatte sie sich unwohl gefühlt, und ihr Blutdruck war leicht erhöht. Anfangs sagte man ihr, das sei nichts Ungewöhnliches. Als sie dann aber hartnäckige Kopfschmerzen bekam und ihre Füße anschwollen, hatte man ihr Bettruhe verordnet. Wenn sich ihr Zustand weiter verschlechtere, müsse sie ins Krankenhaus, hieß es.

Sie griff zu einer Illustrierten und blätterte sie hastig in der Hoffnung durch, etwas Ablenkung zu finden. Aber es half nichts. Sie konnte sich auf nichts anderes konzentrieren. Sie schob die Illustrierte weg, erhob sich schwerfällig aus dem Bett und trat ans Fenster. Eine Katze schlich durchs Blumenbeet. Ruhelos wandte sie sich ab und begab sich zum dritten Mal heute in das frisch renovierte Kinderzimmer. Der helle, weiße, jungfräuliche Raum hatte etwas Erwartungsvolles. Sie setzte das Mobile über dem Kinderbett in Bewegung und versuchte sich vorzustellen, wie ein Baby zu den kunterbunten Clowns hinaufschaute, die über ihm kreisten. Es fiel ihr nicht leicht.

Bis zur Geburt verging noch eine ganze Woche. Frühmorgens platzte die Fruchtblase, und die Wehen setzten endlich ein. Heftig zitternd saß sie, in eine Decke gehüllt, auf der Toilette, während ihr Partner das Auto aus der Garage holte. Über die Fahrt zum Krankenhaus wußte sie später nur noch, daß sie an jeder Ampel warten mußten. Nachdem sie in der Entbindungsstation untergebracht war, machten die Wehen bis zur Mitte des Vormittags rasche Fortschritte. Allmählich fühlte sie sich erschöpft und zittrig.

Die Kontraktionen waren schmerzhafter, als sie es sich vorgestellt hatte, obwohl sie eine Pethidin-Injektion und ein Gemisch aus Luft und Lachgas bekam. Heftig schwitzend, bat sie die Krankenschwester, ihr beim Ausziehen des Nachthemds zu helfen. Der Rand der Gasmaske hinterließ bereits eine rote Spur auf Wangen und Nasenrücken. Mund und Lippen waren ausgetrocknet. Sie nahm immer weniger wahr, was um sie herum vorging, und schließlich verlor sie jedes Gespür für die Zeit, während sie immer tiefer im Betäubungsnebel versank. Sie nahm wahr, daß Leute kamen und gingen, aber ihre Stimmen schienen weit weg zu sein. Irgendwann tauchte sie aus dem Nebel auf, um verschwommen zu registrieren, daß Medizinstudenten zwischen ihre gespreizten Beine spähten. In der zweiten Phase der Wehen ließ die Heftigkeit der Kontraktionen sie für kurze Zeit wieder zu Bewußtsein kommen. Der Drang, zu pressen und das Baby auszustoßen, nahm sie völlig in Anspruch. Die Geburt erfolgte schließlich um sechs Uhr abends, nachdem die Wehen sich über siebzehn Stunden hingezogen hatten. Das Kind wog 4,5 Kilo – neun Pfund, zwölf Unzen, sagte die Hebamme.

Die Einzelheiten über Wehen und Entbindung erfuhr die Frau hinterher. Für ein erstes Kind war ihre Tochter so groß, daß die Geburt schwierig und sogar gefährlich war. Mehrmals hatte der Monitor eine Fruchtschädigung registriert, und an einem Punkt war ein Kaiserschnitt erwogen worden. Offenbar war die Gebärmutter beschädigt. Zum Glück war das Kind so stark, daß es die schwere Prüfung überstanden hatte. Und nachdem es richtig anfing Milch zu trinken, nahm es von Tag zu Tag zu.

Die Gesundheit und Kraft der Tochter stach auffällig von ihrem eigenen Zustand ab. Die Ärzte wiesen sie darauf hin, daß sie wegen der Beschädigung der Gebärmutter wohl keine Kinder mehr haben könne. Sie hatten recht. Im Laufe der nächsten zehn Jahre wurde sie noch dreimal schwanger, aber jedesmal kam es zu einer Fehlgeburt. Als sie mit Anfang Vierzig ein Jahr lang häufige Blutungen hatte, ließ sie sich die Gebärmutter entfernen.

Was auch immer sie im Laufe der Jahre an Problemen haben mochte – ihre Tochter war für sie eine Quelle der Kraft und der Freude, besonders nachdem ihr Partner sie verlassen hatte, um mit einer jüngeren Frau nochmals eine Familie zu gründen. Mutter und Tochter waren eng miteinander verbunden, auch als letztere ins Jugendalter kam. Als sie zum Studium von zu Hause fortging, trafen sich die beiden häufig, und fast immer genossen sie es, zusammenzusein – sie seien mehr wie Schwestern, bemerkte eine von ihnen einmal. Die Tochter schaffte es später, die Familie und einen anspruchsvollen Beruf miteinander in Einklang zu bringen, und die Frau wurde schließlich zu einer Großmutter, die die vier wohlgeratenen Kinder ihrer Tochter abgöttisch liebte.

In Szene 6 sahen wir, wie die Gene unserer Hauptfigur in dem Konflikt um Übelkeit und Erbrechen ihren Kampf um Ausgeglichenheit verloren. Vor ihr lag jedoch ein viel schwererer und in vielerlei Hinsicht wichtigerer Kampf mit den Genen des Vaters. Und wie wir nun sehen werden, unterlag sie in ihrem Bemühen um den eigenen Fortpflanzungserfolg abermals gegen den Vater des Kindes.

Während der gesamten Schwangerschaft schwimmt das Kind im Fruchtwasser, das von der robusten Fruchtblase festgehalten wird. Das Eindringen von Krankheitserregern in die Gebärmutter wird stark erschwert durch einen

Pfropf, der den Gebärmutterhals verschließt und, wie schon erwähnt, aus Zervixschleim besteht, der so zäh und mit abgebauten Zellen verstopft ist, daß kaum etwas hindurchkommt. Die starken sehnigen Wände des Gebärmutterhalses tun das Ihre, um das Kind in der Gebärmutter zu halten. Wenn jedoch die Stunde der Geburt gekommen ist, müssen die Wände des Gebärmutterhalses erschlaffen, sich dehnen und lockern, die Beckenknochen müssen ein wenig nachgeben, die Fruchtblase muß platzen, und das Kind muß durch den Gebärmutterhals und die Scheide aus dem Körper der Frau ausgestoßen werden.

Die natürliche Auslese hat alles getan, um die Mutter optimal für diesen natürlichen Vorgang zu rüsten. Trotzdem kann das ganze Strecken und Dehnen, Drücken und Einhämmern auf ihren Körper während der Geburt eine gefährliche Angelegenheit sein. Nach der Geburt muß sie dann die Plazenta abstoßen, die Uterusschleimhaut erneuern und alle Organe wieder in den ursprünglichen Zustand zurückversetzen. Hat sie das geschafft, kann sie den Kreislauf mit ihrer nächsten Schwangerschaft wieder von vorn beginnen. Schafft sie es nicht, wird sie, wie die Frau in der Szene, möglicherweise keine weiteren Kinder mehr haben können. Im schlimmsten Fall kann sie sogar sterben. Es erhebt sich die Frage, warum die natürliche Auslese die Frauen bei dieser Anforderung, ihrer entscheidendsten, im Stich gelassen hat? Die Antwort ist, daß sie ihr Bestes für die Frauen getan hat, aber sie hat auch ihr Bestes für die Männer getan, und die langfristigen Interessen beider decken sich nicht.

Natürlich ist es in niemandes langfristigem Interesse, auch nicht dem des Vaters und des Kindes, daß die Mutter während der Geburt stirbt. In Ländern wie Bangladesch stirbt beim Tod der Mutter in fünfundsiebzig Prozent aller Fälle auch das Kind. Ebenso ist es in niemandes Interesse, daß die Mutter durch die Geburt so geschwächt wird, daß sie sich nicht um das Neugeborene kümmern kann. Es gibt jedoch eine weniger extreme Situation: Das *aktuelle* Kind hat den denkbar besten Start, aber die *künftige* Fortpflanzungsfähigkeit der Mutter wird zerstört. Die Frau kann zum Beispiel, indem sie das Beste für ein Kind tut, physisch, emotional und praktisch dermaßen überbeansprucht werden, daß sie krank oder unfruchtbar und damit unfähig wird, die zusätzlichen Kinder zu bekommen, mit denen sie ihre ideale Familiengröße erreichen würde. Auf jede Frau, die bei der Geburt stirbt, kommen schätzungsweise dreißig, die sich Verletzungen und Infektionen zuziehen, von denen viele schmerzhaft, behindernd, lästig und unheilbar sind. Diese Verletzungen beeinträchtigen unzweifelhaft die Fortpflanzung der Mutter, aber nicht zwangsläufig die des Vaters. Ein Mann kann, wie der in unserer Szene, mit einer Frau ein möglichst begabtes Kind zeugen, um sich dann einer anderen zuzuwenden und das Ganze mit ihr zu wiederholen. Wir kommen wieder zurück zum Kampf zwischen mütterlichen und väterlichen Genen.

Die Überlebenschancen eines Kindes sind vor allem an seinem Geburtsgewicht abzulesen, wobei dickere Babys bessere Aussichten haben. Das Geburtsgewicht hat auch heute in den hochindustrialisierten und medizinisch hochentwickelten Ländern große Bedeutung für die Überlebenschancen und die Widerstandskraft eines Kindes. In England und Wales starb 1994 von den Kindern, die bei Geburt unter 1,5 Kilogramm wogen, jedes fünfte Kind im ersten Lebensjahr, von denen, die 3 bis 3,5 Kilogramm wogen, aber nur jedes vierhundertste. Der Nachteil eines geringen Geburtsgewichts ist mit dem ersten Geburtstag des Kindes keineswegs verschwunden – er bleibt das ganze Leben hindurch erhalten. Kinder mit einem Geburtsgewicht unter 2,5 Kilogramm werden in den USA zwischen dem vierten und sechsten Lebensjahr doppelt so häufig hospitalisiert wie ihre Altersgenossen mit dem durchschnittlichen Gewicht von 3,3 Kilogramm. Auch ihre schulischen Leistungen sind schwächer, und die Mädchen bekommen als Erwachsene mit größerer Wahrscheinlichkeit Kinder, die wiederum ein geringes Geburtsgewicht haben. Noch größer ist der Einfluß des Geburtsgewichts auf das Überleben, die Aussichten und die Fruchtbarkeit des einzelnen in der Dritten Welt; vergleichbar war es in unserer historischen und evolutionären Vergangenheit.

Die Größe des Babys ist zwangsläufig auch der Faktor, der am stärksten die Fähigkeit der Frau beeinflußt, weitere Kinder zu bekommen; ein größeres Kind ist während der Geburt gefährlicher. Wegen der Bedeutung des Geburtsgewichts für das Wohlergehen des Kindes wird dies folgerichtig zum vorrangigen Konfliktgegenstand im Krieg der Gene. Einerseits versuchen die mütterlichen Gene die Größe des Kindes zu begrenzen – es soll so groß, aber nicht größer sein, als ihr Körper bewältigen kann, ohne ihre künftige Fortpflanzung aufs Spiel zu setzen. Die väterlichen Gene versuchen dagegen die Größe des Kindes zu maximieren – es soll so groß sein, wie die Mutter hervorbringen kann, auch wenn dabei Schäden entstehen, die ihr die weitere Fortpflanzung verwehren, aber nicht so groß, daß sie es nicht aufziehen kann.

Zwei Faktoren können unter sonst gleichen Umständen bewirken, daß ein Kind bei der Geburt größer ist: Entweder wächst es im Mutterleib schneller, oder es bleibt dort länger. Natürlich gibt es Kinder, die beides tun. Um schneller zu wachsen, muß die kindliche Hälfte der Plazenta aggressiver, das heißt invasiver sein und bezüglich dessen, was sie in welcher Menge dem mütterlichen Körper entzieht, mehr Risiken für die Gesundheit und Sicherheit der Mutter eingehen. Um länger zu bleiben, muß das Kind die Hormone der Mutter so manipulieren, daß Wehen und Geburt später einsetzen.

Der Krieg zwischen mütterlichen und väterlichen Genen hat, solange das Kind noch im Mutterleib ist, relativ einfache Ziele. Die Gene des Vaters versuchen das Kind in dem Sinne zu manipulieren, daß es dem Körper der Mutter schneller und in größerer Menge bessere und sicherere Nahrung entzieht und zweitens möglichst lange in der Gebärmutter bleibt. Die Gene der Mutter versuchen das Baby dazu zu bringen, daß es weniger anspruchsvoll und hartnäckig ist und ihrem Körper mehr Kontrolle überläßt. Gewinnen die Gene des Vaters die Oberhand, wird die Mutter wahrscheinlich während der Schwangerschaft mehr zu leiden haben, den Entbindungstermin überschreiten und eine schwierigere Geburt haben, aber sie wird ein größeres Baby zur Welt bringen, das bessere Lebenschancen hat. Gewinnen ihre Gene die Oberhand, wird sie Schwangerschaft und Wehen mit Leichtigkeit, ja sogar gelassen hinter sich bringen, aber das Baby wird kleiner sein und für sein Überleben und seine Fruchtbarkeit etwas weniger gute Aussichten haben. Dafür wird die Mutter besser in der Lage sein, noch mal ein Kind zu bekommen.

Dieser genetische Kampf tritt am Ende der Schwangerschaft, wenn es um die Frage geht, wann das Kind geboren werden soll, in seine letzte Phase ein. Je länger es im Mutterleib bleibt, desto größer wird es, um so schwieriger und gefährlicher wird aber auch die Geburt. Die Gene des Vaters möchten die Schwangerschaft verlängern, und sie versuchen zu ermitteln, wie weit der Körper der Mutter veranlaßt werden kann, das Kind bis unmittelbar vor dem Punkt zu ernähren, wo es so groß wäre, daß sie es nicht mehr gebären kann. Ihre Gene versuchen dagegen den Zeitpunkt zu ermitteln, an dem das Kind groß genug ist und gute Aussichten hat, aber nicht so groß, daß ihre künftige Fortpflanzung durch die Schwierigkeit der Geburt gefährdet wird.

Dieser Kampf findet innerhalb des Kindes und unter seiner Kontrolle statt, und wenn er entschieden ist, wird es der Mutter signalisieren, daß die Zeit gekommen ist. Daß die Wehen vom Baby eingeleitet werden, zeigen Untersuchungen an Schafen und Pferden sowie vereinzelte Beobachtungen an Menschen, bei denen dem Kind ein Teil des Gehirns fehlte. Es ist praktisch so, daß das Kind beziehungsweise die kindliche Hälfte der Plazenta sich in den letzten Wochen vor der Geburt ständig wiegt. Ist das angemessene Gewicht erreicht, erzeugt ein bestimmter Teil des kindlichen Gehirns Hormone, die durch die Plazenta in die Mutter wandern und ihre Hormone veranlassen, den Geburtsvorgang einzuleiten. Ist der betreffende Teil des kindlichen Gehirns beschädigt oder fehlt er ganz, so werden die Wehen nicht eingeleitet, und die Schwangerschaft geht endlos weiter. Bei Schafen hatte die Trächtigkeit eine Dauer, die einer Schwangerschaft von fünfzehn Monaten beim Menschen entsprechen würde, und ohne Eingreifen des Arztes würde es einer Frau in der entsprechenden Situation wahrscheinlich genauso ergehen.

Dieser Kampf um den Geburtstermin wird von Paar zu Paar und von einer Schwangerschaft zur anderen unterschiedlich ausgehen. In der obigen Szene unterlag die Hauptfigur in ihrem persönlichen Kampf um Ausgeglichenheit. Ihr Körper wurde bis an seine Grenzen belastet, und mochte das Kind auch mit vorzüglichen Aussichten für Überleben und Fruchtbarkeit geboren werden, so litt doch ihre Fähigkeit, nochmals Kinder zu haben. Ganz anders ihre Freundin: Sie segelte auf der Woge der Überlegenheit ihrer Gene über die des Partners durch die Schwangerschaft, und sie konnte noch weitere Kinder bekommen. Allerdings mag ihr Sohn in puncto Fortpflanzung nicht ganz so erfolgreich gewesen sein wie die schwerere Tochter der Hauptfigur.

Den Kampf zwischen väterlichen und mütterlichen Genen um die Größe des Nachwuchses findet man nicht nur beim Menschen, sondern bei allen Säugetieren, ebenso wie die Erfahrung des Leidens während Schwangerschaft und Geburt. Beides begann mit der Evolution von plazentalen Säugetieren, die ihren Nachwuchs im Mutterleib heranwachsen lassen, vor rund sechzig Millionen Jahren. Als die Evolution Weibchen dazu brachte, Embryonen durch Bildung der Plazenta im Körperinneren zu schützen und zu ernähren, erhielten väterliche Gene einen neuen, wirkungsvollen Weg, auf Wachstum und Überleben ihrer Nachkommen Einfluß zu nehmen. Der ständige Kampf zwischen den Genen, der damals in Gang kam, ist im Lauf der Evolution lawinenartig angewachsen, und er geht auch heute im Leib jeder menschlichen Mutter weiter.

Schwangerschaft beziehungsweise Trächtigkeit und Wehen sind hochriskante Phasen für alle Säugetierweibchen, aber vielleicht sollte den Weibchen der Tüpfelhyäne unser besonderes Mitgefühl gelten. Uns scheint, als seien sie die Opfer eines der grausamsten Einfälle der Evolution. Damit sie sich in einem anderen Kampf zwischen den Geschlechtern – dem um Zugang zu Nahrung und Raum in einer sehr aggressiven Gemeinschaft – behaupten können, hat die Evolution die Menge der männlichen Hormone, denen die Weibchen im Mutterleib ausgesetzt sind, in die Höhe getrieben. Die dadurch erhöhte Aggressivität und Konkurrenzbereitschaft im Kampf um Raum, Nahrung und Rang ist ein wichtiger Faktor in ihrem Streben nach Fortpflanzungserfolg, mit der Folge, daß die Weibchen mit dem höchsten Rang zweieinhalbmal so erfolgreich sind wie die Weibchen mit dem niedrigsten Rang. Das fordert jedoch seinen Preis.

Wegen des starken Einflusses männlicher Hormone hat die Evolution die Klitoris und das benachbarte Gewebe bei den Hyänen so gestaltet, daß sie eine fast hundertprozentige Kopie des Penis und der Hoden sind. Diese Organe sind erektil und werden, wie ihre männlichen Pendants, zum Setzen von Duftmarken und zum Imponieren benutzt. Die Folge dieser perfekten Mimikry ist, daß die Geburt durch die Klitoris erfolgt. Da der Klitoriskanal nur rund zwei Zentimeter und der Kopf des Jungen sechs bis sieben Zentimeter Durchmesser hat, reißt beim ersten Wurf meist die Klitoris. Oft ist die Geburt so schwierig, daß das Junge eine halbe Stunde in der Klitoris bleibt. Fast die Hälfte der Hyänenweibchen hat Probleme beim ersten Wurf, und man schätzt, daß neun Prozent direkt an Wehenproblemen sterben.

Zum Vergleich: In Industrieländern ist – vor allem dank ärztlicher Hilfe – die Sterblichkeit infolge von Geburtskomplikationen heute ziemlich gering, ein Fall auf zweitausend Geburten. Noch zu Beginn des 20. Jahrhunderts war die Entbindung ein gefahrvolles Ereignis im Leben einer Frau, und in der Dritten Welt ist es bis heute so geblieben. In Afrika sterben vier Prozent der Frauen infolge von Geburtskomplikationen, in Südostasien drei Prozent, in Lateinamerika ein Prozent. Auf jede Frau, die während der Geburt stirbt, kommen außerdem dreißig, die Verletzungen und Infektionen davontragen. Laut UNICEF sind schwangerschaftsbedingte Verletzungen und Behinderungen das am häufigsten übergangene Gesundheitsproblem der Welt. Man vermutet, daß der »mütterlichen Morbidität« jährlich über fünfzehn Millionen Frauen zum Opfer fallen und daß es heute mehrere hundert Millionen Frauen gibt, die an den unbehandelten Folgen von Verletzungen während Schwangerschaft und Entbindung leiden.

Schwangerschaft und Wehen sind, wie diese Zahlen zeigen, überall unangenehm, wenn nicht gefährlich. Die unter

Frauen wie Männern verbreitete Erwartung, daß alle Frauen eigentlich in der Lage sein sollten, auf dem Acker oder wo auch immer sie gerade sind ein Kind zu gebären, um anschließend wieder ihrer üblichen Tätigkeit nachzugehen, rührt von einem gründlichen Mißverständnis bezüglich der Schwangerschaft her. Ginge es wirklich nur um das Verhältnis zwischen Mutter und Kind, hätte die Natur dieser verbreiteten Erwartung vielleicht Genüge getan. Es geht aber um mehr als das, nämlich um einen Kampf zwischen väterlichen und mütterlichen Genen, und deshalb bleibt es eine gefährliche Angelegenheit.

BABY WARS

Szene 8
Stillen

Die Frau hörte das Wimmern lange, bevor sie richtig wach war. Das Geräusch war langsam in ihre Träume gedrungen, ehe sie es bewußt wahrnahm. Instinktiv war ihr klar, daß *ihr* Baby weinte. Sie konnte seinen Klang bereits von acht anderen auf der Station unterscheiden, obwohl er noch keine zwei Tage alt war. Vorsichtig langte sie an ihrem Wasserglas vorbei und machte die Nachttischlampe an, um dann behutsam aufzustehen. Sie empfand den Fußboden unter ihren Füßen als warm. Während sie nach ihren Pantoffeln suchte, fiel ihr auf, daß ihre Füße noch ziemlich geschwollen waren. Wie lange würde es wohl dauern, bis sie wieder in ihre Schuhe schlüpfen konnte, fragte sie sich.

Das Kind lag in einem Bettchen am Fußende ihres Bettes, die Fäuste geballt und das kleine Gesichtchen verzerrt. Es hörte erst auf zu schreien, als sie es hochnahm. Sie hielt das Kind, das erregt war und von seinen Anstrengungen zitterte, an sich gedrückt, und es wandte ihr seinen Kopf zu und begann nach einer Brustwarze zu suchen.

Sie blickte hinüber zu der Frau auf der anderen Seite des Zimmers, die ihr Kind auf einem Kissen auf dem Schoß hielt, eng an ihren Körper geschmiegt. Sie schienen sich wohl zu fühlen. Das wollte sie auch ausprobieren. Bisher hatte sie noch keine bequeme Position zum Stillen finden können, und so war sie überrascht, daß diese ganz gut funktionierte. Das Baby saugte sich an ihrer Brustwarze fest und nuckelte eifrig. Während sein Händchen auf ihrer Brust ruhte, waren seine Augen weit geöffnet, so als müsse es sich ganz arg konzentrieren.

Allmählich entspannte sie sich. Es war das erste Mal, daß sie das Stillen richtig genoß. Jetzt legte das Baby nach jedem Saugen eine Pause ein, bald fielen ihm die Augen zu, und der Zugriff der Lippen lockerte sich. Schließlich sank der Kopf von ihrer Brust zurück. Auf der tiefroten, gestreckten Brustwarze schimmerten kleine Tröpfchen Milch. Sie wischte dem Kind die Milch vom Mund und legte es wieder schlafen. Dann schlüpfte sie ins Bett, und in Kürze war auch sie eingeschlafen.

Sie hatte sich auf das Stillen gefreut. Sie hatte sich gewünscht, die Gefühle der Intimität und der Zärtlichkeit zu erleben, und sie hatte auch im Interesse ihrer Gesundheit stillen wollen, nachdem sie gehört hatte, daß Stillen die Gefahr von Brustkrebs verringere. Und diesmal schien es einigermaßen zu klappen – anders als bei ihrem ersten Kind, das absolut nichts von ihrer Brust hatte wissen wollen. Schon im Kreißsaal hatte es eine Aversion dagegen bekundet, an ihrer Brustwarze zu saugen, sehr zu ihrer Empörung und Enttäuschung. Wenn sie ihn – es war auch ein Junge – an die Brust legen wollte, hatte er geschrien, den Kopf, so weit es ging, nach hinten geworfen und sich völlig steif gemacht. Es war für sie unfaßbar, daß etwas so Natürliches so schwierig sein konnte, und sie hatte vor Enttäuschung geweint, als sie sah, daß er von einer Schwester mit der Flasche gefüttert wurde. Verwirrt und zurückgewiesen, hatte sie manchmal richtig feindselige Gefühle gegen ihn.

Schließlich hatte sie ihre Milch mittels einer großen, altertümlichen elektrischen Maschine abgepumpt, die sie alle paar Stunden neben das Bett und wieder zurück schob. Der ganze Vorgang war ihr unangenehm, aber sie glaubte es tun zu müssen, denn nur so kam ihr Kind in den Genuß aller Vorteile der Muttermilch. Seit ihre Milch eingeschossen war, produzierte sie reichlich davon, doch ihr Sohn wollte sich nicht an die Brust legen lassen oder gar saugen. Sechs Wochen lang pumpte sie sich die Milch ab, dann hatte eine schwere Mastitis in beiden Brüsten das Angebot schrumpfen lassen.

Irgendwie war sie erleichtert gewesen, als ihre Milch versiegte. So wurde ihr wenigstens die Entscheidung abgenommen, wann sie mit dem Milchabpumpen aufhören sollte. Die Maschine war ihr fast ebenso zuwider gewesen, wie ihr die Intimität des Stillens gefehlt hatte. Hinterher fragte sie sich, ob es die ganze Mühe wert gewesen war, nicht zuletzt, weil die Beziehung zu ihrem Sohn anfangs zweifellos darunter gelitten hatte. Als sie ihm schließlich Säuglingsmilch gab, schien es ihm richtig gutzutun. Doch jetzt bei dem neuen Kind klappte wohl alles.

Tags darauf kam ihr Partner mit dem älteren Sohn, um sie abzuholen. Sie hatte schon gepackt und war gerade am Stillen, als die beiden eintraten. Sie freute sich auf ihr Zuhause – wie schön, wieder von ihren eigenen Dingen umgeben zu sein. Am meisten beschäftigte sie das Problem, endlich eine bequeme Position fürs Stillen zu finden. Ihr gestriger Erfolg war eine Ausnahme gewesen; bei einer kurzen Fütterung ging es noch, aber wenn es länger dauerte, bekam sie Rückenschmerzen.

Sie hatte jede erdenkliche Position ausprobiert. Im Bett sitzend und auf Kissen gestützt war anfangs bequem gewesen, aber sie konnte nicht verhindern, daß sie immer tiefer rutschte. Mit geradem Rücken auf der Bettkante oder auf dem Stuhl neben dem Bett zu sitzen hatte ganz gut geklappt, aber irgendwann hatte sie davon Schmerzen in Schultern und Nacken bekommen. Sie wußte, daß sie sich zu sehr verkrampfte, weil sie jede Bewegung vermied, um das Kind nicht zu stören. Wenn sie sich doch nur entspannen könnte! Und die richtige Position war nicht das einzige Problem. Sie vergaß außerdem, vorher alles Nötige griffbereit zurechtzulegen. Ganz sicher war sie reif für die Entlassung nach Hause – dort würden wenigstens weitere Kissen zur Verfügung sein, und es würde jemand dasein, der ihr Dinge reichte.

Als sie den Kleinen erstmals zu Hause stillte, spürte sie in der linken Brustwarze einen scharfen Schmerz. Sie stellte fest, daß die Warze ziemlich wund aussah. Sie glaubte ferner, an der Basis einen kleinen Riß entdeckt zu haben. Sie kramte aus dem Kulturbeutel die Creme hervor, die sie vor der Entbindung besorgt hatte, und trug sie reichlich auf beide Warzen auf, weil sie sich davon das Beste erhoffte; sie hatte gehört, wie schmerzhaft gerissene Brustwarzen sind. Beim Verstreichen der Creme fiel ihr der stechende Geruch auf, und sie fragte sich, ob er nicht das Kind abschrecken würde. Vielleicht sollte sie die Creme lieber abwischen, bevor sie den Kleinen wieder fütterte.

Trotz der Creme wurden die Brustwarzen in den nächsten Tagen immer wunder und rissiger. Die Brüste waren durch die vermehrte Milchproduktion prall und schwer geworden und schmerzten. Sie wußte zwar, daß es vorbeigehen würde, aber trotzdem war es schwer zu ertragen. Bald waren ihre Brüste vor jeder Fütterung so geschwollen und hart, daß es für den Kleinen schwierig wurde, sich daran festzuhalten, und wenn er es schließlich geschafft hatte, war ihr Laktationsreflex so schnell, daß er von dem Versuch, die herausspritzende Milch herunterzuschlucken, husten und spucken mußte. Eine Zeitlang hatte sie Angst vor der Fütterungszeit.

Doch im Laufe der nächsten Wochen lösten sich die Schwierigkeiten von selbst auf. Die Überproduktion ihrer Brüste ging langsam zurück, und der Milchfluß paßte sich den Bedürfnissen des Kindes an. Die Risse heilten, das Wundsein verlor sich, und die Brustwarzen wurden geschmeidiger. Das Stillen machte allmählich wieder Spaß, und sie nahm dankbar zur Kenntnis, wie einfach und bequem es sein konnte. Unbekümmert stillte sie den Kleinen acht Monate lang, ehe sie sich, veranlaßt von den Fragen anderer, überlegte, wann sie damit aufhören sollte. Es war keine leichte Entscheidung.

Einerseits machte das Stillen ihr und dem Kind jetzt richtig Spaß, und sie dachte nicht daran, ihm diese Freude zu versagen. Wie würde er wohl reagieren, wenn sie ihm die Flasche gab? Würde ihm die Brust so sehr fehlen, wie sie glaubte?

Würde es ihn nervös und reizbar machen? Andererseits zeigten sich immer mehr Gründe, die gegen ein Fortsetzen des Stillens sprachen. Sie verlor so stark an Gewicht, daß Freundinnen ihr schon gesagt hatten, sie sähe ganz krank und heruntergekommen aus. Sie mußte zugeben, daß sie dauernd müde war. Dann war da noch das Problem mit dem Stillen, wenn sie außer Hause war. In den ersten Monaten war sie eigentlich kaum aus dem Haus gegangen; sie hatte die Ausflüge leicht zwischen die Stillzeiten legen können. Von zwei Gelegenheiten abgesehen – einmal hatte sie ihm in einem Parkhaus, einmal in der Toilette eines Kaufhauses die Brust gegeben –, hatte sie es immer geschafft, nach Hause zu kommen, ehe sein Hunger sich meldete. Doch nun war sie häufiger und länger aus dem Haus, und die Aussicht, ihn vor den Augen anderer stillen zu müssen, gefiel ihr gar nicht. Egal, wer es war – ihr war es peinlich. Gar so winzig war ihr Kleiner auch nicht mehr, und ihn unauffällig zu stillen war nicht einfach.

Der größte Druck, mit dem Stillen aufzuhören, kam jedoch von ihrem Partner. Anfangs hatte er ihr gern zugesehen, wenn sie dem Kleinen die Brust gab. Sie wußte, daß er ebenso froh gewesen war wie sie, als der zweite – nach dem

Trauma mit dem ersten Sohn – ohne zu zögern nach der Brust griff. Doch nun wünschte er insgeheim, sie möge mit dem Stillen aufhören; das wußte sie. Er wollte sie wiederhaben, und er wollte wieder normal mit ihr verkehren. Er war bisher sehr geduldig und rücksichtsvoll gewesen, aber sie wußte, daß er allmählich enttäuscht war. Seit der Geburt hatte sie praktisch keine Lust verspürt, und die ständige Müdigkeit trug auch nicht dazu bei. Er machte seit einiger Zeit Andeutungen. Es erfülle ihn mit Sorge, sagte er, daß sie so erschöpft und schmal wirke, und er könne ihr behilflich sein, wenn sie zur Flaschenfütterung übergingen. Sie machte sich Gedanken, ob er nicht eifersüchtig war auf das scheinbare Monopol seines Sohnes auf ihren Körper.

Schließlich entwöhnte sie, widerstrebend und mit großem Bedauern, ihren Sohn von der Brust und gab ihm die Flasche.

Kinder bedeuten Krieg, und in keinem Stadium ist der Konflikt so heiß wie in den ersten Lebensmonaten des Kindes. In diesem Kapitel geht es um die ersten Kriege, die Eltern erleben, diejenigen, die sich unmittelbar nach der Geburt abspielen.

Das Kapitel *BABY WARS* enthält drei Szenen. In der ersten betrachten wir die Konflikte, die sich bei manchen Frauen als postnatale Depression äußern können. In *Schlaflose Nächte* erörtern wir den Zermürbungskrieg, der zwischen dem Kind und seinen Eltern über Schlafen und Weinen geführt wird, jenen Konflikt, der zum Elend der schlaflosen Nächte führt. Wir beginnen aber mit dem sehr viel verstohleneren Konflikt um das Stillen, das eigentlich eines der befriedigendsten Stadien der Elternschaft sein sollte.

Für ein Paar sollte im Grunde nichts einfacher, sicherer, wohltuender und lohnender sein, als daß die Mutter ihr Kind stillt. Muttermilch ist Essen und Trinken in einem, von der natürlichen Auslese so perfekt ausgewogen, daß alle Ernährungsbedürfnisse des Säuglings erfüllt sind. Sie ist obendrein, da die Mutter sie überall mit sich nimmt, bequem, stets verfügbar und richtig temperiert. Es wimmelt in ihr von nützlichen Bakterien, die die Verdauung des Kindes fördern und Durchfall verhindern, der in Entwicklungsländern eine häufige Todesursache bei Kleinkindern ist. Sie ist außerdem reich an Immunoglobulinen, die das Kind vor Krankheiten schützen; die Mutter gibt dabei von dem schwer verdienten Schutz, den sie im Laufe ihres Lebens aufgebaut hat, etwas an ihr Kind weiter. Stillen fördert ferner die korrekte Entwicklung von Zähnen, Kiefer und Sprache, und es vermindert das Risiko von Fettleibigkeit und Diabetes – wird ein Kind länger als drei Monate gestillt, sinkt zum Beispiel die Wahrscheinlichkeit, daß es Diabetes Typ I bekommt, um vierzig Prozent.

Wieso stieß die Frau in der obigen Szene angesichts all dieser Vorteile auf so viele Probleme? Sie durfte mit Recht erwarten, ja alle Frauen dürfen erwarten, daß der Prozeß des Stillens nach Jahrtausenden der natürlichen Auslese fehlerfrei gestaltet ist. Warum ist das nicht der Fall?

Es gibt dafür zwei Gründe. Der eine ist, daß einige der aufgetretenen Probleme jüngsten Datums sind und die natürliche Auslese sich noch nicht mit ihnen befaßt hat; sie stellen Probleme für die moderne Frau dar, nicht aber für die Frauen schlechthin, und deshalb können wir nicht die natürliche Auslese für sie verantwortlich machen. Diese modernen Probleme hängen überwiegend mit der Entscheidung zusammen, ob *überhaupt* mit dem Stillen begonnen oder von Anfang an mit der Flasche gefüttert werden soll; wir kommen darauf zurück. Der zweite Grund, der weit eher in den Bereich der Evolutionsbiologie fällt, ist der, daß es um das Stillen einen Interessenkonflikt gibt. Der Konflikt dreht sich um die Entscheidung der Frau, *wann* sie, wenn sie mit dem Stillen einmal angefangen hat, damit *aufhören* soll. Auf das Problem, das sich mit dieser Entscheidung verbindet, wollen wir zuerst eingehen.

Man fand bei Untersuchungen von Brustkindern heraus, daß die mit der längsten Stilldauer bei Erkrankungen im Magen-Darm-Bereich, im Bereich der oberen Luftwege, bei multipler Sklerose, Diabetes und Herzkrankheiten die beste Abwehr besaßen. Außerdem schnitten die Kinder, die am längsten gestillt wurden, am besten bei IQ-Tests ab. Insgesamt waren Kinder, die achtzehn bis vierundzwanzig Monate lang gestillt wurden, gesünder als jene, die weniger als sechs Monate die Brust bekamen, aber auch diesen erging es sehr viel besser als jenen, die überhaupt nicht gestillt wurden. Da Kinder, die länger als zwei Jahre gestillt wurden, nicht untersucht wurden, wissen wir nicht, ob die Vorteile des Stillens anhalten oder im Alter von zwei Jahren enden. Wir wissen nicht, ob das Gesetz des sinkenden Ertrages hier wirksam ist; für die Ernährung und die Entwicklung der Immunabwehr des Kindes sind die ersten sechs Monate des Stillens auf jeden Fall wichtiger als beispielsweise sechs Monate zwischen dreieinhalb und vier Jahren. Das bedeutet nicht, daß die wohltuende Wirkung des Stillens aufhört. Das Immunsystem des Kindes ist erst mit rund sechs Jahren vollkommen ausgereift, und es ist erwiesen, daß Muttermilch zur Entwicklung des Immunsystems beiträgt und mütterliche Antikörper beisteuert, solange sie aufgenommen wird. Man sollte daher annehmen, daß die natürliche Auslese die Frauen programmiert hat, ihre Kinder bis zum Alter von fünf bis sechs Jahren zu stillen, was der mittleren Dauer bei anderen Primaten entspricht. Es ist aber offenbar nicht der Fall.

Aus sechsundvierzig anthropologischen Untersuchungen, die vor 1940 durchgeführt wurden, ergibt sich eine mittlere Stillzeit von rund 2,8 Jahren, wobei in einigen Gesellschaften eine weit kürzere, in anderen eine weit längere Zeit üblich ist. Noch ist in vielen Gesellschaften das Stillen bis zum Alter von vier bis fünf Jahren gebräuchlich, und selbst in Ländern wie den Vereinigten Staaten werden manche Kinder noch länger gestillt. Wenn man es den Kindern selbst überläßt, wie lange sie die Brust nehmen wollen, entwöhnen sie sich zumeist selbst, ohne Streit oder emotionales Trauma, im Alter von drei bis vier Jahren. Doch in modernen Industrieländern werden die meisten weit früher entwöhnt, zu einem Zeitpunkt, der weniger dem Kind als der Mutter oder ihrem Partner gelegen ist. Wann sie mit dem Stillen aufhören sollen, ist ein Problem, vor dem unsere weiblichen Vorfahren genauso standen wie alle Säugetierweibchen im Laufe ihrer Evolution. Das Problem wurde nicht gelöst, weil es keine Lösung hat. Und das liegt daran – nicht zum ersten Mal in diesem Buch –, daß das Problem auf einem Interessenkonflikt beruht. Wenn die erste Begeisterung verflogen ist, zeigt sich, daß hier ein Kampf im Gange ist. Dieser Kampf verursacht die meisten Probleme der Frauen, wenn sie sich an das Stillen gewöhnt haben.

Der Evolutionsbiologe faßt das Stillen und seine Beendigung als einen Wettstreit auf, einen dreiseitigen Wettstreit zwischen Mutter, Vater und Kind. Gelegentlich ist es sogar ein vierseitiger Wettstreit, zwischen der Mutter, dem Kind, dem Partner der Mutter und dem genetischen Vater des Kindes. Zu diesem Wettstreit kommt es, weil die Interessen der Beteiligten divergieren. Doch um die verschiedenen Interessen verstehen zu können, müssen wir uns mit einigen der weniger offenkundigen Auswirkungen des Stillens befassen, das ja mehr leistet, als das Baby mit Nahrung zu versorgen. Es reguliert auch die Körperchemie der Mutter in einer Weise, die ihrem langfristigen Fortpflanzungserfolg dienen soll.

Die natürliche Auslese hat es so eingerichtet, daß Frauen (und die Weibchen vieler Primaten) in der Zeit, in der sie Milch absondern (laktieren), nicht so leicht schwanger werden. Bei laktierenden Frauen kann es sechs Monate und mehr dauern, bis nach einer Entbindung wieder die Periode einsetzt. Der erste Zyklus während der Laktation ist außerdem fast immer unfruchtbar. Auch die drei folgenden Zyklen sind mit einer Wahrscheinlichkeit von unter fünfzig Prozent fertil. Eine Frau *kann* während der Stillzeit schwanger werden, und mit der Zeit steigt die Wahrscheinlichkeit, aber sie ist durchweg kleiner, als sie es wäre, wenn die Frau nicht stillen würde oder das Stillen seit einiger Zeit eingestellt hätte.

Warum hat die natürliche Auslese es so eingerichtet, daß die Schwangerschaft bei stillenden Frauen verzögert wird? Es gab dafür keine Notwendigkeit. Bei vielen Säugern tritt eine Empfängnis regelmäßig während der Laktation auf, und bei manchen wird der Eisprung sogar von derselben hormonellen Regelung stimuliert, die ihn beim Menschen unterbindet. Die Antwort verweist auf unsere Primatenvorläufer, von denen die Frauen ein grundlegendes Problem geerbt haben: Es ist normalerweise sehr schwierig, mehr als ein Kind zu tragen, wenn man weite Strecken zu gehen hat.

Am ausgeprägtesten war und ist das Problem natürlich in Kulturen, in denen es Sache der Frauen ist, Nahrung, Wasser, Feuerholz und sonstige Materialien in großen Mengen zu sammeln und zu transportieren. Dabei auch nur ein Kind zu tragen ist schwierig und ermüdend, und zwei zu tragen wäre nahezu unmöglich. Den größten Fortpflanzungserfolg erlangen unter solchen Umständen Frauen, die es vermeiden, ein weiteres Kind zu bekommen, bevor das vorige laufen kann.

Eine Untersuchung, die in den achtziger Jahren bei den in der Kalahari-Wüste in Südwestafrika, in Namibia, lebenden Kung-San-Buschmännern durchgeführt wurde, ergab einen mittleren Abstand zwischen den Geburten von rund vier Jahren. Kung-San-Frauen sind zuständig für die tägliche Nahrungsbeschaffung und müssen die Nahrung oft neben ihrem jüngsten Kind über weite Strecken tragen. Wenn Frauen in dieser Kultur weniger als vier Jahre nach der Geburt ihres letzten Kindes schwanger wurden, schadeten sie damit sich selbst und ihren langfristigen Fortpflanzungsaussichten. Die natürliche Auslese hat in Anbetracht ihrer Lebensweise mit dem Einbau einer vierjährigen Pause in ihre Körperchemie das Beste für diese Frauen getan.

Das Problem, vor dem die natürliche Auslese hier stand, war folgendes: eine weibliche Körperchemie zu entwickeln, die einerseits eine Empfängnis so lange hinauszögerte, wie die Frau noch ihr jüngstes Kind trug, aber andererseits beschleunigt eine Empfängnis herbeiführte, falls dieses Kind starb. Man könnte meinen, dies sei gar kein Problem. Bestimmt hätte die natürliche Auslese es einfach so einrichten können, daß das Gehirn der Frau ihrem Körper sagt, ob ihr Kind noch lebt und wenn ja, wie oft sie es tragen muß. Das hat sie jedoch nicht getan. Es mag seltsam klingen, aber die Evolution scheint nicht darauf vertraut zu haben, daß das Gehirn der Frau ihren Körper vom Überleben und den Bedürfnissen ihres Kindes informiert. Sie hat lieber der Evidenz ihrer Brustwarzen vertraut, und so ist das Stillen der wichtigste Weg, auf dem der Körper der Frau sich vergewissert, daß ihr Kind noch lebt.

Das Stillen hat sich, wie wir eingangs sagten, entwickelt, um sehr viel mehr zu leisten, als nur das Kind mit Milch zu versorgen. Zunächst stimuliert es Zentren im Gehirn der Mutter, um eine ganze Reihe chemischer Befehle auszulösen. Ihr Körper wird angewiesen, noch mehr Milch zu produzieren; auch die Länge und Intensität des Stillens und die Menge der bei jeder Mahlzeit vom Kind aufgenommenen

Milch sagen ihrem Körper, wieviel sie für die nächste Mahlzeit herstellen soll.

Zweitens wird durch chemische Befehle die Möglichkeit verringert, daß die Frau ovuliert und infolgedessen schwanger wird. Das ist der Grund, warum der Körper einer nicht stillenden Frau – unabhängig von ihrem Gehirn, welches genau weiß, daß ihr Baby noch am Leben ist – sich darauf einzustellen beginnt, daß sie wieder empfangen kann, und zwar Monate oder gar Jahre vor einem denkbaren Optimum. In Chile ergab eine Untersuchung, daß unter den stillenden Frauen keine innerhalb von sechs Monaten nach der Entbindung schwanger wurde, unter den nicht stillenden Frauen dagegen 72 Prozent. Das ist auch der Grund, warum, wenn ein Kind stirbt und die Mutter unverzüglich das Kind einer anderen an ihre Brust läßt, wie es Ammen früher taten, der Körper der Frau die Vorbereitungen für eine Empfängnis noch hinausschiebt, obwohl ihr Gehirn weiß, daß ihr eigenes Kind tot ist.

Mit dieser Hintergrundinformation verstehen wir leichter, warum die Interessen der Frau, ihres Kindes und ihres Partners divergieren und warum die Beendigung des Stillens folglich zu einem drei- oder vierseitigen Kampf wird.

Was das Kind betrifft, so wird es größer und gesünder sein, mit größerer Wahrscheinlichkeit die Säuglings- und Kinderzeit überleben und seinerseits größere Fortpflanzungschancen haben, wenn es möglichst viel und möglichst oft Muttermilch bekommen kann. Außerdem schiebt ein Kind die nächste Schwangerschaft seiner Mutter hinaus, wenn es das Stillen möglichst lange ausdehnen kann. Hier stoßen wir zum ersten Mal auf das Phänomen der Geschwisterrivalität, auf das wir im sechsten Kapitel ausführlich eingehen werden. Hier geht es darum, daß ein Kind, das seine Mutter möglichst lange daran hindert, schwanger zu werden, vermeidet, die Aufmerksamkeit seiner Eltern mit einem jüngeren Geschwister teilen zu müssen, und somit gerade in den wichtigen Monaten und Jahren mehr Aufmerksamkeit von ihnen erhält, in denen sein bloßes Überleben und seine künftigen Aussichten von der Qualität der Zuwendung abhängen, die es erfährt. Folglich profitiert ein Kind von der Verlängerung der Stillzeit.

Was die Mutter betrifft, so profitiert sie am meisten, wenn sie den besten Kompromiß für die Maximierung ihres langfristigen Fortpflanzungserfolges findet. Stillt sie ihr jetziges Baby zu wenig, setzt sie womöglich seine Gesundheit und seine künftigen Aussichten aufs Spiel. Stillt sie es zu oft und zu lange, setzt sie womöglich ihre Gesundheit und ihre künftigen Aussichten aufs Spiel, weil sie riskiert, ihre körperlichen Reserven auf ein zu niedriges Niveau abzusenken und ihre nächste Schwangerschaft allzu lange hinauszuschieben, wodurch sie die eben besprochenen Vorteile einer optimalen Verschiebung einbüßt.

Doch der Interessenkonflikt zwischen Mutter und Kind wächst sich selten zu einem richtigen Konflikt aus. Das darf er auch nicht, denn das Kräfteverhältnis ist zu ungleich zugunsten der Mutter. An Ratten wurde gezeigt, daß Substanzen in der Milch ebenso wie Verhaltensweisen von Mutter und Kind Bedürfnisse und Absichten signalisieren. Wenn der Körper des Kindes entdeckt, daß er bald entwöhnt werden soll, beginnt er, gleichgültig, wie alt er ist, jene Enzyme zu produzieren, die er für den Übergang zu einer anderen Kost braucht. Im Interessenkonflikt zwischen Mutter und Kind kommt es allein auf die Entscheidung der Mutter an, während im Interessenkonflikt zwischen der Mutter, dem Kind und dem Partner der Mutter alle ein Wörtchen mitzureden haben. Was den Partner betrifft, so sind seine Interessen im Hinblick auf das Stillen von seiner Situation abhängig. Zwei Dinge sind wichtig: die Wahrscheinlichkeit, daß er der Vater des jetzigen Kindes der Frau ist, und seine Aussichten, der Vater des nächsten Kindes zu sein.

Die Prinzipien sind ganz einfach. Das erste lautet: Je sicherer er sich seiner Vaterschaft ist, desto mehr fallen seine Fortpflanzungsinteressen mit denen des Kindes zusammen. Den Interessen beider ist dann am besten dadurch gedient, daß die Mutter das Kind so intensiv und so lange wie möglich stillt, selbst auf Kosten ihrer langfristigen Fortpflanzung. Wie schon im Zusammenhang mit Übelkeit und Wehen erörtert, kann der Vater notfalls immer auf die Fortpflanzung mit einer anderen Frau ausweichen. Je weniger er sich umgekehrt seiner Vaterschaft sicher ist, desto mehr ist seinen Interessen gedient, wenn das Stillen beschnitten oder gar unterbunden wird, so daß er möglichst schnell die Gelegenheit hat, ihr nächstes Kind zu zeugen. Das zweite Prinzip lautet: Je größer die Chancen des Mannes, ihr nächstes Kind zu zeugen, desto mehr liegt es in seinem Fortpflanzungsinteresse, wenn sie weniger intensiv stillt und früher aufhört, denn dadurch verkürzt sie die Zeit, bis er der Vater dieses nächsten Kindes wird.

Die Interessenunterschiede zwischen der Mutter und ihrem Partner sind die Hauptquelle der Schwierigkeiten, die Paare wegen des Stillens haben, wie das Ende der obigen Szene belegt. Die Gefühle des Ausgeschlossenseins und der Eifersucht, die Männer manchmal empfinden, wenn sie ihre Partnerin beim Stillen beobachten, und der Druck, den sie ausüben, um das Stillen einzuschränken und möglichst bald zu beenden, gehen evolutionär auf diesen Konflikt zurück. Bisweilen wächst sich der Konflikt zu Extremen aus. In den USA wurde gegen Mütter in Sorgerechtsprozessen mit den Vätern ihrer Kinder schon vorgebracht, daß sie die Kinder zu lange stillten. Der Evolutionsbiologe würde erwarten, daß die Eifersucht und der Druck, den ein Mann ausübt, um so größer sind, je größer auch seine Zweifel sind, daß das Kind von ihm ist. Und je sicherer der Mann ist oder je weniger er für sein nächstes Kind auf diese Frau angewiesen ist, desto weniger heftig sollten die Eifersucht und der Druck sein.

Männer, Frauen und Kinder erleben diesen Konflikt um das Stillen, seit es Menschen gibt, und er kann nie gelöst werden, weil die Interessenunterschiede immer bleiben werden. Für die moderne Frau kommen zu den Schwierigkeiten aus ihrer evolutionären Vergangenheit noch weitere hinzu. Die meisten der neueren Probleme, die sozialen und technischen Ursprungs sind, haben damit zu tun, daß Mütter in der Ernährung ihrer Babys eine Wahl haben, jedenfalls in Industriegesellschaften. Früher hatten weder Frauen noch Männer eine Wahl. Sollte das Kind überhaupt eine Überlebenschance haben, mußte die Frau es stillen. Die einzige Alternative war eine Amme. Das alles wurde jedoch anders, als die Flaschenfütterung mit Säuglingsmilchgemisch aufkam. Der Druck, der früher nur der Frage galt, wann die Frau mit dem Stillen aufhören soll, erstreckt sich jetzt genauso auf die Frage, ob sie überhaupt mit dem Stillen anfangen soll.

Wenn es sich vermeiden läßt, sollten Frauen sich nicht für die Flaschenfütterung entscheiden oder darum gebeten werden. Je schlechter die Situation der Familie, desto wichtiger ist der Schutz, den das Stillen gewährt. Säuglingsmilchgemisch ist an sich unbedenklich, aber all die Vorteile der Muttermilch kann sie einfach nicht bieten. Kuhmilch, die für Kälber ideal ist, eignet sich nicht für Kinder, ebensowenig verschiedene Arten künstlicher Milch. Die Verwechslung kann verheerende Folgen haben. In einer Studie verursachte eine Gruppe von Säuglingen, die mit künstlicher Milch ernährt wurden, in einem Halbjahr Gesundheitskosten von 68 000 Dollar, eine gleich große Gruppe von Brustkindern dagegen nur 4 000 Dollar. In Brasilien, wo ärztliche Hilfe nicht ohne weiteres erreichbar ist, liegt die Sterbewahrscheinlichkeit für ein Kind, das mit künstlicher Milch ernährt wird, vierzehnmal so hoch wie für ein Baby, das ausschließlich gestillt wird, und mindestens viermal so hoch wie für ein Kind, das sowohl Muttermilch als auch künstliche Milch erhält.

Ungeachtet dieser Tatsachen kann die moderne Frau, gleichgültig, wo sie lebt, manchmal unter enormen Druck geraten, es nicht so zu machen wie ihre Vorfahrinnen und also nicht zu stillen. Selbst in Brasilien, wo die Gefahren der künstlichen Ernährung so groß sind, bekommen nur vier Prozent aller Babys in den ersten vier Lebensmonaten ausschließlich die Brust. Der Anteil schwankt zwischen neunzig Prozent in Ruanda und einem Prozent in Nigeria oder dreiundfünfzig Prozent in Bolivien und drei Prozent in Haiti.

Der Druck zugunsten der Flaschenfütterung kann aus allen Richtungen kommen. Sobald diese Alternative verfügbar ist, wird auf die Frauen starker sozialer Druck ausgeübt, *nicht* zu stillen. Es ist ein langlebiges Verhaltensmuster; in den meisten Industrieländern ist Stillen auch heute noch nicht die Norm. 1990 waren es im Vereinigten Königreich bloß dreiundsechzig Prozent der jungen Mütter, die auch nur den Versuch machten zu stillen. Zwei Wochen später stillten nur noch fünfzig Prozent, nach sechs Wochen nur neununddreißig Prozent. Nur jede zehnte Mutter stillte ihr Kind länger als neun Monate. Und es bleibt bei diesem niedrigen Anteil der Kinder, die die Brust bekommen, obwohl die Ärzte sich neuerdings darum bemühen, die Frauen von den Vorteilen des Stillens zu überzeugen. Die Formen, Druck auf die Frauen auszuüben, sind vielfältig. In der Vergangenheit wurde die Flaschenfütterung stark begünstigt; in Europa und den USA verurteilte man das Stillen vor einigen Jahrzehnten als unhygienisch. Man warnte außerdem vor den Schwierigkeiten des Stillens; Frauen, die es wagten, ihr Kind in der Öffentlichkeit zu stillen, wurden angefeindet, und die kommerzielle Werbung für Flaschenfütterung und Säuglingsmilchgemisch tat ein übriges.

In manchen Fällen ist die Flaschenfütterung für Mutter und Kind von Nachteil. Die eindringlichsten jüngeren Beispiele kommen aus der Dritten Welt: Nach der Entbindung im Krankenhaus werden die Mütter unter Druck gesetzt, ihr Kind mit der Flasche zu füttern, aber zu Hause können sie sich das Säuglingsmilchgemisch nicht leisten, und es fehlt auch an dem sauberen Wasser für die Zubereitung des Fläschchens.

Vielerorts, so in manchen Teilen der USA, begegnet man stillenden Müttern mit Ekel, Feindseligkeit und Prüderie. Für die betroffenen Frauen ist eine solche Einstellung durchaus bedeutsam, jedenfalls kann davon sehr viel stärkerer Druck ausgehen als von der leichten Peinlichkeit, die die Frau in der Szene empfand. In den USA wurden stillende Mütter in Einkaufszentren, Restaurants, öffentlichen Parks, Gerichtssälen und dergleichen, wo die Flaschenfütterung in der Regel akzeptiert wird, zum Verlassen des Ortes aufgefordert und mit Haft wegen unzüchtiger Entblößung bedroht. Die allgemeine Abneigung gegen das Stillen ist dermaßen verbreitet, daß einige Staaten sich veranlaßt sahen, per Gesetz klarzustellen, daß Stillen nicht als unzüchtige Entblößung zu betrachten sei. Die Behauptung, dem Stillen hafte etwas Sexuelles und Unanständiges an, wenn das Kind aus dem Säuglingsalter heraus ist, hat sogar dazu geführt, daß Mütter wegen Mißbrauchs angezeigt wurden, auch wenn bisher keine schuldig gesprochen wurde. In Minnesota wurde zum Beispiel eine Mutter des Mißbrauchs bezichtigt, weil sie ein sechsjähriges Kind in der Öffentlichkeit gestillt habe; tatsächlich war das Kind drei, und nach Ermittlung des Alters wurde der Fall eingestellt. In Tennessee wurden Anschuldigungen gegen eine Mutter, die eine Viereinhalbjährige gestillt hatte, am Ende fallengelassen; in Florida wurde eine Mutter vom Vorwurf des Mißbrauchs aufgrund von Stillen eines sechsjährigen Kindes freigesprochen.

Für den Evolutionsbiologen ist dieser öffentliche Druck, der sich gegen das Stillen richtet, eine hochinteressante Sache. Zynisch kann man ihn als Ausduck eines hochentwickelten egoistischen Interesses deuten: Sowohl Männer als auch Frauen in der Gesamtbevölkerung profitieren davon, wenn die weibliche Bevölkerung insgesamt gedrängt wird, nicht zu stillen. Hier nun die Gründe.

Es ist im Interesse jedes Mannes, wenn die weibliche Bevölkerung, die Mutter oder Mütter seiner eigenen Kinder ausgenommen, nicht stillt. Je weniger Frauen stillen, desto mehr Frauen sind fruchtbar und desto mehr Fortpflanzungsmöglichkeiten stehen dem Mann zur Verfügung. Auch Frauen profitieren davon, wenn andere Frauen gedrängt werden, nicht zu stillen. Weil stillende Frauen im Schnitt größeren Fortpflanzungserfolg haben werden als nicht stillende Frauen, sind sie für jede andere Frau eher eine Fortpflanzungsgefahr. Ob eine Frau ihre eigenen Kinder stillt oder nicht – wenn andere Frauen zur Flaschenfütterung gedrängt werden, kann sie fortpflanzungsmäßig profitieren. Sozialer Druck gegen das Stillen und zugunsten der Flaschenfütterung ist daher nicht erstaunlich und ebenso das Produkt der natürlichen Auslese wie alles andere, das wir erörtert haben.

Es wäre natürlich falsch, daraus zu folgern, daß Frauen sich nur unter äußerem Druck zur Flaschenfütterung entschließen. Manche Frauen kommen durch logische Überlegungen, andere intuitiv zu der Entscheidung, daß ihren persönlichen Interessen am besten gedient sei, wenn sie ihre Kinder mit Säuglingsmilchgemisch aus der Flasche statt mit natürlicher Milch aus ihrer Brust aufziehen. Und bei bestimmten Frauen kann die Entscheidung für die Flaschenfütterung, auch wenn sie nicht im Interesse der meisten Kinder ist, sehr wohl in ihrem langfristigen Interesse sein. Die Entscheidung ist nicht einfach. Für die moderne Frau hat das Stillen seine Vor- und Nachteile, so, wie die Flaschenfütterung ihre Vor- und Nachteile hat. Wichtig ist ein ausgewogenes Verhältnis von altem Erbe und moderner Neuerung.

Jetzt kommen wir zu einem der Vorteile des Stillens, den wir noch nicht erörtert haben und den die Frau in der obigen Szene für besonders wichtig hielt. Das Stillen, hatte man ihr gesagt, könne langfristig ihrer Gesundheit dienen. Das ist im Grunde nicht erstaunlich. Der Körper einer Frau ist genetisch darauf programmiert, nach der Entbindung Milch abzusondern, und wenn man ihn diesen Teil seines Programms nicht abarbeiten läßt, kann das schädliche langfristige Auswirkungen haben. Zu den Vorteilen des Stillens gehört es zum Beispiel, daß es der Frau erleichtert, das Gewicht, die Figur und die Attraktivität aus der Zeit vor der Schwangerschaft wiederzugewinnen. Tatsächlich kommen manche Frauen, die nicht stillen, nicht wieder zu ihrer Form vor der Schwangerschaft. Und es kann ihre Attraktivität beeinträchtigen, wenn der Taillenumfang nicht wieder siebzig Prozent des Hüftumfangs erreicht. Stillen hat – und das ist noch ernster – auch Einfluß darauf, ob eine Frau Brustkrebs bekommt. Einer Studie zufolge, die im *New England Journal of Medicine* veröffentlicht wurde, war das Risiko von Brustkrebs *vor* der Menopause bei Frauen, die laktiert hatten, geringer als bei Frauen, die nicht laktiert hatten. Je früher und je länger die Frau laktiert hatte – gleich, ob sie etliche Kinder über einige Zeit oder einige über lange Zeit gestillt hatte –, desto größer war der Schutz vor Brustkrebs. Auf das Risiko von Brustkrebs *nach* der Menopause schien sich die Laktation nicht auszuwirken.

Nicht von ungefähr sind diese Folgen des Stillens vorteilhaft, stellen sie doch ein altes, von der natürlichen Auslese geformtes Erbe dar. Und es ist auch kein Zufall, wenn die nachstehend beschriebenen Folgen nachteilig sind, hängen sie doch mit relativ neuen sozialen und technischen Veränderungen zusammen, auf die die natürliche Auslese noch nicht einwirken konnte.

Viele moderne Mütter werden durch wunde, gerissene Brustwarzen bewogen, das Stillen aufzugeben. Auch Mastitis kann ein Problem sein. Im günstigsten Fall ist sie schmerzhaft, im schlimmsten macht sie die Frau sehr krank und beendet ihre Milchproduktion.

Man könnte versucht sein, in Problemen mit den Brustwarzen und Brüsten ein Versagen der natürlichen Auslese zu sehen. Wenn die Evolution den Frauen das Stillen vorgeschrieben hat, warum hat sie nicht für Brustwarzen und Brüste gesorgt, die der Aufgabe gewachsen sind? Selbstverständlich hat sie das getan, nur konnte sie nicht die Umwelt der modernen Frau vorhersehen. Das Versagen ihrer Brüste ist nicht der Evolution anzulasten, sondern den gesellschaftlichen Kleidervorschriften. Auch diese sind nicht dem Evolutionsprozeß zuzuschreiben, sondern dem Erfolg des Menschen, der in immer kältere Klimazonen vordrang, und das schaffte er nur, weil er das Feuer und die Kleidung entdeckte. Wunde Brustwarzen sind der Preis, den viele moderne Frauen dafür zahlen, daß die Menschheit den gesamten Erdball besiedelte. Die Brüste sind von Natur aus dafür gemacht, Wind und Wetter ausgesetzt zu sein. Die Brustwarzen und die Haut ringsum sollten widerstandsfähig sein, abgehärtet durch jahrelangen Kontakt mit Sonne, Regen und Wind. Dann funktionieren sie.

Es ist wie bei den Füßen. Wenn man sie in Socken und Schuhe steckt, wenn man sie vor den Elementen schützt und jahrelang schwitzen läßt, können sie nicht abgehärtet werden. Wenn sie dann tun sollen, wofür sie geschaffen wurden – stundenlang über harte Steine laufen –, versagen sie. Sie werden rissig, bluten, entzünden sich. Nicht anders mit Brüsten: Wenn man sie in Kleider hüllt, vor dem Wetter schützt und jahrelang schwitzen läßt, können sie nicht abgehärtet werden. Wenn sie dann die Aufgabe erfüllen sollen, für die sie geschaffen wurden – daß der feuchte Mund eines Babys an ihnen saugt, knabbert und herumzerrt –, sind sie ihr nicht gewachsen. Sie werden rissig, bluten und entzünden sich.

Stillen kann für die moderne Frau auch insofern nachteilig sein, als es ihre Fähigkeit beeinträchtigt, ihre Arbeit beziehungsweise die Suche nach einem neuen oder besseren Partner wiederaufzunehmen. Beides kann, wie schon gesagt, für den langfristigen Fortpflanzungserfolg einer Frau bedeutsam sein, weil es dazu beiträgt, die Umgebung und die Fürsorge für ihr Kind zu verbessern.

Etwas, was nicht von der natürlichen Auslese geformt wurde, muß deshalb nicht automatisch von Nachteil sein, und nur weil etwas neu ist, muß es nicht zwangsläufig mit natürlichen Strategien im Widerstreit liegen. Ein einschlägiges Beispiel ist zumindest in einer Hinsicht die Flaschenfütterung. Die Frauen sind mit einer Physiologie ausgestattet, die die Entscheidung für die Flaschenfütterung mit der erhöhten Wahrscheinlichkeit einer baldigen Schwangerschaft und dem in früheren Zeiten bestehenden Risiko verknüpft, mehr als ein Kind mit sich herumtragen zu müssen. Das Transportproblem mag auch heute noch nicht gänzlich unbekannt sein, doch haben Autos, Kinder- und Sportwagen die moderne Frau beinahe von diesem alten Erbe befreit. In einer Industriegesellschaft kann sich die Frau hinsichtlich der Frage, in welchen Abständen sie Kinder bekommen soll, sehr viel mehr Freiheiten erlauben. Ergibt sich nur wenige Monate nach einer Entbindung eine passende Gelegenheit für eine erneute Schwangerschaft, so hat sie, anders als ihre nomadisch lebende Vorfahrin, kaum etwas zu verlieren. Durch Stillen möglicherweise an einer baldigen Empfängnis gehindert, befreit sie sich durch die Flaschenfütterung von solchen überkommenen Zwängen und bringt, wenn die Umstände einer solchen Strategie günstig sind, in rascher Folge zwei Kinder zur Welt.

Diese Vor- und Nachteile des Stillens und der Flaschenfütterung in der modernen Umwelt stellen die moderne Mutter vor eine heikle Entscheidung, die sich auf ihren langfristigen Fortpflanzungserfolg auswirken wird. Zu der alten Frage, wann sie mit dem Stillen aufhören soll, kommt die neue, ob sie überhaupt damit anfangen soll. Es gibt ohne Zweifel Mütter, die durch Flaschenfütterung statt Stillen ihren Fortpflanzungserfolg steigern können, und es gehört zu den lästigen Aufgaben jeder Frau, zu entscheiden, ob sie eine solche Mutter ist.

Leider ist sie bei dieser Entscheidung ganz auf sich gestellt. Da die Option der Flaschenfütterung viel zu jung ist, als daß die natürliche Auslese ihre Entscheidungsfindung geformt haben könnte, kommt es zwangsläufig zu häufigen Fehlentscheidungen. Doch auch dieses Element der Elternschaft wird im Laufe der nächsten Jahrtausende den erforderlichen Schliff erfahren, und die natürliche Auslese wird Gene, die ihre Besitzer zu Fehlentscheidungen neigen lassen, ausrotten. Dadurch werden sich die Gene jener Frauen, die *in bezug auf ihre Situation* die jeweiligen Vorzüge des Stillens und der Flaschenfütterung richtig einschätzen, von einer Generation zur anderen ausbreiten.

Ein neues Leben erhielten durch das Aufkommen der Flaschenfütterung jene Gene, die vermutlich der erste Sohn der Frau in der obigen Szene besaß, Gene, die ihren Besitzer dazu neigen lassen, als Neugeborenes die Mutterbrust abzulehnen. Ob solche Babys in der fernen Vergangenheit vom Hunger dazu getrieben wurden, schließlich doch die Brust zu nehmen, oder ob sie ganz einfach verhungert sind, wissen wir nicht.

Eines ist jedoch klar: Solche Babys werden, wenn sie einmal gemerkt haben, wie einfach es ist, an der Flasche zu saugen, die Brust verweigern und sich sogar heftig sträuben. Heute behandelt die natürliche Auslese solche Kinder weit sanfter, und sie sind gegenüber Kindern, die sich bereitwillig stillen lassen, kaum oder gar nicht benachteiligt. Seit es Milchpumpen gibt, können sie sogar, wenn auch durch die Flasche, mit der Milch ihrer Mutter gefüttert werden und damit, was Ernährung und Immunabwehr angeht, in den Genuß derselben Vorteile kommen wie die anderen, die sich stillen lassen. Da es ihnen aber sehr viel leichter fällt, an einer Flasche zu saugen statt an einer Brust, erlangen sie diese Vorteile mit weit geringeren Anstrengungen.

Die Frau in der Szene hatte außerdem ein Problem mit der Position beim Stillen. Es ist, wie die wunden Brustwarzen, teilweise eine Folge unserer modernen Lebensweise. Durch die sitzende Lebensweise sind Rücken und Muskeln bei vielen so geschwächt, daß es sie schmerzt und ermüdet, in einer bestimmten Position zu verharren. Bedeutender ist, daß Klima, Kleidung und Konvention das Stillen zu einem Ereignis gemacht haben. Die Frau muß ihre jeweilige Tätigkeit unterbrechen, sich teilweise entkleiden und einen gesellschaftlich und räumlich geeigneten Platz aufsuchen.

Primaten und besonders Frauen sind nicht dazu geschaffen, auf diese Weise zu stillen. Weder die weibliche Anatomie noch der Appetit des Kindes wurden von der natürlichen Auslese für eine solche Zeremonie geschaffen. Von Natur aus soll das Stillen die Aktivitäten des Weibchens oder der Frau möglichst wenig stören. Ob Affenweibchen oder Frau, ob im Gehen, im Sitzen oder gar im Schlafen – sie war dazu geschaffen, das Kleine mit dem Kopf in der

Nähe ihrer Brustwarze zu tragen, so daß es nur das Mäulchen zu spitzen brauchte, um zu jeder Tageszeit an Nahrung zu kommen. Die Mutter konnte ihre gewohnte Tätigkeit fortsetzen und brauchte sich gar nicht darum zu kümmern, ob das Kind saugte oder nicht. Doch selbst wenn es modernen Frauen *möglich* wäre, nackt (zumindest von der Taille aufwärts) herumzulaufen und derweil zu stillen, hätten viele wohl weder die Kraft noch die Ausdauer, um auf diese Weise weit zu kommen.

Weil das Stillen von Natur aus ein fortlaufender, spontaner Vorgang ist, hat die natürliche Auslese der Taille, den Hüften und Brüsten der Frauen die bekannte Form gegeben. Während sich die Jungen anderer Primaten am Fell der umherziehenden Mutter festklammern können, sitzen die menschlichen Babys gern auf der Hüfte der Mutter, gehalten von einem sie umfassenden Arm. Hüften sind Sitze. Deshalb ist, wie schon erwähnt, die Taille der weiblichen Idealfigur erheblich schmaler als die Hüften, und deshalb sind Männer programmiert, eine solche Figur attraktiv zu finden. Ein ähnlicher Grund ist dafür verantwortlich, daß Frauen Brüste haben.

Brüste sind Kissen, keine Drüsen. Die Polsterung, die ihnen ihre charakteristische Form gibt, hat mit der Milchproduktion nichts zu tun, so daß die Größe der Brüste einer Frau vor der Schwangerschaft nicht auf ihre Fähigkeit schließen läßt, Milch zu produzieren. Es ist die Anhäufung von Fett und anderem Gewebe und nicht das, was später milchproduzierendes Gewebe sein wird, die von der Pubertät an den Brüsten ihre Form und Größe verleiht. Unter allen Primaten entwickeln allein Frauen in der Pubertät hängende Brüste, die lebenslang bestehen bleiben. Bei allen anderen, auch den Menschenaffen, entwickeln sich hängende Brüste erst mit Beginn der Laktation und bilden sich nach deren Ende wieder zurück. Die Primatenbrust ist während der Laktation vor allem deshalb hängend, um das Saugen in verschiedenen Positionen zu erleichtern. Sie muß lang und beweglich sein, um in den Mund des Babys zu reichen, während die Mutter geht, sitzt und schläft. Eine dem Brustkorb anliegende Warze wie bei Männern wäre nicht sehr hilfreich.

Als die Evolution unsere Vorfahren auf die Hinterbeine stellte und ihnen den aufrechten Gang beibrachte, lernten die Frauen ein bei ihren vormenschlichen Ahnfrauen kaum bekanntes Problem kennen: Wie verhindert man, daß der Kopf des Kindes, der besonders wackelig ist, wenn das Kind schläft, dauernd gegen den Körper der Frau schlägt? Als sich die Evolution für die Zweibeinigkeit entschied, mußte sie folgerichtig auch nach einem Kissen für den Kopf des Kindes suchen. Und gibt es ein besseres Kissen als eine geschwollene Brust? Frauen behalten auch deshalb Brüste, weil sie hin und wieder Kinder tragen, die längst entwöhnt sind, und weil postpubertäre Mädchen ihre jüngeren Geschwister tragen, ehe sie sich selbst fortpflanzen, haben sie von der Pubertät an Brüste.

In der Schwangerschaft geht das typische Verhältnis zwischen Taillen- und Hüftumfang zwangsläufig verloren, und die »Taille« wird sehr viel weiter als die Hüften. Es liegt im langfristigen Fortpflanzungsinteresse der Frauen, dieses Verhältnis nach der Entbindung so schnell wie möglich wiederherzustellen, zumindest bis zu dem Zeitpunkt, wo sie von einer erneuten Schwangerschaft profitieren würden. Wie erreichen sie das?

Dies ist eine Situation, in der sich die bewußten Wünsche einer Frau mit ihren unbewußten decken. Beide ermutigen sie, so viel abzunehmen, bis sie wieder das Gewicht und die Figur von vor der Schwangerschaft hat. Über den Gewichtsverlust während der Laktation läßt sich manches sagen, zum Beispiel, daß sich in ihm eine bemerkenswerte, unerwartete Wendung zeigt, ein Beleg dafür, daß das moderne Leben ungewollt die natürliche Auslese überlistet hat, ohne irgend jemandem zu nützen.

Nach der Entbindung richten sich die Sorgen der Frau vor allem auf die Fettablagerungen, die sich in den letzten Stadien der Schwangerschaft am Gesäß, den Oberschenkeln und dem Bauch gebildet haben. Ihr Körper ist darauf programmiert, diese Ablagerungen abzubauen, auch dann, wenn sie nicht stillt. Sie verschwinden natürlich um so schneller, je mehr sie stillt und je weniger sie ißt. Es handelt sich eigentlich um Energiereserven, wichtige Speicher für schwere Zeiten nach der Entbindung, wie wir in der Besprechung von Szene 7 erwähnten. Sie sollen die Frau und das Kind für den Fall schützen, daß während der Laktation die Nahrung knapp wird, so daß sie auch in Zeiten der Knappheit genügend Milch produzieren kann. Indem sie die Bürde einer Nahrungsknappheit zum größten Teil selbst übernimmt, um das Baby zu schützen, baut sie ihre Fettreserven mehr und mehr ab. Die natürliche Auslese hat ihr Laktationssystem so eingerichtet, daß das Wachstum eines Kindes unter Bedingungen einer durchschnittlichen Nahrungsknappheit nur um rund zehn Prozent zurückbleibt.

Eine stillende Mutter kann jedoch nur bis zu einem bestimmten Punkt mit Nahrungsmangel fertig werden, und dieser Punkt ist erreicht, wenn ihre letzten Fettreserven für die Milcherzeugung aufgebraucht wurden. Die Evolution hat es so eingerichtet, daß ihr Körper genau darüber wacht, wie stark und wie schnell sie diese Reserven abbaut. Selbst wenn mangelhafte Ernährung auf die Menge der von ihr erzeugten Milch wenig Einfluß hat, so kann sie doch zur Folge haben, daß die Frau so mager wird, daß sie sich auf eine neue Schwangerschaft nicht einlassen kann, auch dann nicht, wenn sie mit dem Stillen aufhört. Tatsächlich hat die natürliche Auslese die Frauen so programmiert, daß sie nicht ovulieren, wenn ihre Fettreserven zu weit abgebaut wurden. Bevor sie nicht wiederaufgebaut sind, wird ihr Körper kaum zulassen, daß sie einen Eisprung hat und schwanger wird.

An dieser Stelle gibt es eine bemerkenswerte Wendung, die ein neues Problem für die natürliche Auslese aufwirft. Der Körper der Frau wurde darauf programmiert, ihre Fettreserven mit einem einfachen Kniff zu überwachen – durch Überwachung ihres Blutzuckerspiegels, der bei hohen Fettreserven normalerweise höher war. Das ist ein hinreichender Mechanismus, und solange die Frau sich auf gesunde, herkömmliche Weise ernährte, verhinderte er einen Eisprung bei geringen Fettreserven. Versuche an Hamstern haben jedoch gezeigt, daß akuter Nahrungsmangel zwar einen Eisprung verhindert, daß man dem Trinkwasser aber nur Glukose hinzuzufügen braucht, um dem Körper vorzutäuschen, er habe noch ausreichende Fettreserven, und ihn zu veranlassen, die Ovulationsblockade aufzuheben. Wenn eine Frau mit geringen Fettreserven zuviel von den in der heutigen Kost vorkommenden zuckerhaltigen Speisen ißt, könnten auch ihrem Körper höhere Reserven vorgegaukelt werden, als tatsächlich vorhanden sind. Damit könnte sie ungewollt einen Eisprung und sogar eine Schwangerschaft auslösen, die ihr Körper normalerweise nicht zugelassen hätte.

Im Zusammenhang mit Brüsten, Brustwarzen und Stillen gibt es eine letzte Frage, die nichts mit Elternschaft zu tun hat, die aber trotzdem interessant ist. Wieso haben Männer Brustwarzen? Manche erzeugen sogar winzige Mengen Milch. Liegt es daran, daß irgendwann Männchen wie Weibchen gestillt haben?

Ratten und Mäuse ausgenommen, haben die Männchen aller höheren Säugetiere Brustwarzen, ein sicherer Hinweis darauf, daß die Männchen der allerersten Säugetiere auch welche hatten. Doch die frühesten Geschöpfe dieser Art führten, genau wie die Mehrzahl ihrer modernen Pendants, ein so freizügiges Leben, daß sie ihren Nachwuchs kaum kennengelernt haben dürften, von elterlicher Fürsorge oder Fütterung gar nicht zu reden. Wir dürfen es daher als gesichert betrachten, daß männliche Säugetiere nie ihre Jungen gesäugt haben. Wieso haben Männer dann Brustwarzen? Die enttäuschende Antwort lautet: Männer haben Brustwarzen, weil Frauen Brustwarzen haben.

Es fällt der natürlichen Auslese schwer, Dinge nur bei einem Geschlecht zu entwickeln. Wenn etwas für ein Geschlecht von Nutzen ist, dann bekommt das andere Geschlecht es automatisch auch. Erst dann beginnt die Evolution entsprechend den Bedürfnissen der beiden Geschlechter mit der unterschiedlichen Ausgestaltung. Deshalb haben Männer und Frauen zum Beispiel im Prinzip dieselben Hormone, nur mit verschiedenen Anteilen. Deshalb auch werden männliche und weibliche Genitalien aus denselben Geweben gebildet – Klitoris und kleine Schamlippen aus demselben fötalen Gewebe wie der Penis, große Schamlippen aus demselben fötalen Gewebe wie der Hodensack. Und deshalb haben Männer milcherzeugendes Gewebe und Brustwarzen. Sie sind bei Männern nur nicht so entwickelt und relativ, aber nicht vollkommen funktionslos. Bei etwa der Hälfte der Männer sind die Brustwarzen so sensibel, daß sie an der sexuellen Stimulierung beteiligt sind. Ferner könnte das milcherzeugende Gewebe bei Männern Substanzen produzieren, die an der Regulierung ihrer Körperchemie und ihres Verhaltens mitwirken, so, wie es das auch bei Frauen tut. Das allein wäre ein hinreichender Grund dafür, daß die Evolution die Männer nicht gänzlich ihrer Brustwarzen beraubt. Doch was die Elternschaft angeht, sind die männlichen Brustwarzen nicht beteiligt.

Szene 9
Schlaflose Nächte

Die nackte Frau veränderte ihre Lage, ohne richtig wach zu werden, und wich dabei instinktiv dem Baby aus, das neben ihr schlief. Ihre rechte Brust, prall von Milch, schien sein Köpfchen zu streifen. Bequem auf Laub gebettet und von dem nahen Feuer gewärmt, nahm sie unbewußt die beruhigenden nächtlichen Hintergrundgeräusche des Dschungels und das Schnarchen der Männer wahr.

Plötzlich drang ein Heulen in ihre Träume, dann noch einmal. Es waren Hunde in der Nähe. Sie streckte den Arm aus, um ihr Baby an sich zu ziehen, und griff ins Leere. Entsetzt wachte sie auf und tastete, das beruhigende Gefühl seines warmen Körpers suchend, in den Schatten herum, die das Feuer warf. Wo war er? War er fortgerollt? Oder hatte ein Hund ihn ihr von der Brust fortgezerrt, während sie und die anderen geschlafen hatten? Sie sprang auf und versuchte, in die Dunkelheit hinausspähend, die Männer zu wekken, aber keiner rührte sich. Während sie sich vorstellte, wie ihr Kind im Maul eines Hundes fortgeschleppt wurde, wie Zähne seinen zarten Körper zermalmten, rannte sie hektisch im Kreis umher, dann stürzte sie vor an den Rand der Lichtung und mischte ihre Schreie unter das Heulen der Hunde. Kämpften sie um ihren Kleinen, rissen sie ihn auseinander? Sie waren verstummt – aber jetzt hörte sie ihr Baby schreien. Sie mußte zu ihm. Seine gequälten Schreie kamen aus der Nähe. Warum konnte sie ihn dann nicht sehen?

In Angstschweiß gebadet, wachte die Frau plötzlich auf. Ihr Traum war ihr so echt vorgekommen, aber es war nur ein Traum. Sie war vom Schlafmangel ganz durcheinander, und erst allmählich klärten sich ihre Gedanken. Ihr Kind war nebenan und schrie, als würde es wirklich von Hunden angegriffen. Neben ihr lag laut schnarchend ihr Partner. Sie war fix und fertig, doch er nahm das Schreien des Kindes nicht wahr.

Sie stöhnte. Erst vor einer Stunde war ihr Sohn endlich eingeschlafen. Sie hatten ihn gefüttert, seine Windel gewechselt und ihn in sein Bettchen gelegt. Dann hatten sie das Kinderzimmer hinter sich zugemacht, und ein paar glückliche Minuten lang hatte er danach still gelegen, abgelenkt vom Glockenspiel des aufziehbaren Schlummerlichts, das kindliche Motive an die Decke projizierte. Doch sobald das Licht nicht mehr kreiste, hatte er wieder angefangen zu schreien. Das Schreien war übergegangen in ein Brüllen. Sie hatte ihn aufgenommen, wieder hingelegt, noch einmal zu füttern versucht, ihn geschaukelt, nochmals seine Windel überprüft – nichts hatte geholfen; er ließ sich nicht beruhigen.

Schließlich hatten sie einfach die Tür zugemacht, sich hingelegt und abgewartet, daß er sich selbst in den Schlaf weinte. Das hatte er getan, aber es hatte ein Weilchen gedauert. Sie hatte wach gelegen und hin und her überlegt, ob sie zu ihm gehen sollte oder nicht. War sie grausam? Fügte sie ihm einen unermeßlichen Schaden zu? Würde er sich schaden, wenn er so viel schrie? Er klang verzweifelt, aber sie war so müde, daß ihre Sorgen um sein Wohlergehen abgelöst wurden von Feindseligkeit, die sie gegen ihn empfand, weil er sie nicht schlafen ließ.

In den ersten Nächten nach der Heimkehr aus dem Krankenhaus hatte er gut geschlafen. Natürlich mußten sie zweimal in der Nacht aufstehen, um ihn zu füttern, aber dazwischen hatte er geschlafen. Sie waren zwar müde, aber sie hatten es geschafft. Doch mit der Zeit hatte er sich in seinem Bettchen immer weniger wohlgefühlt, und inzwischen waren die Nächte zu einer echten Qual geworden; wenn sie Glück hatten, bekamen sie gerade mal ein paar Stunden Schlaf. Vor einer Woche war ihr Partner so verzweifelt gewesen, daß er aufgestanden war, sich angezogen und mit dem Kleinen eine Autofahrt unternommen hatte. Im Auto hatte der Kleine wie immer hervorragend geschlafen, doch sobald er in sein Bettchen gelegt wurde, fing alles wieder von vorn an.

An Mitgefühl und guten Ratschlägen von Freunden, die das alles schon hinter sich hatten, mangelte es nicht, aber befolgenswert schien keiner zu sein. Sie erwogen kurz, ihn in ihrem Bett zwischen sich schlafen zu lassen, aber so richtig behagte ihnen der Gedanke nicht. Sie fürchteten, sich auf ihn zu wälzen und ihn zu erdrücken oder sich spätere Probleme einzuhandeln; wenn sie ihn in ihrem Bett schlafen ließen, würde er vielleicht nie wieder in sein eigenes zurückwollen. Im Laufe der Monate gewöhnten sie sich an den Schlafmangel. Es gab schlimme, aber auch bessere Nächte, doch richtig durchschlafen konnten sie nie. Als ihr Sohn dann acht Monate alt war, wurde es noch schlimmer. Er konnte offenbar stundenlang ununterbrochen brüllen. Versuchsweise holten sie sein Bettchen aus dem Kinderzimmer und stellten es neben ihr Bett. Das tat erhebliche Wirkung, doch nach einer Weile begann eine neue Phase. Sie erwachten regelmäßig und sahen ihn dann in seinem Bettchen stehen, in die Dunkelheit starren und brüllen, als wären sie himmelweit entfernt. Sie konnten ihn hinlegen, sooft sie wollten, er stand wieder auf und brüllte weiter.

Eines Nachts waren sie schließlich so verzweifelt, daß sie ihn aus seinem Bettchen holten, zwischen sich ins Bett legten und nicht weiter beachteten. Er hatte sich nicht sogleich beruhigt, aber schließlich war er still geworden. Außerdem hatte er danach bis zum Morgen durchgeschlafen. Am nächsten Abend hatten sie ihn gleich beim Schlafengehen zwischen sich gelegt – und zum ersten Mal seit Monaten die ganze Nacht durchgeschlafen. Bald gingen sie dazu über, ihn auf dem Wohnzimmersofa neben sich einschlafen zu lassen, und wenn sie dann schlafen gingen, nahmen sie ihn mit nach oben.

Von da an gehörten schlaflose Nächte der Vergangenheit an. Allerdings mußten sie dafür andere Unbequemlichkeiten in Kauf nehmen, wenn er sich zwischen ihnen hin und her warf. Manchmal bekam einer von ihnen, während der Kleine unschuldig schlief, eine Faust ins Auge, es kam auch vor, daß er Kopf an Kopf mit einem zusammenprallte, einem in die Lenden trat oder einen mit seinen scharfen Fingernägeln kratzte. Gewiß, er war schon zwei, als er ein Bett akzeptierte, das neben ihrem stand, und ehe er drei war, wollte er nicht in seinem eigenen Zimmer schlafen.

Als ihr Sohn auszog, hatten sie schon ihr zweites Kind, ein Mädchen. Sie schlief von Geburt an im Bett zwischen ihnen und bekam die Brust, sooft sie Lust darauf hatte. Jetzt gaben sie verzweifelten und abgehärmten Freunden gute Ratschläge, die aber unbeachtet blieben.

Seit es Menschen gibt, schlagen sie sich die Nacht mit ihren Babys um die Ohren. Nach einer so langen Evolution dürfen moderne Menschen mit einigem Recht erwarten, daß größere Probleme gelöst sein sollten. Trotzdem gehört das, was durchschnittliche Eltern in westlichen Gesellschaften in den ersten Wochen, Monaten oder gar Jahren mit einem neuen Kind durchmachen, zu den schlimmsten Erfahrungen. Die meisten werden sich in den Prüfungen, denen das Paar in der obigen Szene ausgesetzt war, zumindest teilweise wiedererkennen. Die äußerste Erschöpfung, mit der man sich an seine Tagesaufgaben schleppt, nachdem man nächtelang nicht richtig zum Schlafen kam, wird vielen auf quälende Weise vertraut sein.

Wieso sollten Babys darauf programmiert sein, die Nächte und folglich auch die Tage zu einem solchen Alptraum für ihre Eltern zu machen? Intuitiv würde man annehmen, es sei für das Baby genauso wichtig wie für seine Eltern, daß diese gesund, wach und wohlgesinnt sind. Die Antwort ist natürlich, daß Babys *nicht* darauf programmiert sind, ihren Eltern das Leben schwer zu machen. Sie sind aber darauf programmiert, ihre Eltern darauf aufmerksam zu machen, daß sie ein Problem haben, und die Methode, das zu tun, ist Schreien. Warum sie schreien, statt ein Gesicht zu machen oder mit den Händen herumzufuchteln, werden wir noch erörtern. Vorher müssen wir uns jedoch mit den Problemen befassen, die ein Baby auf die Idee bringen könnten, daß es die Mühe lohnt, zu schreien, um die Eltern zu alarmieren.

Ein Baby hat so begrenzte Bedürfnisse – Nahrung, Sauberkeit, Sicherheit –, daß es der natürlichen Auslese ein leichtes gewesen sein müßte, Mutter und Kind in einer Weise zu formen, die alle Gefahren und Belastungen minimiert. Im großen und ganzen ist ihr das auch gelungen. Das Pech ist nur, daß die von der Evolution geschaffenen Lösungen sich nicht so einfach mit der Umwelt und der Lebensweise moderner Eltern in Einklang bringen lassen.

Zunächst hatte die natürliche Auslese, bevor die Kleidung und die Flaschenfütterung erfunden wurden, mögliche Probleme von Mutter und Kind mit der Nahrung gelöst. Über die längste Zeit der Evolution von Primaten und Mensch brauchten die Jungen nur nach der Brustwarze zu schnappen, um satt zu werden. Babys wurden, wie alle Primatenjungen, ständig von der Mutter umhergetragen, meistens in einer Position, die die Brustwarze leicht erreichbar machte. Morgens, mittags *und* nachts brauchten sie nichts anderes zu tun, als mit dem Mund nach der Brustwarze zu stöbern und zu saugen. Es dürfte kaum nötig gewesen sein, die Mutter durch Schreien darauf aufmerksam zu machen, daß sie Hunger hatten, und nachts brauchte die Mutter nicht einmal wach zu werden.

Zweitens hatte die natürliche Auslese – wiederum vor dem Aufkommen von Kleidung – kaum Probleme mit der Harn- und Darmentleerung. Mutter und Kind waren während der längsten Zeit der menschlichen Evolution nackt und schliefen auf dem Boden. Tagsüber unterwegs waren Harn- und Darmentleerung kein Problem und nachts allenfalls ein unbedeutendes Ärgernis. Daß ein Baby von seinem eigenen Urin durchnäßt oder mit Kot beschmiert ist, war, wie bei anderen Primaten auch, nicht möglich. In Kulturen, wo man bis heute nackt geht, merken Mütter sehr schnell, wenn ihr Kind Harn oder Kot lassen muß, und können zumeist seine Lage so verändern, daß die Unbequemlichkeit für beide sich in Grenzen hält. Das änderte sich, als mit der Besiedlung der kälteren Weltgegenden die Kleidung notwendig wurde, und damit entstand ein Problem, das mit Windeln zwar technisch minimiert, aber nicht evolutionär gelöst werden kann.

Schließlich hat die natürliche Auslese alles getan, um das Problem der Sicherheit zu lösen. Hätte die Frau in der Szene wirklich nackt auf dem Boden des Dschungels geschlafen, wäre ihr die Frage, was sie mit ihrem Baby tun solle, gar nicht in den Sinn gekommen. In einer solchen unsicheren Umgebung gibt es für ein Baby nur einen Platz: im Körperkontakt mit einem Erwachsenen entweder gehalten oder getragen. Die nomadisch lebende Mutter wird ihr Kind nachts automatisch neben sich gelegt haben, vorzugsweise mit direktem Körperkontakt, so daß sie ein Fortrollen sofort bemerkt hätte. Wahrscheinlich hat sie das Baby sogar zwischen sich und ein älteres Kind oder einen anderen Erwachsenen gelegt. Deshalb hat die natürliche Auslese Babys so eingerichtet, daß sie Beruhigung von drei Hauptquellen erwarten: Körperwärme, Körpergeruch und/oder Bewegung. Wenn ein Baby aus diesen drei Quellen zufriedenstellende Beweise dafür hat, daß es in Sicherheit ist, kann es sich entspannen und friedlich schlafen, bis es Hunger bekommt oder sonstwie beunruhigt wird. Das ist einer der Gründe, warum Babys, wie der Mann in unserer Szene feststellte, im Auto so problemlos schlafen. Der Eindruck der Bewegung täuscht ihrem Körper vor, daß sie getragen werden und folglich in Sicherheit sind.

Wir wissen natürlich, daß Babys nachts in unseren Häusern sicher sind, zumindest geht keine Gefahr von umherschweifenden Wölfen, Kojoten, Katzen und dergleichen aus. Für ein Baby ist das aber nicht so ohne weiteres erkennbar. Im Verlauf unserer Evolution hat die natürliche Auslese jene Babys begünstigt, die mit Schreien auf *jedes* Gefühl der Trennung von ihren Eltern reagierten, speziell ihrer Mutter und besonders im Dunkeln. Es waren diejenigen, die überlebten, sich fortpflanzten und ihre Gene weitergaben, weshalb Babys in späteren Generationen auf diese Weise reagierten. Diejenigen, die ihre Isolation still ertrugen, wurden eher von Raubtieren angegriffen oder fortgeschleppt, so daß sie heute mit geringerer Wahrscheinlichkeit Nachkommen haben. Das Baby und sein genetisches Programm befinden sich noch in der Frühzeit mit all ihren Gefahren, und »Strafen« oder Erklärungen werden sie, Kind wie Programm, nicht vom Gegenteil überzeugen.

Daß ein Baby an der Seite seiner Mutter schläft, dürfte im Laufe der Evolution etwas so Selbstverständliches gewesen sein, daß die natürliche Auslese bei der Ausführung einiger lebenswichtiger Aufgaben durch das Baby auf die Unterstützung der Mutter rechnen konnte. Babys passen ihre Atmung der ihrer Mutter an; das geht so weit, daß, wenn sie von der Mutter getrennt sind, manchmal gefährlich lange Pausen zwischen zwei Atemzügen auftreten. Man könnte meinen, die Evolution habe sich da einen dummen Streich einfallen lassen, aber so dumm war das nicht, wenn die Evolution annehmen konnte, daß die Mutter immer an der Seite ihres Babys sein würde.

Da moderne Babys ihre Windeln vollmachen, für sich schlafen und verlangen müssen, gefüttert zu werden, haben sie offensichtlich mehr Grund, ihre Eltern auf Probleme aufmerksam zu machen als die Babys der Frühzeit. Aber warum machen sie das nicht mit einem friedlicheren Mittel, sondern durch Schreien? Warum schreien Babys also, und warum sind wir so programmiert, daß wir dieses Geräusch nervend finden?

Daß ein Baby seine Eltern statt mit Gesten lautstark auf sich aufmerksam macht, hat natürlich nichts Rätselhaftes: Gesten würden funktionieren, wenn das Baby sicher sein könnte, daß die Eltern in Sichtweite sind und ein Auge auf es werfen. Da das jedoch, vor allem nachts, nicht sicher ist, muß es Krach machen. Damit ist gewiß auch eine Gefahr verbunden. In einer unsicheren Umgebung lenkt Schreien nicht nur die Aufmerksamkeit der Eltern auf den Ort, wo das Baby liegt, sondern zieht auch Raubtiere und andere Gefahren an. Die natürliche Auslese hat es jedoch listigerweise so eingerichtet, daß Babys gerade diese Gefahr ausbeuten. Weil Eltern in der Regel alles tun werden, um ihr Kind zu schützen, schreit das Baby, und damit elektrisiert es seine möglicherweise widerstrebenden Eltern und sichert sein eigenes Überleben. Es will seine Eltern zum Handeln zwingen, und zwar möglichst rasch; so nützt es ihren Wunsch aus, das Kind zum Schweigen zu bringen, bevor es Gefahren anzieht. Wenn Eltern das Kind schreien lassen, eröffnen sie einen Abnützungskrieg, der so lange dauert, bis entweder das Baby aufhört oder sie nachgeben und reagieren.

Sicher in ihren komfortablen Häusern sitzend, zögern moderne Eltern ihre Reaktion weit länger hinaus, als Babys von Natur aus erwarten. In unserer Evolutionsgeschichte war es wichtig, daß Eltern sich rasch um ein schreiendes Baby kümmerten, und deshalb mußten ihre hormonalen Reaktionen auf das Geräusch reflexartig erfolgen, wie der

Kampf-oder-Flucht-Reflex. Solche Reaktionen sind an sich schon stressig und noch mehr, wenn der Impuls nicht befolgt und befriedigt wird. Deshalb gehört das Schreien eines Babys zu den stressigsten Geräuschen, die an ein menschliches Ohr dringen können. Hormonell entspricht es der Situation, daß man einen Tiger auf sich zukommen sieht, aber nicht kämpfen oder flüchten kann, weil man an einen Pfahl gebunden ist.

Die modernen Menschen in ihren Betonbehausungen, die durch Klima und sozialen Druck gezwungen sind, Kleider zu tragen, können gegen das Problem, daß ihre Babys sich vollmachen, nicht viel mehr tun, als sie bereits tun. Sie können jedoch unterlassen, das Kind zu zwingen, getrennt von ihnen zu schlafen, und stillende Mütter können ihrem Kind außerdem gestatten, seine Nächte in der Nähe der Brust zu verbringen. Wer solche altehrwürdige Praxis befolgt, stellt meistens fest, daß schlaflose Nächte weitgehend vermeidbar sind. Wer jedoch auf die von der Natur klug eingerichteten Empfindlichkeiten des Kindes lieber keine Rücksicht nimmt, für den ist Schlafentzug eine praktisch unvermeidbare Kehrseite der modernen Emanzipation.

Szene 10
Postnatale Depression

Die junge Frau ging langsam den Bürgersteig entlang und schob ihr vier Wochen altes Baby in seinem Kinderwagen vor sich her. Der Kinderwagen, nagelneu, glänzend und kostspielig, rollte sanft dahin. Sie hatte sich schon während der Schwangerschaft auf dieses Erlebnis gefreut und ihn in der Küche ein paarmal hin und her geschoben, wobei sie sich vorstellte, das Baby schaue sie an. Sie hatte gelächelt. Sie hatte sich wieder wie eine Fünfjährige gefühlt, die in einem grellroten Kinderwagen mit glänzendem schwarzem Griff diverse Puppen und Teddybären im Garten spazierenfährt.

Heute war die junge Frau ausgegangen, weil sie glaubte, es würde ihr guttun, sie würde sich dann besser fühlen. Aber bis jetzt hatte es nicht geholfen. Genaugenommen schien ihr im Augenblick nichts zu helfen. Sie fühlte sich nicht bloß ein wenig elend. Sie empfand eine tiefe Hoffnungslosigkeit, die sie am liebsten den Passanten, vollkommen Fremden, ins Gesicht geschrien hätte. Aber das tat sie natürlich nicht, sondern sie blickte starr vor sich hin, umklammerte den Griff des Kinderwagens und setzte ihren Weg fort.

Unschlüssig, wohin sie sich wenden sollte, betrat sie zögernd den Gemüseladen und stand versonnen vor dem vielfältigen Angebot an Obst und Gemüse. Vor der Entbindung war sie mit forschem Schritt hereingekommen, die Einkaufsliste in der Hand, und hatte für ihren wöchentlichen Bedarf rasch ein paar Tüten mit diesem und jenem in ihren Korb gepackt. Jetzt konnte sie sich noch nicht einmal entschließen, welche Apfelsorte sie nehmen sollte. Mochte sie lieber den grünen knackigen oder doch den weicheren roten? Schon die einfachsten Entscheidungen gingen über ihre Kraft, so als sei ihre Seele fast bis zur völligen Reglosigkeit gefesselt. Sie stand eine Weile wie gelähmt da, bis ihr allmählich bewußt wurde, daß irgend etwas sie von hinten berührt hatte und eine Stimme sagte: »Entschuldigen Sie bitte!« Sie trat zur Seite, drehte den Kinderwagen um und ging aus dem Laden.

Dieser Morgen war besonders schwierig gewesen. Früh war sie wach geworden, mit einem Rumpeln im Magen und einer bösen Vorahnung. Ihr erster Instinkt war gewesen, sich zusammenzurollen und den ganzen Tag im Bett zu bleiben. Nach einem tiefen, ausgiebigen Schlaf würde sie sich bestimmt besser fühlen. Doch bald hatten der Magen und die volle Blase sie zum Aufstehen gezwungen. Auf dem Weg zur Toilette war sie vor dem Bettchen stehengeblieben und hatte auf ihr schlafendes Baby herabgeschaut. Kurz ging ihr ein Gedanke durch den Kopf. Vielleicht würde er gar nicht aufwachen. Vielleicht wäre es das beste, was passieren konnte, das beste für alle. Doch in diesem Augenblick hatte der Kleine sich gerührt. Er strampelte, dann reckte er sich. Seine Mutter stand einen Augenblick reglos, dann beugte sie sich herab und nahm ihn auf.

Sie ging nach unten und begann ihn zu stillen. Derweil griff sie zur Fernbedienung und machte den Fernseher an. Während sie auf den Bildschirm starrte, ohne etwas wahrzunehmen, überkam sie ein Gefühl tiefer Traurigkeit, und sie begann zu weinen. Erst weinte sie leise, scheinbar beherrscht, dann aber laut und verzweifelt. Das Baby löste sich mit weit aufgerissenen Augen von der Brust und begann gleichfalls zu weinen. Sie legte es neben sich aufs Sofa und wischte sich mit dem Handrücken über die tränenden Augen. Warum fühlte sie sich so? Warum fühlte sie sich so hundeelend? Sie wußte nur, daß es gleich nach der Entbindung angefangen hatte.

Die Entbindung war schmerzhafter gewesen, als sie es sich je hätte vorstellen können. Sie hatte darüber sprechen wollen, war aber auf freundliches Desinteresse gestoßen. Alle hatten sich nur für das Baby interessiert. In den ersten Tagen hatte sie sich seltsam betäubt gefühlt, irgendwie von allem, was sie umgab, losgelöst. Was sie auch tat – sie konnte für das kleine Kindchen, das da an ihrer Brust hing, nichts empfinden. Selten schaute sie es an, und wenn, dann war es, als starre sie auf ein außerirdisches Wesen, das keinerlei Beziehung zu ihr hatte. Sie konnte nicht glauben, daß sie es wirklich zur Welt gebracht hatte. Besucher waren gekommen und hatten ihr gesagt, wie glücklich sie sein müsse, ein so perfektes, süßes Baby zu haben, aber sie hatte sich nicht als glücklich *empfunden.* Sie fühlte sich völlig außerstande, mit der Situation fertig zu werden, so als würden sich die Dinge nie mehr normalisieren.

Ihr Partner hatte Verständnis gezeigt. Bei der Entbindung hatte er ihr durch die Austreibungsphase geholfen, indem er sie ermutigt und mit ihr gesprochen hatte. Im Laufe der Entbindung war seine Aufregung gestiegen. Anschließend hatte er seinen Sohn stolz im Kreißsaal umhergetragen, wie eine Trophäe. Sie hatte nur einen Wunsch gehabt: schlafen.

Wieder zu Hause, war das Gefühl der Isolation bei ihr noch stärker geworden. Es war, als hätte sich um sie eine Glaswand gebildet, hinter der sie in ihrem stummen Alptraum gefangen saß. Als ihr Sohn sechs Tage alt war, hatte ihr Partner eine seit längerem geplante Geschäftsreise ins Ausland angetreten. Eigentlich hatte er nicht fahren wollen, aber am Ende war ihm nichts anderes übriggeblieben. Während er packte, folgte sie ihm von Zimmer zu Zimmer, ihren schlafenden Sohn auf dem Arm. Sie hatte ihn bitten wollen, nicht zu fahren, aber sie hatte es nicht getan. Im übrigen wußte sie, daß er es nicht ausschlagen konnte. Sie wußten beide, daß diese Reise für ihn die erste Gelegenheit war, zu beweisen, daß er die Beförderung auf seinen neuen Posten wirklich verdient hatte. Er konnte da nicht einfach ablehnen und bei ihr zu Hause bleiben. Sein gestiegenes Einkommen war wichtig für ihre gemeinsamen Zukunftspläne. Trotzdem hatte sie ihn nicht anschauen können, als er ihr einen zärtlichen Abschiedskuß gegeben und versprochen hatte, jeden Abend anzurufen.

Nach seiner Abreise war sie in eine immer tiefere Verzweiflung versunken. Müdigkeit übermannte sie. Sie verbrachte jetzt den ganzen Tag im Bademantel – es hatte keinen Sinn, sich anzuziehen, die Zähne zu putzen oder die Haare zu bürsten. Die winzigsten Aufgaben gingen über ihre Kraft. Sie konnte gerade noch ihr Baby stillen und seine Windeln wechseln. In den wenigen aktiven Momenten, in denen die Dinge ihr so weit ins Bewußtsein drangen, daß sie sie berührten, war sie entsetzt über den Zustand des Hauses, das Chaos ringsum. Stundenlang hatte sie bloß zusammengekauert dagesessen und ins Leere gestarrt, während das Baby in seinem Bettchen schrie. Dieser Zustand hatte sich bis heute morgen hingezogen, als sie sich mit einer ungeheuren Willensanstrengung zu Besorgungen hinausgewagt hatte. Sie hatte fast fünf Stunden benötigt, um sich und das Baby fertigzumachen.

Auf dem Rückweg vom Gemüseladen glaubte sie schlagartig, alles zu durchschauen: Ja, sie war eine vollkommene Versagerin als Mutter, gänzlich unfähig, ihren Sohn zu versorgen. Ohne sie würde es ihm ganz bestimmt besser gehen. Sie mußte ihn irgendwo lassen, wo ihn auf jeden Fall jemand finden und so für ihn sorgen würde, wie er es verdiente. Dann konnte sich auch ihr Leben wieder normalisieren. Sie mußte ihn bloß irgendwie loswerden. Dann, dessen war sie jetzt sicher, würde alles besser werden. Ihr Schritt beschleunigte sich – sie war seltsam erregt. Wo konnte sie ihn aussetzen? Sie ging eine belebte Straße in der Innenstadt entlang. Gleich würde sie auf die andere Seite wechseln und in eine Nebenstraße einbiegen. Ihr Blick fixierte die Stelle, wo sie haltmachen und den Kinderwagen an der Bordsteinkante wenden würde. Der Verkehrslärm dröhnte ihr in den Ohren, während sie überlegte, wie einfach es sein würde, den Wagen mit einem leichten Schubs auf die Straße rollen zu lassen. Ein perfekter Plan, und so einfach. In Sekunden würde alles vorbei sein. Es würde das beste sein, sagte sie sich noch einmal, das beste für alle …

Später konnte sie nicht mehr sagen, was sie veranlaßte, den Kinderwagen im allerletzten Moment wieder auf den sicheren Bürgersteig zurückzuholen. Vielleicht war es der

Instinkt, vielleicht auch Angst. Hinterher wußte sie nur, daß das der Wendepunkt ihrer Krankheit gewesen war. Zu Hause war sie in einem Schockzustand angekommen, der erst zu weichen begann, als ihr Partner am Spätnachmittag anrief. Von hysterischen Weinkrämpfen unterbrochen, hatte sie ihm mitteilen können, was geschehen war und wie es ihr seit seiner Abreise ergangen war. Ein herrliches Gefühl der Erleichterung hatte sie durchflutet, daß sie mit jemandem über ihr Elend sprechen konnte. Und als ihr Partner wenige Stunden später und eine Woche vor dem geplanten Abschluß der Reise auftauchte, fing der lange Weg zu ihrer Genesung richtig an.

Seit Hippokrates wissen die Ärzte, daß Frauen kurz nach einer Entbindung unter Verstimmung leiden. Die affektiven Störungen wurden in vielen Kulturen beobachtet und scheinen von der sozialen Stellung unabhängig zu sein. In Industrieländern leiden rund fünfzig Prozent der frisch Entbundenen an leichten Verstimmungen, auch bekannt als »Heultage«. Am stärksten treten die Symptome drei bis fünf Tage nach der Entbindung auf, und ihre Dauer reicht von einigen Stunden bis zu mehreren Wochen. Die Mütter sind dann manchmal traurig, weinerlich, launisch, gereizt, müde oder wütend auf ihr Baby, den Partner oder andere Familienangehörige.

Die Frau in der obigen Szene litt jedoch an einem weit schwereren Leiden, der postnatalen (oder auch postpartalen) Depression. Sie kommt bei etwa zehn Prozent der frisch Entbundenen vor, tritt Wochen oder gar Monate nach der Entbindung auf und kann mehrere Wochen, Monate oder gar Jahre anhalten. Bei postnataler Depression empfinden die Mütter weit einschneidendere, heftigere Gefühle wie Verlassenheit, Ohnmacht, Schuldgefühl und brennende Peinlichkeit. Auch negative Gefühle gegenüber dem Neugeborenen kommen vor. Früher veranlaßte die postnatale Depression viele Mütter, ihr Baby zu vernachlässigen, auszusetzen oder gar zu töten. Ende des 19. Jahrhunderts war England in Panik, weil man viele tote Babys ausgesetzt fand, die vermutlich von ihrer Mutter getötet worden waren. So extrem endet diese Krankheit heute selten. Welche Funktion erfüllt die postnatale Depression nun im Rahmen der Evolutionsbiologie der Elternschaft?

Die Antwort ist einfach: Sie ist Teil der weiblichen Familienplanung, auf die schon unter dem Aspekt von Streß und Empfängnis eingegangen wurde; auch im nächsten Kapitel kommen wir darauf zurück. Die postnatale Depression ist eine der Formen, in denen die natürliche Auslese die weibliche Psyche darüber befinden läßt, wie viele Kinder die Frau wann und mit wem haben möchte. Das unbewußte Ziel einer Frau ist ja, wie schon gesagt, genau die Kinderzahl hervorzubringen, die ihren sozialen Status und ihre Lebensumstände auf maximale Weise nutzt, und ihre Fortpflanzungsbemühungen in jene Lebensphasen zu verlegen, in denen es ihr besonders gutgeht. Sie kann entsprechend den jeweiligen Umständen mit Hilfe ihrer Physiologie auf dieses Ziel hinarbeiten, indem sie Geschlechtsverkehr sucht oder nicht, ovuliert oder nicht, die Einnistung des befruchteten Eis erlaubt oder nicht, eine Fehlgeburt hat oder nicht. Die Tage und Wochen nach der Entbindung geben ihr zum letzten Mal Gelegenheit, darüber zu entscheiden, ob es die Mühe wert ist oder nicht, das neugeborene Kind großzuziehen. Hat sie erst einmal angefangen, Milch, Zeit und Energie in dieses Kind zu investieren, wird es für ihren langfristigen Fortpflanzungserfolg immer nachteiliger, wenn sie den Versuch abbricht und es unter günstigeren Umständen noch einmal probiert.

Auch wenn die Umstände in den Anfängen der Schwangerschaft günstig bleiben, können sie sich doch verschlechtern, bevor das Baby geboren ist. Die letzten drei Monaten gehen oft einher mit deutlichen Veränderungen in der weiblichen Psyche. Da gibt es zunächst die wohlbekannten Anwandlungen zum »Nestbau«, einen unwiderstehlichen Drang, die Umgebung, in die das Baby hineingeboren werden soll, vorzubereiten. Ferner kann sie Anwandlungen einer grundlegenden Neubewertung ihrer Situation erleben, bei denen es vor allem um ihren Partner, ihr Heim und die Umgebung insgesamt geht. In diesen Phasen ist die Frau oft besorgt, deprimiert und gereizt. Außerdem machen ihr Zukunftssorgen zu schaffen. Diese Phasen dienen vor allem dem strategischen Ziel, die Situation der Frau, ihren Partner und ihre übrigen Unterstützungssysteme auf ihre Tragfähigkeit hin zu überprüfen, wobei sich ergeben kann, daß der gegenwärtige Zeitpunkt für die Fortpflanzung nicht günstig ist. Wenn sich ihre Umstände jetzt erheblich verschlechtern, kann es zu einer ausgewachsenen Depression und später zur Vernachlässigung oder gar zur Ablehnung des Babys kommen. Die postnatale Depression scheint der Frau, die sich unsicher fühlt, eine letzte Gelegenheit zu geben, ihre Situation einzuschätzen und es sich anders zu überlegen, ehe sie sich rückhaltlos der Pflege ihres Kindes widmet. Dadurch, daß sie sich in sich selbst zurückzieht und gegen ihr Kind und ihren Partner aggressiv wird, unterzieht sie dessen Bereitschaft, ihr beim Aufziehen des Kindes zu helfen, einem äußersten Härtetest.

In allen Untersuchungen zur postnatalen Depression fällt ein Ergebnis ins Auge: Sie tritt besonders dann auf, wenn die Frau wenig Unterstützung von ihrem Partner, ihren Freunden oder der Gesellschaft insgesamt bekommt. Starke Umweltbelastungen spielen zwar auch eine Rolle, aber bedeutender ist mangelnde soziale Unterstützung. Was vorindustrielle Gesellschaften betrifft, kommt die postnatale Depression in jenen Kulturen am seltensten vor, die mit rituellem Gepränge demonstrieren, daß sie alle frisch Entbundenen unterstützen.

Die meisten Frauen durchstehen allerdings die drei letzten Schwangerschaftsmonate und die ersten Wochen beziehungsweise Monate der Mutterschaft mit allenfalls leichten Anflügen von »Heulerei«. Ihr Körper stellt ohne Schwierigkeiten fest, daß die Zeit gerade richtig ist, um ein Kind aufzuziehen, und sieht keinen Anlaß, die Grenzen der Hilfsbereitschaft dadurch zu testen, daß er sich auf eine postnatale Depression einläßt. Sogar Frauen, die ihre Lage als so zweifelhaft einschätzen, daß sie eine Depression bekommen, halten sie am Ende doch für hinreichend günstig und erweisen sich hinterher als gute und aufmerksame Mütter. Erscheint die Lage jedoch als aussichtslos, kann es passieren, daß die frischgebackene Mutter von einem unwiderstehlichen Drang befallen wird, das Kind zu vernachlässigen, auszusetzen oder gar zu töten. Man kennt diesen Drang aus den unterschiedlichsten geschichtlichen Perioden und geographischen Bereichen, und in vielen Ländern gelten Frauen unmittelbar nach der Entbindung als strafrechtlich nicht für ihr Handeln verantwortlich.

Man darf annehmen, daß einer Kindestötung im ersten Lebensjahr in jedem Fall eine postnatale Depression der Mutter vorausging. In der Menschheitsgeschichte war und ist bis heute die Kindestötung eine der von Frauen am häufigsten benutzten Methoden der Bevölkerungskontrolle. In Sammler- und Jägergesellschaften – unsere Vorfahren lebten bis vor rund fünfzehntausend Jahren ausschließlich vom Früchtesammeln und Jagen – wurden etwa sieben Prozent der Kinder von ihren Müttern getötet. Auch in westlichen Industriegesellschaften war die Kindestötung bis vor relativ kurzer Zeit gebräuchlich. In Britannien war sie – laut Weltgesundheitsorganisation – gegen Ende des 19. Jahrhunderts das Mittel der Familienplanung.

Dieses Verhalten ist nicht auf Menschen beschränkt. Wir haben die Kindestötung wie alle anderen natürlichen Formen der Familienplanung von unseren Säugervorläufern geerbt. Wer schon einmal Tiere wie Kaninchen, Rennmäuse, Hamster oder Mäuse gehalten hat, wird wissen, daß die geringste Belastung kurz nach dem Werfen das Muttertier veranlassen kann, ihren Wurf ganz oder teilweise zu töten oder gar aufzufressen. Das ist keineswegs fehlangepaßt. Es ist Ausdruck der unbewußt getroffenen Entscheidung des Muttertiers, den Wurf unter den gegebenen Umständen nicht aufzuziehen; lieber verschiebt es seine Fortpflanzungsbemühungen auf einen Zeitpunkt, da sich die Umstände gebessert haben.

Um Opfer einer postnatalen Depression zu werden, muß eine Frau nicht in einer ausweglosen Lage sein. Die Frau in der obigen Szene hatte es zum Beispiel nicht schwer im Leben. Viele Frauen müssen ihre Kinder unter sehr viel schlimmeren Bedingungen aufziehen, als diese Frau sie je erleben wird. Entscheidend ist für die betreffende Frau nicht, wie die Verhältnisse objektiv sind, sondern wieviel besser sie für *sie* sein könnten, wenn sie noch eine Weile wartete.

In der Szene war der Partner der Frau gerade befördert worden, und vielleicht würde er in wenigen Jahren die gesicherte Stellung erreichen, die sie beide anstrebten. Es sind aber auch andere Szenarien denkbar. Vielleicht brauchte die Frau die Versicherung, daß die Beförderung ihres Partners und die damit verbundene finanzielle Besserstellung nicht dazu führen würden, daß sie künftig öfter allein sein würde und von ihm kaum Hilfe bei den Kindern würde erwarten können. Vielleicht brauchte sie sogar die Versicherung, daß die neue Stellung und die damit verbundenen Möglichkeiten nicht dazu führen würden, daß er ihr untreu würde, vielleicht auf einer künftigen Geschäftsreise ins Ausland. Vielleicht fürchtete sie insgeheim, daß er sie und ihr Kind verlassen würde. Ihre Lage hatte sich während der

Schwangerschaft einschneidend verändert, und sie hatte noch nicht feststellen können, was die neuen Umstände wirklich für die Zukunft bedeuteten. Deshalb beschloß ihr Körper, streng zu prüfen, wie erfolgreich ihr Bemühen sein könnte, dieses Kind aufzuziehen. Er warf ernstlich die Frage auf, ob ihrer Sicherheit, ihrer Gesundheit und ihrem Fortpflanzungserfolg auf lange Sicht nicht besser gedient wäre, wenn sie sich jetzt nicht ins Zeug legte, sondern günstigere, sicherere Umstände abwartete. Am Ende bestanden ihre Lage und ihr Unterstützungssystem den Test, und sie beschloß, das Kind aufzuziehen, wie es die meisten Frauen tun. Doch an einer Stelle auf dem Heimweg vom Gemüseladen hätte sie nur dem Kinderwagen einen Schubs zu geben brauchen, und es wäre anders gekommen.

Die postnatale Depression ist – ebenso wie die klinische Depression und die saisonale affektive Störung, die in nördlichen Breiten im Winter auftritt – in den letzten Jahren gründlich erforscht worden. Die Ergebnisse zeigen deutlich, wie wenig Einfluß unser Bewußtsein auf die vom Körper ausgelösten Zustände hat. Heute führt man die Depression vornehmlich auf chemische Veränderungen in Hirnregionen zurück, zum Beispiel auf einen Rückgang des Serotonins. Es sind Veränderungen, die der Körper chemisch erzeugt, sei es aus inneren Zusammenhängen wie nach einer Entbindung, sei es in Reaktion auf äußere Vorgänge wie die Tageslichtdauer im Winter oder anhaltende Belastungen. Die Veränderungen im Gehirn erzeugen unabhängig von der Ursache Denk- und Verhaltensmuster, die vom Normalverhalten der Betroffenen total abweichen. Man weiß heute, daß es keinen Sinn hat, von der Betroffenen zu fordern, sie solle »sich in den Griff bekommen« oder »sich zusammennehmen«. Gerade die Denkvorgänge, die ihr ein anderes Handeln erlaubten, werden durch die chemischen Mechanismen der Depression unterbunden.

Man kommt diesen Denkmustern nur auf zweierlei Weise bei. Entweder greift man durch Verabreichung von Antidepressiva in die Chemie des Gehirns ein, oder man findet den Auslöser in der Umwelt, der den Körper veranlaßt, seine chemischen Befehle an das Gehirn abzuwandeln. Die saisonale affektive Störung läßt sich zum Beispiel in vielen Fällen durch eine Lichttherapie bekämpfen. Bei der postnatalen Depression wird man vielfach Erfolg haben, wenn der Partner der Frau, die Freunde, das Sozialamt ihr deutlich Unterstützung signalisieren. Bekommt ihr Körper den Beweis, daß sie die Unterstützung erhalten wird, die sie braucht, um ein Baby aufzuziehen, wirkt sich das auf die Chemie ihres Gehirns aus, und Stimmung und Verhalten ändern sich im Sinne der Mutterschaft.

Was aus der Frau in den Jahren nach ihrer Depression geworden ist, wissen wir nicht. Wahrscheinlich hat sie aber ihr Kind erfolgreich aufgezogen, und beide haben von den neuen Aussichten ihres Partners erheblich profitiert. In diesem Fall hat ihr Körper die richtige Entscheidung getroffen, als er, am Straßenrand stehend, den Kinderwagen festhielt. Man sollte beachten, daß die Veränderung der Umstände, die während ihrer Schwangerschaft eingetreten war, nicht *eindeutig* zu ihren Gunsten war. Ihr Partner hätte auf seine neuen Chancen auch so reagieren können, daß er sie zugunsten einer anderen Frau verlassen hätte. Vermutlich hat ihr Körper das Richtige getan, als er sie in den introvertierten Zustand versetzte und damit ihren Partner und seine Unterstützung testete. Für sie war die Depression ein äußerst unangenehmes Erlebnis, was aber nicht verhinderte, daß sie langfristig zu ihrem Vorteil war.

FAMILIEN UND DYNASTIEN

Szene 11
Alles ist erlaubt

Die beiden Teenager saßen am Rande des Feldes und beobachteten das Zugpferd, dessen Penis immer länger wurde und, so schien es, bald bis zum Boden reichen würde. Sie wurden still, ließen aber das Pferd nicht aus den Augen, dessen gewaltiger Apparat durch die Bewegungen vor- und rückwärts schwenkte. Das dunkelhaarige Mädchen, das hübscher war als seine blonde Freundin, machte eine für sein Alter reichlich gemeine Bemerkung über das Pferd und dann über eine der Lieblingsbeschäftigungen seines älteren Bruders.

Ihr Gelächter – und die Erektion des Pferdes – wurden dramatisch unterbrochen durch etwas Furchtbares, was sie noch nicht erlebt hatten. Ein unbekanntes Geräusch, das als ein kaum hörbares fernes Brummen begonnen hatte, schwoll an zu einem ohrenbetäubenden Gebrüll, das plötzlich über den Bäumen am anderen Ende des Feldes aufkam und den Himmel über ihnen ausfüllte. Das Pferd, dessen Penis zusehends schrumpfte, scheute und raste über das Feld, während die Mädchen von Panik erfüllt zu den heimatlichen Häusern rannten, Hand in Hand, um auf dem holprigen Grund nicht zu stürzen. Auf halbem Wege – es war wieder still geworden am Himmel – blieben sie stehen, um Atem zu schöpfen und sich gegenseitig zu bestätigen, was sie erlebt hatten. Von Flugzeugen hatten sie schon gehört, aber jetzt hatten sie zum ersten Mal eines gesehen.

»Los, um die Wette!« rief die Dunkelhaarige und rannte weiter; jede wollte als erste bei ihrer Mutter sein und berichten, was sie gesehen hatte. Eine Zeitlang liefen die beiden nebeneinander her, aber rund zwanzig Meter von den Häusern entfernt wollte die Dunkelhaarige, die immer die schnellere von den beiden war, sich an die Spitze setzen. Doch ihre Freundin stellte ihr ein Bein und brachte sie zu Fall.

»Ich hab' gewonnen!« rief die Blonde, zu Hause angekommen.

»Nur durch Mogeln!« antwortete die andere. Aber das hörte ihre Freundin nicht mehr – sie war schon drinnen.

Die beiden Mädchen, im Abstand weniger Tage geboren, waren seit jeher unzertrennliche Gefährtinnen. Begeistert nahmen sie die Nachricht auf, daß sie in dem Sommer, nachdem sie das Flugzeug gesehen hatten, im Herrenhaus als Bedienstete mit Unterbringung dort anfangen würden. An dieser Beschäftigung hatte allerdings kein ernster Zweifel bestanden. Die Häuser, in denen sie wohnten, gehörten zu einem großen Gut, und ihre Väter waren ebenso wie die Mehrheit der Dorfbewohner in der einen oder anderen Form für den Gutsherrn tätig.

Der erste Winter ihrer Dienststellung änderte nichts an ihrer engen Freundschaft, und auch der achtzehnjährige Gärtner, der im Frühling kam, konnte ihr nichts anhaben. Er wurde, wie die meisten Männer, zunächst von der Dunkelhaarigen angezogen. Wenn er die beiden zusammen antraf, war sie es, die er als erste ansprach und mit der er scherzte. Sie hatte ihn gern um sich, und einmal, als sie wußte, daß ihre Freundin von einem der oberen Fenster aus zuschaute, ließ sie sich, an den Stamm der herrlichen Zeder gelehnt, die inmitten der weiten Rasenfläche wuchs, von ihm küssen. Doch meistens hielt sie ihn sich vom Leib.

Seit sie diesen ersten Kuß beobachtet hatte, war die Blonde entschlossen, sich und ihrer Gefährtin zu beweisen, daß sie die Aufmerksamkeit des Gärtners ebenso, wenn nicht noch besser zu gewinnen vermochte. Wenn sie sich im Haus oder Garten begegneten, fand sie immer einen Vorwand, um ihn im Vorbeigehen zu berühren. Als der Sommer nahte und das Wetter wärmer wurde, begegnete sie ihm täglich, wenn sie das Gemüse aus dem Garten holen kam. Unterwegs knöpfte sie die oberen Knöpfe ihrer Bluse auf, in der Hoffnung, er werde ihre Brüste sehen, wenn sie sich zu der weichen Erde niederbeugte. Er war langsam von Begriff, da er unbedingt die Aufmerksamkeit ihrer hübscheren Freundin auf sich lenken wollte, aber schließlich zeigte ihre Beharrlichkeit Wirkung, und in einer der ersten Sommernächte nahm er ihr auf dem Rasen unter dem Sternenhimmel ihre Jungfräulichkeit.

Sie genoß ihren Sieg, aber es war nur ein Teilsieg. Sie wußte, daß es ihren mühsam errungenen Liebhaber noch immer nach ihrer dunkelhaarigen Freundin gelüstete. Er sprach oft von ihr, sogar wenn sie unmittelbar vorher Geschlechtsverkehr gehabt hatten. Aber noch mehr ärgerte sie, daß ihre Freundin sich nicht einmal anmerken ließ, daß sie besiegt worden war. Um, wenn schon nicht ihre Anerkennung, so doch zumindest ihre Akzeptanz zu gewinnen, schilderte die Blonde ihrer Freundin die Affäre in allen Einzelheiten und mit gewissen Ausschmückungen, die die Beziehung aufregender und ernster erscheinen ließen, als sie in Wahrheit war. Zu ihrem Verdruß lachte die Freundin bloß und warnte sie, sich nicht schwängern zu lassen; der Gärtner sehe gut aus, und es mache vielleicht auch Spaß mit ihm, doch sei er kaum in der Lage, sie und ein Baby zu ernähren, mochte man ihm auch vertrauen können, daß er sie nicht im Stich lassen werde. Zu ihrer Verteidigung fiel der Blonden etwas ein, was ihre Mutter ihr einmal gesagt hatte: Es sei allgemein bekannt, daß ein Mädchen nicht schwanger werden kann, solange es noch keine Periode gehabt hat – und das sei bei ihr der Fall.

Auch in diesem Sommer bekam sie keine Periode – aber sie wurde schwanger. Und die Ereignisse, die zur Schwangerschaft führten, läuteten das Ende der Freundschaft zwischen den Mädchen ein.

Kaum hatte der Gärtner ihr die Jungfräulichkeit genommen, kam der Sohn des Gutsherrn von der Universität nach Hause. Seit die Mädchen ihn – zwanzig Jahre alt, selbstsicher, gutaussehend und reich, wie er war – erblickt hatten, konnten sie an nichts anderes mehr denken. Insgeheim wünschte sich jede von ihnen, daß er sie in die Arme nahm, ihr seine unsterbliche Liebe erklärte und sie dann in ein Leben des Luxus und der Muße entführte. Er hatte andere Ideen.

Das blonde Mädchen hatte an den körperlichen Freuden, die sie zusammen mit dem naiven und freundlichen jungen Gärtner erkundete, rasch Gefallen gefunden. Noch immer schaute ihr Liebhaber allzuoft nach ihrer Freundin, aber trotzdem wollte sie den einzigen, der ihr Zugang zum neuentdeckten Sex verschaffte, nur ungern aufgeben. Doch seit der junge Sohn des Hauses erschienen war, sehnte sie sich nach ihm, und ihre Eifersucht explodierte, als deutlich wurde, daß auch er ihre Freundin und nicht sie attraktiv fand. Außerdem reagierte ihre Freundin diesmal.

Tatsächlich empfand das dunkelhaarige Mädchen in Gegenwart des jungen Adligen eine bisher unbekannte sexuelle Erregung. Drei Tage nach dem ersten Flirt zwischen ihnen hatte sie vor dem Einschlafen masturbiert und sich dabei vorgestellt, nackt unter ihm zu liegen. Dennoch gab sie sich in seiner Gegenwart kühl und distanziert, und seine Annäherungsversuche parierte sie weniger mit Schüchternheit als vielmehr mit Konversation. Sie war noch Jungfrau, und da ihre Mutter ihr viel von jungen Dienstmädchen erzählt hatte, die erst geschwängert und dann hinausgeworfen und sich selbst überlassen worden waren, sagte sie sich, daß ihr das nicht passieren würde.

Vierzehn Tage nach dem Eintreffen des Sohnes verreisten seine Eltern für ein paar Wochen. Die Köchin und der Butler hatten für den Abend frei, und so servierten ihm die beiden Mädchen das Abendessen im Eßzimmer. Nach dem Essen bat er das dunkelhaarige Mädchen, noch ein bißchen zu bleiben. Die andere ging in die Küche zurück, wo sie von Ärger und Wut übermannt wurde. Sie griff sich einen Teller und schleuderte ihn quer durch die Küche, dann setzte sie sich hin und weinte, verfolgt von der Vorstellung, daß sich zwischen den beiden eine sexuelle Beziehung anbahnte. Ihre Phantasie entsprach nicht den Tatsachen, doch die Eifersucht und den Haß, die sie in diesem Moment gegenüber ihrer Freundin empfand, sollten sie ein Leben lang nicht mehr verlassen.

Daß der Sohn sich an diesem Abend Hoffnungen machte, mit dem dunkelhaarigen Mädchen zu schlafen, stand außer Zweifel. Er flirtete mit ihr, dann schlug er ihr vor, ihm beim Vorbereiten seines Schlafzimmers für die Nacht zu helfen, drohte ihr sogar ein bißchen – es half alles nichts. Zuletzt griff er zu einem Trick, der bisher noch immer gewirkt hatte: Er sagte ihr, sie sei das schönste Mädchen, das er je gesehen habe, er glaube, er habe sich in sie verliebt, und vielleicht würde es ihr ja Spaß machen, eines Tages die Herrin des Hauses zu sein. Das Mädchen absolvierte den Drahtseilakt des Widerstands untadelig. Alles, was sie tun mußte – ihn ernst nehmen, lachen, sich zurückziehen –, tat sie genau zur rechten Zeit, und seine Drohungen und Annäherungsversuche parierte sie mit Geistesgegenwart und Scharfsinn. Sie gab ihm nicht einmal Anlaß, sich verlegen oder gekränkt zu fühlen, und als sie das Eßzimmer verließ, bestand zwischen ihnen ein Verhältnis der Freundschaft, nicht der vereitelten Wollust.

Rund eine Woche nach diesem Abend herrschte zwischen ihnen eine Vertrautheit, die ganz und gar nicht ihrem Standesunterschied entsprach. Gelegentlich verstand der Sohn ihre Freundlichkeit falsch und ging zeitweilig über ihre stillschweigende Vereinbarung hinaus. Zumeist beließ er es jedoch dabei, die Gesellschaft dieses jungen, schönen und anregenden Mädchens zu genießen, sooft ihre Pflichten es ihr erlaubten, mit ihm zusammenzusein. Noch immer stellte er sich vor, daß sie nackt zusammen in seinem Bett lägen, und sie hatte auch solche Vorstellungen. Doch bevor sie nicht den Eindruck hatte, wirklich darauf vertrauen zu können, daß er sie nicht im Stich ließe, wenn sie schwanger würde, war sie nicht bereit, sich auf seine oder ihre Vorstellungen einzulassen.

Das blonde Mädchen deutete die Vertrautheit der beiden fälschlich als Anzeichen nicht nur dafür, daß sie Geschlechtsverkehr miteinander hatten, sondern auch dafür, daß er sein Verhältnis zu ihr ernst nahm. Sie wurde so eifersüchtig, daß sie beschloß, eventuelle Träume ihrer ehemaligen Freundin von einem Leben mit diesem Mann zu zerstören; sie würde gegenüber dem Sohn dieselbe Strategie wie zuvor gegenüber dem Gärtner anwenden – ihn auf sich aufmerksam machen und die andere bei jeder Gelegenheit schlechtmachen. Am Ende würde sie ihn ihr abspenstig machen. Sie war fest entschlossen dazu. Sie nutzte jeden Vorwand und jede List, die der Butler ihr mit glänzenden Augen durchgehen ließ, um mit ihrem auserkorenen Opfer zusammenzukommen, und wandte dann jedes Mittel an, um seine Aufmerksamkeit zu provozieren.

Das dunkelhaarige Mädchen merkte, worauf ihre Gefährtin aus war, wollte aber nicht dasselbe Spiel spielen. Sie war sich nicht nur sicher, daß sie der anderen an Aussehen und Persönlichkeit überlegen war, sondern auch von der Echtheit der Freundschaft zu dem jungen Mann überzeugt, und so quittierte sie das Gekasper der anderen mit Verachtung und Belustigung. Sie gestattete sich sogar, davon zu träumen, daß aus Freundschaft eines Tages eine richtige Liebe werden könnte und sie vielleicht zur Herrin des Hauses würde. Ihr Traum sollte jedoch von kurzer Dauer sein. Die Veränderung begann an dem Abend, als ihre Freundin sich mit ungewöhnlich weitem Oberteil bückte, um vor dem Sessel des Sohns etwas vom Boden aufzuheben. Sie verlor absichtlich das Gleichgewicht und fiel vornüber auf seinen Schoß, wobei ihre prallen Brüste praktisch aus dem Kleid herausfielen. Eine Hand auf seinen Genitalien, stützte sie sich langsam hoch, entschuldigte sich und stürzte in scheinbarer Verlegenheit aus dem Zimmer.

Endgültig wurden die Hoffnungen des dunkelhaarigen Mädchens zertrümmert, als die ranghöheren Bediensteten an einem erstickend schwülen Nachmittag im Dorf waren, während der Sohn ausgeritten war. Sie sollte ein Zimmer im Obergeschoß putzen, aber die Hitze machte ihr zu schaffen. Ein unterdrücktes Kichern aus dem Garten lockte sie an das weit offene Fenster.

An der Rückseite des Hauses begann keine sechs Meter von ihr entfernt ein Kornfeld, dessen goldene Ähren inzwischen hoch standen. Sie sah, wie der junge Gärtner ihrer Freundin in das Feld hinein nachjagte. Rasch hatte er sie erreicht, und nach einem nur zum Schein erzwungenen Kuß rissen sich die beiden mit einer sexuellen Begierde die Kleider vom Leib, von der die dunkelhaarige Beobachterin bisher nichts geahnt hatte. Doch anstatt sich sogleich aufeinander zu stürzen, stieß das Mädchen den Mann in die Disteln zurück und lief tiefer in das Kornfeld hinein. Er jagte ihr nach, und so liefen die beiden kreuz und quer durch das Feld. Das dunkelhaarige Mädchen beobachtete fasziniert, wie die Brüste der anderen hüpften und wogten, während sie lief und dem Mann auswich. Zu gern hätte sie gesehen, ob der Mann beim Laufen eine Erektion hatte, aber das Korn stand hüfthoch und verbarg seine Lenden. Nur einmal bekam sie kurz seinen Hintern zu sehen.

Die Verfolgungsjagd zog sich einige Zeit hin, doch schließlich ergab sich das Mädchen, indem es einfach stehenblieb, um sich dann hinzuknien, während er lachend und atemlos vor ihr stand. Dann sanken beide zu Boden und waren ihrem Blick entzogen, versteckt inmitten der goldenen Ernte. In der ländlichen Stille trug die fast unmerkliche Brise jeden Muckser, den das unsichtbare Pärchen tat, zu dem Zimmer empor, wo das dunkelhaarige Mädchen wie versteinert stand. Hin und her gerissen zwischen Verlegenheit, Eifersucht und Neugier, starrte sie mit offenem Mund in die Richtung der beiden und lauschte jedem Seufzer, jedem Ächzer, jedem Schrei, bis ihre Freundin zum Orgasmus kam und – scheinbar eine Ewigkeit später – das Gestöhn des Mannes den Höhepunkt erreichte und erstarb.

Sie wollte schon vom Fenster zurücktreten, als das Schnauben eines Pferdes ihre Aufmerksamkeit auf den Garten unten lenkte. Offenbar war sie nicht als einzige Zeugin dieser Szene geworden. Auch der Sohn des Hauses schaute, zu Pferde und teils hinter Bäumen und Büschen verborgen, über das Feld. Gespannt hielt sie den Atem an: Was hatte er gesehen, und was würde er tun? Sie brauchte nicht lange zu warten. Der junge Gärtner war kaum still geworden, als der Sohn seinen Namen brüllte. Es kam keine Antwort, und so rief er noch einmal und befahl ihm, in den Garten zurückzugehen.

Das dunkelhaarige Mädchen hörte, wie die beiden sich ängstlich flüsternd gegenseitig fragten, wo sie ihre Kleider gelassen hatten. Sie sah das Korn wogen, als der nackte Gärtner tief gebückt erst der einen, dann der anderen Spur folgte, doch hatten die beiden sich nach dem Ausziehen so lange gejagt, daß er ebensogut eine Nadel im Heuhaufen hätte suchen können. Am Ende schlug er fluchend und noch immer gebückt einen großen Bogen durch das Feld, um zu seinem Häuschen zu gelangen, rund sechzig Meter entfernt.

Natürlich sah auch der Sohn des Gutsherrn, was los war, denn er wartete, bis der Gärtner fast aus dem Blickfeld verschwunden war, ehe er ihm nachrief, er solle »Tempo machen«. Etwa eine halbe Minute danach befahl er dem Dienstmädchen, aus dem Kornfeld zu kommen. Seinem Blick entzogen, antwortete sie zunächst nicht; auf seinen zweiten Ruf gab sie zurück, sie könne ihre Kleider nicht finden. Der Sohn des Gutsherrn stieg ab und folgte einer der Spuren, die das Liebespaar bei seiner Balgerei durch das Korn gezogen hatte. Er erreichte die Stelle, wo sie sich ausgezogen hatten, und schaute sich nervös um. Dem dunkelhaarigen Mädchen stockte der Atem, als sie sah, daß auch er sich auszog. Er rief dem Mädchen zu, er habe ihre Sachen gefunden. Wenn sie sie haben wolle, müsse sie herkommen und sie holen. Sie erhob sich aus dem Ährenfeld, die Arme gekreuzt, die Brüste mit den Händen bedeckt. Nach kurzem Zögern ging sie langsam auf ihn zu. In einiger Entfernung von ihm blieb sie stehen und verlangte, er solle ihr die Kleider zuwerfen, aber er weigerte sich und sagte, er habe sie bei der Vernachlässigung ihrer Pflichten erwischt, dafür müsse sie büßen.

Was nun geschah, sollte das Leben beider Mädchen verändern. Sie wolle keinen Sex mit ihm, log das nackte Mädchen, noch einige Meter von dem Mann entfernt und in dem hüfthohen Korn halb versteckt. »Warum nicht?« fragte er und deutete zu der Stelle, wo sie mit ihrem Liebhaber gelegen hatte. Moralisch könne sie sich nicht weigern, nicht nach dem, was sie sich da eben geleistet habe, sagte er.

Nicht die Moral sei das Problem, sagte sie, sondern die Ansteckung. Er habe ja, wie jeder wisse, mit ihrer dunkelhaarigen Freundin geschlafen, müßte sich also inzwischen angesteckt haben, und sie sei nicht bereit, sich auch noch anstecken zu lassen.

»Was für eine Ansteckung?« fragte er, und als sie ihm antwortete, sagte er, das sei unerheblich, weil er mit ihrer Freundin nicht geschlafen habe. Daraufhin log das blonde Mädchen erneut: Die andere habe sich vor allen gebrüstet, er sei ihr nachgelaufen, aber als sie nachgegeben habe, habe er keine Ahnung gehabt, was er mit ihr anstellen sollte. Ob er etwa behaupten wolle, das habe sie sich aus den Fingern gesogen? Natürlich, alles erstunken und erlogen, polterte er, jedenfalls habe er nie mit ihr schlafen wollen. Wenn sie glaube, er wisse nicht, was man mit einer Frau macht, könne sie ja herkommen, dann werde sie es schon sehen. Mit einem Siegerlächeln ließ das Mädchen langsam die Hände von den Brüsten sinken und trat die letzten Schritte auf ihn zu. Sie legte ihm die Arme um den Hals, preßte ihren Körper an seinen und forderte ihn auf, sich als Mann zu erweisen.

Dem dunkelhaarigen Mädchen wurde speiübel, als sie sich so verleumdet sah. Sie wollte aus dem Fenster rufen, das sei nicht wahr, aber sie bekam kein Wort heraus und stürzte aus dem Zimmer. Dadurch entging ihr der zweite Geschlechtsverkehr ihrer Freundin innerhalb von fünfzehn Minuten. Es entging ihr, daß der Sohn des Gutsherrn das Mädchen aufforderte, sich umzudrehen und sich vorzubeugen, worauf sie sagte, das gefalle ihr gar nicht, und er erwiderte, nichts könne ihn dazu bringen, sich in die Disteln zu legen. Das dunkelhaarige Mädchen lag derweil auf seinem Bett und weinte vor Wut und Ärger.

Nach ihrem, wie sie meinte, Sieg im Kornfeld hatte das blonde Mädchen in diesem Sommer noch oftmals Geschlechtsverkehr mit dem jungen Herrn. Mit dem Gärtner hatte sie ebenfalls weiterhin Geschlechtsverkehr – und das war auch gut so. Ihre Träume, der Sohn des Hauses werde ihr eines Tages seine unsterbliche Liebe gestehen, verflogen an dem Tag, als sie ihm sagte, sie sei schwanger. Er drohte ihr mit Entlassung, sollte sie zu irgend jemandem sagen, das Kind sei von ihm, und er riet ihr, sich so schnell wie möglich einen Ehemann zu suchen. Zum Glück für sie war der Gärtner, obwohl ihm klar war, daß das Kind möglicherweise nicht von ihm war, bereit, sie zu heiraten, bevor ihr Sohn zur Welt kam. Sie behielten beide ihre Beschäftigung in dem Haus, und der junge Mann wurde schließlich Obergärtner. Als das blonde Mädchen dreißig war, hatte sie fünf Kinder – den Sohn von unsicherer Herkunft, drei Töchter und dann ihren Liebling, wieder einen Sohn, der, um die Wahrheit zu sagen, ebenfalls von unsicherer Herkunft war. Doch diesmal ahnte ihr Ehemann nichts.

Obwohl beide verdienten, hatten sie anfangs schwer zu kämpfen. Ihr gemeinsames Einkommen reichte gerade aus, und dauernd schienen Krankheiten die Familie heimzusuchen. Die jüngste Tochter starb als Kleinkind an Masern, und die älteste wurde nicht nur im Alter von drei Jahren durch Kinderlähmung teilweise gelähmt, sondern litt jahrelang unter einer Harnwegsinfektion nach der anderen. Doch die übrigen drei überstanden die Kinderkrankheiten relativ unversehrt. Auch den Zweiten Weltkrieg überstanden sie später.

Nach dem Krieg kamen der älteste Sohn und sein vermeintlicher Vater als Lieferanten des regionalen Gemüsehandels ins Geschäft. Ohne ihr Wissen hatte der junge Gutsherr hinter den Kulissen die Fäden gezogen, um ihnen behilflich zu sein. Die älteste Tochter heiratete, obwohl durch die Kinderkrankheiten unfruchtbar, einen jungen Mann, der nach etlichen Jobs schließlich Landbriefträger wurde und mit dem sie in einem liebevollen Verhältnis lebte. Die mittlere Tochter heiratete einen Polizisten. Und der jüngste Sohn, von den Kindern der blonden Frau seit jeher der begabteste, wurde Lehrer und bekam eine gute Stelle an einer Schule in einer benachbarten Stadt.

Das dunkelhaarige Mädchen wurde ohne Begründung entlassen, doch sie hatte keine Schwierigkeiten, eine andere Anstellung beziehungsweise einen Mann zu finden. Sie brauchte nur in einem örtlichen Schuhgeschäft nach einer Stelle zu fragen, und schon hatte sie eine, und binnen Jahresfrist war sie mit dem draufgängerischen Sohn des Geschäftsinhabers verheiratet. Ihr erstes Kind, ein Mädchen, war fast zehn Jahre alt, als sie ihr zweites bekamen, einen Sohn. In der Zwischenzeit baute ihr Mann eine Ladenkette auf, und als ihr Sohn geboren wurde, ging es ihnen materiell glänzend. Sie hatten in der Aufbauzeit in verschiedenen Städten gelebt, doch nun waren sie in ihren Heimatort zurückgekehrt, wo sie sich ein großzügiges, geräumiges Haus nach eigenen Angaben bauen ließen.

Bisher haben wir in diesem Buch verschiedene Aspekte der Elternschaft beleuchtet und im Anschluß an jede Szene erörtert, wie das Verhalten der Personen von der natürlichen Auslese geformt wurde. Wir haben allgemein von Fortpflanzungserfolg gesprochen, sind aber nicht darauf eingegangen, wie man diesen Erfolg mißt. Für die Fragen, die in den nächsten Kapiteln zur Sprache kommen werden, brauchen wir ein klareres Verständnis von Fortpflanzungserfolg. Darum werden wir uns in diesem Kapitel bemühen und in diesem Zusammenhang auf die Partnerwahl eingehen.

In den beiden ersten von den drei Szenen dieses Kapitels verfolgen wir den Weg zweier Frauen von der Kindheit bis zum Tod und versuchen dabei herauszufinden, welche der beiden von der natürlichen Auslese begünstigt wird. Eine sehr wichtige Rolle wird in diesem Zusammenhang die scheinbar paradoxe Beobachtung spielen, daß der Fortpflanzungserfolg in manchen Fällen durch eine geringere Kinderzahl gefördert wird. Szene 13, die dritte, zeigt, wie gefährlich es ist, dieses Paradoxon auf seine logische Spitze zu treiben.

Die Elternschaft ist ein Wettstreit zwischen Menschen und zwischen den Genen, für die sie die Vorkämpfer sind. Die natürliche Auslese verleiht Preise, und die Regeln sind unbeugsam. Die mit großem Fortpflanzungserfolg bekommen Blumen, die mit geringem kriegen Schelte. Den meisten ist es im Grunde nicht bewußt, daß sie mit ihren Zeitgenossen um elterliche Tüchtigkeit konkurrieren. Vielleicht läßt ein Anflug von Stolz über die außergewöhnliche Leistung des eigenen Kindes oder eine Anwandlung von Scham über sein totales Versagen uns gelegentlich bewußt werden, daß Elternschaft ein Konkurrenzkampf ist, ebenso wie der Stolz, den Großeltern über die Anzahl ihrer Enkel an den Tag legen. In der Regel gehen die Menschen ihren elterlichen Aufgaben aber nur deshalb nach, weil ihre Gene es ihnen diktieren, und verschwenden kaum einen Gedanken daran, wie die natürliche Auslese ihr Verhalten bewerten wird. Letzteres geschieht aber auf jeden Fall.

Die Fortpflanzung *ist* ein Wettbewerb zwischen Menschen, und die Elternschaft ist ein wichtiges Stadium in diesem Wettbewerb. Oft stehen Erfolg oder Mißerfolg der Elternschaft längst fest, ehe die Menschen mit der Fortpflanzung beginnen. Erstens hängt es von ihrer Kindheit und zweitens, in stärkerem Maß, von der Wahl ihres Fortpflanzungspartners ab; sehr oft beruht der elterliche Erfolg eines Menschen fast gänzlich darauf, wen er als Partner wählt. Wie die obige Szene zeigt, ist der Konkurrenzcharakter des Wettbewerbs in dieser Phase allen Beteiligten klar.

Man muß sich nicht nur für einen Partner entscheiden, sondern ihn auch im Kampf gegen Rivalen erobern. Aus unserer Szene kann man entnehmen, daß in der Liebe, anders als im Krieg, alles erlaubt ist. Wer hat nicht schon Qualen erlitten, weil er gern Partner eines Menschen gewesen wäre, aber von einem Rivalen (oder einer Rivalin) ausgestochen wurde? Und wer hat nicht schon das Glück empfunden, daß er vom Objekt seiner Wünsche einem Rivalen vorgezogen wurde?

Welchen Einfluß hat nun die Partnerwahl auf unseren Fortpflanzungserfolg? Wie suchen wir uns den Partner aus, der der Elternschaft dann zum Erfolg verhilft? Warum finden wir bestimmte Menschen attraktiver als andere? Warum findet der eine diesen, der andere jenen attraktiv? Und warum werden manche von fast allen als attraktiv empfunden, während andere von kaum jemandem gemocht werden?

In der Szene betrachtete das blonde Mädchen den Gärtner von Anfang an als einen potentiellen Partner, und sie war eifersüchtig, weil er ihre Freundin zu bevorzugen schien. Das dunkelhaarige Mädchen war dagegen nicht an ihm interessiert. Dafür, daß die beiden Mädchen in der Frage, wen sie attraktiv finden und wer sie gleichgültig läßt, nicht übereinstimmen, gibt es zwei mögliche Erklärungen. Zum einen kann dafür ein Unterschied an Selbstbewußtsein und Ehrgeiz verantwortlich sein, zum anderen achteten sie möglicherweise auf unterschiedliche Qualitäten bei einem Mann. Der Hauptgrund, warum Menschen unterschiedliche Partner attraktiv finden, hat mit der Verträglichkeit zu tun.

Die Verträglichkeit kommt auf den unterschiedlichsten Ebenen zur Geltung: Ein Paar muß in Verhalten, in den Gefühlen und körperlich zusammenpassen, wobei die Schwächen des einen durch die Stärken des anderen ausgeglichen werden. Die Verträglichkeit macht sich auch auf der genetischen Ebene geltend. Wie wir im Zusammenhang mit dem Inzest erläutern werden, ist fast jeder Träger gefährlicher Gene. Das ist jedoch weder für ihn noch für seine Kinder problematisch, solange sein gefährliches Gen nicht mit einem anderen gefährlichen Gen zusammentrifft. Ein wichtiger Gesichtspunkt bei der Partnerwahl ist es daher, sich möglichst nicht mit jemandem fortzupflanzen, der eventuell dasselbe gefährliche Gen besitzt wie man selbst; tatsächlich wirken Partner, die dieselben problematischen Gene haben wie man selbst, oft weniger attraktiv. Anscheinend hat die natürliche Auslese Genkomplexe entwickelt, die imstande sind, gefährliche Liebschaften zu erkennen und zu vermeiden. Das System ist natürlich nicht narrensicher, aber es ist besser als der bloße Zufall.

Wenn sich die beiden Mädchen in ihren Gefühlen für den Gärtner unterschieden, dann also vielleicht deshalb, weil die Blonde ihn als verträglich, als zu ihr passend empfand, die Dunkelhaarige dagegen nicht. Möglich ist aber auch die andere Erklärung: Die Dunkelhaarige war so sehr von ihrer größeren Attraktivität überzeugt, daß sie *wußte*, sie konnte etwas Besseres als den Gärtner bekommen. Doch auch die Blonde *hoffte*, etwas Besseres erreichen zu können, und als der Sohn des Gutsherrn den Schauplatz betrat, fanden beide Mädchen ihn attraktiv, und beide wollten ihn. Warum ist das so?

Bei der Wahl eines Mannes als Lebenspartner muß eine Frau zwei wichtige Kriterien erfüllen. Einerseits braucht sie einen Mann, der ihr helfen kann, ihre Kinder aufzuziehen. Andererseits braucht sie Gene, die zusammen mit ihren eigenen attraktive, fruchtbare und erfolgreiche Kinder ergeben. Je besser die Umgebung und je besser die Hilfe, die sie erhält, desto besser wird das einzelne Kind sein genetisches Potential entfalten.

Das Problem für die Frau ist, daß die Auswahl an Männern, die sie mit Genen versorgen, sehr viel größer ist als die an langfristigen Partnern. Wahrscheinlich wird sie viele Männer ihrer Wahl bewegen können, ihr ihre Gene zur Verfügung zu stellen, eine Sache weniger Minuten. So fiel es dem blonden Mädchen nicht schwer, das Sperma des Gärtners aufzunehmen, und nur ein wenig schwerer, an das Sperma vom Sohn des Gutsherrn heranzukommen. Bei der Wahl eines langfristigen Partners ist die Frau dagegen auf solche Männer beschränkt, die entweder ungebunden oder bereit sind, ihre derzeitige Partnerin zu verlassen, oder die so viel Zeit, Energie und Reichtum besitzen, daß sie mehr als eine Familie unterhalten können – wozu die meisten Männer in den meisten Gesellschaften nicht in der Lage sind. Der Gärtner zum Beispiel hatte gerade genug, um eine Frau und ihre Kinder zu unterhalten.

Untersuchungen zeigen durchgängig, daß Frauen bei der Suche nach einem langfristigen Partner Männer bevorzugen, die Reichtum, Status, Stabilität und Verläßlichkeit aufweisen oder versprechen. In allen früheren Kulturen galt, daß Kinder weit größere Chancen haben, zu überleben, gesund zu bleiben und später fruchtbar zu sein, wenn ihre Mütter sich mit Männern paaren, die auf der sozialen Stufenleiter oben stehen. Das gleiche gilt auch in den modernen Industriegesellschaften von heute.

Die Wahrscheinlichkeit, daß Kinder zu gesunden, fruchtbaren Erwachsenen heranwachsen, ist, wie schon gesagt, am größten, wenn sie in eine günstige Umwelt hineingeboren werden, und das bedeutet insbesondere viel Raum und ein ausreichendes Angebot an nahrhafter Kost. Dann ist das Risiko, daß sie sich Krankheiten zuziehen, am geringsten, und die Abwehrkraft gegen die Krankheiten, die sie doch bekommen, am größten. Raum und gute Ernährung hängen in modernen Gesellschaften vom Besitz ab. Die Wahrscheinlichkeit, daß ein Mensch stirbt, bevor er sich fortpflanzen kann, ist bei Kindern aus armen Familien auch heute doppelt so groß wie bei Kindern aus reichen Familien. In der geschichtlichen und der noch ferneren evolutionären Vergangenheit dürften die Unterschiede größer gewesen sein, auch wenn der Besitz nicht in Geld gemessen wurde, sondern in Ackerertrag und Viehbestand oder einfach im Zugang zu den besten Nahrungsquellen, Wasser und Obdach. In der obigen Szene hatten der Gärtner und seine Frau anfangs Mühe, ihre Kinder durchzufüttern und gesund zu erhalten, während die dunkelhaarige Frau mit ihrem wohlhabenden Ladenbesitzer derartige Probleme nicht hatte.

Die Präferenzen der Frauen sind eindeutig, aber kaum eine wird alle gesuchten Merkmale in einem Mann vereinigt finden. Der eine ist reich, aber lieblos. Ein anderer hat vielleicht einen hohen Status, ist aber unbeständig. Ein dritter ist arm, aber verläßlich und fürsorglich. Die Frau muß sich also für den besten Kompromiß entscheiden. Sie braucht natürlich nicht bei ihrem ersten Partner zu bleiben. Wenn – auch das zeigen Untersuchungen – eine Frau den Partner wechselt, dann stets im Sinne eines besseren Kompromisses. Derweil hält sie ihrerseits ständig Ausschau nach einem Partner, für den sie wiederum attraktiv ist.

Das dunkelhaarige Mädchen sah im Gärtner keinen angemessenen Kompromiß – sie konnte einen besseren erreichen. Vielleicht in der Einsicht, daß sie für Männer weniger anziehend war, fand das blonde Mädchen ihn dagegen akzeptabel, sowohl als Sexpartner wie als langfristigen Partner, wenngleich sie hoffte, einen besseren zu finden. Als der reiche Sohn auftauchte, wollte das dunkelhaarige Mädchen ihn als langfristigen Partner, der ihren künftigen Kindern und weiteren Nachkommen durch seinen Reichtum und seinen Status jeden erdenklichen Vorteil verschaffen würde. Da sie keine eindeutigen Signale erhielt, daß er sie nicht verlassen würde, wollte sie keine Empfängnis riskieren. Das blonde Mädchen wußte – bewußt oder unbewußt –, daß sie einen Partner von so hohem Status nur dadurch ergattern konnte, daß sie sich von ihm schwängern ließ. Dabei durfte sie aber nicht riskieren, den Gärtner zu verlieren, und so gab sie beiden die Chance, Vater zu werden. Mit dieser Rückversicherung war sie, wie sich zeigte, gut beraten. Als sie den Sohn des Gutsherrn nicht gewinnen konnte, akzeptierte sie das Angebot des Gärtners, sie zu unterstützen. Der Gärtner machte ihr das Angebot vermutlich trotz der Ahnung, daß das Kind möglicherweise nicht von ihm war, wohl wissend, daß es andernfalls Jahre dauern könnte, bis er eine andere akzeptable Partnerin fand.

Auch das dunkelhaarige Mädchen konnte zwar nicht den ersten Preis, den Sohn des Gutsherrn, gewinnen, eroberte am Ende aber doch einen guten Partner. Auf jeden Fall konnte sie erwarten, daß er treuer war als ein so begehrter Mann wie der reiche Sohn. Wie weit sie sonst noch von ihrer Entscheidung profitierte, werden wir gleich sehen.

Befassen wir uns zunächst mit einem der wichtigsten Faktoren, die das Geschehen in der Szene bestimmten, dem Unterschied zwischen den beiden Frauen in puncto Attraktivität. Was fanden Männer an der dunkelhaarigen so anziehend? Nach welchen Kriterien richten sich Männer bei der Wahl der Partnerin und Geliebten? Und inwiefern unterscheiden sich diese Kriterien von denen der Frauen?

Im wesentlichen richten sich Männner bei der Wahl der Frau nach Gesundheit, Fruchtbarkeit und Treue, wenn auch natürlich nicht bewußt. Und obwohl sie sich, wenn sie eine Frau zum ersten Mal sehen, nicht sofort über ihre Fähigkeit äußern, Kinder zu gebären und aufzuziehen, so sind die körperlichen Merkmale, die anziehend zu finden sie programmiert sind, doch genau jene, die diese Fähigkeit *wider-*

spiegeln. Der Mann wendet, anders als die Frau, dieselben Kriterien an, egal, ob er eine Partnerin oder eine Geliebte sucht: ihm geht es hauptsächlich um Aussehen und Verhalten. Wichtig ist die Körperform, vor allem, wie schon erwähnt, das Verhältnis zwischen Taille und Hüfte. Unabhängig davon, wie groß die Frau ist – und in manchen Kulturen gelten dünne, in anderen dicke Frauen als begehrenswert –, bevorzugen Männer eine Frau, bei der der Taillenumfang rund siebzig Prozent des Hüftumfangs beträgt, anders gesagt, bei der die Taille erheblich schmaler ist als das Gesäß. Diese Präferenz ist bemerkenswert konstant, sowohl über geschichtliche Zeiträume hinweg (wie man Statuen, Gemälden und modernen Zeitschriften mit nackten Frauen entnehmen kann) als auch von einer Kultur zur anderen (nach Höhlenmalereien und Figurinen zu urteilen). Der Grund liegt darin, daß diese bevorzugte Figur Ausdruck eines einwandfreien Hormongleichgewichts, einer zufriedenstellenden Widerstandskraft gegen Krankheiten und einer hohen Fruchtbarkeit ist.

Männer in aller Welt reagieren außer auf die Figur auch stark auf einen klaren Blick, gesundes Haar, gesunde Haut und Symmetrie von Gesicht und Körper – wiederum Merkmale von Gesundheit und damit Fruchtbarkeit. In den meisten Kulturen reagieren die Männer auch auf Größe und Form der Brüste, obwohl es hier wechselnde Präferenzen gibt und, wie schon erwähnt, zwischen dem Erscheinungsbild der Brüste und der Fähigkeit der Frau, ein Kind zu stillen, kein direkter Zusammenhang besteht. Stark reagieren Männer schließlich auch auf Charaktermerkmale, die auf Treue schließen lassen, obwohl es relativ leicht ist, solche Merkmale vorzutäuschen, jedenfalls über kürzere Zeiträume.

Wenn eine Frau sich einen Mann sucht, der ihr helfen soll, ihre Kinder aufzuziehen, geht es ihr vor allem um die

Sicherheit, die er ihr bieten kann; sein Aussehen spielt eine untergeordnete Rolle. Sehr viel wichtiger ist das Aussehen allerdings, wenn sie einen Partner für eine kurzfristige sexuelle Beziehung sucht. Am attraktivsten findet sie einen klaren Blick, gesundes Haar, gesunde Haut, ein festes Gesäß, eine Taille, die nur wenig schmaler ist als die Hüften, wohlgeformte Beine, breite Schultern, Geistesgegenwart und Intelligenz. Von Symmetrie seiner physischen Erscheinung fühlt sie sich auch angezogen. Die erwähnten Eigenschaften sind allesamt halbwegs verläßliche Hinweise auf genetische Gesundheit, Fruchtbarkeit und Kampfgeist, also insgesamt eine genetische Konstitution, die sie auch bei ihren Kindern gern hätte.

Eines der interessantesten Ergebnisse von neuen Untersuchungen zur Partnerwahl und Attraktivität bei Menschen und Tieren ist, daß Krankheit und Krankheitsabwehr in der Jugend eine wichtige Rolle spielen. Nicht nur das »Leuchten« von Augen, Haaren und Haut wird durch Krankheiten verändert, sondern auch die Symmetrie, die, wie aus Studien in verschiedenen Ländern hervorgeht, zu den bedeutendsten Faktoren der Attraktivität eines Menschen gehört.

Selbstverständlich gibt es Körperteile, die von Natur aus programmiert sind, bilateral asymmetrisch zu sein, so daß also die rechte Seite sich von der linken unterscheidet. Zum Beispiel enthält nur die linke Seite des Brustkorbs ein Herz. Gebiete der linken und der rechten Hirnhälfte stehen in Wechselwirkung mit verschiedenen Teilen des Körpers, und beim Mann sind der linke und der rechte Hoden unterschiedlich groß und hängen unterschiedlich tief. Und natürlich sind die linke und die rechte Seite von Körper und Gehirn mit so unterschiedlichen Nervenbahnen durchzogen, daß manche Menschen Rechtshänder und andere Linkshänder sind. Das alles sind angeborene Asymmetrien, die nach einfachen oder auch komplizierten Gesetzen der Vererbung von Eltern an Nachkommen weitergegeben werden. Andere Körperteile sind von Natur aus darauf programmiert, symmetrisch zu sein, werden aber durch unterschiedliche Nutzung, die ihrerseits programmiert ist, asymmetrisch. Bei Rechtshändern ist zum Beispiel der Bizeps am rechten Arm in der Regel dicker als am linken, und je nach ihrer Beschäftigung ist der rechte Oberschenkel oft stärker als der linke.

Viele andere Körperteile sind programmiert, symmetrisch zu sein, und bleiben von den meisten Umweltfaktoren unbeeinflußt. Die Länge des rechten und des linken Zeigefingers ist zum Beispiel von demselben Gen abhängig und sollte daher identisch sein; wenn die beiden Finger ungleich lang sind, kann es nur daran liegen, daß ihre Entwicklung gestört wurde. Gleiches gilt für die übrigen Finger und Zehen, die Länge und Breite der Ohren, den Umfang von Hand- und Fußgelenken, die Länge der Arm- und Beinknochen, die Größe der Brüste und die verschiedenen Merkmale der linken und rechten Gesichtshälfte. Wenn also der große Bauplan der Gene auf einen in den erwähnten Punkten vollkommen symmetrischen Körper ausgelegt ist, fragt sich, wodurch er gestört werden kann. Unfall und Krankheit könnten dafür verantwortlich sein.

Bei Unfällen entstehen oft Asymmetrien. Wenn in der frühen Kindheit zum Beispiel Knochen brechen, führt der Prozeß der Heilung und Regeneration oft zu einer Vergrößerung. In vielen Fällen ist sie auch nötig, damit der Knochen hinterher genauso stark ist, wie er ohne Bruch gewesen wäre. So entsteht Asymmetrie zwischen dem gebrochenen Knochen und seinem unversehrten Gegenstück auf der anderen Körperseite. Auch gerissene Muskeln und Bänder können durch die Heilung länger werden; wenn ein Rückenschaden einen Druck der Bandscheiben auf Nerven zur Folge hat, kann das dazu führen, daß Bein- und andere

Muskeln sich auf einer Körperseite nicht so gut entwickeln oder sogar schrumpfen.

Asymmetrie kann auch durch die unzähligen Mikroorganismen entstehen, die dem Körper unablässig zusetzen, da sie selten auf beiden Seiten des Körpers gleich stark angreifen. Je weniger Krankheiten Menschen ausgesetzt sind und je stärker die angeborene Abwehrkraft gegen die Krankheiten ist, von denen sie angegriffen werden, desto symmetrischer bleiben sie. Je erfolgreicher sie im Vermeiden von Unfällen und in der Abwehr von Krankheiten waren, desto größer ist ihre angeborene »Belastbarkeit« im Vergleich zu ihren weniger symmetrischen Altersgenossen.

Der Attraktivität liegt folglich ein ganz einfaches Prinzip zugrunde. Menschen sind genetisch darauf programmiert, solche Merkmale attraktiv zu finden, die auf Gesundheit und Fruchtbarkeit, auf »gute Gene« hindeuten. Diese »guten Gene« werden an alle Kinder, welche die beiden Beteiligten bekommen, weitergegeben. Auch andere Tiere, seien es Vögel oder Insekten, reagieren, wie Studien gezeigt haben, auf solche informativen Merkmale, und eines der wirksamsten Merkmale ist für alle die Symmetrie.

Das dunkelhaarige Mädchen in der Szene war körperlich und insgesamt attraktiver für Männer als ihre Freundin. Sie hatte alle Vorzüge des Aussehens, der Statur und des Charakters – ein gutes Verhältnis zwischen Taille und Hüfte, einen klaren Blick, gesundes Haar, gesunde Haut, Symmetrie von Gesicht und Körper, Geistesgegenwart und Ehrlichkeit –, die Männern signalisieren, daß sie vermutlich gesund, fruchtbar und treu sein würde. Es dürfte sicherlich Männer gegeben haben, die aus Gründen der Verträglichkeit ihre Freundin vorgezogen hätten, aber nicht die Mehrheit. Unter Männern, die sie beide kannten, konnte sie sich also gewöhnlich als erste einen aussuchen, und sie brauchte nicht so große Risiken einzugehen, um deren Aufmerksamkeit auf sich als prospektive Partnerin zu lenken. Das blonde Mädchen war zwar nicht unattraktiv für Männer, mußte aber, um ebensoviel Aufmerksamkeit zu erlangen, die Risiken der Vergewaltigung, der Ansteckung und des Verlassenwerdens eingehen. Sie entging der schlimmsten dieser Gefahren, mußte sich aber mit dem Gärtner als lebenslangem Partner zufriedengeben. Dagegen gelang es dem anderen Mädchen, und zwar relativ mühelos, einen tüchtigen und am Ende erfolgreichen und begüterten Mann zu gewinnen, der ihr half, ihre Kinder aufzuziehen.

Bisher scheint alles, was in der Szene geschieht, stimmig zu sein, doch zeigt sich im weiteren Lebensverlauf der Hauptpersonen ein scheinbares Paradox. Wenn es richtig ist, daß das dunkelhaarige Mädchen durch ihre größere Attraktivität nicht nur größere Gesundheit und Fruchtbarkeit signalisierte, sondern dank dessen auch einen »besseren« Partner gewinnen konnte, wieso hat es dann den Anschein, als habe sie den Wettbewerb um Fortpflanzungserfolg verloren? Mit dreißig Jahren hatte sie ja nur zwei Kinder, während die blonde Frau fünf bekommen hatte (auch wenn die Masern ihr eine Tochter geraubt hatten). Die Blonde hatte, so schien es demnach, den Wettbewerb spielend gewonnen, jedenfalls den, der nach den Regeln der natürlichen Auslese ausgetragen wurde. Widersprechen die in der Szene geschilderten Ereignisse nicht eindeutig allem, was wir in unserer evolutionstheoretischen Analyse dazu gesagt haben? Oder gibt es etwas, das uns bei der Betrachtung der natürlichen Auslese entgangen ist?

Der Evolutionsbiologe hätte es sehr viel leichter, wenn er den Fortpflanzungserfolg, an dem die natürliche Auslese ansetzt, an etwas so Einfachem wie der Kinderzahl messen könnte. Die Wirklichkeit ist, wie die nächste Szene zeigt, weit komplizierter. Wir sehen nun, was aus den beiden Frauen und ihren Dynastien wird.

Szene 12
Qualität oder Quantität?

Statt weitere Kinder zu zeugen, beschlossen die dunkelhaarige Frau und ihr Mann, in die Schul- und Offiziersausbildung ihres Sohnes zu investieren. Der Zweite Weltkrieg kam und ging vorbei, und er wurde unverletzt und mit Auszeichnungen aus der Armee entlassen, ein stattlicher Mann von fünfundzwanzig Jahren, bereit, in der Führung des wachsenden Schuhimperiums seines Vaters eine bedeutende Rolle zu spielen.

Ihre Tochter, die in der Nähe lebte, hatte ihnen inzwischen ihre beiden ersten Enkelkinder geschenkt. Der Sohn hatte es dagegen mit der Gründung eines Hausstandes nicht eilig. Er war ständig unterwegs und stieg in teuren Hotels ab, wenn er die Finanzen der Schuhläden seines Vaters kontrollierte. Er genoß die Freiheit und das Zusammensein mit den zahlreichen hübschen Mädchen, die landauf, landab um seine Gunst wetteiferten.

Eine seiner Favoritinnen war ein junges Mädchen, gerade zwanzig, das im Laden in seiner Heimatstadt arbeitete. Jedesmal wenn er vorbeischaute, lernte er sie ein bißchen besser kennen, sprachen sie ein bißchen länger miteinander, und bald wurde es zu einem festen Bestandteil seiner Besuche, daß er sie zum Essen irgendwohin einlud. Dem Geschäftsführer des Ladens mißfiel das sehr, hatte er doch selbst ein Auge auf das Mädchen geworfen, aber der Eindringling war nun einmal der Sohn des Besitzers. Das Mädchen hatte einen Freund, einen jungen Lehrer, aber sie wies seinen Wunsch, eine Familie zu gründen, mit der Begründung zurück, sie sei noch nicht bereit, sich zu binden. Der Sohn hatte in seiner Arroganz den Verdacht, daß er selbst der Grund für ihr Zögern sei und sie vielleicht eine schwache Hoffnung hege, daß aus ihrer Freundschaft einmal mehr werden könne.

Es war tiefer Winter, und den ganzen Vormittag hatte es geschneit. Als es gegen Mittag aufklarte, schien eine bleiche Sonne auf eine in Schnee versunkene Stadt herab. Unverzagt fuhr der Sohn wie gewohnt mit seiner Verkäuferin zum Essen aufs Land, wobei er auf den menschenleeren Straßen zweimal ins Schleudern geriet. Nach dem Essen fuhr er an seinem Elternhaus vorbei, um irgendwelche Unterlagen zu holen. Nachdem er ihr versichert hatte, daß die Eltern nicht da seien, brauchte er das Mädchen nicht zweimal zu bitten, sie möge doch aussteigen und sich das Haus einmal anschauen, jenes Haus, von dem sie sich in ihren Träumen ausmalte, es dereinst in Besitz zu nehmen. Beide waren nicht dem Wetter entsprechend gekleidet und traten deshalb, als sie den Gartenweg hinaufgingen, in vorhandene Fußstapfen.

Als sie vor der Haustür standen und der Sohn nach seinem Schlüssel kramte, kam, von der Sonne erwärmt, eine Schneemasse auf dem Dach ins Rutschen und überschüttete sie. Verletzt wurde keiner, aber sie waren geschockt und unangenehm durchnäßt. Drinnen legte der Sohn frisches Holz auf das erlöschende Kaminfeuer im Damenzimmer, wo man sich morgens aufhielt, und als es aufloderte, knieten sie sich davor, um trocken zu werden.

Es lag teils an der Unbehaglichkeit, teils an einer wachsenden sexuellen Erregung, daß das Mädchen kaum der Ermutigung bedurfte, um auf seinen Vorschlag einzugehen, daß die Kleider schneller trocknen würden, wenn sie sie auszögen. Er werde für beide etwas zum Anziehen besorgen, sagte er. Sie hatte wenigstens mit zwei Bademänteln gerechnet und lachte, als er mit zwei großen Handtüchern zurückkam. Als er sich zum Ausziehen hinter das Sofa verzog, machte sie sich über seine Schüchternheit lustig. Seine Finger waren klamm vor Kälte, und er hatte Mühe, den Gürtel zu öffnen und die Hose aufzuknöpfen. Das Mädchen blieb vor dem Kamin stehen und zog sich unter dem sorgfältig gewickelten Handtuch geschickt aus, ohne mehr zu zeigen als ihre Beine und Schultern. Er hatte noch nicht seine Hose aus, da war sie schon nackt unter ihrem Handtuch.

Seine Fummelei beobachtend, amüsierte sie sich über seine scheinbare Nervosität. Sie sagte, sie könne ihm helfen, und näherte sich dem Sofa. Er wickelte sich verlegen das Handtuch um und sagte, sie solle bloß nicht näher kommen. Sie mißdeutete seine Schüchternheit, setzte sich über seine Warnung hinweg, und alsbald ging eine lustige Verfolgungsjagd quer durchs Zimmer los. Kurz bevor sie ihn erwischte, glitt ihr Handtuch zu Boden. Atemlos lachend und nur symbolischen Widerstand leistend, ließ er sie dann die Hose aufknöpfen und ihn gänzlich ausziehen. Kurz darauf lagen sie, nun atemlos vor Leidenschaft, auf dem Boden hinter dem Sofa und trieben es miteinander.

Er hatte gerade ejakuliert, war aber noch in ihr, als die Tür aufging. Die dunkelhaarige Frau hatte das Auto ihres Sohnes draußen stehen sehen und war schnurstracks zum Damenzimmer marschiert. Als sie die Frauenkleider vor dem Kamin und die herumliegenden Handtücher entdeckte, wußte sie gleich, was die Stunde geschlagen hatte. Sie ging aber nicht gleich wieder, sondern gestattete dem Voyeur in ihr einen flüchtigen Blick durch das Zimmer. Daß ihr Sohn bei den Frauen ankam, wußte sie, und sie war ein wenig stolz darauf, und als sie die beiden nackt und noch immer ineinander verhakelt hinter dem Sofa erblickte, ließ sie ein verlegenes Lachen hören, entschuldigte sich und verließ das Zimmer.

Als der Sohn einen Monat später wieder mit seiner Verkäuferin zusammenkam, sagte sie ihm, sie sei möglicherweise schwanger. Ihrem Freund, dem Lehrer, habe sie nichts von ihren Befürchtungen gesagt, vertraute sie ihm an, aber sie habe ihm gesagt, daß sie ihn heiraten würde – wenn er sie noch wolle. Sie könne es sich freilich immer noch anders überlegen, sagte sie bedeutungsvoll, mit einem tiefen Blick in die Augen des Sohnes, in denen sie verzweifelt nach Anzeichen dafür suchte, daß er selbst sie vielleicht doch zu heiraten wünschte. Er schwieg, blickte zur Seite, fragte, wie sicher sie sei, daß er der Vater wäre, falls sie wirklich schwanger sei. Es könne nur er sein, erwiderte sie. Seit Monaten habe sie ihrem Freund nicht mehr gestattet, intim mit ihr zu sein. Sie sollten erst einmal abwarten, ob sie tatsächlich schwanger sei, sagte der Sohn vorsichtig. Das Mädchen war enttäuscht und wütend. So lange könne sie nicht warten, sagte sie ihm. Ihr war bewußt, daß sie aufpassen mußte, wenn sie sich nicht schwanger und verlassen wiederfinden wollte.

Der junge Mann bat – für ihn selbst überraschend – seine Mutter um Rat. Das Mädchen gefiele ihm sehr, sagte er, aber er sei nicht bereit, sich fesseln zu lassen. Er genieße seine Freiheit und wolle sie nicht zugunsten einer Familie aufgeben. Seine Mutter pflichtete ihm bei – mit einer Entschiedenheit, über die sie selbst erschrak. Er könne nicht sicher sein, daß das Kind von ihm sei, sagte sie. Er sei eine gute Partie und wäre nicht der erste in seiner Position, den eine trickreiche Frau in die Ehe lockte. Auch wenn ihm das Mädchen gefiele, könne er dennoch eine bessere finden. Er machte sich den Rat seiner Mutter zu eigen, obwohl er insgeheim glaubte, daß das Kind, wenn das Mädchen denn wirklich schwanger war, von ihm stammte. Als er einen Monat später wieder in den Laden kam, sagte das Mädchen ihm, was er am wenigsten zu hören wünschte, und betonte erneut, daß er der Vater sei. So behutsam er konnte, brachte er ihr bei, daß er sie nicht heiraten könne und sie mit ihrem Plan, den Lehrer zu heiraten, Ernst machen solle.

Das Mädchen war über seine Entscheidung empört, aber nicht überrascht. Hätte er sie gewollt, wäre er nicht einen ganzen Monat fortgeblieben. Während die Zeit verstrich und ihre Schwangerschaft zur Gewißheit wurde, hatte sie sich mit der Aussicht, die Frau eines Lehrers zu werden, abgefunden. In der Befürchtung, daß ihr auch diese Option verlorengehen könnte, hatte sie mit ihrem Verlobten geschlafen, damit er denken sollte, das Kind sei von ihm. Ihr Sohn wurde zwei Wochen zu spät geboren, doch ihr Mann glaubte, das Kind sei drei Wochen zu früh gekommen, und zweifelte nie an seiner Vaterschaft. Auch fand er nichts Merkwürdiges dabei, daß der Chef seiner Frau – sie hatte jahrelang hin und wieder eine Teilzeitstelle in dem Schuhgeschäft – sich so eingehend für die schulische Bildung seines Sohnes interessierte und ihm, als er alt genug war, eine Lehrstelle verschaffte.

Aus diskretem Abstand verfolgte die dunkelhaarige Frau die Fortschritte des Jungen mit demselben Stolz wie die ihrer ehelichen Enkelkinder. Ihr Sohn, der sie ebenso unerschütterlich davon überzeugen konnte, daß er der Vater des Jungen war, wie er selbst daran glaubte, heiratete schließlich in eine einflußreiche und begüterte Familie ein. Er hatte zwei Kinder mit seiner schönen jungen Frau, beides Mädchen, aber die Frau konnte an der Haltung ihres Sohnes ablesen, daß sein unehelicher Sohn sein Stolz und seine Freude war, besonders als er in seine Fußstapfen als Frauenheld trat. Als er Mitte Dreißig war, hatte der junge Mann sechs Kinder von drei verschiedenen Frauen.

Inzwischen Ende Achtzig und fünfunddreißig Jahre nach dem Tag, an dem sie ihren Sohn und das Mädchen im Damenzimmer überrascht hatte, saß die Frau beim Frühstück und las die Zeitung. Ihr Blick fiel auf eine Todesanzeige. Unwillkürlich wurde sie von nostalgischen Gefühlen übermannt: Die Freundin aus der Kinderzeit, mit der sie die

Erektion eines Hengstes beobachtet und das erste Flugzeug ihres Lebens gesehen hatte, war gestorben. Mochte sie sie auch in ihrem langen Leben von Herzen gehaßt haben, so überkam sie doch Trauer, als sie las, daß sie nun tot war. In der Todesanzeige wurden die Angehörigen der blonden Frau aufgezählt: zwei Söhne und zwei Töchter, fünf Enkeltöchter und ein Enkelsohn sowie zwölf Urenkel, von denen sechs von dem Enkelsohn stammten; und es war davon die Rede, wie stolz sie auf sie alle gewesen war.

Die Frau lächelte. Sie hatte ihrer früheren Freundin nie die Lügen verziehen, die sie an jenem lang zurückliegenden schwülen Nachmittag dem Sohn des Gutsherrn erzählt hatte, und im Laufe der Jahre waren ihr genügend Bemerkungen zugetragen worden, um jeden Zweifel zu zerstreuen, daß der Haß auf Gegenseitigkeit beruhte. Die andere Frau war immer eifersüchtig auf sie gewesen, zuerst wegen ihres Aussehens und später wegen ihres Reichtums. Eine Bemerkung hatte die dunkelhaarige Frau besonders geärgert: Reichtum hin, Reichtum her, hatte die andere gesagt, aber sie hat es nicht geschafft, die Dynastie von Enkeln und Urenkeln aufzubauen, die sie, die blonde Frau, als ihren eigentlichen Erfolg im Leben betrachtete.

Wieder lächelte die Frau. Es stimmte, daß sie nur zwei Kinder bekommen hatte. Es stimmte auch, daß sie – offiziell jedenfalls – nur vier Enkelkinder und acht Urenkel hatte. Aber das war nicht die ganze Wahrheit. Der Enkelsohn, von dem die blonde Frau voller Stolz geglaubt hatte, er habe ihr sechs Enkelkinder geschenkt, war gar nicht von ihr. Er war an einem verschneiten Wintertag hinter einem Sofa gezeugt worden, und sein wirklicher Vater war der Sohn der dunkelhaarigen Frau. Der zum Hahnrei gemachte Lehrer war der Sohn der blonden Frau. Sie hatte genaugenommen nur sechs Urenkel, die dunkelhaarige Frau aber vierzehn.

Sie lachte stillvergnügt in sich hinein und legte die Zeitung mit aller Leidenschaft, deren ihre zittrige alte Hand fähig war, auf den Tisch. »Ich glaube, *ich* bin die Gewinnerin«, murmelte sie vor sich hin.

Die natürliche Auslese hat es mit dem Austeilen ihrer Preise nicht eilig. Der Fortpflanzungswettkampf ist noch nicht gewonnen oder verloren, wenn der Mensch mit dem Kinderkriegen aufhört. Das Ergebnis der Fortpflanzung wird, wie diese Szene zeigt, unter Umständen erst sichtbar, wenn die Kinder ihrerseits Kinder gezeugt haben oder sogar erst, wenn diese Kinder wieder Kinder haben.

Die beiden Frauen, deren Schicksal wir gerade verfolgt haben, wurden im Abstand weniger Tage in demselben Dorf geboren, und ihre Eltern waren von vergleichbarem (bescheidenem) Wohlstand und Status. Sie taten bei Beginn ihres Erwachsenendaseins sogar denselben Dienst im selben Haus.

Der einzige größere Unterschied zwischen ihnen bestand in ihrer genetischen Ausstattung und damit in ihren Begabungen. Diese waren dafür verantwortlich, daß sie im Urteil der natürlichen Auslese unterschiedlich abschnitten. Die dunkelhaarige Frau gewann den Wettkampf schließlich, gemessen an den Urenkeln, mit vierzehn zu sechs, obwohl sie bei den Kindern mit zwei zu fünf verloren und bei den Enkeln mit fünf zu fünf den Gleichstand erzielt hatte. Auch ohne den fruchtbaren unehelichen Enkelsohn hätte sie immer noch mit acht zu sechs gewonnen, trotz ihres augenscheinlich schwachen Starts. Mit ihm gewann sie haushoch. Wie kam dieses Ergebnis zustande? Beruhte diese Umkehrung des Fortpflanzungserfolges der beiden Frauen innerhalb von nur drei Generationen auf Zufall, oder war hier ein bedeutendes Prinzip am Werk?

Die obige Szene darf vor allem nicht moralisch gedeutet werden. Schwanger zu werden, bevor man einen langfristigen Partner hat, innerhalb von fünfzehn Minuten mit zwei Männern Geschlechtsverkehr zu haben oder eine zahlreiche Kinderschar zu gebären – das alles kann, mit den geeigneten Protagonisten und unter entsprechenden Umständen, eine durchaus angemessene und erfolgreiche Fortpflanzungsstrategie sein. Die blonde Frau hatte nicht schon deshalb verloren, weil sie früh mit der sexuellen Aktivität anfing oder weil sie hinterlistige Methoden benutzte, um ihrer attraktiveren Rivalin die Männer abspenstig zu machen. Die natürliche Auslese fällt keine moralischen Urteile, und unter anderen Umständen mit anderen Beteiligten hätte eine solche hinterlistige Strategie der blonden Frau durchaus den Sieg eintragen können. Hier war das jedoch nicht der Fall. Welche Faktoren haben denn nun dazu geführt, daß die Evolution die dunkelhaarige Frau am Ende begünstigte?

Es waren mehrere Faktoren – zwei davon haben wir schon besprochen. Erstens fand die Mehrheit der Männner sie attraktiver als ihre Freundin. Zweitens konnte sie einen erfolgreichen Mann dafür gewinnen, ihr bei der Aufzucht ihrer Kinder zu helfen. Drittens brachte sie gerade so viele Kinder zur Welt, daß sie viel in deren Erziehung und Bildung investieren konnte, speziell bei ihrem Sohn. Viertens waren ihre Kinder gesund, fruchtbar und attraktiv. All diese Faktoren hängen miteinander zusammen, wie wir jetzt sehen werden.

Aufgrund der beiden ersten Faktoren konnte die dunkelhaarige Frau ihre Kinder in einer geräumigen und gesunden Umgebung aufziehen. Da die Kinder sich aufgrund dessen weniger leicht Krankheiten zuzogen und von den Krankheiten, die sie bekamen, nicht so stark in Mitleidenschaft gezogen wurden, hatten sie eine größere Chance, nicht nur zu überleben, sondern auch, dank ihrer größeren Symmetrie, fruchtbar und attraktiv zu sein. Von den fünf Kindern der blonden Frau starb eines in der Kindheit, und ein anderes wurde durch urogenitale Erkrankungen in der Kindheit unfruchtbar. Zum Teil muß man diese Mißgeschicke ihrem Lebensstandard zuschreiben. Bei Kindern der untersten sozialen Kategorien ist die Wahrscheinlichkeit, daß sie vor Erreichen des Erwachsenenalters sterben, auch heute noch, am Ende des 20. Jahrhunderts, doppelt so hoch wie bei Kindern der höchsten Kategorien. Vor dem Zweiten Weltkrieg, als die beiden Frauen ihre Kinder bekamen und aufzogen, war der Unterschied noch krasser.

Der dritte Faktor – die Tatsache, daß sie nur zwei Kinder hatte – erlaubte der dunkelhaarigen Frau, in jedes Kind so viel Zeit, Mühe und Geld zu investieren, daß sie alle Chancen hatten, ihre Begabungen voll zu entfalten. Die Frau erreichte das dadurch, daß sie die Zeugung ihres zweiten Kindes so lange aufschob, bis die Familie vermögend war, und dann keines mehr bekam.

Das Verhalten der dunkelhaarigen Frau ist ein Beispiel jener Strategie, um die es in diesem Kapitel geht: Es kann tatsächlich zu einer erfolgreicheren Fortpflanzung beitragen, *weniger* Kinder zu bekommen, vorausgesetzt, daß deren Qualität als potentielle Fortpflanzungsträger entsprechend gefördert wird. Mit anderen Worten: Eine Frau erreicht nicht unbedingt den größten Fortpflanzungserfolg, indem sie so schnell wie möglich so viele Kinder wie möglich bekommt. Daher kann die Empfängnisvermeidung ebenfalls ein wesentliches Element einer erfolgreichen Fortpflanzung sein, besonders für eine Frau.

Familienplanung und Empfängnisverhütung gelten gemeinhin als moderne Erfindungen. In Wahrheit wurde schon Familienplanung betrieben, als man von der Technik der Empfängnisverhütung noch nichts wußte. Schon vor Dutzenden von Jahrmillionen, als es den Menschen noch gar nicht gab, betrieb der weibliche Körper Empfängnisvermeidung, und die natürlichen Anlagen hat die Frau von ihren

Säugetiervorläuferinnen geerbt. Sexuelle Abstinenz, das Unterbinden der Ovulation, die Nichteinpflanzung des befruchteten Eis in die Gebärmutter, der spontane Verlust des Fötus während der ersten drei Schwangerschaftsmonate, eine spätere Fehlgeburt, ja sogar die Aussetzung oder Tötung des Neugeborenen – das alles waren und sind noch immer wesentliche Methoden der Familienplanung. All diese Reaktionen – auf einige werden wir in anderen Kapiteln noch ausführlicher eingehen – sind »natürliche« Mittel, mit deren Hilfe eine Frau vermeiden kann, ein Kind zu bekommen oder aufzuziehen, wenn dies inopportun erscheint.

Es gibt ein allgemeines Prinzip, das der Körper jeder Frau zu befolgen sucht; wir erwähnten es schon und wollen jetzt näher darauf eingehen. Jede Frau steht vor der Aufgabe, zunächst die optimale Familiengröße für ihre Umstände zu bestimmen und dann dafür zu sorgen, daß sie diese Kinderzahl auch bekommt. Wenn sie weniger Kinder bekommt, wird sie natürlich auch weniger Nachkommen haben. Versucht sie dagegen, mehr als die optimale Kinderzahl zu bekommen, kann es eng im Haus werden, und es besteht die Gefahr, daß ihre Kräfte und Mittel nicht für alle reichen. Dadurch kommt es zu Krankheiten und Unfruchtbarkeit, so daß sie am Ende weniger Nachkommen hat.

Während des längsten Teils der menschlichen Geschichte – angefangen etwa eine Million Jahre vor der Gegenwart bis vor fünfzehntausend Jahren – lebten alle Menschen als Sammler und Jäger. Die Gesellschaften bestanden aus kleinen, verstreuten Horden. Sie hatten viel und proteinreich zu essen, und die meisten starben nicht durch Krankheit, sondern Verletzungen, Raubtiere und Krieg zwischen den Horden. Die Kinder der Sammler und Jäger hatten ausgezeichnete Überlebenschancen. Allein mit den eben erwähnten Methoden brachten die Frauen im Laufe ihres Lebens nur drei bis vier Kinder zur Welt. Davon überlebten zwei bis drei. Kleinfamilien sind also keine neue Erfindung.

Große Familien kamen erst vor rund fünfzehntausend Jahren auf, als sich mit dem Ackerbau die Lebensweise veränderte. In den fruchtbarsten Ackerbaugebieten entstanden ausgedehnte, dicht siedelnde Gemeinschaften, die von einer kohlehydratreichen Kost lebten. Krankheit und Kindersterblichkeit waren weit verbreitet. Die durchschnittliche Kinderzahl betrug sieben bis acht, aber auch die doppelte Zahl war nicht selten. Für den Ackerbauern hatte die große Kinderzahl den Vorteil, daß genügend Hände für die körperliche Arbeit dieser Lebensweise da waren. Eine bösartige Krankheit konnte in wenigen Tagen die ganze Familie dahinraffen, aber im Schnitt überlebten zwei bis drei.

Mit der »Modernisierung« begann die Kindersterblichkeit zu sinken, und im Abstand von einigen Jahrzehnten ging auch die Geburtenrate zurück. In Westeuropa war der Rückgang der Geburtenrate das Ergebnis einer natürlichen Familienplanung, denn moderne Empfängnisverhütung stand erst hundert Jahre später zur Verfügung. Alle oben erörterten Streßfaktoren dürften der Frau geholfen haben, ihre optimale Familiengröße zu erreichen. Betrachten wir zum Beispiel eine durchschnittliche britische Arbeiterfrau, die in den neunziger Jahren des 17. Jahrhunderts ungefähr mit zwanzig heiratete. Sie ist etwa zehnmal schwanger geworden. Drei der Schwangerschaften endeten mit einer Fehlgeburt, und von den sieben Neugeborenen sind im Schnitt zwei während der Geburt oder im Säuglingsalter gestorben. Von denen, die das Säuglingsalter überlebten, haben nur zwei Drittel das Erwachsenenalter erreicht. Der Rückgang der Kinderzahl auf das Maß, das man in modernen Industriegesellschaften antrifft, beruhte somit nicht auf einer verbesserten Technik der Empfängnisverhütung, sondern darauf, daß die Frauen in Reaktion auf die verbesserten Überlebenschancen ihrer Kinder unbewußt immer kleinere Familien planten.

Eine internationale Konferenz über das Weltbevölkerungswachstum kam 1995 in Kairo zu dem Ergebnis, daß eine Verringerung der Familiengröße in der Dritten Welt am besten durch eine Hebung des Lebensstandards und der Lebenserwartung zu erreichen sei. Auf ihre günstigeren Erwartungen würden die Frauen dann unbewußt mit einer Verringerung der Kinderzahl reagieren. Dazu würden sie alle obengenannten natürlichen Methoden der Familienplanung benutzen und zusätzlich, soweit verfügbar, moderne Methoden. Es ist jedoch möglich, daß moderne Empfängnisverhütungsmittel auf die Gesamtzahl der Kinder, die eine Frau in ihrem Leben gebiert, wenig Einfluß haben. Spanien, Italien und Japan gehören zu den Ländern mit der niedrigsten Empfängnisrate, aber moderne Empfängnisverhütung wird dort nur sehr begrenzt eingesetzt. Orale Kontrazeptiva werden in Japan nicht für Zwecke der Empfängnisverhütung verabreicht, sondern nur zur Behandlung von Menstruationsstörungen. Auch in Afrika hängt die Empfängnisrate stärker vom Lebensstandard des betreffenden Landes ab als von der Verfügbarkeit moderner Kontrazeptiva.

Das heißt natürlich nicht, daß insbesondere orale Kontrazeptiva für die moderne Frau nicht ein unschätzbares Hilfsmittel zur bewußten Planung ihres Lebens wären. Mit ihnen kann sie besser, als es ihr nur mit natürlichen Methoden möglich wäre, bestimmen, wann und mit wem sie ein Kind zeugt. Die Kinderzahl wird jedoch bei den meisten Frauen stärker von ihrer Umgebung und von den Chancen bestimmt, die ihre tatsächlich geborenen Kinder haben, mit unversehrter Fruchtbarkeit das Erwachsenenalter zu erreichen.

Der vierte Faktor, der dazu beitrug, daß die dunkelhaarige Frau sich erfolgreicher fortpflanzte als ihre Freundin

– die Tatsache, daß ihre Kinder gesünder, fruchtbarer und attraktiver waren –, ist der eigentliche Schlüssel zu ihrem Erfolg, und er ist das gemeinsame Ergebnis aller soeben diskutierten Faktoren. Ihrer am Anfang der Beziehung zu dem Ladenbesitzer geborenen Tochter ist der Erfolg ihrer Mutter vermutlich nicht voll zugute gekommen. Dennoch hat sie viele ihrer guten Gene geerbt, einen erfolgreichen Partner erobert und zwei Kinder bekommen. Anders bei dem zweiten Kind, dessen Geburt hinausgeschoben wurde, bis der Wohlstand gesichert war – ihm konnte die dunkelhaarige Frau viele Vorteile verschaffen. In einem wohlhabenden, geräumigen Haus aufgewachsen, dürfte es ihm nie an gutem Essen gemangelt haben. Ihm kam der Besitz und Status der Eltern dadurch zugute, daß er Unfällen und Krankheiten in geringerem Maß ausgesetzt war und größere Abwehrkraft dagegen besaß. Seine Abwehrkraft beruhte auch auf den guten Genen, die er von seiner Mutter erbte. Diese Abstammung machte ihn physisch attraktiver, und der Besitz und Status seiner Familie machte ihn attraktiver als langfristiger Partner. Frauen mußten sich demnach, egal, ob sie sich nach Genen oder nach Hilfen für die Kinderaufzucht umschauten, unwiderstehlich zu ihm hingezogen fühlen, und das war auch der Fall. Er hatte schließlich zwei Kinder in einer langfristigen Beziehung und eines in einer kurzfristigen Liaison, in der er einen anderen Mann, den Sohn der blonden Frau, zum Hahnrei machen konnte. Es könnte sogar sein, daß er in seiner wilden Zeit, wo er »in jeder Stadt ein Mädchen« hatte, noch mehr Kinder gezeugt hat, ohne daß er davon wußte und erst recht nicht seine Mutter. Ihr Triumph über die Rivalin wäre in diesem Fall noch größer, als ihr bewußt war.

Da das Kind, das er, wie wir wissen, in den Anfängen seiner wilden Zeit zeugte, ein Junge, von dem Sohn der blonden Frau, dem Lehrer, aufgezogen wurde, konnte er sich ganz auf seine ehelichen Kinder konzentrieren. Als der Junge dann älter war und sein wirklicher Vater ihm helfen konnte, ohne Verdacht zu erregen, erhielt er Unterstützung von beiden Männern, wurde erfolgreich und attraktiv und zeugte in drei verschiedenen Beziehungen schließlich sechs Kinder. Es waren diese sechs, die der dunkelhaarigen Frau einen so entschiedenen Sieg über ihre lebenslange Rivalin verschafften.

Jetzt können wir ermessen, vor welchem Dilemma die blonde Frau bei ihrer Familienplanung stand. Selbst wenn sie nur ein oder zwei Kinder gehabt und alles, was ihr an Zeit, Mühe und Geld zur Verfügung stand, in ihre Aufzucht investiert hätte, konnte sie bei ihrem niedrigen Lebensstandard nicht sicher sein, daß die Kinder vor den Verheerungen von Unfall und Krankheit bewahrt worden wären. Am Ende hätte sie auch ganz ohne Nachkommen dastehen können. Sie brauchte fünf Kinder, um einigermaßen sicher zu sein, daß zwei oder drei mit unversehrter Fruchtbarkeit das Erwachsenenalter erreichen würden. Mit Glück hätten alle fünf es schaffen können, und in diesem Fall hätte sie einen größeren Fortpflanzungserfolg eingestrichen. Tatsächlich überlebten drei mit unversehrter Fruchtbarkeit. In der Fortpflanzung war sie durchaus nicht erfolglos, doch ihrer Rivalin war sie nicht gewachsen. Die dunkelhaarige Frau konnte es sich leisten, nur zwei Kinder zu haben. Bei ihrem Lebensstandard mußte jedes ihrer Kinder höchstwahrscheinlich überleben. Hohe Investitionen in zwei Kinder waren daher ein kluger Zug, und der Auftrieb, den solche Hilfe insbesondere für den Status und die Attraktivität des Sohnes bedeuten mußte, konnte eigentlich nur in großen Fortpflanzungserfolg münden, und das tat er ja auch.

Die dunkelhaarige Frau strich also die Vorteile ein, die aus ihren guten Genen, einer klugen Fortpflanzungsstrategie und einer klugen Familienplanung erwuchsen, und es kam ihr zugute, daß sie weniger Kinder zeugte, die jedoch gesünder, reicher, fruchtbarer und attraktiver waren.

Szene 13
Ein einziger Fehler

Der alte Mann griff nach seinem Stock und zog sich langsam hoch. Leicht schwankend griff er nach dem anderen Stock und schleppte sich durch den Raum, wobei seine Schuhe über das abgewetzte braune Linoleum scharrten. Es war ein Spätsommernachmittag. Durch das offene Fenster wehte der Duft von frisch gemähtem Gras herein. Zwischen den gleichmäßigen Schwüngen des Mähers war in der Ferne undeutlich ein Radio zu vernehmen.

Er war müde. Er hatte unruhig in seinem Sessel gedöst und von seiner Kindheit geträumt, als ein heller Sonnenstrahl durch seine Lider gedrungen war und ihn geweckt hatte. Dieser Strahl traf jetzt auf eine Sammlung bräunlicher Fotos, die auf einer alten Anrichte im dunkelsten Winkel des Zimmers standen. Drei der Fotos waren größer als die anderen. Auf ihrem Schmuckrahmen hatte sich der Staub von Jahren angesammelt. Nach dem Tod seiner Frau hatte er, wie sie es zu tun pflegte, die Bilder einmal in der Woche abgestaubt, bis es ihm schließlich sinnlos erschienen war.

Das größte Foto zeigte einen Heranwachsenden, der, offenbar für die Aufnahme posierend, an einem Holztor lehnte. Hoch stand das Gras zu seinen Füßen, der Wind hatte seine Haare zerzaust und ihm eine frische, rosige Gesichtsfarbe verliehen, die ihn jünger erscheinen ließ als die siebzehn Jahre, die er zählte. Beim Betrachten des Bildes erinnerte sich der Mann an die Vorgänge, die sich mit dem Foto verbanden. Eines Tages, als sie in den Hügeln unterwegs waren, hatte sein Sohn, ein eifriger Amateurfotograf, ihn überredet, dieses Bild von ihm aufzunehmen. Es war die liebste Erinnerung des Mannes an die Kindheit seines Sohnes geblieben, und gerade heute hatte er es immer wieder ansehen müssen.

Das mittlere der drei großen Fotos zeigte einen Schäferhund, der dem Mann einmal gehört hatte. Er liebte Hunde, und er wünschte, gesund genug zu sein, um jetzt einen haben zu können. Das andere Bild zeigte zwei kleine Jungen Seite an Seite, den Mann und seinen Freund als Zehnjährige. Die beiden waren unzertrennlich gewesen und bis weit ins Teenageralter hinein befreundet geblieben. Erst als sie ihre Frauen kennenlernten, war die Freundschaft allmählich verblaßt. Leider kamen die Frauen nicht miteinander aus. Die jungen Männer hatten sich immer seltener getroffen, bis ihr Kontakt sich schließlich darauf beschränkte, daß sie einander über die Straße höflich zunickten. Jeder lebte sein Leben, verdiente sein Brot und zog seine Kinder groß. Der alte Mann hatte nur den einen Sohn gehabt, der geboren wurde, als er und seine Frau Anfang Dreißig waren. Sein Freund, ein hingebungsvoller Vater, hatte zwei Söhne und drei Töchter gehabt.

Dann war vor etwa zwei Jahren die Frau des alten Mannes plötzlich gestorben. Bei der Beerdigung war auch sein alter Freund unter den Trauergästen. Sie sprachen an diesem Tag nur kurz miteinander, doch bald nahmen sie den Kontakt wieder auf. Der andere Mann war besorgt um seinen alten Freund und lud ihn ein, ihn in dieser Zeit der Einsamkeit in seinem Haus zu besuchen. Der alte Mann wußte, daß sein Freund bemüht war, ihm zu helfen, doch in Wahrheit empfand er die Besuche als eine Belastung. Der andere Mann hatte eine so große Familie, daß er und seine Frau in ihrem Haus selten für sich waren. Da alle fünf Kinder am Ort lebten und jeder mindestens ein Kind hatte, ging es in dem Haus oft lauter zu. Der Gegensatz zu seiner eigenen Situation war zu auffällig, und so begann er Ausflüchte zu machen und Einladungen abzulehnen. Er fand es in der Tat recht verdrießlich, daß er sich stundenlang anhören sollte, wie die neuesten Unarten und Fortschritte dieses oder jenes Enkelkindes in allen Einzelheiten geschildert wurden. Schließlich hatte er beschlossen, seinen alten Freund gänzlich zu meiden. Er führte jetzt wirklich ein sehr einsames Leben. Doch heute war Mittwoch, und mittwochs bekam er Besuch.

In der Küche machte der alte Mann sich eine Tasse Tee, dann ließ er sich schwer in den alten Ledersessel neben dem Kamin sinken. Beim Trinken schloß er die Augen, und er wäre wohl eingenickt, hätten ihn nicht zwei laute Schläge gegen das Fenster aus seinem Tagtraum gerissen. Er erkannte das Geräusch sofort und riß die Augen auf. Er erhob sich zur Begrüßung seines Besuchers. Der Junge machte sich eine Tasse Kaffee. Ehe er sich in dem zweiten Sessel niederließ, legte er einen Stapel alter Zeitungen beiseite. Der alte Mann hatte den Jungen gern um sich, weil er ihn an seinen Sohn im entsprechenden Alter erinnerte. Sie sprachen miteinander wie alte Freunde und nicht wie zwei Menschen, die sechzig Jahre auseinander waren. Nachdem sie ein wenig geplaudert hatten, holte der Junge ein Kartenspiel hervor, und sie begannen zu spielen.

Nach einer Weile fiel dem Jungen auf, daß der alte Mann ungewöhnlich zerstreut wirkte. Stimmt etwas nicht? wollte er wissen. Der alte Mann, von dieser Frage sichtlich überrascht, spielte einfach weiter. Der Junge ließ sich jedoch nicht beirren und verlangte zu wissen, was los sei. Schließlich erhob sich der alte Mann, schlurfte ins Wohnzimmer und kehrte mit dem Foto seines Sohnes zurück. Er sagte lediglich, daß sein Sohn heute Geburtstag habe oder gehabt hätte.

Der Junge wußte nicht recht, was darauf antworten, und fragte, was mit ihm geschehen sei. Der alte Mann seufzte und erzählte dann seine Geschichte. Er hatte die Einzelheiten, die ihm einer der Freunde seines Sohnes berichtet hatte, so oft durchlebt, daß es beinahe so war, als wäre er dabeigewesen.

Es war Silvesterabend gewesen, und sein Sohn wollte mit ein paar Freunden feiern. Einer von ihnen hatte sich für den Abend das Auto seines Vaters ausgeborgt. Die jungen Männer waren in bester Stimmung, während der Wagen auf der gewundenen Landstraße der nahen Stadt entgegenfuhr. Ihre Erwartungen an den Abend erfüllten sich; sie tanzten, sangen und flirteten mit den Mädchen. Das neue Jahr war fast drei Stunden alt, als sie sich auf den Heimweg machten.

Die Luft war neblig-trüb, die Atmosphäre beklemmend still. Bald gerieten sie in einen so dichten Nebel, daß der Fahrer anhalten mußte, weil er nicht mehr sah, wohin er fuhr. Das Fahrzeug war in einen undurchdringlichen weißen Nebel gehüllt, und in der Stille wurde es den jungen Männern unheimlich. Nach einer kurzen Beratung bestand der Sohn des Mannes darauf, das Steuer zu übernehmen. Den Hals so weit wie möglich aus dem Fenster reckend, konnte er gerade genug sehen, um langsam vorwärtszurollen. Das ging eine Weile gut, doch das Auto geriet nach und nach unbemerkt auf die falsche Straßenseite. Da passierte es. Nur auf das kurze Stück Straße konzentriert, das er sehen konnte, entging dem Fahrer ein großer überhängender Ast direkt vor ihm. Er schleuderte den Kopf des jungen Mannes nach hinten und brach ihm das Genick. Er war sofort tot.

Nachdem der alte Mann sich seine Geschichte von der Seele geredet hatte, tastete er stumm nach seinem Taschentuch. Er und seine Frau hatten sich mit dem Tod ihres einzigen Sohnes nie abgefunden. Der junge Mann wußte nicht, was er sagen sollte, er kam sich wie ein Eindringling vor. Der alte Mann spürte seine Verlegenheit und murmelte, das alles liege jetzt lange zurück. Er begann, wieder die Karten auszuteilen.

Der traurige, einsame Mann in dieser Szene war, aus welchem Grund auch immer, in Sachen Fortpflanzung ein Verlierer, sein Freund aus Kindertagen dagegen ein Gewinner. Dieser brachte fünf Kinder und viele Enkelkinder hervor, er dagegen nur ein Kind und kein einziges Enkelkind. Die Gene, die das Aussehen, die Chemie und das Verhalten dieses Mannes bestimmten, waren nicht dazu ausersehen, von ihm an künftige Generationen weitergegeben zu werden. Die Gene seines Freundes für Aussehen, Chemie und Verhalten sollten hingegen so manchen Nachkommen auszeichnen. Dabei hatten unser Mann und seine Frau, äußerlich betrachtet, dieselbe Politik verfolgt, die sich bei der dunkelhaarigen Frau in den beiden vorigen Szenen als so erfolgreich erwiesen hatte.

Allerdings mit dem Unterschied, daß sie die Strategie, weniger Kinder zu zeugen, auf die Spitze getrieben hatten – sie hatten nur ein einziges gezeugt.

Dieses eine Kind hätte natürlich erfolgreich sein können. Ein Einzelkind genießt viele Vorteile. Es erhält die ungeteilte Aufmerksamkeit der Eltern, die materiellen Mittel der Familie kommen ihm voll zugute, und es bekommt das ideale Sprungbrett, von dem aus es seine genetischen Anlagen entfalten kann. Andererseits entgehen ihm all die Dinge, die man durch Geschwister haben kann. Insgesamt sollten die Vorteile aber die Nachteile überwiegen. Wenn ein Paar sich für die Ein-Kind-Strategie entscheidet, ist es von Vorteil, wenn dieses Kind ein Sohn ist. Wie wir im nächsten Kapitel im Zusammenhang mit der Begünstigung durch die Eltern sehen werden, ist es in vielen Gesellschaften für die Fortpflanzung vorteilhaft, wenn statt der Tochter der Sohn mit Fürsorge, Aufmerksamkeit und Reichtum überhäuft wird. Dieses Element ihrer Strategie hatte unser Paar also richtig verstanden.

Ohne verläßliche Daten über den Fortpflanzungserfolg ist schwer zu beurteilen, wie oft die potentiell größere Qualität eines Einzelkindes aus der Sicht der Evolutionsbiologie die fehlende Masse mehr als wettmacht, wie es bei der dunkelhaarigen Frau in den vorangegangenen Szenen nur zwei Kinder mit »Spitzenqualität« leisteten. Eines steht jedoch fest: Mag ein einziges Kind auch Vorteile haben, so ist es doch auch mit Gefahren verbunden, wie der alte Mann in dieser Szene entdecken mußte.

Kinder aufzuziehen ist für Eltern ein schwieriges Unterfangen voller Fallgruben; es verlangt Wachsamkeit und Tüchtigkeit vom ersten Tag an, und das im höchsten Maße, wenn die Eltern nur ein Kind haben. Nur ein Fehler, ein Mißgeschick, und die Fortpflanzungsanstrengungen des ganzen Lebens können umsonst gewesen sein. Bei dem Mann in der Szene war natürlich eine gehörige Portion Pech an seinem Fortpflanzungsmißerfolg beteiligt. Seine Strategie war richtig – ein Sohn von »Spitzenqualität« –, und er war durchaus kein schlechter Vater im üblichen Sinne. Er vernachlässigte und mißhandelte seinen Sohn nicht, im Gegenteil, er kümmerte sich liebevoll um ihn. Trotzdem schnitt er in der natürlichen Auslese als Verlierer ab. Was auch immer ihn und seine Frau veranlaßt haben mochte, die Familiengründung hinauszuschieben und nur ein Kind zu zeugen – ihre Handlungsweise war auf jeden Fall riskant und, wie sich zeigte, verhängnisvoll.

In modernen Industriegesellschaften breitet sich die Ein-Kind-Familie immer mehr aus, in der Regel aus eigenem Entschluß; in China ist sie allerdings staatliche Politik. Die gesetzliche Vorschrift »ein Kind pro Familie« konnte die durchschnittliche Kinderzahl verringern, wenn auch nur auf 1,6 Kinder pro Frau. Am häufigsten ist in China dennoch ein Kind, in den übrigen Industrieländern zwei. Von den Frauen, die 1950 in Großbritannien geboren wurden, bekamen dreiundvierzig Prozent zwei Kinder, drei- bis viermal so viele wie die, die nur ein Kind bekamen. Interessant ist, daß sich in dem Maße, wie sich in China das Einzelkind durchsetzt, das Geschlechterverhältnis dramatisch verändert; kamen bei größerer Kinderzahl elf Knaben auf zehn Mädchen, so sind es jetzt sechzehn.

Weil die Chinesen ein Viertel der Weltbevölkerung sind, ist es weltweit von Bedeutung, daß immer mehr *Chinesen* nur ein Kind bekommen. Allerdings findet diese Entwicklung nicht überall Anklang. In Großbritannien zum Beispiel hatte von den 1920 geborenen Frauen jede fünfte nur ein Kind, von den 1950 geborenen nur jede achte – ein Rückgang um über ein Drittel. Bedenkt man die Schwierigkeiten, auf welche die chinesische Regierung bei der Durchsetzung ihrer Ein-Kind-Politik gestoßen ist, so darf man aus diesen Zahlen schließen, daß die Menschen sich, solange sie uneingeschränkt fruchtbar sind, nur widerstrebend mit nur einem Kind begnügen. Daraus folgt, daß die meisten Menschen so programmiert sind, sich weniger von den möglichen Vorteilen als vielmehr von den Gefahren beeindrukken zu lassen, die mit einem Einzelkind verbunden sind.

KAMPF IN DER FAMILIE

Szene 14
Rivalität unter Geschwistern

Das junge Mädchen platzte ins Zimmer der älteren Schwester, nur mit einem Handtuch bedeckt, das es, straff um sich gewickelt, mit einer Hand festhielt. »Kann ich es jetzt bitte haben? Du hast es mir doch versprochen«, sagte es, in der halb geöffneten Tür stehenbleibend. Die Schwester schrieb weiter, als habe sie nichts gehört, und erwiderte dann, ohne aufzublicken:

»Ich weiß nicht recht, ich hab' es mir, glaub' ich, anders überlegt. Und im übrigen könntest du auch anklopfen, klar? Es ist dir ja wohl bekannt, daß du nicht einfach so hereinplatzen darfst.« In ihrer Stimme lag etwas Endgültiges, und sie wandte sich wieder ihrer schriftlichen Arbeit zu.

Das jüngere Mädchen trat mit funkelnden Augen auf sie zu, packte sie grob am Arm und riß sie herum.

»Heh, laß das, du tust mir weh!« rief ihre Schwester und entwand ihren Arm dem Zugriff. »Ich kann meine Meinung ja wohl ändern, wann es mir gefällt, oder?«

»Nicht, wenn du was versprochen hast!« rief die jüngere drohend. »Jedenfalls hab' ich sonst nichts zum Anziehen, und ich hab' Sachen gekauft, die dazu passen. Es ist ungerecht – du bist bloß eifersüchtig, weil es mir besser steht als dir!«

»Ich eifersüchtig auf *dich*?« sagte das ältere Mädchen lachend und versuchte, dabei ungläubig dreinzuschauen. »Das ist ja wohl ein Witz.«

Nach kurzer Überlegung erklärte der zornige Teenager: »Ja, genau, ich hol es mir selbst.« Damit ging sie zielstrebig auf den Kleiderschrank ihrer Schwester zu.

»Laß bloß die Finger von meinen Sachen!« rief die andere und sprang von ihrem Schreibtisch auf. Sie ging auf ihren Kleiderschrank zu, machte dann kehrt und eilte aus dem Zimmer. Am Treppenabsatz lehnte sie sich über das Geländer und rief nach unten: »Mama, Mama, sie wühlt in meinen Sachen! Mama!«

Unten stellte die Mutter seufzend das letzte Stück Geschirr in den Schrank und ging langsam zum Fuß der Treppe. Fünf Minuten hatte sie sich den Streit zwischen ihren Töchtern angehört. Sie wußte, daß irgendwann eine von beiden sie zum Einschreiten auffordern würde. Plötzlich wurde das Getümmel lauter – die beiden Mädchen kamen die Treppe heruntergestürzt, wobei jede die andere zurückzudrängen suchte. Bei dem Gebalge rutschte dem jüngeren Mädchen das Handtuch herunter und entblößte ihre knospenden Brüste, was sie veranlaßte, stehenzubleiben und sich wieder in das Handtuch zu wickeln. Ruhig stieg sie, das Gesicht leicht gerötet, die letzten Stufen herab. Die Mutter ergriff als erste das Wort.

»Um Himmels willen, was habt ihr nun schon wieder?« fragte sie.

»Sie ist schuld, Mama«, klagte die Jüngere. »Sie hat es sich bloß anders überlegt, weil sie weiß, daß *er* dasein wird. Das ist ungerecht.«

»Mach dich doch nicht lächerlich! Und wer ist *er* überhaupt?« gab die Schwester zurück und schnitt eine Fratze.

»Das weißt du genau: der, nach dem du verrückt bist.«

»Du meinst wohl: der, nach dem *du* verrückt bist«, lautete die empörte Antwort.

Wieder wandte sich das jüngere Mädchen an die Mutter. »Sie hat bloß Angst, daß er mich darin sieht und mich schöner findet als sie. Ich kann nichts dafür, daß sie nicht eingeladen ist. Und letzte Woche hat sie gesagt, sie würde es mir leihen.«

»Quatsch!« schrie das ältere Mädchen und stapfte wieder die Treppe hinauf. Kurz darauf flog das Kleid über das Treppengeländer. »Da, von mir aus kannst du es haben, blöde Kuh!«

»Heh, paß auf, was du sagst, Fräulein!« rief die Mutter, während der Teenager wieder in seinem Zimmer verschwand. Die Jüngere nahm das Kleid und sprang frohlockend die Treppe hinauf, zwei Stufen auf einmal nehmend.

Eine halbe Stunde später schlug krachend die Haustür ins Schloß, ein unüberhörbares Zeichen ihres Abgangs. Die Ältere beendete ihre Hausaufgaben und verbrachte den Rest des Abends in der Badewanne, wo sie eingehend ihren Körper studierte und sich fragte, wie ihre Schwester wohl zurechtkäme. Ihre Mutter, einigermaßen verärgert darüber, daß ihre jüngere Tochter ohne Abschiedsgruß gegangen war, grübelte während der restlichen Abendstunden über ihre Kinder nach. Sie mußte sich einfach mit ihnen beschäftigen, da der Vater nicht da war, um sie auf andere Gedanken zu bringen; er machte wieder einmal Überstunden.

Es war immer wieder dasselbe. Mal vertrugen sie sich, aber meistens waren sie zerstritten. Einen Anlaß zum Streit fanden sie immer. In letzter Zeit war es vor allem um die Größe ihrer Zimmer gegangen. Das der älteren Tochter war ein bißchen größer, und sie fand das auch völlig gerechtfertigt, da sie schließlich die Ältere sei. Doch die Jüngere beklagte sich bitter über die Ungerechtigkeit. Sie könne doch nichts dafür, daß sie jünger ist, sagte sie, und bei jeder Gelegenheit nahm sie die Kleinheit ihres Zimmers zum Vorwand, um darüber zu klagen, wie ungerecht es sei, daß sie das jüngere Kind ist. Sie brauche mehr Raum, sagte sie, weil ihre Möbel mehr Platz in Anspruch nähmen und sie eindeutig mehr Besuch bekomme als ihre Schwester. Es sei einfach nicht gerecht.

Die Mutter der beiden hatte davon gehört, daß es Eifersuchtsprobleme geben könne, wenn der Abstand zwischen Kindern zu klein ist, aber das hatte sie nicht davon abgehalten, erneut schwanger zu werden, als ihre erste Tochter knapp achtzehn Monate alt war. Sie erinnerte sich, wie sie aus dem Häuschen gewesen war, als sie noch eine Tochter zur Welt brachte. Sie selbst hatte sich immer eine Schwester gewünscht, und sie stellte sich vor, daß ihre beiden Töchter immer die besten Freundinnen sein würden. Sie würden sich gegenseitig helfen, Geheimnisse miteinander teilen. Es kam jedoch anders. Sie und der Vater mochten die beiden noch so gerecht behandeln – nichts konnte die Überzeugung der Jüngeren erschüttern, sie habe gegenüber ihrer älteren Schwester den kürzeren gezogen. Bei dieser wiederum legte sich nie der Groll, den sie gegenüber dem Neuankömmling empfand.

Das ältere Mädchen schien im anderen von Anfang an eine Bedrohung zu sehen. Als hätte sie begriffen, daß das Dasein einer kleinen Schwester nur gleichbedeutend sein konnte mit geringerer Aufmerksamkeit für sie selbst. Ihre Mutter dachte bekümmert daran zurück, wie ihre Erstgeborene reagiert hatte, als sie das neue Baby stillte. In den ersten Tagen schien sie sich damit zu begnügen, das Ganze einfach zu ignorieren, doch nach einiger Zeit war ihre Eifersucht nicht mehr zu übersehen. Sobald ihr Schwesterchen zufrieden an der Brust lag, verlangte sie nach irgend etwas; sie hatte Durst oder bat um ein Spielzeug, an das sie nicht herankam, oder sie wollte sich das Söckchen wieder anziehen lassen, kurz, ihr fiel immer etwas ein, um das Stillen zu unterbrechen, und sei es nur für eine Minute. Als dieser Trick nicht mehr verfing, versuchte sie, sich zwischen die beiden zu drängen, und kletterte entschlossen auf Mutters Knie.

Der schlimmste Vorfall hatte sich ereignet, als ihre Ältere zweieinhalb Jahre alt war. Es war ein heißer Sommertag, und sie verbrachten den Nachmittag im Garten. Sie hatte das Radio, eine Decke und ein paar Spielsachen mit nach draußen genommen und wollte später ein Picknick machen. Die Kleine schlief fest in ihrem Kinderwagen, als sie kurz ins Haus sprang, um einen Schnuller abzuwaschen. Sie stand gerade am Spülbecken und sah durchs Fenster, wie die Ältere das Radio nahm und zum Kinderwagen hinüberwackelte. Sofort begriff sie voller Entsetzen, was geschah. Sie stürzte aus der Küche und erreichte gerade rechtzeitig die Hausecke, um mitzuerleben, wie ihre Tochter den schweren Gegenstand in den Kinderwagen schleuderte. Zum Glück verfing sich das Radio an der Seitenwand und plumpste auf den Bauch des schlafenden Babys, das dadurch erwachte; Schlimmeres blieb aus. Nach diesem Vorfall ließ sie die beiden Mädchen jahrelang nicht einen Augenblick allein.

Kurz danach setzte bei der Älteren ein »Babyverhalten« ein, wie die Mutter es nannte. Sobald sie sich mit der Jüngeren befaßte, warf sich die Ältere auf den Fußboden, strampelte, kreischte, fuchtelte mit den Armen, bis sie die Aufmerksamkeit der Mutter auf sich gelenkt hatte. Widerstrebend hatten sie sich sogar genötigt gesehen, ihr wieder Windeln anzulegen, nachdem sie entdeckt hatte, daß es besonders gut funktionierte, wenn sie ihre Kleider oder den Fußboden besudelte. Mit vier Jahren waren ihre Bemühungen, die Aufmerksamkeit der Eltern von der Schwester weg auf sich zu lenken, listenreicher geworden. Gern stiftete sie die Kleine an, etwas Ungezogenes zu tun, um dann zur Mutter zu laufen und sie zu verpetzen. Wenn die Mutter dann hinging und nachsah, betonte die Große, daß sie nichts damit zu tun habe.

Richtige Spielkameraden wurden die beiden Schwestern nie. Ständig stritten sie sich um Spielzeug. Die Ältere setzte oft ihre überlegene Kraft ein, um der Schwester etwas zu entreißen. Auch bereitete es ihr offensichtlich Spaß, kleine Spiele, die die andere für sich erfunden hatte, kaputtzumachen. Als die Jüngere größer wurde, fing sie an, sich zu rächen, indem sie die Spiele ihrer Schwester störte und als Nervensäge auftrat, wenn sie Freundinnen zum Spielen eingeladen hatte. Wenn sie, was selten vorkam, zusammen ein Brettspiel anfingen, machte die Jüngere ihre Schwester wütend, indem sie sich nicht an die Regeln hielt und das Brett umzuschmeißen drohte, wenn sie vom Spielen genug hatte.

So war es im Grunde auch heute noch, auch wenn beide inzwischen Teenager waren und die Streitobjekte sich geändert hatten. Offenbar konnte sich keine in die andere hineinversetzen, und ihr Zank bestimmte nach wie vor die Stimmung im Haus. Vielleicht würde es immer so weitergehen, dachte die Mutter traurig, während sie sich anschickte, ins Bett zu gehen.

Dieses Kapitel schildert in fünf Szenen verschiedene Aspekte des Familienlebens, während die Kinder sich aus dem Säuglingsalter über die Kindheit zu Heranwachsenden entwickeln.

Es dürfte auf wenig Widerspruch stoßen, wenn wir feststellen, daß das Familienleben eine Mischung aus Erfreulichem und Unerfreulichem ist. Die guten Momente, in denen die Interessen aller harmonieren, machen viel Freude, und der Evolutionsbiologe braucht kaum Stellung zu nehmen. Diese Harmonie trägt dazu bei, daß alle Angehörigen der Familie *durch die Teilhabe an einer Familie* potentiell ihren Fortpflanzungserfolg fördern. Sie lernen voneinander, unterstützen sich gegenseitig und können durch Bildung einer kooperativen Einheitsfront nach außen sehr viel wirksamer um Mittel für die Familie insgesamt kämpfen, als wenn jeder auf eigene Faust handelte. Die Evolutionsbiologie hat uns jedoch sehr viel mehr zu den weniger harmonischen Aspekten des Familienlebens zu sagen, und ihnen wollen wir uns jetzt zuwenden.

In diesem Kapitel soll gezeigt werden, was sich zwischen Eltern und Kindern abspielt. Szene 15 behandelt die Bevorzugung eines einzelnen Kindes durch die Eltern und Szene 16 das mit Tabu belegte Thema Inzest. Die beiden restlichen Szenen zeigen Situationen, die mit spezifischen Problemen behaftet sind – »gemischte Familien«, in denen Stiefeltern vorkommen, und Familien mit alleinerziehenden Vätern oder Müttern; nebenbei, in Szene 17, gehen wir auch auf die Frage der Kindesmißhandlung ein. Zunächst wollen wir uns aber mit der Geschwisterrivalität befassen.

Geschwisterrivalität ist eine der sichtbareren Formen, in denen »Baby Wars« geführt werden. Die meisten werden die vielfältigen Formen, in denen Brüder und Schwestern miteinander ringen, bei anderen beobachtet oder selbst erlebt haben. Sie zanken sich, sie bekämpfen sich, sie nehmen sich gegenseitig Sachen weg, wie wir es in der obigen Szene gesehen haben. Es kommt auch vor, daß sie sich gegenseitig umbringen. Unabhängig vom Alter finden sie immer etwas, worüber sich streiten läßt, und schon früh kann die Rivalität einsetzen. Die meisten Kinder sind, wenn sie sich noch im Mutterleib befinden, vor ihren Geschwistern relativ sicher; anders ist es bei Zwillingen, die sich im Mutterleib derart positionieren können, daß ihnen von der angebotenen Nahrung der Löwenanteil zufällt, oder sich sogar die günstigste Lage innerhalb der Gebärmutter erkämpfen.

Als Säuglinge und Kleinkinder kämpfen Geschwister um die Aufmerksamkeit und Zuneigung ihrer Eltern; zu den Dingen, um die sie sich kabbeln, kommen jetzt Essen und Spielzeug hinzu, vielleicht auch nur der beste Sitz- oder Stehplatz. Im Kindes- und frühen Teenageralter streiten sie miteinander um Raum und elterliche Geschenke, im höheren Teenageralter kämpfen sie möglicherweise um Freunde vom gleichen oder anderen Geschlecht, aber auch um eher materielle Dinge wie die Verfügung über das Auto der Familie. Als Erwachsene können sie sich schließlich um das Erbe streiten. Geschwisterrivalität ist von der Geburt bis zum Tod eine machtvolle Kraft.

Sie ist nichts spezifisch Menschliches, und sie ist kein neuartiges Phänomen. Geschwisterrivalität beobachten wir bei den Abkömmlingen aller sozial lebenden Tiere, seien es Säugetiere, Vögel oder Insekten. Sie zeigt sich auch in allen Aspekten des Familienlebens. Bei neugeborenen Säugetieren sehen wir sie bald nach der Geburt im Kampf um den Zugang zu den Zitzen des Muttertiers. Zu beobachten ist sie auch bei Vogeljungen, die mit aufgerissenem Schnabel die Eltern dazu bewegen wollen, ihnen den Löwenanteil des Futters zu geben. Bei älteren Tieren ist sie zum Beispiel in der Form zu beobachten, daß Löwenjunge miteinander raufen oder in Großfamilien lebende Vogelgeschwister um das elterliche Territorium miteinander konkurrieren.

Für den Romantiker sollte es Geschwisterrivalität eigentlich nicht geben: Die Familie ist eine Einheit, und wenn alle an einem Strang ziehen, sollte die ganze Einheit sich besser in der Welt behaupten, als wenn sie von inneren Kämpfen zerrissen ist. Bis zu einem gewissen Grad verhalten sich Familien tatsächlich so kooperativ, das ist einer der Vorteile der Bildung eines Familienverbandes. Doch aus der Sicht des Evolutionsbiologen ist die Geschwisterrivalität unausweichlich. Warum hat die natürliche Auslese nun die Menschen (und alle anderen in Familien lebenden Arten) darauf programmiert, in diesem Verhältnis miteinander zu konkurrieren? Die Erklärung ist im Grunde einfach. Jedes Geschwisterkind ist bestrebt, seinen eigenen Fortpflanzungserfolg zu maximieren, und bereit, alles dafür zu tun, auch wenn das bedeutet, den Erfolg von Brüdern und Schwestern aufs Spiel zu setzen.

Die Kraft, die diese Streitigkeiten unter Geschwistern zügelt, kommt von den Eltern, wie in der obigen Szene. Eltern greifen zügelnd in den Streit ein, weil sie andere Interessen haben als ihre Kinder. Die Evolution hat Eltern darauf programmiert, die Streitigkeiten zwischen ihren Kindern nach Regeln zu schlichten, die nicht den Fortpflanzungserfolg eines einzelnen Kindes fördern, sondern den Gesamterfolg der Eltern. Die natürliche Auslese begünstigt solche Eltern, die das Verhalten ihrer Kinder in dem Sinne beobachten und notfalls regulierend eingreifen, daß sie eine möglichst große Zahl von Enkelkindern erhalten. Das bedeutet überwiegend, daß Eltern am meisten gewinnen, wenn sie dafür sorgen, daß keines ihrer Kinder allzusehr unter der Geschwisterrivalität zu leiden hat. Die Sache ist aber noch etwas komplizierter, wie wir in der nächsten Szene erfahren werden, die sich mit der Bevorzugung durch die Eltern befaßt. Gehen wir jedoch einstweilen davon aus, daß es für beide Eltern die beste Strategie ist, so fair zu handeln, daß jedes ihrer Kinder an den vorhandenen Mitteln der Familie im gleichen Maß teilhat.

Das einzelne Kind tut dagegen alles, um den »Löwenanteil« zu ergattern. Es muß daher bestrebt sein, seine Eltern nicht *zu sehr* zu verärgern, so daß es deren Gesamtstrategie stört. Dies würde gegen das Kind zurückschlagen, wenn sie ihm daraufhin ihre Gunst entziehen. Bis zu einem gewissen Grad muß ein Kind auch bestrebt sein, seine Geschwister nicht zu sehr zu verärgern. Geschwister können nützlich sein, und sei es nur, um Kleider von ihnen zu leihen. Generell schneiden Geschwisterpaare bei Wettbewerben innerhalb ihrer Peer-Group besser ab, wenn sie kooperieren, als wenn jeder für sich agiert. Geschwisterbeziehungen sind daher ein Drahtseilakt zwischen Kooperation und Konflikt, und dabei sind jene Kinder am erfolgreichsten, die sich am behutsamsten auf diesem Drahtseil bewegen.

Rivalität ist kostspielig. Sie verschlingt Zeit und Kraft, und man riskiert, die übrige Familie zu verärgern. Wenn es nicht etwas wirklich Lohnendes zu gewinnen gibt, ist sie den Preis möglicherweise nicht wert. Oft dürfte es darum gehen, wieviel Nahrung, Raum, Geld, Unterstützung und Aufmerksamkeit für alle zur Verfügung steht. In Familien mit niedrigem sozialem Status ist mit der stärksten Geschwisterrivalität zu rechnen. Je kleiner der Kuchen, desto größer der Druck auf jeden, ein möglichst großes Stück zu bekommen. In Familien mit hohem sozialem Status wird die Rivalität am schwächsten sein, aber auch hier wird sie zum Familienleben dazugehören. Wie groß auch der Anteil sein mag, den ein Kind für sich herausholt – es wird immer davon profitieren, wenn es mehr ergattert. Heftiger Streit unter Geschwistern um die Verteilung des Familienvermögens ist schließlich der Stoff, aus dem das Leben ist und auch die Kunst.

Das Ausmaß der Rivalität zwischen zwei Geschwistern wird von drei weiteren Faktoren bestimmt: ihrem Altersunterschied, dem Umstand, ob sie dem gleichen oder verschiedenen Geschlechtern angehören, und ihrer genetischen Verwandtschaft. Mit den beiden ersten ist es einfach. Je näher Geschwister einander altersmäßig sind, desto stärker stimmen ihre Bedürfnisse überein, desto stärker ist der Konkurrenzdruck und desto gleicher sind ihre Chancen. Geschwister vom gleichen Geschlecht können ebenfalls durch Konkurrenzkampf mehr gewinnen, auch ihre Bedürfnisse stimmen stärker überein, als wenn sie Bruder und Schwester wären. Mit dem dritten Faktor ist es jedoch nicht so einfach, und er reicht sehr viel weiter. Am stärksten ist die Rivalität bei Stiefgeschwistern, weniger stark ist sie bei Halbgeschwistern, noch schwächer bei leiblichen Geschwistern und am schwächsten bei eineiigen Zwillingen. Die Erklärung geben wir im Laufe dieses Kapitels.

Wenn nicht bloß ein Kind da ist, wird Geschwisterrivalität in keiner Familie ganz zu vermeiden sein. Immer wieder wird es Situationen geben, in denen Kinder ihre eigenen Interessen auf Kosten ihrer Brüder und Schwestern fördern können. Innerhalb einer gegebenen Familie hängt das Ausmaß der Rivalität unter den Geschwistern von einem komplexen Wechselverhältnis zwischen den Vor- und Nachteilen von Konflikt und Kooperation ab. Dieses ist wiederum abhängig vom Status der Familie sowie von Anzahl, Alter, Geschlecht und genetischer Verwandtschaft der Kinder. Auch wenn es sonst nichts gibt, um das man streiten kann, ist die Aufmerksamkeit, die die Eltern ihren Kindern insgesamt zuwenden können, begrenzt. Irgendwann passiert es jedem Geschwisterkind, daß es um einen größeren Anteil an dieser wichtigen Ressource mit den anderen konkurrieren muß.

Art und Ausmaß der Rivalität hängen außerdem davon ab, wie die Eltern das Verhältnis unter ihren Kindern regeln. Bisher nahmen wir an, daß beide Eltern als faire Schiedsrichter alle gleich behandeln. Doch meistens ist es im Interesse der Eltern, nicht so unparteiisch zu sein. Außerdem decken sich nicht immer die Interessen von Mutter und Vater, welches Kind bevorzugt und welches benachteiligt werden soll.

Szene 15
Bevorzugung durch die Eltern

Das junge Mädchen sichtete die Fotos aufmerksam. Sie wußte, wonach sie suchte. Irgendwo mußte es sein.

An diesem Samstagnachmittag fand sie sich plötzlich allein im Haus wieder und wußte nichts mit sich anzufangen. Die übrige Familie – der ältere Bruder, der kleine Bruder, Mutter und Vater – würde erst abends heimkehren. Sie waren in letzter Zeit oft ausgeflogen, da ihr älterer Bruder in den Semesterferien nach Hause gekommen war. Es war so, als müßte jeder Tag etwas Besonderes sein, nur weil er wieder zu Hause war. Das normale Leben schien aufgehoben zu sein: keine Streitereien, keine langweiligen Sonntage, keine zusammengestoppelten Mahlzeiten mehr. Alles mußte irgendwie besonders sein.

Vor seiner Rückkehr hatten ihre Eltern tagelang von nichts anderem gesprochen. Ihre Mutter hatte sein Zimmer sorgfältig hergerichtet und das Tiefkühlgerät vollgepackt mit selbstgebackenem Brot und Kuchen und Feingebäck – »nur für den Fall, daß es ihn nach was Süßem gelüstet«. Sie hatte bei der Verwandtschaft angerufen und angekündigt, daß er nach Hause komme und daß sie in der nächsten Woche vielleicht »auf einen Sprung« vorbeikämen.

Das Mädchen gab die Suche nach dem Foto auf und erhob sich. Sie verließ den winzigen Abstellraum, überquerte den Flur und trat in das Zimmer ihres älteren Bruders. Das Bett war ordentlich gemacht, der Boden war gestaubsaugt. Sie mußte an ihr eigenes Zimmer denken – das Bett war nicht gemacht, überall lag Staub. Er hatte das größte Zimmer im Haus. Sie teilte ihr Zimmer noch immer mit ihrem kleinen Bruder. Er war noch zu jung, um sich etwas daraus zu machen, aber ihr ging es wirklich auf die Nerven. Nachdem ihr älterer Bruder aus dem Haus gegangen war, hatte sie die Eltern bekniet, ihr sein Zimmer zu überlassen. Es würde ja die meiste Zeit leer stehen. Aber es war sein Zimmer und sollte es auch bleiben. Außerdem kamen immer wieder die Ferien, und was wäre, wenn er für immer nach Hause käme? Vollkommen ungerecht, dachte sie. Sie war fünfzehn, und sie brauchte ihre Privatsphäre. Von ihren Freundinnen brauchte keine das Zimmer mit kleinen Brüdern oder Schwestern zu teilen.

Ihr Blick fiel auf den Computer in der Ecke. Das war nun wirklich ein Zankapfel. Ursprünglich für die ganze Familie angeschafft, war er nach wenigen Wochen im Zimmer ihres Bruders gelandet. Seitdem hatte er ihn fast vollständig mit Beschlag belegt; sie kam nur hin und wieder ran, wenn er weg war. Der Vater hatte das damit gerechtfertigt, daß ihr Bruder den Computer besser nutzen könne, weil er ihn für seine Schulaufgaben benötige. Als hätte sie keine Schulaufgaben zu machen. Aber ihre waren natürlich nicht so wichtig, weil sie nicht auf die Universität gehen sollte.

Derzeit sparte sie ihren gesamten Verdienst aus einer Teilzeitbeschäftigung bei einer Marktbude, um sich einen eigenen Computer zu kaufen. So gut wie die Maschine ihres Bruders würde er natürlich nicht sein, aber mehr war für sie eben nicht drin. Daß ihr Bruder auch arbeiten gehen könnte, war niemandem in den Sinn gekommen. Seine Freizeit verbrachte er jedenfalls überwiegend mit Sport. Ihr Vater war ausgesprochen stolz auf die sportlichen Leistungen des Jungen. Als sein Sohn noch zur Schule ging, waren die Samstage damit draufgegangen, ihn zum Training oder zu einem Wettkampf zu fahren und wieder abzuholen. Das Abendessen war ausgefüllt mit Gesprächen darüber, wie ihr Bruder an diesem Tag abgeschnitten hatte. Was *sie* erlebt hatte, war selten Gesprächsthema. Sie war sich sicher, daß ihre Eltern sie nicht absichtlich zurücksetzten, wenn sie sich so verhielten. Aber warum sprach sie sie nicht darauf an, wenn es ihr wirklich etwas ausmachte? Irgendwie war ihr klar, daß sie damit wahrscheinlich nichts ausrichten würde.

Plötzlich hörte sie, wie sich der Schlüssel in der Haustür drehte. Die anderen waren zurück. Sie ging ans offene Fenster und lehnte sich hinaus. Stimmen drangen zu ihr herauf, vor allem die ihres Vaters. »Wer ist denn nun die Glückliche?« fragte er ihren Bruder. Was ihr Bruder antwortete, bekam sie nicht mit, weil er schon ins Haus trat. Seufzend trat sie vom Fenster zurück und begab sich nach unten, um sich symbolisch zu zeigen. Ihr Bruder hatte also für den Abend etwas vor. Sie überlegte, wer »die Glückliche« sein könnte. Er hatte einige Freundinnen, die er in den Ferien anzurufen pflegte. Welche würde es heute abend sein? Wie viele Stunden verbrachte sie wohl damit, sich für das Treffen fertigzumachen? Und wie lange würde sie morgen auf den versprochenen Anruf warten, der nie kommen würde? Ja, ihr Bruder hatte eine Menge Mädchen. Alle taten ihr leid.

Das Abendessen wurde heute verschoben, damit ihr Bruder duschen und sich fertigmachen konnte, bevor er seine Auserwählte abholen ging. Ein spätes Essen paßte weder mit ihren eigenen Absichten zusammen, noch paßte es ihrem Magen. Sie lehnte an dem Küchenunterbau und knabberte einen Keks. Die Mutter eilte geschäftig hin und her, damit beim Essen auch nur ja alles stimmte. Gewöhnlich aßen sie in der Küche, doch seit ihr Bruder nach Hause gekommen war, hatten sie jeden Abend im Eßzimmer gespeist.

Als das Abendessen begann, war sie spät dran mit ihrem abendlichen Ausgang, und so mußte sie mittendrin gehen. Als sie aufstand, unterbrach die Mutter ihr Gespräch und fragte sie, wo sie hinwolle – offensichtlich war ihr entfallen, daß sie darüber schon miteinander gesprochen hatten. Als sie gerade die Haustür zumachen wollte, hörte sie ihren Bruder etwas sagen, woraufhin die Eltern lachten. Ob sie ihren Schlüssel eingesteckt habe, rief ihre Mutter, noch immer lachend. Sie lauschte und wollte schon etwas sagen, aber da die Frage nicht wiederholt wurde, zog sie einfach die Tür zu und ging.

Zehn Tage später war sie wieder einmal allein im Haus. Die anderen waren vor einigen Stunden aufgebrochen, um ihren Bruder zur Universität zurückzubringen, eine Tagesreise. Am Vorabend hatte sie angedeutet, daß sie vielleicht gern mitfahren würde. Es war ein Sonntag, und mit ihren Schulaufgaben wurde sie spielend fertig. Doch im letzten Moment stellte sich heraus, daß nicht genug Platz im Auto war. Allzu enttäuscht war sie darüber nicht. Nachdem sie fort waren, ging sie hinauf in den Abstellraum. Die Fotos, die sie vor rund vierzehn Tagen durchgesehen hatte, lagen noch immer verstreut auf dem Boden. Sie kniete sich hin und sammelte sie auf. Irgendwo mußte es doch sein. Und da entdeckte sie es, das Foto, das ihr Vater von ihrem älteren Bruder an seinem ersten Schultag gemacht hatte. Darin steckte eigentlich alles – sie wußte, daß es weder von ihr noch von ihrem kleinen Bruder ein solches Foto gab. Sie waren aus irgendeinem Grund nie so wichtig gewesen.

Diese zweite Szene, in der es um Rivalität unter Geschwistern geht, unterscheidet sich von der ersten durch das Verhalten der Eltern. War dort die Mutter bemüht, eine möglichst gerechte Schiedsrichterin zwischen ihren zankenden Töchtern zu sein, so tun die Eltern in dieser Szene alles, um ihren ältesten Sohn zu fördern, während sie sich über die Bedürfnisse und Klagen ihrer Tochter hinwegsetzen.

Was sollten Eltern tun, um ihren Fortpflanzungserfolg zu maximieren? Sollten sie als möglichst gerechte Schiedsrichter fungieren? Sollten sie ein Kind bevorzugen? Oder sollten sie es einfach den Kindern überlassen, die hierarchische Ordnung unter sich auszumachen? Eine einfache Antwort gibt es leider nicht, jedenfalls nicht aus der Sicht der Evolutionsbiologie. Es hängt ganz von den Verhältnissen der Familie ab, von den jeweiligen Begabungen der Kinder, von deren Anzahl, Alter, Geschlecht und Verwandtschaftsgrad.

Bei der Erörterung der Geschwisterrivalität haben wir oben zwei Prinzipien formuliert. Erstens sollte jedes Kind bestrebt sein, seinen persönlichen Fortpflanzungserfolg zu maximieren, notfalls auch auf Kosten seiner Geschwister; dazu muß es den Drahtseilakt zwischen Egoismus und Kooperation möglichst erfolgreich absolvieren. Zweitens sollten Eltern in die Rivalität ihrer Kinder in dem Sinne eingreifen, daß ihr eigener Fortpflanzungserfolg maximiert wird.

Manchmal werden sie dies in der Weise tun, daß sie sich unparteiisch bemühen, allen ihren Kindern eine möglichst gleiche Grundlage zu verschaffen. Sie können aber auch die entschiedenere Haltung wählen, das Schwache zu unterstützen und das Starke zu zügeln. Für einen Ausgleich zwischen den Begabungen der Kinder spricht, daß jedes in der Lotterie des Lebens, deren Hauptgewinn in Enkelkindern besteht, bis zu einem gewissen Grad ein gleiches Los darstellt. Es gibt unberechenbare Elemente wie Unfall und Krankheit, die jedes Kind zu jeder Zeit treffen können, und insofern ist es wirklich eine Sache des Zufalls, ob ein Kind überlebt und das Erwachsenenalter erreicht. Kommt eines der Kinder zu Tode, so werden am erfolgreichsten in Sachen Fortpflanzung jene Eltern sein, die in die Rivalität unter ihren Kindern so eingegriffen haben, daß die Überlebenden eine ebenso gute Chance im Leben haben wie das tote Kind. Wurde ein bestimmtes Kind bevorzugt, das dann stirbt, so bleiben Geschwister übrig, die ungenügend vorbereitet sind, die in der Rivalität unter den Geschwistern den kürzeren gezogen haben, und die Eltern werden in der Gesamtausbeute an Enkelkindern nicht so erfolgreich sein.

Stellen wir uns eine Familie mit zwei Kindern vor, die von beiden Eltern die gleiche Unterstützung erfahren und ihrerseits zwei Kinder bekommen, so daß sich für jeden Elternteil insgesamt vier Enkelkinder ergeben. Stellen wir uns nun vor, daß die Eltern ein Kind leicht bevorzugen und daß dieses am Ende vier Kinder hat, während das relativ vernachlässigte Kind keine hat. Durch die Bevorzugung haben die Eltern weder etwas gewonnen noch verloren, da sie am Ende wiederum vier Enkelkinder haben. Die Bevorzugung macht sie jedoch anfällig für die unberechenbare Gefahr von Unfall und Krankheit. Wenn sie das bevorzugte Kind verlieren, bekommen sie keine Enkelkinder, und ihr Stammbaum stirbt aus. Hätten sie dagegen kein Kind bevorzugt, dann hätten sie zwei Enkel, unabhängig davon, welches ihrer Kinder sie verloren hätten.

Wenn die Zahl der Enkelkinder durch Bevorzugung nicht gesteigert werden kann, ist es also sicherer, kein Kind zu bevorzugen. Anders verhält es sich, wenn die Zahl der Enkelkinder durch Bevorzugung doch gesteigert werden kann; dann kann es sich lohnen, das Risiko von Unfall und Krankheit einzugehen. Hätte in dem obigen Beispiel das bevorzugte Kind fünf oder mehr Kinder und das benachteiligte eines gezeugt, so hätten sie am Ende statt der vier, die bei Gerechtigkeit herausgekommen wären, fünf oder mehr Enkelkinder gehabt.

Deshalb hat die natürliche Auslese Eltern begünstigt, die die Möglichkeit erkennen, daß in einem ihrer Kinder weit mehr stecken könnte als in seinen Geschwistern. Unter entsprechenden Umständen können viele nicht der Versuchung widerstehen, dieses Kind auf Kosten der anderen zu ermutigen und zu fördern. Es wird natürlich kaum vorkommen, daß Eltern mit der Unterstützung eines Kindes bewußt auf mehr Nachkommen abzielen, aber genau das tut ihr Körper. Ihr Gehirn wird es registrieren, daß sie nur dies oder jenes zu tun brauchten, und eines ihrer Kinder würde sich auf irgendeine Weise auszeichnen. Außergewöhnliche Menschen haben aber, egal, worin sie sich auszeichnen, im Schnitt einen größeren Fortpflanzungserfolg als weniger herausragende Menschen, insbesondere dann, wenn ihre Fähigkeiten Status und Reichtum mit sich bringen.

Das Prinzip der Bevorzugung können wir bei vielen Tierarten beobachten, wobei Raubvogelarten die extremsten Beispiele liefern. Bei manchen Vögeln tut die Henne in das Dotter des ersten Eis, das sie legt, mehr Hormone hinein, so daß dieses Küken aggressiver um Futter bettelt als seine Geschwister. Bei vielen Habichten, Bussarden und Adlern besteht das Gelege aus zwei Eiern, und sie haben zwei Küken, doch eines wird von Anfang an gegenüber dem anderen bevorzugt. Die Eltern füttern das aussichtsreichere Küken bevorzugt, und bald geht das benachteiligte durch Vernachlässigung ein. In den meisten Jahren finden die Eltern nicht genügend Futter, um beide Küken aufzuziehen, und entsprechend fördern sie ihren Fortpflanzungserfolg eher durch Bevorzugung des stärkeren Kükens als durch Gleichbehandlung beider. Nur in Jahren des Überflusses, wenn Futter leicht zu erlangen ist, versuchen sie beide aufzuziehen. Und sie wenden ihre ungeteilte Aufmerksamkeit nur dann dem kleineren Küken zu, wenn ihnen durch Unfall, Krankheit oder Feindfraß das bevorzugte Küken genommen wird, bevor der Schwächling eingegangen ist. Bevorzugt wird bei diesen Vögeln zumeist das als erstes ausgeschlüpfte Küken. Eine ähnliche Politik hat die natürliche Auslese auch bei den Menschen begünstigt.

Wenn Eltern ein Kind bevorzugen, muß das nicht nur an der unterschiedlichen genetischen Ausstattung der Kinder liegen. Auch die Geburtenfolge kann eine Rolle spielen. In den unterschiedlichsten Kulturen war es im gesamten Verlauf der Geschichte das älteste Kind, das als Erbe den Löwenanteil der elterlichen Ländereien und Besitztümer erhielt. In westlichen Gesellschaften war zumeist der älteste Sohn das bevorzugte Kind. In manchen Agrargesellschaften war es die älteste Tochter, in anderen das älteste Kind, ob Junge oder Mädchen. Noch heute beobachten wir solche Tendenzen. An einem Ende des Spektrums haben wir die

Erblichkeit der Monarchie, am anderen Situationen wie die in der obigen Szene.

Der Evolutionsbiologe ist nicht überrascht, wenn die Bevorzugung sich an der Geburtenfolge orientiert. Der Fortpflanzungserfolg eines Individuums wird strenggenommen nicht an der Zahl der Kinder oder Enkelkinder gemessen, sondern an der Fortpflanzungsrate. Um auf eine doppelt so hohe Fortpflanzungsrate zu kommen wie ein anderer, kann man entweder doppelt so viele Enkelkinder in derselben Zeitspanne oder genau so viele Enkelkinder in der halben Zeitspanne hervorbringen. In unserer bisherigen Erörterung haben wir nur vom Fortpflanzungserfolg gesprochen, doch sollte man beachten, daß wir, wenn wir von Fortpflanzungserfolg sprechen, eigentlich die Fortpflanzungsrate meinen. Eine Möglichkeit, ihre Fortpflanzungsrate zu erhöhen, besteht eben darin, daß Eltern alle Vorteile ihrem ältesten Kind zukommen lassen, in der Hoffnung, daß es, egal, ob Junge oder Mädchen, sich erfolgreich fortpflanzen wird. Wenn nämlich ihr ältestes Kind in Sachen Fortpflanzung das erfolgreichste ist, werden sie früher mehr Enkelkinder haben, und die elterliche Fortpflanzungsrate wird wahrscheinlich höher ausfallen, als wenn ein anderes ihrer Kinder das erfolgreichste ist.

Die natürliche Auslese hat nicht nur die Eltern darauf programmiert, unter sonst gleichen Umständen ihr ältestes Kind zu bevorzugen, sie hat auch die Kinder in einer Weise auf die Geschwisterrivalität programmiert, die faszinierende Folgen hatte. Die Geburtenfolge hat einen erheblichen Einfluß auf den Charakter; das stellten Historiker in zwanzigjähriger biographischer Forschung und Befragung fest. Um elterliche Unterstützung zu gewinnen, neigen die Erstgeborenen zur Nachahmung der Verhaltensweisen und Einstellungen der Eltern. Spätergeborene müssen sich dann von ihren älteren Geschwistern abheben. Das treibt sie zwangsläufig in eine Oppositionshaltung, zu Einstellungen, die in einem gewissen Maß revolutionär sind. Vereinfacht gesagt: Erstgeborene sind konservativ, Spätergeborene rebellisch.

Revolutionäre Ideen, mögen sie politische Umwälzungen wie die Französische Revolution oder ideologische Umwälzungen wie den Protestantismus hervorbringen, finden bei Menschen unterschiedlichen Anklang, je nachdem, wo sie in der Geburtenfolge der Familie stehen; dies ist inzwischen hinlänglich bewiesen. Die Anhänger und Verfechter solcher Umwälzungen waren zumeist Spätergeborene, ihre Gegner unabhängig vom Alter Erstgeborene. Vor dem Erscheinen von Darwins *Entstehung der Arten* im Jahr 1859, durch das die Evolutionstheorie ein gewisses Ansehen gewann, war es zehnmal wahrscheinlicher, daß sie von Spätergeborenen vertreten wurde als von Erstgeborenen gleichen Alters und vergleichbarer Bildung. Als diese Umwälzungen einige Jahrzehnte später zur herrschenden Lehre geworden waren, wurden die Rollen ausgetauscht. Jetzt wurden die Lehrsätze der neuen Orthodoxie eher von Erstgeborenen vertreten und von Spätergeborenen bekämpft.

Als 1996 eine Zusammenfassung dieser Forschungen erschien, ließen sich etliche Kommentatoren zu der Behauptung verleiten, die Studie zeige, daß nicht die Gene unser Schicksal bestimmen, sondern die Umwelt. Dem ist aber nicht so. Die natürliche Auslese hat eine *bedingte Reaktion* hervorgebracht. Wir sind alle gleichermaßen genetisch so programmiert, daß wir zunächst feststellen, welche Position wir in der Familienhierarchie einnehmen, und dann entsprechend reagieren. Und die angemessene Reaktion ist für einen Erstgeborenen die Übernahme der elterlichen Werte, für einen Letztgeborenen die Infragestellung der elterlichen Werte und für die dazwischen Geborenen der Kompromiß. An der Bevorzugung der Erstgeborenen kann die Reaktion der Spätergeborenen nichts ändern, da diese Bevorzugung, wie schon erörtert, oft im Interesse der Eltern liegt. Die Reaktion der Spätergeborenen definiert jedoch einen Standpunkt, der ihnen ermöglicht, widerspruchsfreie neue Verhaltensmuster zu entwickeln und zu verfeinern. Die Spätergeborenen bemühen sich praktisch um die Wahrnehmung jener Chancen und Möglichkeiten, die von ihren Eltern und älteren Geschwistern übersehen wurden; sie tun sich auf neuen und unerwarteten Wegen hervor.

Die genetische Ausstattung und die Geburtenfolge sind nicht die einzigen Faktoren, von denen die Bevorzugung eines Kindes abhängt. Eine Rolle spielt auch das Geschlecht. In der Regel profitieren Eltern davon, wenn sie statt ihrer Töchter ihre Söhne bevorzugt mit Reichtum und Status bedenken. Männer mit größerem Besitz und Status bekommen, wie schon ausgeführt wurde, früher Partnerinnen, fangen früher an, sich fortzupflanzen, bekommen seltener Hörner aufgesetzt und machen häufiger andere zum Hahnrei. Solche Männer haben also in jeder Hinsicht größere Aussichten auf Fortpflanzungserfolg als ihre Konkurrenten mit geringerem Status. Dies gilt in modernen Industriegesellschaften genauso wie in vorindustriellen Gesellschaften.

Daß Frauen eine Vorliebe für Männer von Besitz und Status haben und ihnen eher treu sind, hat eine faszinierende Konsequenz: Sie machen sich diese Präferenz zunutze, um das Geschlechterverhältnis innerhalb ihrer Familie zu beeinflussen. Aus der Tatsache, daß Männer von hohem Status größeren Fortpflanzungserfolg erreichen als andere, und zwar nicht nur in ihren langfristigen Beziehungen, sondern auch, weil sie dieselben überdurchschnittlichen Chancen wie ihre Väter haben, andere Männer zum Hahnrei zu machen, folgt, daß eine mit einem Mann von hohem Status verpaarte Frau größeren Fortpflanzungserfolg erreicht, wenn sie Söhne statt Töchter gebiert. Ein wirklich erfolgreicher Sohn kann den Fortpflanzungserfolg einer Frau sehr viel besser steigern als selbst die erfolgreichste Tochter. Die größte Kinderzahl, die je ein Mann für sich beansprucht hat, beträgt, wie schon erwähnt, 888, gegenüber 69, die eine Frau mit 27 Schwangerschaften hervorgebracht hat.

Man kann daher erwarten, daß Paare von höherem Status mehr Söhne hervorbringen als Paare von geringerem Status, und genau das wird von weltweiten Studien bestätigt. Schauen wir zum Beispiel in das *Who's Who*. Die Kinder der dort verzeichneten Prominenten weisen ein Geschlechterverhältnis auf, das mit einem statistischen Mittelwert von 115 Knaben- auf 100 Mädchengeburten nicht sonderlich ins Auge sticht, aber es gibt beeindruckende Abweichungen. Die Präsidenten der Vereinigten Staaten zum Beispiel haben insgesamt 90 Söhne und 61 Töchter gezeugt – das entspricht 148 Söhnen auf 100 Töchter.

Warum bekommen dann nicht alle Frauen mehr Söhne als Töchter? Tatsächlich ist das bis zu einem gewissen Grade der Fall. Im Schnitt kommen 106 Knaben auf 100 Mädchen. Weil Knaben aber in der Kindheit eine größere Sterblichkeit aufweisen, ist das Verhältnis in etwa ausgeglichen, wenn sie sich fortzupflanzen beginnen. Dennoch ist die Wahrscheinlichkeit einer Knabengeburt bei der Durchschnittsfrau geringer als bei einer Frau, die mit einem Mann von hohem Status verbunden ist, und Frauen ohne Partner sowie Frauen, deren Partner geringen Status hat, bekommen eher eine Tochter.

Eltern können ihre Fortpflanzungsrate somit in vielen Fällen eher steigern, wenn sie statt einer Tochter den ältesten Sohn bevorzugen. Es gibt allerdings auch genetische, soziale oder ökologische Situationen, in denen Eltern am meisten davon profitieren, wenn sie Töchter bevorzugen.

Eine aktuelle Untersuchung über eine solche Situation betrifft Zigeuner in Ungarn, die aufgrund ihrer Armut und der damit einhergehenden Häufigkeit von Krankheiten und

Unfruchtbarkeit einen geringeren Fortpflanzungserfolg verzeichnen als die bessergestellten seßhaften Ungarn. Die Söhne von Zigeunern haben es schwer, eine Partnerin in der ungarischen Bevölkerung zu finden, während Töchter leichter einen ungarischen Partner gewinnen. Ein Zigeuner erzielt durch Töchter im Schnitt mehr Enkelkinder als durch Söhne, und Zigeunerinnen bringen in der Regel mehr Töchter als Söhne zur Welt. Eine Zigeunertochter bringt ihren Eltern vor allem dann mehr Enkelkinder ein, wenn sie gesund, attraktiv und gebildet ist, da solche Mädchen am ehesten von den bessergestellten seßhaften Ungarn geheiratet werden. Bei den Zigeunern werden Töchter gegenüber Söhnen bevorzugt, insbesondere werden sie länger gestillt, und ein größerer Teil der familiären Ressourcen wird in ihre Bildung investiert.

Bei der Erörterung der elterlichen Bevorzugung haben wir bisher unterstellt, daß Mutter und Vater sich immer darüber einig sind, welches ihrer Kinder die größten Chancen hat. Das ist aber durchaus nicht immer der Fall, und entscheidend ist hier für gewöhnlich die Gewißheit des Mannes, daß er der Vater ist. Die Mutter kann bei all ihren Kindern sicher sein, daß sie ihre Gene weitertragen, ihr Partner hingegen nicht. Dieser Unterschied vermag teilweise zu erklären, daß Väter mehr zur Bevorzugung neigen als Mütter. Das Verhalten eines Vaters gegenüber seinen Kindern kann sehr stark davon beeinflußt sein, wie sicher er sich ist, daß dieses oder jenes Kind tatsächlich sein leibliches Kind ist. Auch wenn er bewußt zu dem Urteil kommt, daß alle Kinder seiner Partnerin mit gleicher Wahrscheinlichkeit von ihm stammen, kann sein Körper dennoch die Merkmale des Kindes anders beurteilen. Die scheinbar unbegründete Einfühlung, die er für ein bestimmtes Kind empfindet, kann durchaus darauf beruhen, daß sein Körper die Gewißheit seiner Vaterschaft positiv bewertet.

Wenn Mutter und Vater sich in der Bevorzugung nicht einig sind, kann es zu Reibungen kommen. Daraus können auch Konflikte zwischen den Eltern und ihren Kindern und unter den Kindern selbst erwachsen. Nach außen hin werden diese tieferen Konflikte oft gar nicht sichtbar. Wenn zur Geschwisterrivalität noch die Bevorzugung eines Kindes und die Unsicherheit des Mannes bezüglich seiner Vaterschaft hinzutritt, kommt es gelegentlich zu Auseinandersetzungen, die sich aber meistens wieder legen, so daß das Familienleben zum Nutzen aller zur Normalität zurückkehrt. Doch es kommt auch vor, daß ein Konflikt zu einer so gewalttätigen Konfrontation eskaliert, daß die Familie danach nicht mehr die alte ist.

Die Kehrseite der Bevorzugung ist nämlich Vernachlässigung, Aggression und Gewalt. Die Bevorzugung kann sich in zwei Formen äußern: Die Eltern können sich positiv gegenüber einem bevorzugten Kind oder negativ gegenüber einem benachteiligten Kind verhalten. Extrem negative Formen sind Aggression und Tötung. Die positive Form der Bevorzugung wird am ehesten gewählt, wenn die Verhältnisse der Familie günstig sind, die negative, wenn es der Familie schlecht geht. Es kommt vor, daß das Verhalten des benachteiligten Kindes den Fortpflanzungserfolg des bevorzugten gefährdet, und dann sehen manche Eltern den einzigen Ausweg in Gewalt und Totschlag. Am wahrscheinlichsten ist ein so extremes Verhalten, wenn die Mittel der Familie äußerst begrenzt sind. Mit anderen Worten: Mißhandlung der Kinder durch die Eltern ist am häufigsten in den unteren sozialen Schichten.

In einem gewissen Sinne ist diese Gewalt eine verhängnisvolle Fortsetzung der Familienplanung, die wir oben erörtert haben und die für den Fortpflanzungserfolg beider Eltern so wichtig ist. Der größte Erfolg fällt jenen Paaren zu, die mit der Zahl ihrer Kinder und der zeitlichen Planung der Geburten genau richtig liegen. Doch manchmal verschlechtern sich die Verhältnisse einer Familie, wenn die Kinder schon da sind, und eine früher als optimal eingeschätzte Kinderzahl wird dann als zu groß empfunden. Gelegentlich reagieren Eltern dann auf die Verschlechterung ihrer Lebensumstände, indem sie die Zahl ihrer Kinder auf ein Maß reduzieren, das sie nach Einschätzung ihrer Körper bewältigen können. Zwar hat eine solche gewaltsame Reaktion, die wir auch bei vielen Säugetierarten beobachten, eher etwas mit Familienplanung zu tun, doch ist die Entscheidung, welches der Kinder getötet werden soll, offensichtlich eine extreme Äußerung der elterlichen Bevorzugung.

Die Kriterien, nach denen eine Mutter eines ihrer Kinder so entschieden benachteiligt, können andere sein als die des Vaters. Da er zusätzlich mit dem Problem der Ungewißheit zu kämpfen hat, ob er der Vater ist, kann es vorkommen, daß er gewalttätig gegen ein Kind reagiert, bei dem die Ungewißheit groß ist, besonders dann, wenn dieses Kind ein anderes mißhandelt, bei dem er eher glaubt, der Vater zu sein, und das er deshalb bevorzugt.

Szene 16
Inzest

Der Mann merkte nichts von dem heraufziehenden Gewitter und durchlebte im Traum noch einmal den Streit, den er mit seiner Partnerin gehabt hatte. Er hatte sie mit Vorwürfen der Untreue überhäuft.

Das Gewitter kam näher, schon zuckten Blitze über die Zimmerdecke. Die immer lauter werdenden Donnerschläge verwandelten sich in seinem Traum in das Zerschellen der Teller, die sie nach ihm geworfen hatte und deren Scherben noch immer auf dem Küchenboden lagen. Der Donnerschlag, der sich unmittelbar vor dem Erwachen direkt über ihm entlud, verwandelte sich in das Zukrachen der Haustür, als sie, die Autoschlüssel in der Hand, gegangen war. Sein Herz hämmerte, als er wach wurde und bemerkte, wie die Schlafzimmertür langsam aufging.

»Wir haben Angst, Mammi«, sagte die Achtjährige. »Wir möchten zu dir ins Bett, bis es vorbei ist.« Der Donner ängstigte sie. Hinter ihr warteten der fünfjährige Junge und die zweijährige Tochter, den Teddybär an sich gepreßt, auf die Antwort.

»Mammi ist nicht da, Schatz«, sagte der Mann. »Sie mußte zu einer Freundin, aber bald ist sie wieder da. Du kannst zu mir ins Bett schlüpfen, bis sie heimkommt.«

Am Morgen nach dem Gewitter fand er eine Nachricht von ihr auf dem Anrufbeantworter: Sie würde mit ihrem Liebhaber ein neues Leben im Ausland beginnen. Einen Monat später kam eine Postkarte: Es tue ihr leid, aber ihr neuer Partner bedeute ihr alles; er möge den Kindern ein gutes Leben schaffen und sie herzlich von ihr grüßen.

Bis zu diesem Augenblick hatte der Mann nicht geglaubt, daß sie ihn und die Kinder einfach so verlassen könnte. Und auch danach dachte er noch eine Zeitlang, ihr Mutterinstinkt werde sich durchsetzen und eines Tages werde sie einfach wieder aufkreuzen, aus Sehnsucht, ihre Kinder wiederzusehen. Doch die Postkarte zwang ihn, sein Leben zu überdenken und sich zu überlegen, wie er seine Kinder allein großziehen könnte. Vielleicht ginge es ja. Als Schriftsteller konnte er zu Hause arbeiten, und finanziell kam er gut zurecht.

Unmittelbare Verwandtschaft gab es nicht. Er war ein Einzelkind gewesen, und seine Eltern waren vor zehn Jahren gestorben, unter Hinterlassung einer ansehnlichen Erbschaft.

Seine Partnerin war ein Adoptivkind gewesen. Nachdem sie im Teenageralter von ihrer Herkunft erfahren hatte, waren ihre Adoptiveltern ihr nach und nach fremd geworden, und bei der erstbesten Gelegenheit war sie für immer fortgegangen. Auch unmittelbare Nachbarn gab es keine. Er und seine Partnerin waren entzückt gewesen, als sie das baufällige Cottage mitten im Wald entdeckt hatten. Zur nächsten Landstraße gelangte man über einen Feldweg, der gerade breit genug für ihren Land Rover war. Kauf und Wiederinstandsetzung des Cottage hatten fast seine halbe Erbschaft verschlungen, aber als es fertig war, waren sie über den Glückstreffer unendlich froh. Gelegentlich, besonders im Winter, fragte er sich, wenn er die beiden älteren Kinder zur Schule fuhr und wieder abholte, ob es für sie das richtige war, wenn sie weiterhin so einsam wohnten. Doch im Sommer kannte er diese Zweifel nicht. Dann ließ er seine Arbeit ruhen, um nackt in dem riesigen, verwilderten Garten zu sitzen oder herumzuwerkeln, während seine Kinder, ebenfalls nackt, stundenlang spielten.

Ein Problem war für ihn nur, wie er es mit dem Schlafen einrichten sollte. Nach dem Fortgang der Mutter waren die Kinder abends so aufgewühlt, daß er es nicht über sich brachte, ihnen den Wunsch abzuschlagen, in seinem Bett zu schlafen. Er vermutete allerdings, daß sie sich dadurch ihr näher fühlten, nicht ihm. Doch als er sich eines Nachts vorsichtig aus dem Gewirr der Leiber gelöst hatte, um nebenan im Bett der älteren Tochter zu schlafen, kamen sie und holten ihn zurück; sonst könnten sie nicht schlafen, sagten sie.

Zwei Monate nach dem Fortgang seiner Partnerin schaffte er es endlich, die Kinder zu einem Versuch zu bewegen, wieder in ihrem eigenen Zimmer zu schlafen. Doch als ihn das Schluchzen der Ältesten aus dem Schlaf riß, ließ er sie wieder zu sich ins Bett schlüpfen, und es verging keine Stunde, bis sie alle wieder da waren. Bald machte er nicht einmal mehr den Versuch, sie zum Schlafen in ihrem eigenen Zimmer zu bewegen. Es machte ihm im übrigen durchaus Spaß, sein Bett mit ihnen allen zu teilen. Er fühlte sich wie eine Glucke, die zur Nacht ihre Küken um sich scharte. Er empfand es auf eine merkwürdige Art sogar als notwendig. Manchmal glaubten sie, draußen in der Einsamkeit Herumtreiber zu hören. Hin und wieder sehnte er sich jedoch danach, sich unbehindert in seinem Bett ausstrecken zu können. Er hatte nie einen Schlafanzug getragen, und in der Nacht, als die Jüngste, die inzwischen drei war, ihn mit ihren rauhen Fingernägeln ahnungslos am Genitale kratzte, schwor er sich, daß er sich die Freiheit seines Bettes wiedererkämpfen würde. Am Ende schlossen sie einen Kompromiß. Die beiden Ältesten waren bereit, ein Etagenbett zu beziehen, es mußte allerdings neben seinem Bett aufgestellt werden. Also stopfte er alle Betten in sein Zimmer hinein, und alle drei mußten allabendlich zumindest anfangs in ihrem eigenen Bett bleiben.

Doch es vergingen nur wenige Nächte, in denen nicht wenigstens eines von ihnen irgendwann zu ihm ins Bett stieg. Am häufigsten kam die Älteste, inzwischen neun, die seit einiger Zeit an Alpträumen litt. Und manchmal war es wieder wie am Anfang, daß alle drei sich an ihn kuschelten. Immerhin kam es aber auch vor, daß er sich nach Herzenslust in seinem Bett ausstrecken und räkeln konnte. Am wichtigsten war ihm, wenn er ehrlich war, die wiedererlangte Freiheit, mit seinen Genitalien zu spielen, wenn die Lust ihn anwandelte, und sich erotischen Vorstellungen hinzugeben, in denen er das Bett nicht mit Kindern teilte, sondern mit einer Frau oder gar mit mehreren.

In den drei folgenden Jahren schwand bei den Kindern allmählich die Erinnerung an ihre Mutter und der Glaube, daß sie eines Tages zurückkehren würde, und sie wurden zu einer vertrauten, sich selbst genügenden Familie. Das ältere Mädchen wurde für ihre Geschwister immer mehr zu einer Mutter, die sich das Kochen und Einkaufen mit dem Vater teilte und das letzte Wort sprach, wenn sie Kleider für die Kleinen kauften. Es belustigte ihn, wie sie ihn, ihrer Mutter immer ähnlicher werdend, tadelte und sich über seine Unordnung und seine gelegentliche Lethargie verärgert zeigte.

Dieser Sommer war so heiß wie seit Jahren nicht mehr. Sie wurden herrlich braun, und einige Wochen lang hatte der Mann das Bett für sich, da jeder das eigene Bett vorzog, wo es vergleichsweise kühl war. Nach und nach folgten die Kinder seinem Vorbild und schliefen ohne Schlafanzug.

Es war der Sommer, in dem er die ersten Andeutungen von Brüsten und Schamhaaren an seiner Zwölfjährigen bemerkte und in dem sie eines Morgens beim Aufwachen Blut auf dem Bettlaken fanden. Er war beeindruckt – nicht nur davon, daß sie sofort wußte, was mit ihr los war, sondern auch von der selbstsicheren Art, mit der sie Tampons kaufte und benutzte. Noch mehr beeindruckt war er von der Sachlichkeit, mit der sie eines Morgens auf die Entdeckung reagierte, daß er auf das Bettlaken ejakuliert hatte. »Ist das Samen, Papa?« fragte sie verschlafen. Er hatte versucht, es abzuwischen, bevor sie es bemerkte. Aber mit diesem Vorfall war die Sache klar: Sie konnte jetzt wirklich nicht mehr in seinem Bett schlafen, zumal sie inzwischen ganz davon abgegangen war, Schlafanzug oder Nachthemd zu tragen. Sie beklagte sich, daß er ihren Bruder und ihre Schwester nach wie vor zu sich ins Bett ließ, wann immer sie wollten. Er wolle sie bloß nicht mehr in seinem Bett haben, weil sie die Bettlaken mit Blut besudeln könnte, sagte sie verdrießlich.

Doch für einmal blieb er fest, und sie gehorchte. Aber es verging keine Woche, und sie kroch, von bösen Träumen gequält, morgens wieder zu ihm. Nun bettelte sie darum, abends in seinem Bett einschlafen zu dürfen, damit die Träume nicht kamen. Schließlich gab er nach. Warum sollten sie auch nicht alle zusammen schlafen, wenn es das war, was sie brauchten? Er kaufte ein überbreites Bett. Und er schärfte allen dreien ein, daß sie niemandem erzählen dürften, daß sie manchmal in seinem Bett schliefen, und das unbekleidet. Wenn sie etwas davon verrieten, würden andere kommen und das unterbinden, sagte er; vielleicht würde man sie sogar von ihm wegholen. Er war inzwischen recht erfolgreich, und gelegentlich stand er im Rampenlicht der Medien. Ihn erschreckte die Aussicht, sich öffentlich für etwas rechtfertigen zu müssen, das sich ganz naturwüchsig aus ihrer Familiensituation ergeben hatte.

Von da an schlief das ältere Mädchen bei ihm, und die anderen verbrachten die Nacht gewöhnlich in ihrem eigenen Bett und gesellten sich nur dann und wann zu ihrer Schwester und ihrem Vater.

Im Laufe der nächsten vier Jahre wurden seine beiden jüngeren Kinder immer selbständiger. Sein Sohn hatte Interesse an der Natur gefunden und begab sich auf ausgedehnte Streifzüge durch die Wälder, bei denen er alles, was er sah, detailliert festhielt, während seine jüngere Tochter sich gern in ihrem Zimmer aufhielt und stundenlang schmökerte. Als seine ältere Tochter sich in eine hübsche junge Frau verwandelte, durchlitt er tausend Qualen. Ihm war klar, daß viele seiner Besorgnisse ihm auch unter normalen Umständen nicht erspart geblieben wären. Er machte sich Sorgen, daß die soziale Entwicklung seiner Kinder durch ihre Abgeschiedenheit Schaden nehmen könnte, und forderte sie auf, sich stärker mit Schulkameraden anzufreunden und diese häufiger zu besuchen, sie allerdings nicht nach Hause einzuladen. Halbherzig drängte er die Älteste, sich einen Freund zu suchen, aber wenn sie dann diesen oder jenen Jungen erwähnte, empfand er Eifersucht. Es machte ihm Sorgen, doch zugleich war er erleichtert, daß sie, soweit er wußte, mit keinem von ihnen etwas zu tun hatte, offenbar zufrieden mit ihrem Leben zu Hause.

Seine größten Qualen waren jedoch sexueller Natur. Es beunruhigte ihn, wie seine ältere Tochter, inzwischen das Ebenbild ihrer Mutter, vertrauensvoll nackt zu ihm ins Bett stieg. An ihn geschmiegt, fühle sie sich so geborgen wie nirgendwo, sagte sie. Der eine Teil seines Ichs forderte immer stärker, ihr zu erklären, daß sie nun wirklich nicht mehr zusammen schlafen dürften, aber der andere Teil wäre vernichtet gewesen, wenn sie es so gehalten hätten. Ihre kindliche Unschuld stand im Widerspruch zu ihrem erwachsenen Körper, und sie war, mochte er seine Gedanken auch noch so sehr zügeln, zum Hauptobjekt seiner sexuellen Phantasien geworden. Die Vorstellung, daß sie nicht mit ihm schlief – daß sie eines Tages mit einem anderen schlafen würde –, war für ihn unerträglich. Aber wie konnte er ihr sagen, daß er, während sie sich in seinen Armen sicher und geborgen fühlte, davon träumte, all das mit ihr zu machen, was er vor zehn Jahren mit ihrer Mutter gemacht hatte?

Viele Jahre später wunderte er sich, daß er es so lange geschafft hatte, sich zu beherrschen. Seine Tochter war fünfzehn, als sein Widerstand schließlich bröckelte. Ihr war nicht entgangen, daß er in der letzten Zeit immer öfter feuchte Träume zu haben schien. Er brachte es nicht fertig, ihr die Illusion zu rauben und die Wahrheit zu sagen. Er konnte ihr nicht sagen, daß er gewartet hatte, bis sie schlief, um sich dann zu befriedigen, indem er sein erigiertes Glied sanft am nächstgelegenen Teil ihres Körpers rieb.

Nachdem er begonnen hatte, sie auf diese Weise zu benutzen, steigerte sich sein Treiben. Mit zunehmender Dreistigkeit ließ er seine Hand auf ihrer Brust oder ihren Schamhaaren ruhen. Es kam auch vor, daß er sein erigiertes Glied zwischen ihre Gesäßbacken oder, wenn die Chance sich ergab, zwischen ihre Schenkel zwängte. Anfangs machte er dies nur kurz und während sie schlief, doch bald bezog er stärkere Erregung daraus, daß er so tat, als schliefe *er* und als geschähen diese Dinge unabsichtlich, während *sie* wach war. Nie zeigte seine Tochter eine sexuelle Reaktion, aber sie beklagte sich auch nie; nur einmal sagte sie: »Paß auf, Papa«, als er, den Penis von hinten zwischen ihre Schenkel gezwängt, auf ihre Schamhaare ejakulierte.

Die größte Qual war für ihn jedoch psychologischer Natur. Er war so sehr von einem Gedanken besessen, daß er nicht mehr schreiben konnte. Immer wieder durchlebte er die Nacht, in der seine Tochter gezeugt worden war, und er kramte jede Einzelheit des Gesprächs aus seinem Gedächtnis.

Er war auf einer Party gewesen und hatte von der Toilette aus gehört, wie in einem der Schlafzimmer eine Frau weinte.

Er war zu ihr gegangen und hatte sie beruhigt, und dann hatte sie ihm gesagt, sie sei gerade vergewaltigt worden – sie habe nicht so weit gehen wollen, aber der Mann sei einfach zu stark gewesen. Er war bei ihr geblieben, hatte ihr einen Drink geholt, sie zu trösten versucht, ihr bei der Entscheidung, was nun zu tun sei, zu helfen versucht. Zur Polizei zu gehen sei sinnlos, sagte sie; sie schäme sich vor den Polizisten, und sowieso glaube sie, daß es ihr gelungen sei, sich gerade noch rechtzeitig zurückzuziehen, bevor der Mann ejakulierte, so daß vermutlich kein Sperma in sie gelangt sei. Sie hatten in der abgedunkelten Einsamkeit des Schlafzimmers weitergetrunken, und so war aus dem Trösten ein Streicheln geworden, ihre Dankbarkeit war in eine Reaktion umgeschlagen, und ehe sie sich versahen, schliefen sie miteinander. Sie ging in der Nacht mit ihm, zog einen Monat später zu ihm und brachte acht Monate später ihre Tochter zur Welt. Wenn sie nicht in der Nacht gezeugt worden war, in der sie sich kennengelernt hatten, dann konnte es nicht lange danach gewesen sein. Vielleicht war es aber auch vorher gewesen.

Irgendwie hatte er immer daran denken müssen, daß nicht er, sondern der Vergewaltiger, vielleicht sogar ein früherer Liebhaber der Vater seiner »Tochter« war. Nun aber, da er sexuell dermaßen vernarrt in sie war, war der Gedanke zu einer Obsession geworden. Die Möglichkeit, daß sie nicht sein Kind war, beherrschte ihn jede Nacht, wenn er neben ihr lag und sein ganzer Körper sich danach sehnte, sie zu besamen. Er wollte es ihr sagen, fürchtete aber, sie könnte, wenn sie erführe, daß er möglicherweise nicht ihr Vater war, sein Bett verlassen, statt es als seine Geliebte in Besitz zu nehmen.

Es passierte, als sie sechzehn war. Er war in Sachen Alkohol immer großzügig gewesen, und wenn seine jüngere Tochter, die jetzt zehn war, das Zeug verabscheute, so fand sein Sohn allmählich Geschmack daran. Seine ältere Tochter trank gern Wein, wurde aber selten betrunken. Der Sohn schlief mittlerweile in einem eigenen Zimmer. Die Jüngste bestand weiterhin darauf, daß ihr Bett im Zimmer des Vaters blieb, kam inzwischen aber selten zu ihm ins Bett, nicht zuletzt, weil ihre ältere Schwester sie nicht hineinließ.

Eines Abends hatte er beim Abendessen eine zusätzliche Flasche Wein aufgemacht, und anschließend mußte er seine ältere Tochter buchstäblich ins Bett bringen, wobei er darauf achtete, ihre Schwester nicht zu wecken, während er sich auszog und dann der Großen mühsam ein Kleidungsstück nach dem anderen abstreifte. Es sollte ihm für immer unbegreiflich bleiben, wie er es schaffte, sich zu beherrschen und nicht in sie zu dringen, als sie nackt vor ihm ausgebreitet lag.

Doch als sie berauscht schlief, tat er etwas, was er bisher noch nicht getan hatte. Während er an ihrem Rücken ejakulierte, steckte er ihr seine Finger in die Scheide. Minuten später schlief auch er ein.

Sie erwachten um drei durch ein aufziehendes Gewitter. Es blitzte immer häufiger, der Donner wurde lauter, und er spürte, wie sich seine Tochter in seinen Armen immer mehr verkrampfte – die Angst vor dem Donner hatte sie nie verloren. Ein lauter Schlag veranlaßte sie, sich umzudrehen und ihn zu bitten, sie in die Arme zu nehmen. Noch ein Schlag, und sie klammerte sich fest an ihn. Durch das offene Fenster konnten sie hören und riechen, wie der strömende Regen gegen die Bäume klatschte. Während die Natur draußen tobte, schien es ihm fast, als bemerkte sie nicht, daß sein Penis sich sanft und behutsam immer weiter in sie hineinschob. Solange das Gewitter raste, lagen sie still da, Arme, Beine und Genitalien umeinander- und ineinandergeschlungen. Er stieß nicht, und sie rührte sich nicht, abgesehen davon, daß sie bei jedem Donnerschlag zusammenfuhr. Er wollte nicht ejakulieren, aber nur, weil er die körperliche und emotionale Vereinigung, auf die er so lange gewartet hatte, so lange wie möglich auskosten wollte. Während der halben Stunde, die sie so miteinander vereint waren, streichelte er ihr übers Haar und küßte er sanft ihr Gesicht, mehr wie der tröstende Vater, der er bisher gewesen war, als der Liebhaber, der er jetzt war. Zweimal flüsterte sie Worte, die in dem strömenden Regen untergingen, einmal wenige Minuten nachdem er in sie eingedrungen war, und einmal, als er schließlich, unfähig, sich länger zu beherrschen, erbebte und in ihr ejakulierte. Doch was sie von sich gab, waren nicht die Laute, die eine Frau auf dem Höhepunkt der sexuellen Erregung ausstößt, sondern eher eine gemurmelte Äußerung der Zuneigung und der Zufriedenheit.

Mit dieser Nacht begann eine sexuelle Beziehung, die so intensiv und aktiv war, wie die Beziehung zwischen einer jungen Frau und einem fünfundzwanzig Jahre älteren Mann überhaupt nur sein kann. Im Eifer des Gefechts redete er sich ein, daß das Mädchen nicht seine Tochter sei, sondern einfach eine junge und attraktive Frau, so gut wie jede andere. Aber er sagte es ihr auch jetzt nicht. Sie schien mit ihrer Situation so zufrieden zu sein und fand daran, daß er ihr alle sexuellen Finessen beibrachte, so unverhohlenen Genuß, daß er fürchtete, sie mit seinen Zweifeln bezüglich der Vaterschaft nur zu vertreiben.

Sie taten, außer beim ersten Mal, bei jeder Gelegenheit etwas zur Empfängnisverhütung, aber es nützte nichts. Er bemerkte die Anzeichen als erster, und sechs Wochen nach dem Verlust ihrer Jungfräulichkeit bestätigte ein Test, daß sie schwanger war. Von dem Augenblick an, als er den dünnen blauen Strich sah, war alles anders. Er wußte, daß für inzestuös gezeugte Babys ein gewisses Risiko genetischer Schäden bestand. Sie schien das nicht zu begreifen oder sprach jedenfalls nicht darüber. Nur einmal deutete er an, daß sie eine Abtreibung vornehmen lassen könnte, aber sie nahm es so übel auf, daß er nicht noch mal damit anfing. Sie wolle das Kind von ihm, sagte sie, und sie würde seinem Kind die Mutter sein, die ihre eigene Mutter nie gewesen war. Ihren Geschwistern und jedem, der danach fragte, sagte sie, der Vater ihres Babys sei einer aus der Schule, den sie nicht namentlich nennen wollte. Der Mann las alles, was er auftreiben konnte, über die genetischen Risiken des Inzests, und war einigermaßen beruhigt, als er herausfand, daß für mögliche Schäden nur eine erhöhte Wahrscheinlichkeit, aber keine Zwangsläufigkeit bestand.

Die Monate vergingen, und während seine Tochter immer dicker wurde, wuchs seine Not, nicht nur, weil er sich um die Gesundheit des erwarteten Babys sorgte, sondern auch, weil er sich fragte, ob er sie in seine Befürchtungen einweihen sollte. Zum einen sorgte er sich, daß sie von anderer Seite über die Gefahren für das Baby erfahren könnte, zum anderen fürchtete er die Folgen, die es haben konnte, wenn er ihr sagte, daß er möglicherweise nicht ihr Vater war, denn auf keinen Fall sollte sie während der Schwangerschaft in eine emotionale Krise geraten. Die größte Sorge bereitete ihm, daß irgend jemand von ihrer Beziehung erfahren könnte und er im Gefängnis landen würde. Er fragte sich, ob es ihn strafrechtlich entlasten würde, wenn er sagen könnte, er sei nicht der genetische Vater seiner Tochter.

Sie war im siebten Monat, als er, zum wiederholten Mal in der Bibliothek nach Informationen über Vaterschaftstests stöbernd, endlich das Gesuchte fand. Er hatte geglaubt, ein Test sei nicht möglich, da er kein Gewebe von der Mutter der Kinder beschaffen konnte, doch offenbar bestanden bei Gewebe von den drei Kindern und ihm selbst gute Aussichten für eine Bestimmung der Vaterschaft. Irgendwie konnte er allen dreien ein Kopfhaar ausziehen, und zusammen mit einem Haar von ihm selbst schickte er das Ganze an ein Labor in einer fernen Stadt. Als er nach sechs Wochen noch immer keine Antwort hatte, rief er bei dem Labor an und mußte erfahren, daß die Proben dort nie angekommen waren. Wieder schickte er Proben ein und wartete nervös auf das Ergebnis, denn inzwischen rückte die Entbindung seiner Tochter heran. Am Ende brachte sie zwei Wochen vor dem errechneten Termin einen rundum gesunden Sohn zur Welt.

Plötzlich kamen ihm die Testergebnisse unwichtig vor, denn er traf, ganz in der Vaterrolle aufgehend, genaueste Vorkehrungen für die Heimkehr seiner Tochter aus dem Krankenhaus. Er fand den Brief mit den Testergebnissen auf der Türmatte vor, als sie mit dem Neugeborenen nach Hause kamen. Er steckte den Umschlag ein und fand mehrere Stunden lang weder die Gelegenheit noch die Kraft, ihn zu öffnen.

Schließlich schloß er sich im Badezimmer ein und riß ihn auf. In den weitschweifigen Ausführungen hieß es, daß ohne Gewebe von der Mutter nur von eingeschränkten Wahrscheinlichkeiten gesprochen werden könne, und er fand zunächst nicht, wonach er suchte. Als er dann doch die traurige Gewißheit erhielt, wünschte er, er hätte lieber nichts erfahren. Sein Sohn stammte nahezu zweifelsfrei von ihm, seine jüngere Tochter, die gewinnende Elfjährige, die er vergötterte, dagegen nicht. Offenbar war der Vorwurf der Untreue, den er ihrer Mutter am Abend ihres Fortgangs gemacht hatte, gerechtfertigt.

Er zerriß das Papier und spülte die Fetzen in der Toilette fort. Aus einem fernen Zimmer hörte er sein Söhnchen schreien, und seine Gedanken und Gefühle waren völlig durcheinander. Nach fast siebzehn Jahren des Zweifels und des Argwohns kannte er endlich die Wahrheit über die Vaterschaft an dem Mädchen, das jetzt seine Geliebte war.

Es gibt unter den Bezeichnungen für menschliche Beziehungen kaum einen Ausdruck, der so starke Emotionen weckt wie das Wort »Inzest«. In allen Kulturen, die wir kennen, sind Paarungen innerhalb bestimmter Verwandtschaftsbeziehungen verboten. Doch eine strenge biologische Definition von Inzest existiert nicht. Er wird nicht biologisch, sondern rechtlich als Geschlechtsverkehr zwischen Personen definiert, die zu eng miteinander verwandt sind, um eine rechtlich zulässige Ehe eingehen zu können. Und weil die Ehegesetze in jeder Gesellschaft andere sind, muß das, was in einer Gesellschaft als inzestuös gilt, in einer anderen nicht unbedingt auch als inzestuös gelten. Das englische Recht definiert Inzest zum Beispiel als Geschlechtsverkehr zwischen einem Mann und einer Frau, die nach Kenntnis des Mannes seine Tochter, Schwester, Halbschwester, Enkeltochter oder Mutter ist. Vettern und Kusinen ersten Grades dürfen daher, genau wie in Japan, Geschlechtsverkehr haben und heiraten, ohne sich des Inzests schuldig zu machen. In Amerika schwankt die Definition des Inzests von einem Bundesstaat zum anderen, doch in den meisten gilt eine Ehe zwischen Vettern und Kusinen ersten Grades als inzestuös (ausgenommen Rhode Island, wo Juden Kusinen ersten Grades heiraten dürfen). So, wie es heute zwischen England und den einzelnen amerikanischen Bundesstaaten Abweichungen in der Frage gibt, was genau unter Inzest zu verstehen ist, so gab es Abweichungen zwischen den vorindustriellen Gesellschaften. Die Unterschiede betrafen hauptsächlich das Verhältnis von Vettern und Kusinen; im Mittelalter zum Beispiel war selbst Vettern und Kusinen sechsten Grades die Ehe untersagt. Verboten waren jedoch in den meisten Gesellschaften Paarungen zwischen Vater und Tochter, Bruder und Schwester sowie Mutter und Sohn.

Ein Inzesttabu gab und gibt es in allen Kulturen, doch gelegentlich waren Teilgruppen innerhalb der Gesellschaft davon ausgenommen. In Ägypten zum Beispiel waren innerhalb der regierenden Dynastie Ehen zwischen Bruder und Schwester jahrtausendelang erlaubt. Kleopatra war wohl die berühmteste unter den Ptolemäern, die ein Geschwister ehelichten – sie war zugleich Schwester und Nichte ihres Ehegemahls. Die regierenden Familien im alten Hawaii und die Inkas in Peru praktizierten einen ähnlichen Inzest. Der Bruder-Schwester-Inzest war auch bei der Hindu-Sakta-Sekte in Indien und bei den Mormonen in Utah (bis 1892) üblich. Selten ist der Inzest jedoch zu einer Mehrheitsstrategie geworden wie zum Beispiel im alten Ägypten und in Persien, wo er schließlich auch von »Bürgerlichen« übernommen wurde. Man schätzt, daß in der griechisch-ägyptischen Stadt Arsinoe vor achtzehnhundert Jahren zwei Drittel der Ehen inzestuös waren, hauptsächlich zwischen Bruder und Schwester. Es scheint jedoch ein Merkmal der menschlichen Spezies – und, wie wir sehen werden, auch der meisten anderen Arten – zu sein, daß Geschlechtsverkehr zwischen nahen Verwandten normalerweise gemieden wird.

Über die Häufigkeit, mit der es in modernen Industriegesellschaften zu Geschlechtsverkehr zwischen nahen Verwandten kommt, sind Zahlen nur schwer aufzutreiben. Einerseits werden viele Fälle nicht angezeigt; dies gilt nach Schätzungen für fünfundsiebzig Prozent der Vater-Tochter-Inzeste und für einen noch höheren Anteil bei Bruder-Schwester-Inzesten. Andererseits dürften viele der angezeigten Fälle haltlos sein. Wir werden wahrscheinlich nie erfahren, ob der Inzest in Wahrheit häufiger oder weniger häufig ist, als die Zahlen vermuten lassen. Für den Biologen ist es kein geringes Problem, daß die Soziologen nicht immer klar unterscheiden zwischen inzestuösem Geschlechtsverkehr mit der daraus resultierenden Möglichkeit der Empfängnis und anderen Formen sexueller Interaktion. In der Regel wird der Geschlechtsverkehr den anderen Formen schwerwiegenden sexuellen Mißbrauchs zugeschlagen, wie die folgende Szene zeigen wird. Um einen groben Anhaltspunkt zu geben: Nach den genauesten Schätzungen in den USA wird etwa jede fünfzigste Frau, die einen älteren Bruder hat, von diesem besamt, jede hundertfünfzigste von ihrem Vater und – ungeachtet der Geschichte von Ödipus – kaum eine von ihrem Sohn (aber schließlich war Iokaste sowieso nicht Ödipus' genetische Mutter).

Die Mehrzahl der angezeigten Fälle von Vater-Tochter-Verkehr beruht vermutlich auf Zwang; Väter zwingen ahnungs- oder hilflose junge Mädchen zu sexuellen Handlungen. Bei Bruder-Schwester-Inzesten scheint das seltener der

Fall zu sein. Ein nicht erzwungener Inzest, wie ihn die obige Szene schilderte, dürfte seltener zur Anzeige gelangen. Es ist daher unbekannt, wie häufig es beim Menschen zum Inzest in der einen oder anderen Form kommt und wie oft er – aus der Sicht des Evolutionsbiologen wichtiger – zu Schwangerschaft und Geburt führt. Die besten Schätzungen besagen, daß etwa jeder fünfte Fall von Vater-Tochter-Inzest und ein größerer Anteil der Bruder-Schwester-Inzeste, vielleicht die Hälfte, zur Schwangerschaft führt.

Am Ende dieses Abschnitts werden wir auf die Frage eingehen, warum manche Menschen sich auf scheinbar inzestuöse Handlungen einlassen und andere nicht. Der geeignete Ausgangspunkt der Diskussion ist aus biologischer Sicht vielleicht nicht die Frage, warum es zum Inzest kommt, sondern die, warum der Inzest, namentlich der von Männern angezettelte, nicht noch häufiger geschieht, als es der Fall ist. Es gibt zwei Gründe, so zu fragen, einen nicht so leicht durchschaubaren und einen, den man als schicksalhaft bezeichnen könnte.

Der erste Grund ist ein mathematischer; es geht um die Zahl der Gene, die wir immer, wenn wir ein Kind zeugen, an die nächste Generation weitergeben. Jedes Kind enthält normalerweise nur fünfzig Prozent unserer Gene – die anderen fünfzig Prozent kommen von unserem Partner. Könnten wir uns mit uns selbst paaren, enthielten unsere Kinder natürlich ausschließlich unsere Gene, und bei jeder Fortpflanzung würden wir doppelt so viele Gene an die nächste Generation weitergeben, als würden wir uns mit jemand anderem fortpflanzen. Doch genetisch ist die Paarung mit einem nahen Verwandten fast genausogut. Wären die beiden in der Szene tatsächlich Vater und Tochter, enthielte ihr Sohn fünfundsiebzig Prozent der Gene des Vaters und fünfundsiebzig Prozent der Gene der Tochter, weil Vater und Tochter so viele Gene gemeinsam haben. Das erscheint gegenüber den normalen fünfzig Prozent als eine enorme Verbesserung.

Der zweite Grund ist der, daß Männer von ihrer genetischen Programmierung dazu getrieben werden, ständig nach weiblichen Wesen Ausschau zu halten, die sie zusätzlich befruchten können. Ein junges Mädchen, ob nun Tochter oder jüngere Schwester, ist ein ständig gegenwärtiges, unerfahrenes, angreifbares und potentiell fruchtbares weibliches Wesen. Sie ist ein naheliegendes Ziel für die sexuelle Aufmerksamkeit eines Mannes.

Wenn diese zwei Gründe erwarten lassen, daß der Inzest relativ häufig passiert, wie kommt es dann, daß Väter und Töchter, Brüder und Schwestern und vor allem Mütter und Söhne in der Regel nicht versuchen, sich miteinander fortzupflanzen? Es liegt daran, daß Männer und Frauen ebenso wie die Männchen und Weibchen anderer Arten eine genetisch programmierte Aversion gegen den Inzest besitzen. Sie äußert sich nicht nur in einem mangelnden sexuellen Interesse an nahen Verwandten, sondern auch in einer Aversion gegen die Idee überhaupt, und sie gilt für den nicht erzwungenen Inzest ebenso wie für den erzwungenen.

Den sexuellen Mißbrauch von Kindern durch Familienangehörige schildert die nächste Szene. Aber hier geht es um jenen Aspekt des Inzests, über den seltener gesprochen wird und über den sehr viel weniger bekannt ist, um den Inzest mit beiderseitiger Zustimmung zwischen Menschen, die einander zugetan sind. Verglichen mit Männern, die ihr Opfer gewaltsam mißbrauchen, wirkt die Hauptfigur der obigen Szene relativ gutartig. Der Mann übte keine Gewalt, keinen Zwang aus und war wenig hinterlistig. Auch stand die starke Zuneigung, die er für seinen Schützling empfand, ebenso außer Zweifel wie die ihre für ihn. Doch obwohl sich aus den Problemen, vor denen er als alleinerziehender Vater stand, und aus der Tatsache, daß er all seine Kinder vergötterte und daß seine Zuneigung zu seiner Tochter von ihr erwidert wurde, mildernde Umstände für ihn herleiten lassen, wird die Mehrheit der Leser ihn unausweichlich wegen seiner Handlungsweise verabscheuen und verachten. Das allein zeigt schon, wie stark unsere angeborene Aversion gegen ein solches Verhalten ist, wie stark die negativen Gefühle sind, die uns von den Genen in die Seele einprogrammiert wurden.

Weshalb ist uns eine Aversion gegen den Inzest einprogrammiert? Die Erklärung ist einfach: Inzest ist ein ungeeigneter Weg zum Fortpflanzungserfolg. Er ist nachteilig, und die Hauptlast der Nachteile hat, wie immer, die Frau zu tragen. Der Inzest verringert den Fortpflanzungserfolg vor allem dadurch, daß er die Wahrscheinlichkeit erhöht, daß das Kind mit einer erblichen Krankheit behaftet ist. Entweder sterben solche Kinder in jungem Alter, oder sie sind unfruchtbar oder unattraktiv. Um das zu verstehen, muß man etwas über *Trampergene* wissen.

Wir erhalten für alle Aspekte unserer Entwicklung einen doppelten Satz genetischer Instruktionen; so wird unsere Körpergröße oder unsere Augenfarbe von den Instruktionen bestimmt, die Vater und Mutter uns mitgeben. Bei manchen Aspekten, etwa der Größe, wird zwischen den beiden Gensätzen ein Kompromiß geschlossen. Bei anderen, etwa der Augenfarbe, dominiert einer der Sätze. Die Instruktionen für braune Augen sind gewöhnlich gegenüber denen für blaue Augen dominant – weshalb die für blaue Augen »rezessiv« genannt werden –, gleichgültig, ob sie von Vater oder Mutter stammen. Wenn also das Gen für braune Augen mit dem für blaue zusammentrifft, bleibt das für blaue Augen stets verborgen. Wenn Träger des verborgenen Gens für blaue Augen immer wieder auf braunäugige Partner treffen, kann die Präsenz der Instruktion für blaue Augen in der Abstammungslinie generationenlang unentdeckt bleiben. Sie bleibt aber dennoch vorhanden und wird weitergegeben. Unbeobachtet und unausgedrückt, fährt das Gen praktisch wie ein Tramper mit, bis es schließlich auf ein anderes Gen für blaue Augen trifft und ein Kind entsteht, das nun einzig die Instruktionen für blaue Augen besitzt.

Dieses Trampen der rezessiven Gene durch die Generationen kann verhängnisvolle Folgen haben. Hin und wieder mutieren Gene und unterscheiden sich dann von den Genen beider Eltern. Nehmen wir an, ein Gen für eine bestimmte Augenfarbe, ob nun blau oder braun, mutiert und wird zu einem Gen für rote Augen. Ist es ein dominantes Gen, wird sich die Mutation schon in der nächsten Generation zeigen. Ist es aber rezessiv, so kann es durch viele Generationen trampen, bis es auf sein Gegenstück trifft und ein unglückliches Kind mit roten Augen erzeugt.

Nun mögen rote Augen ästhetisch nicht sehr ansprechend sein, gefährlich sind sie nicht. Viele Trampergene sind aber leider gefährlich und können ein Kind, das sie in doppelter Kopie erbt, töten oder verkrüppeln. Vermutlich tragen die meisten von uns eines oder mehrere solcher Gene mit sich herum. Solange wir aber das Glück haben, uns nicht mit jemandem fortzupflanzen, der eines dieser Gene in sich trägt, kommt der tödliche Charakter unseres Trampers nicht zum Vorschein. Und selbst wenn wir uns mit jemandem fortpflanzen, der denselben Tramper in sich trägt, ist die Wahrscheinlichkeit, daß ein krankes Kind entsteht, nur eins zu vier, weil das Gen dazu sowohl in der Eizelle als auch in der Samenzelle vorhanden sein muß. Ist es nur in einer von beiden vorhanden, wird das Kind dieses Gen an die nächste Generation weitergeben, ohne selbst an der Krankheit zu leiden.

Inzest erhöht nicht die Wahrscheinlichkeit, daß die zwei verkehrten Gene miteinander verschmelzen, aber der Fortpflanzungspartner besitzt mit erhöhter Wahrscheinlichkeit denselben tödlichen Tramper. Wie stark die Wahrscheinlichkeit zunimmt, hängt davon ab, wie verbreitet das Gen in der Gesamtbevölkerung ist.

Nehmen wir an, der Mann in der obigen Szene besaß ein Gen, das beim Kind Mißbildungen hervorruft, und dieses Gen sei bei einem Prozent der Gesamtbevölkerung vorhanden. Hätte er seine sexuellen Aktivitäten auf Frauen aus der größeren Population beschränkt, hätte die Wahrscheinlichkeit, daß er auf eine Fortpflanzungspartnerin mit demselben Trampergen stieß, nur eins zu hundert betragen. Auch in diesem Fall wäre, wie schon gesagt, die Wahrscheinlichkeit, daß ein von beiden gezeugtes Kind zwei Kopien des gefährlichen Gens erhalten hätte, nur eins zu vier gewesen. Unter diesen Umständen hätte also die Wahrscheinlichkeit, daß aufgrund dieses Gens ein mißgebildetes Kind entsteht, eins zu vierhundert betragen. Doch in der Szene beschränkte der Mann seine Aktivitäten nicht auf Frauen aus der gesamten Population – er hatte Verkehr mit einem Mädchen, das er als seine Tochter aufgezogen hatte. War sie wirklich seine genetische Tochter, so betrug die Wahrscheinlichkeit, daß sie das Gen für Mißbildung enthielt, fünfzig zu fünfzig. Wenn wir nun berücksichtigen, daß die Wahrscheinlichkeit dafür, daß ihr Kind das Gen von beiden erbte, eins zu vier betrug, sehen wir, daß die Wahrscheinlichkeit einer Mißbildung eins zu acht betrug – das Risiko stieg also um das Fünfzigfache.

Trägt der Vater zufällig keine gefährlichen Trampergene in sich, ist eine inzestuöse Paarung mit seiner Tochter in genetischer Hinsicht natürlich genauso unbedenklich wie jede andere. Besitzt er dagegen mehr als ein solches Gen, ist die Wahrscheinlichkeit sogar noch höher als soeben berechnet. Aus Untersuchungen über Erbkrankheiten bei Kindern, die aus einem Vater-Tochter- beziehungsweise Bruder-Schwester-Inzest hervorgegangen sind, ist zu entnehmen, daß etwa die Hälfte der Kinder betroffen sein könnte. Nach Untersuchungen in Japan, Brasilien, Frankreich, Indien und Großbritannien war die Sterblichkeit von Kindern, die einer Verbindung zwischen Vettern und Kusinen ersten Grades entsprangen, um rund vier Prozent, die von Kindern aus einer Verbindung zwischen Onkeln und Nichten um rund zehn Prozent höher. Mit einigen Berechnungen läßt sich daraus schließen, daß die Menschen im Schnitt ein bis vier gefährliche Trampergene mit sich herumtragen. Das Inzestrisiko schwankt daher von einem Menschen zum anderen. Für diese Diskussion wollen wir einmal ein durchschnittliches Risiko für den Vater-Tochter-Inzest von eins zu acht für jedes gefährliche Trampergen annehmen. Bei inzestuöser Fortpflanzung würden Mütter und Söhne dasselbe Risiko eingehen wie Väter und Töchter. Für Brüder und Schwestern beträgt das Risiko dagegen eins zu sechzehn.

Als der Mann und das Mädchen mit den sexuellen Handlungen begannen, aus denen ihr Kind hervorging, konnte der Mann nicht entscheiden, ob sie ein erhöhtes genetisches Risiko eingingen oder nicht. Wenn sie wirklich seine Tochter war, war das Risiko größer, aber er wußte nicht, ob sie es war. Durch den gesunden und normalen Eindruck des Babys ließ er sich mit einigem Recht beruhigen. Die meisten gefährlichen Trampergene hätten sich vermutlich schon bei der Geburt geäußert. Eine Mißbildung des Fötus hätte aller Wahrscheinlichkeit nach eine Miß- oder eine Totgeburt nach sich gezogen, oder sie hätte sich bei der Geburt des Kindes gezeigt. Hatte der Mann dem Papier, das er in der Toilette fortspülte, jedoch entnommen, daß seine Geliebte tatsächlich seine genetische Tochter war, konnte er sich noch auf Probleme gefaßt machen. Es gibt Erbkrankheiten, die sich erst im Alter von einigen Jahren bemerkbar machen. Ein Beispiel ist VLINCL (variant late infantile neuronal ceroid lipofuscosis), die spätinfantile neuronale Zeroidlipofuszinose, die in Finnland so verbreitet ist wie nirgendwo sonst. In den ersten Lebensjahren machen die betroffenen Kinder bloß einen unbeholfenen Eindruck, doch mit der Zeit stellen sich Anfälle ein, und sie werden blind und lahm. Gewöhnlich sterben sie im frühen Erwachsenenalter.

Es muß betont werden, daß der Inzest diese genetischen Probleme nicht verursacht, er erhöht lediglich die Wahrscheinlichkeit ihres Auftretens. Diese Probleme können jedes Paar heimsuchen; beide müssen dasselbe gefährliche Trampergen in sich tragen, unabhängig davon, ob ihre Beziehung inzestuös ist oder nicht. So treten in manchen Gegenden Finnlands, wo die Besiedlung dünn, die Mobilität begrenzt und die Auswahl an Partnern beschränkt ist, Erbkrankheiten wie VLINCL sehr gehäuft auf. Bei Stammbaumstudien in Finnland wurde das VLINCL-Gen über dreizehn Generationen zurückverfolgt, bis zum Beginn des 17. Jahrhunderts. Es wurde offensichtlich vierhundert Jahre lang von ahnungslosen Trägern als Tramp mitgeschleppt, bevor es bei einem Jungen sichtbar wurde, und der besten Schätzung zufolge lebte die Person, bei der die Mutation sich ereignete, vor rund sechshundert Jahren. Zum Vergleich: Die Person, bei der sich die Mutation ereignete, die zur zystischen Fibrose führte, hat vermutlich vor rund fünfzigtausend Jahren gelebt, vor der letzten Eiszeit. In England und Frankreich trägt heute jeder fünfundzwanzigste dieses Trampergen in sich, und einer von 2 500 Menschen ist mit diesem erblichen Leiden behaftet.

Zwei gegensätzliche Faktoren haben sich in unserer Erörterung des Inzests bisher herausgeschält. Einerseits könnte die Fortpflanzung mit einem nahen Verwandten, wie schon gesagt, genetisch vorteilhaft sein wegen der großen Zahl gemeinsamer »guter« Gene, die an das Kind weitergegeben werden. Dem ist jedoch das Risiko entgegenzuhalten, daß gefährliche Trampergene entfesselt werden können. Bei Abwägung beider Faktoren ergibt sich zwar ein Nachteil für Vater-Tochter-, Mutter-Sohn- und Bruder-Schwester-Paare, aber nicht für alle Verwandtschaftsgrade (und der Grad mit dem günstigsten Kompromiß zwischen Vor- und Nachteilen ließe sich berechnen). Eine einfache Antwort ist jedoch nicht möglich, denn es hängt, wie wir gesehen haben, alles davon ab, wie viele gefährliche Trampergene jemand in sich trägt. Sind beide frei von solchen Genen, sind Vater-Tochter- sowie Bruder-Schwester-Beziehungen tatsächlich das günstigste Geschäft. Ist ein solches Gen vorhanden, liegt der günstigste Kompromiß etwa auf der Ebene von Vettern und Kusinen ersten Grades, und in dem Maße, wie die Zahl der gefährlichen Gene zunimmt, weicht der günstigste Verwandtschaftsgrad zurück.

Falls Menschen und andere Arten sich in der Weise verhalten, die theoretisch von der natürlichen Auslese am stärksten begünstigt wird, müßten wir feststellen können, daß sie es vermeiden, sich mit nahen Verwandten zu paaren, aber eine gewisse Vorliebe für entferntere Verwandte zeigen, falls solche vorhanden sind. Und das stellen wir tatsächlich fest. Zunächst ist der Inzest bei Tieren genauso selten wie beim Menschen. Die in Untersuchungen ermittelten Zahlen reichen von etwa einem Prozent der Paarungen bei einem wildlebenden Vogel, der Kohlmeise, bis zu etwa zehn Prozent bei einem wildlebenden Säugetier, dem Pferd, das in dem begrenzten Gebiet der südfranzösischen Camargue lebt. Zweitens ergaben Studien an so verschiedenen Tieren wie Ratten, Pferden und Affen, daß die Tiere, wenn sie die freie Wahl haben, eine gewisse Vorliebe für entfernte Verwandte zeigen. Kontrollierte Untersuchungen über eine solche Vorliebe beim Menschen liegen nicht vor. Der durchschnittliche Grad der genetischen Verwandtschaft von Heiratspartnern ist die Vetternschaft sechsten Grades.

In Großbritannien liegt der Grad etwas niedriger. Interessanterweise ist Charles Darwin ohne Kenntnis der Berechnungen, die Evolutionsbiologen hundert Jahre später in seinem Namen anstellen würden, seinen Instinkten gefolgt, hat seine Kusine ersten Grades Emma geheiratet und viele Kinder mit ihr gezeugt.

Diese Ergebnisse werfen die Frage auf, wie die natürliche Auslese es angestellt hat, ein solches Vermeidungsverhalten und solche Vorlieben einzufädeln. Sie hat sich dazu dreier Mechanismen bedient. Einer ist die Zerstreuung der Familienangehörigen, bevor sie mit der Fortpflanzung beginnen, ein anderer eine Aversion gegen die Paarung mit Individuen, die man von Kindheit an kennt, und der dritte ist die Fähigkeit, Ähnlichkeiten und Unterschiede zu beurteilen, die auf eine Verwandtschaft hindeuten könnten.

Zunächst zur Zerstreuung der Familien. Die natürliche Auslese hat Kinder so programmiert, daß sie bei Erreichen des Jugendalters rastlos werden und die Welt bereisen und erkunden wollen. Dieser Drang sorgt dafür, daß der Jugendliche sich schließlich vom Sitz der Familie entfernt. Dieses Phänomen ist nicht auf den Menschen beschränkt – man findet es bei allen Wirbeltieren. Bei vielen Arten ist diese Rastlosigkeit unterschiedlich ausgeprägt, so daß eines der Geschlechter – bei Säugetieren gewöhnlich das Männchen, bei Vögeln das Weibchen – von dem Wandertrieb stärker befallen wird als das andere. Bei wenigen Arten, darunter einige Primaten, zum Beispiel Brüllaffen und Gibbons, werden beide Geschlechter in der Jugendzeit gleichermaßen vom Erkundungsdrang erfaßt. Die Menschen liegen irgendwo dazwischen. Bei männlichen Jugendlichen ist entweder der Erkundungsdrang stärker, oder sie haben, wie es in den meisten Gesellschaften der Fall ist, einfach mehr Freiheit. Doch weibliche Jugendliche sind keineswegs frei von solchen Anwandlungen, und in Industriegesellschaften haben sie sehr viel mehr Freiheit, ihren Neigungen zu folgen. Doch gleichgültig, welches System eine gegebene Art benutzt, die Familien zerstreuen sich, bevor die Jungen anfangen, sich fortzupflanzen. Der jugendliche Erkundungsdrang wird im Anschluß an Szene 20 erörtert. Er hat mehrere Funktionen; zum einen soll er die Wahrscheinlichkeit eines Inzests dadurch verringern, daß die Familienangehörigen in der Zeit, in der sie sich einen Partner suchen, räumlich voneinander getrennt werden.

Zweitens hat die natürliche Auslese die Partnerwahl so gestaltet, daß beide Geschlechter, besonders aber die Weibchen, eine Aversion dagegen haben, sich mit anderen Individuen aus der engeren Familieneinheit zu paaren. Die Grundregel ist einfach: Paare dich mit keinem, mit dem du in deiner Kindheit eng verbunden warst, denn er oder sie könnte ein naher Verwandter sein. Tiere fühlen sich deshalb stärker von fremden als von vertrauten Individuen angezogen. Man hat diese Vorliebe bei so unterschiedlichen Tieren wie Pferden, Eichhörnchen und Meerkatzen nachgewiesen. Menschen scheinen programmiert zu sein, unbewußt dieselbe Regel zu befolgen. So fand eine Studie über die gemeinschaftlich erzogenen Kinder in israelischen Kibbuzim in den sechziger Jahren heraus, daß keine Ehen zwischen Individuen geschlossen wurden, die in der Jugend eng miteinander verbunden waren. Im Kopf wußten sie, daß die meisten ihrer Jugendgefährten kaum mit ihnen verwandt sein konnten, doch ihr Körper betrachtete es als ein Risiko, sich mit solchen Individuen fortzupflanzen.

Drittens hat die natürliche Auslese sich – freilich mit begrenzterem Erfolg – bemüht, diese Aversion gegen eine Paarung mit engen Bekannten aus der Kindheit mit einer zusätzlichen Aversion gegen eine Paarung mit Individuen zu koppeln, die einem selbst so ähnlich sind, daß sie verwandt sein könnten. Durch Experimente mit Bienen, Wespen, Fröschen, Kröten, Reptilien und Säugern wie etwa Präriehunden wurde selbst bei getrennt aufgewachsenen Individuen nachgewiesen, daß sie zwischen Verwandten und Nichtverwandten zu unterscheiden vermögen. Es handelt sich dabei freilich nicht um absolute Unterscheidungen, wie wir schon im Zusammenhang mit den Vätern vermerkten, die über ihre Vaterschaft zu urteilen vermögen. Fehler kommen vor, und das Verhalten gegenüber Verwandten und Nichtverwandten unterscheidet sich nur graduell, nicht qualitativ. Der Maßstab scheint im Grunde der zu sein, daß eine nahe Verwandtschaft um so wahrscheinlicher ist, je ähnlicher zwei Individuen einander in Aussehen, Geruch und Verhalten sind. Tiere sollten sich daher bevorzugt mit Individuen paaren, die sich um nicht weniger als den Grad unterscheiden, der bei Vettern und Kusinen ersten Grades zu erwarten ist. Ob Menschen solche Maßstäbe bei der Partnerwahl benutzen, wissen wir nicht, doch wenn wir der Evolutionsbiologie glauben können, tun sie es.

Wie diese drei Mechanismen gemeinsam das Ausmaß des Inzests bestimmen, zeigte eine Studie über die Wildpferde in der Camargue. Bei Pferden versammeln die erfolgreichsten Hengste einen Harem von Stuten um sich, von denen die meisten als Mütter, Töchter, Schwestern, Tanten und Nichten eng miteinander verwandt sind. Gelegentlich darf jedoch eine neue, nicht mit den anderen verwandte Stute in diese eng verbundenen weiblichen Gruppen hinein. Der Hengst bewacht den Harem und bespringt die geschlechtsreifen Stuten, wann immer sie rossen, doch während es öfter vorkommt, daß er im Verhältnis zu der Stute, mit der er sich paart, Vetter ist, kommt es kaum vor, daß er ihr Vater, Bruder oder Sohn ist. In den meisten Fällen ist er gar nicht mit ihr verwandt.

Die Stuten im Harem ziehen ihre Söhne und Töchter bis zur Adoleszenz heran; dann werden die Söhne rastlos und trennen sich von ihnen, um in der Camargue umherzustreifen und nach einer Gelegenheit zu suchen, sich einen eigenen Harem zu schaffen. Das Verhalten der Töchter hängt von den Umständen ab. Ist der Vater nicht mehr Bewacher des Harems, bleiben sie möglicherweise bei der Mutter und pflanzen sich mit dem neuen Hengst fort. Bleibt ihr Vater dagegen Herr des Harems, verlassen sie ihre Mutter und schließen sich einem anderen Harem an. In diesem Fall ziehen sie einen Harem vor, dessen Bewacher ein Hengst ist, mit dem sie nicht nah verwandt sind, einen Harem, in dem sich ein bis zwei Stuten befinden, die sie kennen und mit denen sie möglicherweise verwandt sind. Diese Pferde leben in engen Familienverbänden und in dem begrenzten Gebiet der Camargue. Hätte die natürliche Auslese kein Inzestvermeidungsverhalten hervorgebracht, wären viele Paarungen, vielleicht sogar die meisten, inzestuös. So aber fallen nur etwa zehn Prozent in diese Kategorie.

Offensichtlich ist die Aversion gegen den Inzest nichts spezifisch Menschliches. Wenn die Menschen aber genau wie diese Tiere Mechanismen entwickelt haben, um ihn zu vermeiden, wie ist es dann zu erklären, daß er trotzdem hin und wieder vorkommt? Warum empfinden manche – wie unser Paar in der obigen Szene – diese Aversion nicht und überlassen sich sexuellen Handlungen, an die andere nicht einmal zu denken wagen? Dafür gibt es zwei Gründe: Erstens sind die Kosten für Männer und Frauen verschieden. Zweitens gibt es Unterschiede hinsichtlich der Frage, wie sicher man sich sein kann, mit der anderen Person wirklich verwandt zu sein.

Insgesamt sind Männer in höherem Maße bereit als Frauen, einen Inzest zu riskieren. Väter riskieren eher einen Inzest als ihre Töchter, Brüder eher als ihre Schwestern; in der obigen Szene deutete sich ein solcher Unterschied an. Das hat folgenden Grund: Wenn alles gutgeht, sind die Vorteile aus solchen Paarungen für Männer und Frauen dieselben, und die Wahrscheinlichkeit, daß es nicht gut ausgeht, ist für beide gleich, doch wenn aus dem Inzest ein erbkrankes Kind hervorgeht, werden die Lasten ungleich verteilt. Die Hauptlast der Elternschaft tragen in der Regel die Frauen. Nicht zuletzt müssen sie die Risiken von Schwangerschaft und Geburt tragen. Hinzu kommt, daß Männer es weit eher ihrer Partnerin überlassen, ein Kind allein aufzuziehen, als umgekehrt, so daß die Frau mit größerer Wahrscheinlichkeit als alleinerziehender Elternteil enden wird. Dies fordert, wie wir noch sehen werden, seinen eigenen Tribut, und es wird noch problematischer, wenn das Kind eine schwere Erbkrankheit hat.

Ein Kind mit einer solchen Krankheit wird daher weit eher den Fortpflanzungserfolg seiner Mutter vermindern als den seines Vaters. Darum haben Töchter und Schwestern einen größeren Widerstand gegen den Inzest entwickelt als Väter und Brüder. Und den größten Widerstand zeigen Mütter. Sie gehen nämlich nicht nur dieselben Risiken ein, wie sie gerade für Töchter und Schwestern beschrieben wurden, sondern sie haben zusätzlich die Gewißheit, daß sie mit der Frucht ihres Inzests genetisch verwandt sind.

Damit ist das Risiko einer Erbkrankheit bei einer Zeugung zwischen Mutter und Sohn so hoch, wie es überhaupt nur sein kann – etwa eins zu acht –, falls die Mutter ein gefährliches Trampergen enthält. Demgegenüber ist die Gewißheit, miteinander verwandt zu sein, bei Vätern und Töchtern und bei Brüdern und Schwestern nicht so groß. Dieser Unterschied fällt schon ins Gewicht. Dem Mann in unserer Szene war irgendwie klar, daß mit der Beziehung zu dem jungen Mädchen keine größeren genetischen Risiken verbunden waren, wenn sie nicht wirklich seine Tochter war, und wenn sie seine Tochter war, betrug das Risiko eins zu acht. Gleiches gilt für Brüder und Schwestern. Geschwister können sich, abgesehen von der Adoption, ziemlich sicher sein, von derselben Mutter zu stammen, doch ob sie von demselben Vater stammen, ist nicht so sicher. Während das Risiko, ein erbkrankes Kind zu zeugen, bei leiblichen Geschwistern eins zu sechzehn beträgt, ist es bei Halbgeschwistern (dieselbe Mutter, verschiedene Väter) im Schnitt geringer. Falls ihre Mutter ein gefährliches Trampergen enthält, beträgt das Risiko eins zu sechzehn, wie bei leiblichen Geschwistern, doch wenn einer ihrer Väter das gefährliche Gen enthält, ist mit ihrer Beziehung keine größere Gefahr verbunden, als wenn sie beliebige Mitglieder der Gesamtbevölkerung wären. Die natürliche Auslese wird zwar ihr möglichstes getan haben, um ihre Körper so zu programmieren, daß sie den Verwandtschaftsgrad in der beschriebenen Weise zu beurteilen vermögen, aber dennoch wird es unvermeidlich zu häufigen Irrtümern kommen.

Das ist die eigentliche Ironie des Inzests. Wenn trotz der Tatsache, daß die Menschen darauf programmiert sind, inzestuöse Beziehungen zu vermeiden, der Körper eines Menschen ihn dazu drängt, eine anscheinend inzestuöse Beziehung einzugehen, dann liegt es vermutlich daran, daß das Objekt seinem Urteil nach nicht wirklich ein naher Verwandter ist. Wenn dieses Urteil zutrifft, ist der Akt selbstverständlich nicht inzestuös, aber Körper sind bei so diffizilen Urteilen nicht unfehlbar. Paradoxerweise kommt es daher am ehesten zum »Inzest«, wenn der Akt in genetischer Hinsicht am allerwenigsten inzestuös ist. In der Szene konnte die Tatsache, daß der Vater sich sexuell zu seiner Tochter hingezogen fühlte und sie zu ihm, sehr wohl ein Hinweis darauf sein, daß sie beide zumindest unbewußt vermuteten, daß sie nicht wirklich Vater und Tochter waren.

Wenn einige wenige Menschen – im Gegensatz zur Mehrheit – den Inzest verlockend finden, so liegt das vermutlich weitgehend an unterschiedlichen Einschätzungen des Verwandtschaftsgrades und unterschiedlich stark ausgeprägter Aversion bei Männern und Frauen. Aber auch Umstände und Gelegenheiten spielen eine Rolle. In der obigen Szene dürfte die ziemlich extreme Familiensituation ebenso dazu beigetragen haben wie die lockeren, unkonventionellen Einstellungen von Vater und Tochter. Die Anziehung, die sie füreinander empfanden, dürfte aber von innen gekommen sein.

Das Risiko, daß Trampergene entfesselt werden könnten, ist nur ein Risiko, keine Gewißheit, und es gibt Tiere, die von der Evolution oder vom Menschen in Situationen gebracht wurden, in denen die Vorteile der Inzucht die Nachteile überwiegen. Bemerkenswert daran ist, daß die genetischen Probleme, die der Inzest hervorruft, wenn er bei einer Art zur allgemeinen Praxis wird, praktisch verschwinden. Mit anderen Worten: Die genetischen Probleme, die den Inzest zu etwas Nachteiligem machen, das die meisten Tiere vermeiden, *existieren nur deshalb, weil die meisten Tiere ihn vermeiden.* Gerade weil zwei Kopien von gefährlichen Genen nur selten aufeinandertreffen, können diese Gene als Tramper über Generationen hinweg verborgen mitgeschleppt werden. Sobald zwei Kopien aufeinandertreffen, geht das Individuum, das sie erbt, zugrunde, kann sich gar nicht erst fortpflanzen, und beide Kopien des Gens verschwinden. In den wenigen Fällen, in denen der Inzest innerhalb einer Art zur allgemeinen Praxis wurde, trafen solche Gene so oft aufeinander, daß sie rasch aus der Population verschwanden.

Eines der interessantesten Beispiele ist eine Milbe, die Ratten befällt. Die Jungen dieser Milbenart werden lebend geboren, wie beim Menschen. Das Geschlechterverhältnis ist jedoch stark verzerrt: ein Sohn kommt auf bis zu zwanzig Töchter. Der Inzest ist bei dieser Art nicht nur die Norm, er ereignet sich auch noch vor der Geburt. Noch im Mutterleib besamt der Sohn die Töchter. Bei der Geburt sind die Töchter also schon durch Inzest schwanger. Der Sohn stirbt, während er noch in seiner Mutter ist.

Weit ungewöhnlicher, aber dennoch ein Beweis dafür, wie erfolgreich der Inzest sein kann, ist der Fall des Goldhamsters. Der gesamte weltweite Bestand an Goldhamstern in Laboratorien, Zoogeschäften und Privathaushalten stammt von einem einzigen Wurf ab, der 1930 in Syrien gefangen wurde. Drei Tiere aus diesem Wurf wurden in Gefangenschaft gehalten, und Nachkommen von ihnen wurden 1938 erstmals in die Vereinigten Staaten eingeführt. Die Paarungen, die nach der inzestuösen Begattung aus dieser Urpopulation stattfanden, beseitigten alle gefährlichen Trampergene, die in der wildlebenden Population vorhanden waren, so daß die Nachkommen der einen Mutter die ganze Welt bevölkern konnten. Seither sind durch Mutation neue Trampergene entstanden, aber trotzdem ist die Hamsterpopulation der lebende Beweis dafür, daß Tiere aufgrund von Inzest gedeihen können.

Weil die Menschen zu den sehr viel zahlreicheren Arten gehören, die eine Aversion gegen den Inzest entwickelt haben, ist das Verhalten des Mannes und des Mädchens in der Szene ungewöhnlich, und aus demselben Grund dürfte ihr Verhalten die meisten Leser angewidert haben. Was aber, wenn ihre Beziehung gar nicht inzestuös war?

Der Mann in der Szene fand schließlich heraus, ob seine sexuellen Handlungen mit dem jungen Mädchen wirklich inzestuös waren. Aufgrund des Laborberichts über seine Vaterschaft hätte er die Risiken, die durch ihre sexuelle Liaison erzeugt wurden, mathematisch berechnen können. In jeder anderen Hinsicht stellt sich jedoch die Frage, ob das, was auf dem Papier stand, wirklich wichtig war. Sie blieben doch, gleichgültig, was dort stand, dieselben Menschen, mit derselben Geschichte, denselben Umständen und denselben Gefühlen. Ihre Körper, wenn auch nicht ihre Gehirne, hatten entschieden, daß in ihrer Situation eine potentiell inzestuöse Beziehung durchaus ein Weg zum Fortpflanzungserfolg sein könnte. Nach der Gesundheit und Vitalität ihres Babys zu urteilen, hatte ihr Verhalten keine nachteiligen genetischen Folgen gehabt, doch blieb offen, was bei weiteren Kindern herauskommen würde.

In der Diskussion im Anschluß an Szene 15 wurde angedeutet, daß Männer bei Zweifeln an ihrer Vaterschaft dazu neigen, ihre mutmaßlichen Töchter gegenüber ihren mutmaßlichen Söhnen zu bevorzugen. Jetzt verstehen wir den Grund. Wenn ein Junge nicht der Sohn eines Mannes ist, kann er sich in seinem Streben nach Fortpflanzungserfolg wenig von dem jungen Mann erhoffen, außer daß dieser vielleicht zum Einkommen der Familie beiträgt. Ist ein Mädchen dagegen die Tochter eines Mannes, so ist sie sein Weg zum Fortpflanzungserfolg, gleichgültig, wer Vater ihrer Kinder wird. Und ist sie nicht seine Tochter, so ist sie eine potentielle Geschlechtspartnerin.

Eben sahen wir eine Form, in der dieses Prinzip sich auswirkt, nun werden wir eine andere sehen. Die nächste Szene handelt vom sexuellen Mißbrauch junger Mädchen durch »Familien«angehörige.

Szene 17
Kindesmißbrauch

»Geh nicht aus heute abend, Mama«, flehte das junge Mädchen. »Ich will nicht, daß du ausgehst.« Die Frau seufzte. Ihre Tochter war dreizehn und im Begriff, eine Frau zu werden.

»Ich muß gehen«, sagte sie. »Die Veranstaltung ist wichtig für deinen Vater, und ich möchte mit ihm daran teilnehmen. Dein Bruder bleibt doch da – du brauchst keine Angst zu haben.«

»Er ist nicht mein Bruder, und ich wünschte, er wäre nicht da. Ich hasse ihn!«

»Fang bloß nicht wieder damit an!« fuhr die Frau sie an. »Er ist nett, und zu *dir* ist er *besonders* nett. Wenn du mir wieder eine von deinen Geschichten erzählen willst, dafür hab' ich keine Zeit.«

Ein wenig schwerfällig erhob sie sich und schickte sich an, das Zimmer ihrer Tochter zu verlassen. Innerhalb von drei Jahren zum zweiten Mal schwanger, hatte sie keine Lust, sich der trüben Stimmung ihrer älteren Tochter schon wieder auszusetzen.

Sie blieb in der Tür stehen, um ihre Tochter zum dritten Mal daran zu erinnern, daß ihr Schwesterchen schlief, daß ihr kleiner Bruder darauf wartete, eine Gutenachtgeschichte vorgelesen zu bekommen, und daß sie erst nach Mitternacht zurück sein werde.

»Und bleib nicht den ganzen Abend auf deinem Zimmer«, fügte sie nachträglich hinzu. »Geh und sprich mit deinem Bruder. Er würde sich freuen.«

Während sie vorsichtig die Treppe hinunterging, wünschte die Frau, ihre Tochter würde sich ein bißchen entgegenkommender zeigen. Die einzige Schwierigkeit im Augenblick war die Abneigung des Mädchens gegen ihren neuen Partner und dessen Sohn. Kaum zu glauben, wie ihr Leben sich in den letzten fünf Jahren verbessert hatte, seit jenem Morgen, als sie beim Aufwachen feststellte, daß ihr Partner verschwunden war, so daß sie sich allein um die beiden Kinder kümmern mußte. Ihre Tochter war damals erst acht und ihr Sohn nicht ganz ein Jahr alt. Ein halbes Jahr hatte sich die Frau allein durchgekämpft, dann hatte sie ihren jetzigen Partner kennengelernt. Er war verwitwet und hatte seinerseits einen zwölfjährigen Sohn. Finanziell schon recht gut gestellt, hatte er glänzende Karriereaussichten. Innerhalb von zwei Monaten nachdem sie sich kennengelernt hatten, war sie schwanger, und nun war sie erneut schwanger.

Anfangs hatte ihr neuer Partner für sie und ihre Kinder gar nicht genug tun können, aber dann kamen drei lange Jahre, in denen sie sich oft fragte, ob es richtig gewesen war, zu ihm zu ziehen. Die schlimmste Zeit hatte begonnen, als ihre Schwangerschaft weit fortgeschritten war, und sich hingezogen bis zu dem Punkt, wo ihr erstes gemeinsames Kind, eine Tochter, etwa neun Monate alt war. Der Kleine aus ihrer vorigen Beziehung hatte in dieser Zeit sein »Trotzalter« durchgemacht und immer wieder schreckliche Wutanfälle bekommen. Das hatte für erhebliche Spannungen zwischen ihr und ihrem neuen Partner gesorgt, die noch dadurch verschärft wurden, daß ihr Töchterchen maßlos schrie. Ihr Partner hatte damals in seinem Beruf viel um die Ohren, und manchmal gingen ihm einfach die Nerven durch. Es kam vor, daß er ihren Sohn unverhältnismäßig hart schlug, wenn er völlig verstockt war, sogar in ihrer Gegenwart. Sie war sicher, daß er ihn noch schwerer schlug, wenn sie nicht dabei war, denn sie entdeckte immer wieder blaue Flecken an dem kleinen Körper.

Nun war sie jedoch im Hinblick auf die Zukunft von einem Optimismus erfüllt, der alles übertraf, was sie empfunden hatte, seit sie sich kennengelernt hatten. In wenigen Wochen würde ihr Stiefsohn auf die Universität gehen, ihre beiden ersten Kinder waren in der Schule ausgesprochen gut, ihre Dreijährige war ein Wonneproppen – und sie war wieder schwanger. Wäre da nicht der irrationale Haß ihrer älteren Tochter auf den Stiefbruder und den Stiefvater, könnte alles ganz wunderbar sein.

In diesem Augenblick ging es der Frau jedenfalls vor allem darum, die bevorstehende Veranstaltung zu genießen. Es war ein großes Ereignis, und sie freute sich darauf. Es fiel ihr gar nicht auf, daß ihre Tochter nicht aus ihrem Zimmer herauskam, um sie zu verabschieden, als sie und ihr Partner in glänzender Aufmachung die Limousine bestiegen, die man vorbeigeschickt hatte, um sie abzuholen. Es war ein Vorgeschmack von dem Leben, das sie in allernächster Zukunft zu führen hoffte.

Das Mädchen blieb, solange es konnte, in seinem Zimmer und machte seine Schulaufgaben, doch schließlich gab sie den Bitten ihres kleinen Bruders nach, ihr etwas vorzulesen. Sie wollte ihm zwar etwas anderes vorlesen, aber er bestand auf »Hänsel und Gretel«, zum fünften Mal hintereinander. Als sie das Licht ausmachte und ihm gute Nacht sagte und dann bei ihrem »Schwesterchen« hineinschaute, hörte sie unten ihren Stiefbruder rumoren, während im Fernsehen eine Sportübertragung lief.

Beruhigt, daß er eine Weile beschäftigt sein würde, ging sie ins Bad, um sich zu duschen. Wenigstens ein Zimmer, das sie abschließen konnte. Seit über einem Jahr – seit es angefangen hatte – hatte sie ein Schloß an ihrer Zimmertür gefordert, doch weder ihre Mutter noch ihr Stiefvater waren damit einverstanden. Zu gefährlich, sagten sie. Wenn ihr zum Beispiel etwas zustieße und sie nicht hineinkönnten – was dann? Da sie ihnen den wahren Grund, warum sie ein Schloß wollte, nicht nennen wollte, unternahm sie nicht einmal den Versuch, sie zu einem Sinneswandel zu bewegen.

Nach der Dusche hüllte sie sich in ihren Bademantel und lief in ihr Zimmer, wo sie die Tür durch einen davorgestellten Stuhl abzusperren versuchte, obwohl sie aus Erfahrung wußte, daß es nicht helfen würde, wenn er wirklich entschlossen war. Nicht jedesmal, wenn ihre Mutter mit dem Stiefvater aus war, verlangte er Einlaß, aber seit es vor rund einem Jahr angefangen hatte, war es etwa zehnmal vorgekommen. Sie wollte ihre Schulaufgaben erledigen, konnte sich aber vor Angst nicht konzentrieren. Eine Stunde oder länger lag sie auf ihrem Bett und hörte sich über Kopfhörer Musik an, den Blick fast ununterbrochen auf die Tür geheftet. Unwillkürlich ließ ihre Aufmerksamkeit nach, und zweimal mußte sie sich aus dem Schlaf reißen. Zu ihrem Entsetzen erkannte sie, daß sie es nicht bis zur Rückkehr ihrer Mutter aushalten würde: Sie mußte zur Toilette. Sie zögerte es solange wie möglich hinaus, aber es wurde immer unangenehmer, und am Ende mußte sie es einfach wagen. Sie rückte den Stuhl fort, machte vorsichtig die Tür auf und lauschte. Unten lief der Fernseher. Sie schlang den Bademantel fest um sich, lief zum Bad, erleichterte sich, so schnell sie konnte, und stürzte wieder zurück. Aber sie war nicht schnell genug gewesen. Kaum war sie in ihrem Zimmer, als leise die Tür hinter ihr geschlossen wurde. Bevor sie sich umdrehen konnte, hielt ihr Stiefbruder ihr den Mund zu und erstickte ihren Aufschrei.

»Wir werden doch keine Dummheiten machen«, sagte er. »Wir wissen doch, was mit einem kleinen Mädchen passiert, das schreit oder Geschichten erzählt, nicht wahr?«

Sie nickte, so gut sie konnte, denn die Angst lähmte ihr jeden Muskel. Als er es das erste Mal getan hatte, hatte er ein bedrohliches Messer dabei gehabt. Seitdem hatte er es nicht mehr dabei gehabt, aber er hatte ihr versprochen, daß er sie finden und es benutzen werde, falls sie irgend etwas verriete. Bei seinem zweiten Besuch – es war das einzige Mal, daß sie versucht hatte, sich zu wehren – hatte er ihr einen solchen Schlag in den Magen versetzt, daß sie minutenlang nach Luft ringen mußte. Seitdem hatte sie einfach alles getan, was er verlangt hatte. Bei den ersten Gelegenheiten hatte er sie gedemütigt, ohne geschlechtlich mit ihr zu verkehren. Doch die letzten fünf Male war er in sie eingedrungen. Jetzt zog er ihr, noch immer hinter ihr stehend, den Bademantel aus und ließ sie vor dem Spiegel Aufstellung nehmen. Er umfaßte sie, und während er ihren langsam weiblich werdenden Körper streichelte, bemerkte er, sie werde bald »eine richtige kleine Frau« sein.

Wenigstens war es heute abend rasch vorbei. Sie mußte ihn ausziehen, dann holte er den Stuhl, den sie nutzlos vor die Tür gestellt hatte. Sie mußte sich mit den Handflächen auf den Sitz stützen und sich, zum Spiegel gewandt, vornüber beugen, und dann drang er von hinten in sie ein – immer drang er von hinten in sie ein –, damit er sich bei seinem Tun im Spiegel betrachten konnte. Als er fertig war, sagte er vielen Dank, und irgendwann werde sie schon lernen, es zu genießen; nachdem er gegangen war, wusch sie sich gründlich und kroch ins Bett.

Es passierte noch zweimal, ehe er wieder in seine Universitätsstadt abreiste. An dem Tag, als er wegfuhr, hatte sie das Gefühl, als fiele ihr ein riesiger Stein vom Herzen. Würde sie ihn doch bloß nie wiedersehen müssen! Ihr Stimmungswandel fiel ihrer Mutter auf, aber sie kam nicht darauf, daß er etwas mit der Abreise ihres Stiefsohnes zu tun haben könnte. Ohnehin war sie viel zu sehr mit den letzten Monaten ihrer Schwangerschaft beschäftigt, um sich über die – wie sie meinte – Stimmungsschwankungen eines pubertierenden Mädchens unnötige Gedanken zu machen. Die beiden letzten Wochen waren überschattet von Komplikationen durch einen erhöhten Blutdruck. Sie kam zur Beobachtung ins Krankenhaus, und fünf Tage später leitete man die Wehen ein, um einer weiteren Verschlechterung ihres Zustands vorzubeugen.

Das Mädchen war entzückt, als es seinen neuen Halbbruder zum ersten Mal sah. Mutter und Kind mußten noch ein paar Tage länger bleiben, aber bald würden sie nach Hause kommen, und obwohl die Rückkehr ihres Stiefbruders von der Universität unmittelbar bevorstand, freute sie sich schon, daß sie wieder helfen konnte, ein Baby zu versorgen. Als sie zusammen mit ihrem Stiefvater, ihrem kleinen Bruder und ihrer Halbschwester vom Krankenhaus nach Hause kam, war ihre Stimmung glänzend. Sie und ihr Stiefvater brachten die beiden Kleinen gemeinsam zu Bett; danach setzte sie sich, ausnahmsweise einmal freundlich ihm gegenüber gestimmt, zu ihm ins Wohnzimmer, statt sich auf ihr Zimmer zurückzuziehen. Ihr Stiefvater, seinerseits in Feststimmung, bot ihr einen Longdrink – Wodka mit Orangensaft – an. Erfreut, als Erwachsene behandelt zu werden, sagte sie nicht nein und leerte ihn rasch aus. Nicht ahnend, welche Mischung er ihr verabreichte, schlug sie auch einen zweiten Drink nicht aus. Danach wurde sie richtig aufgekratzt – alles, was er oder sie sagten, brachte sie zum Kichern. Sie hatte ihren vierten großen Wodka noch nicht ganz ausgetrunken, als das Zimmer sich um sie zu drehen begann. Kurz darauf merkte sie, daß sie sich würde übergeben müssen. Weil sie sich allzu rasch erhob, gaben ihre Beine nach, sie fiel zu Boden, und dann erbrach sie sich.

Als sie, zum ersten Mal in ihrem Leben an einem Kater leidend, am anderen Morgen erwachte, stellte sie erstaunt fest, daß sie mit ihrem Stiefvater im Bett lag. Sie waren beide nackt, und das ihr mittlerweile bekannte klebrige Gefühl zwischen den Beinen ließ sie zumindest einen Teil dessen ahnen, was vorgefallen war. Er war schon wach und beobachtete sie.

»Was würde deine Mutter wohl sagen, wenn sie jemals dahinterkäme, was du angestellt hast?« sagte er mit einem drohenden Unterton, der sein Lächeln Lügen strafte.

Sie fragte ihn, was sie denn »angestellt« habe, und darauf erzählte er ihr eine Geschichte, die ihr unglaublich erschien. Nachdem sie sich übergeben hatte, habe sie ihn gebeten, sie auszuziehen und zu waschen, und dann habe sie ihn dazu verführt, mit ihr zu schlafen. Und das, betonte er, ausgerechnet an dem Tag, an dem ihre Mutter ihr neues Brüderchen zur Welt gebracht habe. Sie brauche sich aber keine Sorgen zu machen, er werde ihr nichts verraten, versprach er. Es würde ein Geheimnis zwischen ihnen bleiben – solange sie ein braves Mädchen war. Als sie fragte, was er unter einem »braven Mädchen« verstehe, zeigte er es ihr, indem er sie – was er wußte, sie aber nicht – zum vierten Mal in dieser Nacht besamte.

Noch nie hatte sie so lange geduscht wie an diesem Morgen, um sich den Dreck vom Körper, das aufsteigende Schuldgefühl und die Angst vor dem Zorn ihrer Mutter von der Seele zu waschen. Doch die Reinigung hielt nicht lange vor, denn ihr Stiefvater besuchte sie in der folgenden Nacht erneut und auch in der darauffolgenden Nacht. Dieses neue Martyrium stürzte sie in eine solche Verzweiflung, daß sie geradezu erleichtert war, als sein Sohn zu den Semesterferien nach Hause kam. Wenn beide im Haus wären, dachte sie, würde keiner von ihnen sich an ihr vergehen.

Zwei Tage später kam ihre Mutter mit dem Baby nach Hause. Obwohl sie von der Entbindung noch etwas mitgenommen war, freute sie sich, wieder zu Hause zu sein, und noch mehr freute sie sich, als ihr Partner ihr mitteilte, daß er befördert worden sei. Obendrein stand in einem Monat eine Geschäftsreise zu einem reizvollen, exotischen Zielort in Aussicht, auf der sie ihn begleiten sollte; die beiden Jüngsten würden sie mitnehmen können, für die Spesen käme die Firma auf. Von diesen Aussichten in Hochstimmung versetzt, hätte sie, als sie in der ersten Nacht nach ihrer Heimkehr am Zimmer ihrer Tochter vorbeiging, fast das Schluchzen überhört, das durch die Tür drang.

Ihre Tochter saß, vollkommen aufgewühlt, zusammengekauert auf dem Bett. Nichts Ernsteres erwartend, als daß ihre Kleine sich vielleicht mit ihrem Freund zerstritten hatte, fragte sie leichthin, was denn los sei. Das junge Mädchen preßte sich fest an sie, lehnte den Kopf schluchzend an ihre

Schulter, sagte aber kein Wort. Die Mutter sprach beruhigend auf sie ein, strich ihr übers Haar und bat sie ein ums andere Mal, ihr doch ihren Kummer zu beichten. Schließlich konnte sie ihr Geheimnis nicht länger für sich behalten.

»Bitte tu was, daß sie es nicht mehr machen!« schluchzte sie. »Bitte, bitte. Ich bin nicht dran schuld, wirklich nicht. Bitte glaub mir! Bitte tu was dagegen! Ich kann es nicht mehr ertragen.«

Die Mutter versuchte, sie zu beruhigen und Näheres aus ihr herauszubekommen. Wenn sie vor lauter Schluchzen überhaupt etwas verstand, dann hatte ihre Tochter den Namen ihres Stiefsohns genannt. Das war denn doch zuviel. Seit er studierte, war sie von diesem Gejammer verschont geblieben. Jetzt schien es, als müsse sie sich wieder die ganzen paranoiden Abneigungen und Ängste ihrer Tochter anhören. Dazu hatte sie nun wirklich keine Lust.

»Fang nicht wieder damit an!« sagte sie, wobei der beschwichtigende Ton in ihrer Stimme einer Gereiztheit wich. »Er ist erst einen Tag im Haus, und schon geht das wieder los!«

»Aber letzte Nacht hat er es wieder mit mir gemacht – seit Jahren macht er es. Letzte Nacht hat er mich aber ans Bett gebunden. Guck dir meine Hand- und Fußgelenke an. Es war grauenhaft. Bitte tu, daß er es nicht mehr macht! Ich hasse ihn, ja, ich hasse ihn!«

»Nicht so laut!« sagte die Mutter und betrachtete sich das Mädchen. An den Hand- und Fußgelenken konnte sie schwache Striemen erkennen, aber sie war sich nicht sicher, und sie konnten auch ganz andere Ursachen haben. Es ging ihr zwar nahe, ihre Tochter so bekümmert zu sehen, aber bei dem Lärm, den sie machte, war sie vor allem besorgt, daß ihr Partner etwas mitbekommen konnte. Und das konnte sie nun wirklich nicht gebrauchen, daß ihre Kinder ihn erneut wütend machten.

»Was sollte er um Himmels willen für einen Grund haben, dich zu fesseln?« fragte sie, vollkommen ahnungslos. »War es ein Spiel, oder denkst du dir wieder bloß was aus, um ihn in Schwierigkeiten zu bringen?«

Die Tochter konnte nicht glauben, daß ihre Mutter nicht begriff, wovon sie sprach. »Das war kein Spiel! Ich denke mir nichts aus! Er hat mich ausgezogen, mich ans Bett gefesselt und gevögelt! Seit Jahren macht er das! Er hat gesagt, er würde mich umbringen, wenn ich dir was davon sage!«

»Red keinen Quatsch! Was soll das heißen, er hat dich gevögelt, seit Jahren? Das ist doch nicht wahr, so etwas darfst du nicht sagen.«

»Es ist doch wahr, ganz bestimmt. Du mußt mir glauben, Mama. Bitte glaub mir, bitte! *Ich lüge nicht.*«

Plötzlich übertönte eine tiefe Männerstimme die flehentliche Klage ihrer Tochter. »Das ist ja lächerlich!« dröhnte der Partner der Frau mit von Angst und Wut verzerrter Stimme. Er hatte vor der Tür gelauscht. »Was fällt dir ein, solche Lügengeschichten über meinen Sohn zu verbreiten!«

Über sein plötzliches Erscheinen erschrocken, starrten Mutter und Tochter ihn an, die eine um ihre Zukunft fürchtend, die andere um ihr Leben. Das Mädchen drängte sich schutzsuchend an seine Mutter, schmiegte sich in den Arm, der sie umfaßte. »Laß nicht zu, daß er mir was tut«, winselte sie.

Die Mutter drückte sie an sich, doch während sie sprach, war ihr Blick auf ihren wütenden Partner geheftet, den sie mit den Augen zu beschwichtigen versuchte, während sie ihrer Tochter gut zusprach. »Sei nicht albern, Schatz. Er tut dir nichts. Er steht auf deiner Seite. Wir alle stehen auf deiner Seite. Keiner wird dir was tun – aber du mußt aufhören, dir solche Sachen auszudenken. Das ist nicht schön. Es macht nur Ärger.«

»Aber ich denk mir das nicht aus. Ganz bestimmt nicht. Und …« Sie zögerte, weil ihr die Ungeheuerlichkeit dessen, was sie sagen wollte, zu Bewußtsein kam. »… und außerdem steht er nicht auf meiner Seite. Er macht es auch. Letzte Nacht haben sie es beide gemacht.«

Ihr Stiefvater lachte gezwungen. »Was?« rief er aus, sich den Anschein amüsierter Verblüffung gebend. »Was? Wir haben es beide gemacht? Wie denn?« Sich in den Sarkasmus flüchtend, fügte er hinzu: »Fehlt bloß noch, daß du behauptest, wir hätten uns abgewechselt.«

»Das habt ihr, du weißt es doch genau«, sagte das schluchzende Mädchen, ihm einen haßerfüllten Blick zuwerfend. Sie wandte sich wieder zu ihrer Mutter. »Ehrlich, Mama. Sie haben sich dabei abgewechselt. Er kam ins Zimmer, als es passierte. Ich dachte, er würde mir helfen, weil er ihn von mir wegriß und zur Seite stieß. Aber er hat mir nicht geholfen, nicht mal losgebunden hat er mich. Er hat mich bloß angeschaut. Dann hat er ihn herausgeholt und es auch mit mir gemacht, so heftig, daß es mir richtig weh getan hat.«

Wieder warf das Mädchen seinem Stiefvater einen haßerfüllten Blick zu. Sie schluchzte noch, aber nun, da sie nichts mehr zurückhielt, war sie obendrein wütend. »Als er fertig war, sagte er zu ihm, er dürfe nochmals ran. Ich konnte es nicht fassen. Ich war ans Bett gefesselt, und der machte es mit mir, und er stand einfach dabei und schaute zu.« Sie schwieg, und während sie sich die Tränen abwischte, versuchte sie, zwischen ihren Schluchzern Atem zu schöpfen. Plötzlich befiel sie wieder die Angst. Ihr Stiefvater schüttelte den Kopf.

»Sie ist übergeschnappt«, sagte er zu seiner Partnerin. »Sie ist geisteskrank – und sie ist gefährlich. So eine Geschichte könnte mich ruinieren. Sie könnte *uns* ruinieren.«

Die Mutter zog den Arm zurück, den sie ihrer Tochter um die Schulter gelegt hatte. Kurz blickte sie zu ihrem Partner hinüber, dann starrte sie wieder ihrer Tochter in die Augen, so als wolle sie ihre Gedanken lesen. Dann verpaßte sie ihr, ohne ein Wort zu sagen, eine schallende Ohrfeige.

Diese Szene ist für jeden Vater, jede Mutter ein Alptraum, der an Entsetzlichkeit nur übertroffen wird von der Vorstellung, daß das eigene Kind entführt, mißbraucht und ermordet wird. In modernen Industriegesellschaften leben Eltern ständig in der Furcht, ihr Kind könnte körperlich mißhandelt oder sexuell mißbraucht werden, und das mit gutem Grund, denn das kommt relativ häufig vor. In den USA und in Europa macht bis zum Alter von vierzehn jedes vierte, bis zum Alter von achtzehn Jahren jedes dritte Mädchen und bis zum Alter von sechzehn Jahren jeder sechste Junge die Erfahrung des gewalttätigen, sexuellen Mißbrauchs. Was ist Kindesmißbrauch eigentlich, wer sind die Täter, und wie läßt sich das Phänomen im Rahmen der Evolutionsbiologie erklären?

Es dürfte mittlerweile nicht schwer zu erraten sein, wie der Evolutionsbiologe das Verhalten der beiden Männer in der soeben beschriebenen Szene interpretiert. Als die Verhältnisse schwierig waren, war der Stiefvater gewalttätig gegen seinen kleinen Stiefsohn, und als sie sich ein wenig gebessert hatten, begnügte er sich damit, seinen eigenen Sohn zu bevorzugen. Als die Verhältnisse sich dann nochmals besserten, nutzte er die Abhängigkeit seiner neuen Partnerin von ihm aus, indem er ihre Tochter sexuell mißbrauchte. Sein Sohn machte sich die eigene Situation und die seines Vaters gleichfalls zunutze, indem er das Mädchen ebenfalls sexuell mißbrauchte. Indem sie ihre eigenen Interessen auf diese Weise verfolgten, könnten der Mann und sein Sohn durchaus etwas für ihren Fortpflanzungserfolg getan haben, und wenn das zutrifft, müssen wir davon ausgehen, daß wir es beim Mißbrauch mit einem Phänomen zu tun haben, das von der natürlichen Auslese geformt und in das menschliche Verhalten einprogrammiert wurde.

Hin und wieder macht sich die Evolutionsbiologie unbeliebt mit der Feststellung, daß ein Verhalten, das von den meisten als unerfreulich, unmoralisch, asozial oder gefährlich empfunden wird, eine biologische Grundlage habe. Sie begründet dies, wie auch wir es tun, damit, daß das betreffende Verhalten von der Evolution begünstigt wurde, da die Täter durch ihre Handlungsweise einen Fortpflanzungsvorteil erlangen. Wir betreten hier vermintes Gelände. Aus der Tatsache, daß der Evolutionsbiologe die Evolution eines solchen Verhaltens darstellt und zu der Feststellung kommt, daß es von den Genen in die Psyche einprogrammiert wurde, wird die irrige Schlußfolgerung gezogen, daß er dieses Verhalten billigt oder gar dazu ermuntert. Der Evolutionsbiologe will jedoch nur das Verhalten verstehen und dieses Verständnis der Gesellschaft vermitteln, die dann nach bestem Wissen damit verfahren kann. Es hat keinen Sinn, einem Phänomen eine politisch oder gesellschaftlich annehmbare Interpretation überzustülpen, wenn diese nicht der Realität entspricht. In modernen Industriegesellschaften ist der Kindesmißbrauch ein Problem, das allen Eltern zu schaffen macht, und die Evolutionsbiologie kann wie kein anderer dazu beitragen, es zu verstehen. Ohne Verstehen ist an eine Lösung des Problems nicht zu denken.

Der Kindesmißbrauch weist zwei Hauptelemente auf, Gewalt und Sex, die getrennt, aber auch zusammen auftreten können. Für Soziologen ist jedes gewalttätige Verhalten gegenüber einem Kind und fast jedes sexuelle Verhalten, ob gewalttätig oder nicht, ein Mißbrauch. Für den Evolutionsbiologen ist dieser Ausdruck nur dann angebracht, wenn das Opfer durch ein bestimmtes Handeln in seinem langfristigen Fortpflanzungsergebnis beschnitten wird. Einstweilen wollen wir hiervon ausgehen – wir kommen aber noch einmal auf die Definition des Mißbrauchs zurück.

Bei Zugrundelegung der soziologischen Definition wäre uns der Mißbrauch in diesem Buch schon in zwei Formen begegnet. Die eine war die Vernachlässigung oder schlimmstenfalls Gewalttätigkeit gegenüber einzelnen Kindern im Kontext der Geschwisterrivalität und der Bevorzugung durch die Eltern, die andere der nichtgewaltsame Inzest zwischen Vater und Tochter. Beide spielten sich innerhalb von biologischen Familien ab, doch kamen wir zu dem Schluß, daß mit beiden Formen des Mißbrauchs eher zu rechnen ist, wenn ein Mann nicht sehr überzeugt ist, der Vater zu sein. Entsprechend sollte Mißbrauch am ehesten zu erwarten sein, wenn ein Mann sicher ist, nicht der Vater eines Mädchens zu sein, oder bei einem Heranwachsenden, nicht ihr Bruder zu sein, wie es bei Stiefvätern oder Stiefbrüdern oder anderen Stiefverwandten der Fall ist. Diese Situation wurde in der obigen Szene dargestellt, und dies ist auch die Schlußfolgerung, zu der die Mehrheit der Soziologen und der Evolutionsbiologen gelangt.

Es geht in dieser Szene und ihrer Interpretation nicht speziell um Stiefeltern und gemischte Familien, sondern um den Mißbrauch. (Die Vor- und Nachteile von Familien, die keine Kernfamilien sind, werden wir nach der nächsten Szene erörtern.) Um Mißverständnisse zu vermeiden, möchten wir betonen, daß gemischte Familien im allgemeinen auf den Fortpflanzungserfolg aller ihrer Mitglieder oder doch der meisten hinarbeiten. Sie wurden folglich von der natürlichen Auslese mit der Neigung ausgestattet, in dieser Weise zu funktionieren. In gemischten Familien werden die Kinder in der Regel nicht von ihrem Stiefvater beziehungsweise ihrem Pflege- oder Adoptivvater mißbraucht. Dennoch belegen die Erfahrungen des Mädchens in der obigen Szene eine bedauerliche Tatsache: Ein Mißbrauch durch Stiefväter, Stiefbrüder und sonstige männliche Stiefverwandte ist *wahrscheinlicher* als ein Mißbrauch durch Mitglieder der eigenen biologischen Familie.

Wir wollen die gewalttätige Mißhandlung und den sexuellen Mißbrauch gesondert betrachten und beginnen mit der Gewalt. Die Wahrscheinlichkeit, daß ein Mann in einer gemischten Familie seine Stiefkinder mißhandelt, ist, wie Untersuchungen in Kanada und Großbritannien zeigen, siebenmal so hoch wie die, daß er seine genetischen Kinder mißhandelt, und die Wahrscheinlichkeit, daß er sie tötet, hundertmal so hoch. Am größten ist das erhöhte Risiko der Mißhandlung und Tötung durch den Stiefvater für Babys bis zu zwei Jahren. Wenn ein Kind ermordet wurde, gerät der Fall in die Schlagzeilen, und es wird eine großangelegte Untersuchung eingeleitet, bei der oft genug nur herauskommt, daß der Mörder der Stiefvater des Kindes war oder zumindest sexuellen Kontakt zu der Mutter hatte.

Bei der Ermordung von Kindern sind Motive und Methoden verschieden, je nachdem, ob der leibliche Vater oder ein Stiefvater die Tat begeht. Ein leiblicher Vater tötet sein Kind eher unter dem Aspekt der »Familienplanung«, wenn die Verhältnisse sich so verschlechtern, daß die Eltern nicht mehr in der Lage sind, die in besseren Zeiten gezeugten Kinder hinreichend zu versorgen. Wenn Stiefväter ihre Stiefkinder töten, dann eher aus dem Motiv, nicht die Kinder eines anderen aufziehen zu müssen. Die unterschiedlichen Motive wirken sich auch auf die Methoden aus. Der leibliche Vater greift meistens zu Mitteln wie Ersticken, während vier von fünf Kindern, die ihrem Stiefvater zum Opfer fallen, zu Tode geprügelt werden.

Die Ermordung eines Stiefkindes ist der Gipfel der Benachteiligung durch den Stiefvater. Sie bedeutet die absolute Beseitigung eines Kindes, das der Mörder bewußt oder unbewußt als Bedrohung seines eigenen Fortpflanzungserfolges ansieht, weil dieses Kind das Familieneinkommen belastet. Vernachlässigung und Gewalt sind weniger extreme Mittel zur Erreichung des gleichen Zweckes. Durch Vernachlässigung wird versucht, die Beanspruchung des Einkommens durch das Kind möglichst gering zu halten. Durch Gewalt wird versucht, es zu zwingen, die Familie zu verlassen. Da die gewalttätige Mißhandlung eine Reaktion auf eine aus der Sicht des Täters vermeidbare Belastung des Familieneinkommens darstellt, ist sie, wie viele weitere Aspekte des Familienlebens, stark von der Höhe dieses Einkommens abhängig. Armut und sich verschlechternde Bedingungen sind denn auch zwei der häufigsten Auslöser von Gewalt gegen Kinder.

Die Mißhandlung von Stiefkindern durch Stiefväter ist kein modernes Übel, kein Nebenprodukt der Industrialisierung. Sie hat eine biologische Grundlage, wurde von der natürlichen Auslese geformt und wird sowohl in nichtindustriellen Kulturen als auch bei Tieren beobachtet. So fand eine Studie bei dem Urwaldstamm der Ache in Paraguay, daß von den Kindern, die von ihrer Mutter und einem Stiefvater aufgezogen werden, neun Prozent vor Vollendung des fünfzehnten Lebensjahres getötet wurden, dagegen weniger als ein Prozent derer, die bei ihren leiblichen Eltern aufwuchsen. Das bekannteste Beispiel für Gewalt gegen Stiefkinder aus dem Tierreich liefern Löwenmännchen. Löwenrudel umfassen zwei bis drei Männchen und bis zu acht Weibchen und deren Junge. Gruppen von zwei bis drei jungen Männchen streifen durch die Savanne und suchen nach einem Rudel, aus dem sie die Männchen verdrängen können. Wenn es ihnen gelingt, töten sie als erstes die Welpen, ihre Stiefkinder. Durch den Verlust ihrer Jungen werden die Löwinnen läufig, so daß die neuen Männchen recht schnell Gelegenheit bekommen, ihren eigenen Nachwuchs zu zeugen. Genauso verhalten sich Affen, die in Haremsgruppen leben. Wenn der Besitzer des Harems vertrieben ist, tötet das neue Männchen dessen Nachkommen.

Ein ähnliches Verhalten zeigen sogar Affen, die in sehr viel größeren Horden aus vielen Männchen und Weibchen leben. Ein Männchen verhält sich in der Regel aggressiv gegen Junge, die nicht von ihm sein können, weil er mit ihrer Mutter entweder gar nicht oder nicht in der entsprechenden Zeit Verkehr hatte.

In der obigen Szene und ihrer Interpretation stand bisher die Mißhandlung von Kindern durch Männer – Stiefväter und Stiefbrüder – im Vordergrund. Doch auch Stiefmütter töten eher ihre Stiefkinder als ihre leiblichen Kinder. Zahlen über Mißhandlung und Gewalt liegen bisher aber nicht vor, weil Stiefmütter viel seltener sind als Stiefväter. Das liegt wiederum daran, daß Kinder und besonders kleine Kinder gewöhnlich bei ihrer Mutter bleiben, wenn Familien zerfallen und neu entstehen.

Daß Kinder riskieren, von Stiefeltern mißhandelt zu werden, gehört zum Grundwissen vieler Kulturen. Das Bild der »bösen Stiefmutter«, wie es etwa »Hänsel und Gretel« zeigt, kommt in vielerlei Gestalt in Volksmärchen vor, die hauptsächlich Kindern erzählt werden – ausgerechnet Kindern! Die Mißhandlung durch Frauen hat, wie die durch Männer, eine biologische Grundlage und beschränkt sich, wie Studien bei Sammlern und Jägern gezeigt haben, weder auf moderne Industriegesellschaften noch auf Menschen überhaupt. Hier zieht eine Frau beziehungsweise ein Weibchen ein Kind auf, das genetisch nicht von ihr abstammt. Der Ungewißheit bezüglich der Elternschaft, die die Männchen umtreibt, unterliegen Säugetierweibchen aus verständlichen Gründen nicht. Wohl wissend, daß ein Kind nicht von ihnen ist, stehen Stiefmütter jedoch vor demselben Problem wie Stiefväter. An welchem Punkt beginnen die Nachteile, die aus der Aufzucht des Kindes einer anderen erwachsen, gegenüber den Vorteilen aus dem Leben in einer gemischten Familie zu überwiegen? An diesem Punkt können Vernachlässigung, Mißhandlung und selbst Mord entscheidende Bedeutung bekommen.

Es gibt nur wenige Untersuchungen über Stiefmütter bei anderen Arten, und eine der besten betrifft Strauße, die riesige Eier in gewaltiger Zahl legen. Die Hennen, die einen Partner haben und als »ranghohe Hennen« bezeichnet werden, belassen es nicht dabei, nur ihre eigenen Eier auszubrüten, sondern stehen bereitwillig auf und lassen partnerlose Hennen, die sogenannten »rangniederen Hennen«, ihre Eier in die Nester der ranghohen Hennen legen. Von den Eiern im Nest einer ranghohen Henne enthalten einige demnach ihre Stiefkinder, die von ihrem Partner gezeugt wurden. Manche enthalten jedoch auch Pflegekinder, die weder mit ihr noch mit ihrem Partner verwandt sind. Trotzdem trägt die ranghohe Henne die Eier zu einem riesigen Haufen zusammen und bebrütet sie alle.

Eine unzweideutig altruistische Handlung ist das nicht, denn eine Straußen-Stief- oder Pflegemutter bevorzugt bestimmte Küken und begeht Mord. Ihre Strategie zielt darauf, den Erfolg ihrer eigenen Jungen zu fördern, indem sie ihre Adoptivschützlinge als Köder und Schutzschilde benutzt. Die Stiefmutter kann zwischen eigenen Eiern und denen von rangniederen Hennen unterscheiden, und sie schiebt die Eier der anderen an den Rand des Haufens. Diese sind es, die bisweilen durch mangelnde Bebrütung zugrunde gehen oder von Schakalen und Hyänen gefressen werden. Von den Eiern der Stiefmutter schlüpfen fast alle, von denen der anderen Hennen aber nur rund die Hälfte. Und wenn die Küken der anderen Hennen dann ausgeschlüpft sind, dienen sie der nach Fortpflanzungserfolg strebenden Stiefmutter noch zu einem weiteren Zweck. Straußenküken können sich gleich nach dem Ausschlüpfen selbst ernähren; ihre Mutter braucht sie nur zum Futter zu führen und sie vor nahenden Raubtieren zu warnen. Wenn unter ihrer Brut auch Küken anderer Hennen sind, muß einem angreifenden Raubtier nicht zwangsläufig eines ihrer eigenen Kinder zum Opfer fallen; es kann auch das Kind einer anderen sein. Dadurch, daß sie eine gemischte Familie hat und die Küken einer anderen Henne effektiv einsetzt beziehungsweise mißbraucht, kann sie weit mehr von ihren eigenen Küken bis zur Geschlechtsreife aufziehen.

Die Stief- oder Pflegeelternschaft ist bei Straußen üblich, weil die Nachteile gering und die Vorteile groß sind. Bei menschlichen Stiefeltern ist das Verhältnis von Vor- und Nachteilen weit komplizierter, weshalb gemischte Familien bei Menschen weniger häufig sind als bei Straußen. Menschen geraten jedoch manchmal in eine Situation, in der die Vorteile der Stiefelternschaft die Nachteile nur dann überwiegen, wenn sie eines oder mehrere ihrer Stiefkinder benachteiligen.

Aus unserer bisherigen Diskussion des aggressiven Mißbrauchs in der Form von Vernachlässigung, Gewalttätigkeit und Mord ziehen wir den Schluß, daß der Mißbrauch biologische Wurzeln hat und von der natürlichen Auslese gestaltet wurde, um den Fortpflanzungserfolg des Mißbrauchenden zu fördern, wenn auch auf Kosten des Opfers. Wir verstehen jetzt vielleicht besser die Gründe des Verhaltens von Mißbrauchenden, aber nichtsdestoweniger ist klar, daß das beschriebene Verhalten auch unter biologischem Aspekt einen echten Mißbrauch darstellt. Das Opfer leidet, anders gesagt, durch die Handlungsweise des Mißbrauchenden sowohl unter biologischem wie unter soziologischem und psychologischem Aspekt Schaden. Der sexuelle Mißbrauch wirft jedoch sehr viel kompliziertere Fragen auf.

Die Evolutionsbiologie würde behaupten, daß der sexuelle Mißbrauch von Kindern ebenfalls biologische Wurzeln hat. Diese Wurzeln sind teilweise dieselben wie die der Gewalt. Das Verlangen nach Geschlechtsverkehr mit Kindern, das manche Erwachsene empfinden, ist von der natürlichen Auslese entwickelt worden, um den Fortpflanzungserfolg der Erwachsenen zu fördern, auch wenn das ihre Opfer benachteiligt. Weniger schwerwiegende Formen des sexuellen Mißbrauchs als der Geschlechtsverkehr haben ihre biologischen Wurzeln jedoch in einem ganz anderen Verhalten, dessen Rolle bei Primaten und in einigen menschlichen Gesellschaften nicht im Mißbrauch der Jungen, sondern in ihrer sexuellen Erziehung besteht. In modernen Industriegesellschaften ist ein solches Verhalten aber gleichwohl zum Nachteil des Kindes, und folglich ist es heute biologisch ebenso mißbräuchlich wie soziologisch und psychologisch.

Ein inzwischen klassischer Artikel, der 1984 in der Zeitschrift *Child Abuse and Neglect* erschien, unterteilte den sexuellen Mißbrauch von Kindern in drei Schweregrade. Die leichteste Form von sexuellem Mißbrauch, heißt es dort, reiche von »erzwungenem Küssen, gezielter sexueller Berührung von Gesäß, Oberschenkel, Bein oder sonstigen Körperteilen einschließlich des Kontakts mit bekleideten Brüsten oder Genitalien bis zu Versuchen der genannten Handlungen ohne Einsatz von Gewalt«. Schwerer sexueller Mißbrauch reiche von »gewaltsamem Einführen von Fingern in die Scheide bis zum nichtgewaltsamen Versuch, die unbekleidete Brust zu berühren, und zum simulierten Verkehr«. Sehr schwerer sexueller Mißbrauch »reicht von der gewaltsamen Einführung des Penis in die Scheide bis zum nichtgewaltsamen Versuch der Fellatio, des Cunnilingus, des Analingus und des Analverkehrs«. Nicht als Mißbrauch gelten Kontakte, die das »Opfer« gewünscht hat, auch wenn der Täter oder die Täterin verwandt ist, solange er oder sie nicht mehr als fünf Jahre älter oder jünger ist als das »Opfer«. Jegliche Kontakte zwischen Vater und Tochter, gleich ob die Tochter sie gewünscht hat oder nicht, gelten demnach als Mißbrauch.

Wir sind im Zusammenhang mit dem Inzest schon der biologischen Vorhersage begegnet, daß ein Verkehr zwischen Vater und Tochter wahrscheinlicher ist, wenn einer von beiden oder beide nicht sehr überzeugt sind, genetisch miteinander verwandt zu sein. Wenn schon ein vermeintlicher leiblicher Vater, der von seiner Vaterschaft nicht sehr überzeugt ist, in einer Tochter ein langfristiges Objekt sexueller Aufmerksamkeit erblicken kann, gilt dies um so mehr für einen Stiefvater. Männer, die in die Rolle des Stiefvaters geraten, werden nicht von den biologischen Bremsen zurückgehalten, die sich entwickelt haben, um den Inzest zwischen Vätern und ihren leiblichen Töchtern zu vermeiden.

Dafür, daß leibliche Väter eher dazu neigen, ihre Töchter sexuell zu mißbrauchen, wenn sie von ihrer Vaterschaft nicht sehr überzeugt sind, gibt es keine direkten Beweise. Allerdings steigt die Wahrscheinlichkeit des sexuellen Mißbrauchs der Tochter durch den Vater, wenn die Ehe instabil ist – und Instabilität der Ehe ist oft ein Hinweis darauf, daß ein Mann von seiner Vaterschaft nicht sehr überzeugt ist. Die vorliegenden Zahlen lassen insgesamt den Schluß zu, daß die Wahrscheinlichkeit des Mißbrauchs bei einem Stiefvater, der während des größten Teils der Kindheit eines Mädchens an seiner Aufzucht beteiligt war, rund siebenmal so hoch ist wie bei seinem leiblichen Vater. Bekommen Mädchen irgendwann in ihrer Kindheit mit Männern zu tun, weil diese während einer kürzeren Zeitdauer mit ihrer Mutter verkehren – »befristete Stiefväter« sozusagen –, so ist die Wahrscheinlichkeit des Mißbrauchs höher, auch wenn sie sich nicht exakt beziffern läßt. Noch höher ist sie bei älteren Stiefbrüdern, doch auch hier sind exakte Zahlen nicht bekannt.

In der Szene wurde das Mädchen sowohl von seinem älteren Stiefbruder als auch von seinem Stiefvater besamt. Auch darüber, wie oft es zu einem zweifachen Mißbrauch kommt, gibt es keine Zahlen. Wir wissen nur, daß er vorkommt. Wenn vorliegenden Zahlen zufolge jedes zwölfte Mädchen, das mit einem Stiefvater zusammenlebt, von ihm besamt wird und jedes sechste, das mit einem älteren Stiefbruder zusammenlebt, von diesem besamt wird, läßt sich abschätzen, daß ungefähr jedes siebzigste Mädchen, das in einer gemischten Familie mit Stiefvater und älterem Stiefbruder lebt, das Schicksal des Mädchens in unserer Szene erleiden wird.

Für die gewalttätige Mißhandlung wie für den sexuellen Mißbrauch jüngerer Familienmitglieder ergibt sich also in Kernfamilien wie in gemischten Familien ein übereinstimmendes Muster, und auch die Gründe stimmen überein. Stiefeltern neigen eher dazu, ihre Stiefkinder zu vernachlässigen, zu mißhandeln und zu töten, weil sie mehr zu gewinnen haben als leibliche Eltern, wenn die Kinder vorzeitig sterben.

Ein Stiefvater neigt eher dazu, mit seiner Stieftochter geschlechtlich zu verkehren, weil er wegen der genetischen Nachteile des Inzests mehr zu gewinnen hat als der leibliche Vater, wenn das Mädchen schwanger wird. Ein einigermaßen überraschendes Ergebnis aus einer Untersuchung an über tausend Frauen in Kanada ist hier vielleicht von Interesse. Ein Mädchen, das in einem Haushalt mit einem Stiefvater aufwächst, hat ihre erste Periode im Schnitt sechs Monate früher als ein Mädchen, das mit beiden leiblichen Eltern aufwächst. Der Körper eines Mädchens reagiert auf die Präsenz eines Stiefvaters offenbar mit einer beschleunigten sexuellen Reifung. Höchstwahrscheinlich handelt es sich hier um eine Anpassung mit dem Ziel, ihr Ausscheiden aus dem Haushalt schneller herbeizuführen. Vielleicht geht es aber auch darum, aus dem Umstand, daß nichtverwandte Männer im Haushalt sind, früher Nutzen zu ziehen.

Wenn Stiefväter und Väter, die nicht recht von ihrer Vaterschaft überzeugt sind, darauf programmiert wurden, in ihren »Töchtern« gelegentlich Ziele für die Fortpflanzung zu sehen, wie kommt es dann, daß sie sie so häufig vor Erreichen der Pubertät besamen? Der Fortpflanzung dient ein solches Verhalten ja wohl nicht. Dennoch muß es nicht ganz so ohne potentiellen Fortpflanzungsvorteil sein, wie es auf den ersten Blick erscheinen mag. Es gibt Berichte, wonach Mädchen schon mit fünf schwanger geworden sind, und ein Eisprung kann erfolgen, lange bevor die erste Monatsblutung das sichtbare Anzeichen liefert, daß sie fruchtbar sein könnten. Daß es bei diesem Verhalten um die Fortpflanzung geht, wird vielleicht deutlicher aus der Tatsache, daß ein Mißbrauch unter Einschluß von Geschlechtsverkehr immer wahrscheinlicher wird, wenn ein Mädchen auf die Pubertät zusteuert, in der Phase, in der sie noch naiv und angreifbar ist, eine Empfängnis aber immer wahrscheinlicher wird.

In manchen vorindustriellen Gesellschaften war Geschlechtsverkehr zwischen einem jungen Mädchen und einem erwachsenen Mann mit geringer Wahrscheinlichkeit, ihr Vater zu sein, gesellschaftlich akzeptiert. Die einschlägigen Untersuchungen wurden überwiegend in der ersten Hälfte des 20. Jahrhunderts durchgeführt, und heute verhalten sich diese Gesellschaften anders, nachdem sie in das weltweite Industriesystem einbezogen wurden. Doch bei den Lepcha in Indien herrschte früher die Ansicht, ein Mädchen könne sich nicht richtig entwickeln, wenn es in der Kindheit nicht in den Genuß des Geschlechtsverkehrs gekommen war. Mit elf oder zwölf pflegten die meisten Mädchen regelmäßig Geschlechtsverkehr, mit älteren Männern ebenso wie mit Gleichaltrigen. Bisweilen kopulierten Männer schon mit Achtjährigen, ohne sich gesellschaftlicher

Bestrafung auszusetzen. Und bei manchen Tieren ist der Sexualkontakt zwischen Erwachsenen und Jungen gang und gäbe. Bei den Bonobos – Zwergschimpansen – besamen ausgewachsene Männchen weibliche Junge schon vom Babyalter an. Das besterforschte Beispiel eines solchen Verhaltens unter den Säugetieren liefert jedoch das Wiesel.

Bei Wieselweibchen wird die Implantation verzögert. Sie paaren sich und lassen ihre Eier befruchten, aber dann ziehen sie es bis zu einem Jahr hinaus, ehe das befruchtete Ei sich in der Gebärmutter implantieren darf. Mit den Eiern, die bei dieser ersten Begegnung befruchtet wurden, zieht das ausgewachsene Weibchen in das Territorium eines anderen Wieselmännchens, das sich zur Fortpflanzung anschickt. Das neue Männchen toleriert ihre Präsenz und erlaubt ihr, auf seinem Territorium die Jungen des anderen Männchens zur Welt zu bringen. Kurz nachdem sie geworfen hat, sucht das neue Männchen sie auf einem sexuellen Beutezug in ihrem Bau auf. Er findet sie umringt von ihren blinden, unbehaarten und hilflosen Jungen, oft an ihren Zitzen hängend und noch nicht einmal fähig zu krabbeln. Die Mutter wird dann von diesem Männchen besamt, welches Eier befruchtet, die im folgenden Jahr ihr Wurf sein werden – und im Territorium eines anderen Männchens zur Welt kommen werden. Das Männchen begnügt sich jedoch nicht damit, die Mutter zu besamen, es besamt auch ihre weiblichen Babys. So grotesk es erscheinen mag, ist es doch normal, daß das entfesselte ausgewachsene Männchen die blinden, nackten Babys, die gerade knapp so groß sind wie sein Kopf, penetriert und besamt. Obendrein drängen sich die Babys, wenn sie merken, daß ein Männchen im Nest ist, in seine Richtung und versuchen, piepsend seine sexuelle Aufmerksamkeit zu erregen. Gerade erst aus dem Mutterleib geschlüpft, ovulieren diese Weibchen und lassen ihre Eier vom Sperma des Männchens befruchten. Wieder werden die Eier bis zu einem Jahr lang auf Vorrat gehalten, bis die inzwischen selbständigen, ausgewachsenen Weibchen die Implantation der Eier in ihrer Gebärmutter erlauben, um schließlich einen Wurf zu gebären, der vom pädophilen Freier ihrer Mutter gezeugt wurde.

Aus dem Beispiel des Wiesels läßt sich mehr über die menschliche Situation lernen, als man auf den ersten Blick meinen könnte, weil es einen biologischen Hinweis darauf gibt, was mißbräuchliches Verhalten ist und was nicht. Wir erkennen deutlich die Vorteile für das Wieselmännchen, wir sehen aber auch, daß das Verhalten, zumindest biologisch, keinen Mißbrauch darstellt, da es auch für die weiblichen Babys vorteilhaft ist. Schließlich hat die natürliche Auslese dafür gesorgt, daß sie auf diese Weise für ihren ersten Wurf befruchtet werden. Nicht nur, daß sie dem Männchen durch ihr Verhalten entgegenkommen, sie lassen sich auch bereitwillig von ihm schwängern. Ganz anders ist die Lage beim Menschen: Hin und wieder kommt es zwar vor, daß junge Mädchen durch ältere Männer im erzwungenen Geschlechtsverkehr geschwängert werden, doch weit häufiger vermeidet ihr Körper eine Empfängnis.

Es ist eines der noch zu besprechenden Hauptmerkmale kindlichen Sexualverhaltens, daß junge Mädchen vom Geschlechtsverkehr selten schwanger werden, und das gilt auch noch in den ersten Jahren nach der Pubertät. Ihr Körper ovuliert einfach nicht und vermeidet so die Empfängnis. Wir müssen daraus schließen, daß eine Schwangerschaft für das junge Mädchen in der Regel nachteilig ist, und tatsächlich wurde es von der natürlichen Auslese so programmiert, daß es nicht schwanger wird. Während erwachsene Männer den Wieselmännchen insofern ähneln, als sie gelegentlich versuchen, junge Mädchen als Gelegenheit zur Fortpflanzung zu benutzen, ist es schwer, Parallelen zwischen jungen Mädchen und jungen Wieselweibchen zu finden. Physisch können Mädchen sich nicht gegen ältere Männer wehren, aber physiologisch – indem sie nicht oder selten schwanger werden. Das ist der deutlichste biologische Hinweis, den ihr Körper geben kann, daß es in der Regel für ein junges Mädchen nachteilig ist, dem älteren Mann in seinem Fortpflanzungsstreben entgegenzukommen. Beim Menschen stellt dieses Verhalten daher, anders als beim Wiesel, in biologischer wie soziologischer Hinsicht einen Mißbrauch dar.

Bisher haben wir den schwersten Grad des sexuellen Mißbrauchs betrachtet, bei dem es, wie in unserer Szene, um den Geschlechtsverkehr und das Risiko der Schwangerschaft geht. Komplizierter wird die Sache, wenn wir zu den weniger schwerwiegenden Formen kommen, dem intimen Küssen und dem Berühren und Streicheln von Kindern durch Gleichaltrige und Erwachsene.

Bei nichtmenschlichen Primaten beobachten die Biologen häufig intime Sexualkontakte ohne Geschlechtsverkehr, sowohl unter Jungtieren als auch zwischen Jungtieren und Erwachsenen. Die beobachteten Kontakte sind genau das, was aus soziologischer Sicht beim Menschen einen Mißbrauch darstellen würde. Bei jungen Primaten gehört dieses Verhalten aber eindeutig zur Sexualerziehung, und es ist vorteilhaft für die Fortpflanzung. Ohne solche intime sexuelle Aktivität in der Jugend sind Primaten später sexuell gehandikapt. Die jungen Primaten betreiben die sexuelle Erkundung auf Gegenseitigkeit, und alle profitieren von den Erfahrungen. Nicht minder vorteilhaft sind intime Kontakte mit erwachsenen Artgenossen, oft den eigenen Eltern. Die Jungen profitieren von deren Erfahrung, und die Eltern profitieren von der gesteigerten sexuellen Kompetenz ihrer Kinder durch eine vermehrte Zahl von Enkeln.

Erziehung ist auch die biologische Rolle des intimen Sexualkontakts zwischen Eltern und ihren Kindern in permissiveren Kulturen, auf die wir im Anschluß an Szene 19 eingehen werden. Erziehung sollte demnach auch, *biologisch betrachtet*, die Rolle von Sexualkontakten ohne Geschlechtsverkehr zwischen Eltern und Kindern sowie unter Kindern in modernen Industriegesellschaften sein.

Wenn die biologische Interpretation des intimen Kontakts als erzieherisch zutrifft, dann müßten wir bei solchen Interaktionen dieselben Merkmale antreffen, wie wir sie bei Primaten und in vorindustriellen Gesellschaften beobachten. Zu erwarten wäre erstens, daß Eltern wie Kinder einen programmierten Drang zu sexueller Interaktion empfinden, aber den Inzest vermeiden. Zweitens ist zu erwarten, daß bei leiblichen Eltern der Drang zu sexueller Interaktion mit ihren Kindern zwar nicht so stark ist wie bei Stiefeltern, daß sie aber relativ stärker motiviert sind, in dem Grad zu interagieren, der als am wenigsten schwerwiegend definiert wurde. Drittens ist damit zu rechnen, daß solche Interaktionen am häufigsten in den Jahren vor der Pubertät sind, bevor das Kind sein sexuelles Wissen in die Fortpflanzungstat umsetzen muß. Viertens sollten wir feststellen, daß Jungen ebenso wie Mädchen eine Erziehung in diesem Sinne erfahren und daß Frauen ebenso wie Männer daran teilhaben. Schließlich wäre zu erwarten, daß Kinder, die bei solchen intimen Kontakten Erfahrungen sammeln, größeren Fortpflanzungserfolg haben.

Geeignetes Untersuchungsmaterial, an dem sich diese biologischen Vorhersagen bewähren könnten, liegt leider nicht vor. Für ein verläßliches Bild bedarf es noch intensiver Forschung. In den folgenden Absätzen stellen wir daher nur einige allgemeine Erkenntnisse vor.

Wie eine Untersuchung an rund tausend Frauen in San Francisco zeigte, wurde von denen, die bei ihrem leiblichen Vater aufwuchsen, jede vierzigste in der einen oder anderen Form von ihrem Vater sexuell mißbraucht, von denen, die in einer gemischten Familie aufwuchsen, dagegen jede sechste.

Und während es bei denen, die von ihrem leiblichen Vater mißbraucht wurden, in dreiviertel aller Fälle um eine minder schwere Form des Mißbrauchs ging, war dies bei der Hälfte derer der Fall, die von ihrem Stiefvater mißbraucht wurden.

Neunzig Prozent der Mißbrauchenden sind Männer, und wenn Frauen in dieser Rolle auftreten, dann tun sie es in der Hälfte aller Fälle gemeinsam mit einem Mann oder in einer polyinzestuösen Gruppe. Doch wenn sie sich beteiligt, ist die Frau genauso aktiv wie der Mann. Während Männer bevorzugt Mädchen mißbrauchen, mißbrauchen Frauen in etwa gleichem Maße Jungen und Mädchen. Wenn Frauen mißbrauchen, vergreifen sie sich genau wie die Männer meist an den eigenen Kindern; die sonstigen Fälle gehen fast durchweg aufs Konto von Aufsichtspersonen, zum Beispiel Babysittern. Beim Mißbrauch durch Frauen fällt ferner das niedrigere Alter des Opfers auf. Für Frauen liegt das Durchschnittsalter der Opfer bei sechs, für Männer bei neun Jahren. In den meisten Fällen trifft der Mißbrauch, ob durch Männer oder Frauen, Kinder vor Erreichen der Pubertät.

Alle Formen des Mißbrauchs zusammengenommen, werden Jungen etwa halb so häufig mißbraucht wie Mädchen. Es sind jedoch sehr wenige Jungen – wohl weniger als ein Prozent –, die bis zum vierzehnten Lebensjahr einen Mißbrauch durch analen Geschlechtsverkehr erleiden; das gilt auch für diejenigen, die in gemischten Familien aufwachsen. Für Mädchen ist das Risiko des Mißbrauchs durch vaginalen oder analen Geschlechtsverkehr zehnmal so hoch. Von weniger schwerwiegenden Formen des sexuellen Mißbrauchs sind Jungen fast genauso häufig betroffen wie Mädchen, und gewalttätiger Mißhandlung sind sie in etwa gleichem Maße ausgesetzt.

Opfer des Mißbrauchs durch Erwachsene werden oft von negativen psychologischen Folgen heimgesucht, die von geringer Selbstachtung bis zur Depression reichen. Den Evolutionsbiologen interessiert vor allem, ob die psychologischen Reaktionen den Fortpflanzungserfolg beeinflussen. Aus amerikanischen Studien läßt sich schließen, daß Personen, die in der Kindheit genitalen Kontakt mit Gleichaltrigen oder Älteren haben, im Laufe ihres Lebens mehr Partner haben als andere. Bei Mädchen, die vor der Pubertät mißbraucht wurden, ist die Wahrscheinlichkeit einer Schwangerschaft vor dem achtzehnten Lebensjahr doppelt so hoch. Das liegt nicht etwa daran, daß sie bei ihrem ersten freiwilligen Geschlechtsverkehr jünger wären, daß sie häufiger Geschlechtsverkehr hätten oder daß sie in der Anwendung der Empfängnisverhütung weniger geschickt wären; vielmehr ist die Wahrscheinlichkeit, daß sie sich *bemühen*, schon in jungem Alter schwanger zu werden, bei ihnen zwei- bis dreimal so hoch. Sie haben mit größerer Wahrscheinlichkeit einen älteren Partner als Mädchen, die nicht mißbraucht wurden. Auch drängt der Partner sie eher – vielleicht weil er älter ist –, sich schwängern zu lassen. Und wenn sie schwanger geworden sind, ist die Wahrscheinlichkeit, daß sie vorsätzlich abtreiben, bei ihnen dreimal geringer als bei Mädchen, die nicht mißbraucht wurden. Für den Biologen, wenn auch nicht für den Soziologen oder Psychologen, sind das alles positive Auswirkungen auf die Fortpflanzung, die am Ende einen größeren Fortpflanzungserfolg erwarten lassen.

Die vorliegenden Daten lassen nicht die eindeutige Behauptung zu, der sexuelle Mißbrauch in der modernen Gesellschaft habe seine biologischen Wurzeln in der Sexualerziehung, wie wir sie in nichtindustriellen Gesellschaften und bei allen Primaten beobachten. Andererseits widerlegen sie aber auch nicht eine solche Hypothese, und insgesamt sprechen die Daten eher für als gegen eine biologische Verwurzelung. Die Tatsache, daß manche Kinder von ihren »erzieherischen« Erfahrungen in ihrer Fortpflanzung profitieren mögen, schließt indes nicht aus, daß ein solches Verhalten in der modernen Industriegesellschaft auch in biologischer Hinsicht einen Mißbrauch darstellt.

Eine sehr wichtige Folge des sexuellen Mißbrauchs haben wir noch nicht erwähnt, und sie verändert das Bild völlig:

Sexuell mißbrauchte Kinder unterliegen einem weit größeren Risiko, sich Krankheiten zuzuziehen, die langfristig ihre Gesundheit und Fruchtbarkeit, ja sogar ihr Leben gefährden können.

Bei einer sexuellen Interaktion, auch einer solchen ohne Geschlechtsverkehr, ist das Risiko, sich eine neue Krankheit zuzuziehen, für den jüngeren Partner im allgemeinen größer als für den älteren. Wenn der jüngere Partner ein Kind ist, sind die Risiken sehr einseitig verteilt. In zwei nordamerikanischen Untersuchungen über sexuell mißbrauchte Kinder wurde festgestellt, daß jedes zehnte sich bis zum vierzehnten Lebensjahr mindestens eine sexuell übertragene Krankheit wie etwa Gonorrhoe zugezogen hatte, einige auch mehr als eine Krankheit. Das ist ein weit höherer Anteil als bei den Kindern, die nicht sexuell mißbraucht wurden. Die Schlußfolgerung ist eindeutig: Welches auch immer das erzieherische Element in diesem Verhalten sein mag – in modernen Industriegesellschaften sind Sexualkontakte zwischen Erwachsenen und Kindern wegen des hohen Krankheitsrisikos in der Regel nachteilig für die Kinder. Daher stellen solche Kontakte in modernen Industriegesellschaften generell einen Mißbrauch dar, in biologischer wie soziologischer, psychologischer und rechtlicher Hinsicht.

Der Mißbrauch durch Stiefeltern und auch durch Eltern hat noch einen weiteren Aspekt, den unsere Szene zeigte, auf den wir aber noch nicht eingegangen sind, und zwar den, daß ein Kind nicht damit rechnen kann, von seinem leiblichen Elternteil unterstützt zu werden. In einer gemischten Familie ist der leibliche Elternteil einem enormen Interessenkonflikt ausgesetzt. Einerseits kann er seinen Fortpflanzungserfolg fördern, wenn er das Kind beschützt und erfolgreich bis zur Eigenständigkeit aufzieht. Andererseits kann auch der neue Partner durch weitere Kinder einen Weg zu erhöhtem Fortpflanzungserfolg bieten, vielleicht aber nur, wenn vorhandene Kinder vernachlässigt werden. Oft muß der Elternteil zur Sicherstellung seines langfristigen Fortpflanzungserfolges einen verwickelten Kompromiß zwischen diesen konfligierenden Ansprüchen finden. So kann es passieren, daß er das verwirrte Kind bald in Schutz nimmt, bald im Stich läßt. In der Szene hatte die Mutter große Erwartungen an die neue Beziehung, und vor die Wahl gestellt, schien sie eher ihrem Partner als ihrer unglücklichen Tochter zuzuneigen. Dies scheint bedauerlicherweise eine verbreitete Reaktion zu sein, die oft dazu führen kann, daß das mißbrauchte Kind vorzeitig das Elternhaus verläßt. Darauf werden wir im Anschluß an Szene 20 eingehen.

Weil gemischte Familien eine Tendenz zum Mißbrauch haben, haben wir uns hier ausführlich mit ihnen befaßt. Sie sind aber nicht die einzige Alternative zur gängigen Kernfamilie. Eine andere Alternative ist Gegenstand der nächsten Szene.

Szene 18
Alleinerziehend

Zum dritten Mal innerhalb einer Minute legte die Frau zögernd den Hörer wieder auf. Sie knabberte ratlos am Fingernagel, dann griff sie erneut zum Hörer.

Im Wohnzimmer einer bescheidenen Erdgeschoßwohnung am anderen Ende der Stadt klingelte das Telefon vier- bis fünfmal bei einer schmächtigen, ziemlich jungen Frau, deren langes Haar zu einem Pferdeschwanz zusammengefaßt war. Sie nahm den Hörer ab. Auf ihrer Hüfte saß ein Mädchen von anderthalb Jahren, das geräuschvoll an seiner Schnabeltasse saugte. Sie rückte die Kleine ein Stückchen höher, ehe sie sich zum Telefon hinunterbeugte, das auf dem Kaffeetisch unter einem Stapel alter Fernsehzeitschriften begraben war. »Hallo«, sagte sie mit einer leichten Erregung in der Stimme.

»Hallo, Schatz, ich bin es, Mutti. Ich wollte bloß mal fragen, wie es ihr geht. Hast du es geschafft, mit ihr zum Doktor zu gehen?«

»Oh, hi. Ja, ich war da, hab' sie vor der Arbeit hingebracht. Bin nur eine halbe Stunde zu spät gekommen, es ist gar nicht aufgefallen.«

»Vor der Arbeit?« wunderte sich die Mutter. »Soll das heißen, du bist zur Arbeit gegangen? Aber du hast sie hoffentlich nicht in den Kindergarten geschickt? Da gehörte sie in dem Zustand nicht hin. Hättest du mich angerufen, wäre ich gekommen und hätte auf sie aufgepaßt.« Ihre Verärgerung war unüberhörbar.

»Beruhig dich, Mutti«, unterbrach sie die junge Frau mit einem gewissen Überdruß in der Stimme. »Ich hab' sie zu einer Freundin gebracht. Es ging ihr gut, ehrlich.«

»Ach«, sagte ihre Mutter geknickt. »Du weißt ja, es hätte mir nichts ausgemacht, vorbeizukommen.« In diesem Moment begann das Baby sich nach einem Spielzeug zu recken, das seine Aufmerksamkeit geweckt hatte. Die Frau machte einen Schritt auf das Objekt der Begierde zu und riß dabei das Telefon vom Tisch. Sie fluchte unhörbar. »Mutti, tut mir leid, ich muß weg. Ich ruf' dich morgen an, versprochen. Mach dir keine Sorgen um uns, uns geht's wirklich gut. Tschüss!« Ohne eine Antwort abzuwarten, hob sie das Telefon vom Boden auf und knallte den Hörer auf die Gabel.

Nach dem Gespräch waren beide erregt; die eine, weil sie wieder einmal ihre Mutter angelogen hatte, die andere, weil ihre Tochter wieder einmal ein Hilfsangebot von ihr ausgeschlagen hatte. Die junge Frau setzte das Baby ab. Während es mit unsicheren Schritten auf das begehrte Spielzeug zuwankte, setzte die Frau sich auf den Boden, entschlossen, sich zu beruhigen. Sie regte sich in letzter Zeit über völlig banale Sachen auf. Ihr Blick fiel auf die Unordnung ringsum, und sie beschloß, nachher, wenn die Kinder im Bett waren, etwas aufzuräumen. Da fiel ihr der Stapel Bügelwäsche in der Küche ein. Außerdem mußte sie sich heute abend die Haare waschen. In der Mittagspause hatte sie in einem Schaufenster ihr Spiegelbild gesehen. Erschöpft hatte sie ausgesehen, und ihre Haare und ihre Kleidung – entsetzlich. Sie hatte beschlossen, mehr auf ihr Äußeres zu achten.

Zerzaust und verschwitzt, richtete sich die Fünfjährige, die auf dem Sofa lag, hustend auf. In diesem Moment ertönte in der Küche ein lauter Krach, dem zwei weitere Schläge folgten. »Moment, Schatz, Mama ist gleich wieder da«, beruhigte die junge Frau das Kind. Während sekundenschnell ein Dutzend von Schreckensszenarien in ihrem Kopf ablief, eilte sie mit pochendem Herzen durch das Wohnzimmer in die Richtung, aus der das Getöse kam. Eine schöne Bescherung! Der Kühlschrank stand sperrangelweit offen. Diverse Lebensmittel lagen auf dem Boden verstreut, dazwischen zwei zerbrochene Teller. Die Kleine stand auf einem Stuhl und inspizierte die Innereien des Kühlschranks. Die Mutter sprang auf sie zu und konnte sie gerade noch vom Stuhl reißen, bevor ein weiterer Teller zu Boden ging. Das Kind protestierte lautstark dagegen, daß ihm sein Spiel kaputtgemacht wurde. Die Frau mußte sich zwingen, nicht zurückzuschreien, trug die Kleine ins Wohnzimmer und setzte sie aufs Sofa neben ihre Schwester. Sie gab sich selbst die Schuld, wie immer, wenn den Kindern etwas zugestoßen war. Bei solchen Gelegenheiten, aber nur bei solchen Gelegenheiten, wünschte sie, wieder einen Partner zu haben, und sei es nur, damit jemand da war, der aufpassen und zupacken konnte.

Die Kleine machte Anstalten, gleich wieder vom Sofa zu rutschen, wobei sie sich auf ihre Schwester stützte, die daraufhin aufheulte. Die junge Frau spürte, wie sich Panik ihrer bemächtigte. Sie betrachtete ihr krankes Kind, das zusammengesunken auf einem Kissen ruhte. Vielleicht hatte ihre Mutter recht, vielleicht hätte sie mit ihr zum Arzt gehen sollen. Was, wenn es etwas Ernsteres war? Sie beschloß, mit ihr zum Arzt zu gehen, wenn sie am Morgen noch Temperatur haben sollte. Im Betrieb würde sie sich allerdings keine Freunde machen, wenn sie sich den Vormittag frei nahm.

Erst nach vier Stunden konnte sie sich endlich hinsetzen und die Zeitung lesen. Sie bereitete den Tee für die Kinder, badete sie und las ihnen eine Geschichte vor, spülte das Geschirr, steckte die Wäsche in die Waschmaschine, bügelte und traf Vorbereitungen für den nächsten Morgen, und als sie das alles – nach einem vollen Arbeitstag – erledigt hatte, war sie erschöpft, jedenfalls zu erschöpft zum Lesen. Sie legte die Zeitung weg. Sie ärgerte sich obendrein über sich selbst, weil sie es wieder nicht geschafft hatte, die Haare zu waschen.

Vielleicht sollte sie doch entgegen ihrem Entschluß wieder versuchen, einen Partner zu finden. Aber wie sollte sie einen kennenlernen? Und für eine Beziehung hatte sie sowieso keine Zeit. Ein Jahr war es her, daß der Vater ihrer zwei Töchter sie zu ihrer Erleichterung verlassen hatte. Als Vater war er eine Belastung gewesen, und sie hatte sich geschworen, sich nie wieder in eine solche Situation zu bringen.

Sie hatte ihre Meinung nicht geändert, aber Tage wie dieser nagten doch an ihrem Selbstvertrauen. Natürlich war da immer noch ihre Mutter, die ihr helfen würde, wenn es sein mußte, aber sie war selten dazu in der Lage, ihre Angebote anzunehmen. Anfangs waren sie sich über ihren Entschluß, allein zu bleiben, dermaßen in die Haare geraten, daß sie es als eine Niederlage empfand, sie um Hilfe zu bitten.

Sie war gerade am Einnicken, als die Wohnzimmertür aufging und ihre ältere Tochter erschien, aschfahl und mit einem ängstlichen Ausdruck im Gesicht.

»Mammi«, sagte sie, »ich glaube, ich muß …« Ehe die junge Frau aufspringen konnte, übergab sich ihre Tochter schon.

Aus vielfältigen Gründen können Frauen in die Lage geraten, ihre Kinder allein aufzuziehen, und sei es nur vorübergehend. Eine Vergewaltigung, ein einmaliges sexuelles Abenteuer, das Zerbrechen einer kurz- oder langfristigen Beziehung oder der Tod eines Partners – das alles kann dazu führen, daß eine Frau schwanger wird oder Kinder hat und allein ist. Im Laufe der Geschichte waren Tod und Trennung in unterschiedlichem Maß für die Entstehung von Familien mit einem alleinerziehenden Elternteil verantwortlich, und es hat sicher Zeiten gegeben, in denen der Tod die häufigere Ursache war, wie er es zum Beispiel in Indien immer noch ist.

Heute ist jedoch die Trennung der Eltern die übliche Ursache, sowohl in Industriegesellschaften als auch sonst, und das dürfte auch im Verlauf der Evolution zum Menschen überwiegend der Fall gewesen sein. In der soeben geschilderten Szene war der alleinerziehende Elternteil die Mutter, und da dies in der Mehrzahl der Fälle so ist, befassen wir uns vorwiegend mit diesem Szenario; auf alleinerziehende Väter kommen wir später zu sprechen.

Aktuelle Zahlen über die Kinder, die in einem vaterlosen Haushalt aufwachsen, liegen nur aus zehn Industrieländern vor. Das Schlußlicht der Statistik bildet Italien, wo nur jedes dreiundzwanzigste Kind in einem Haushalt ohne Vater lebt. An der Spitze liegen die Vereinigten Staaten, wo jedes fünfte Kind ohne Vater ist. Wenn wir die seit 1980 in den USA geborenen Kinder betrachten, so verleben von den weißen Kindern jedes zweite und acht von zehn schwarzen Kindern einen Teil ihrer Kindheit in einer Ein-Eltern-Familie.

Man darf nicht vergessen, daß alleinerziehende Eltern, wie wir sie kennen, ein relativ neues Phänomen sind. Auch heute noch gehen in Südasien alleinerziehende Eltern in der Großfamilie auf, sind also genaugenommen gar keine alleinerziehenden Eltern im Sinne, wie wir sie aus der industrialisierten Welt kennen. Auch in den Entwicklungsländern sind Ein-Eltern-Familien relativ neu; in den sechziger Jahren nahm ihre Zahl infolge tiefgreifender wirtschaftlicher Veränderungen rapide zu. Als die meisten Familien noch auf dem Land in Gemeinschaften mit starkem Zusammenhalt lebten und arbeiteten, war eine Trennung sozial und wirtschaftlich erschwert, und Großfamilien aus mehreren Generationen waren relativ häufig. Die sozialen und wirtschaftlichen Hindernisse für eine Trennung und ein eigenständiges Leben schwanden mit der Industrialisierung, der Verstädterung und der zunehmenden Mobilität, der Landflucht und der Zunahme der weiblichen Lohnarbeit. Heute können Männer und Frauen Heim und Familie verlassen und dennoch Arbeit und Einkommen behalten. In Großbritannien und den Vereinigten Staaten stellten in der ersten Hälfte der neunziger Jahre alleinerziehende Mütter und ihre Kinder etwa ein Fünftel der Familien mit abhängigen Kindern – in Großbritannien lag der Anteil etwas darunter, in den USA etwas darüber. In beiden Ländern hatte sich die Zahl seit 1970 nahezu verdreifacht. Besonders steil war der Anstieg seit 1987, wobei er in den USA innerhalb von sieben Jahren von vierzehn auf dreiundzwanzig Prozent stieg.

Daß der Verlust des Vaters sich erheblich auf das Überleben des Kindes auswirkt, zeigten Untersuchungen an zwei zeitlich und geographisch weit voneinander entfernten Kulturen: den Ache, einem Urwaldvolk in Paraguay, in den achtziger Jahren unseres Jahrhunderts, und den Einwohnern von Ostfriesland im 18. Jahrhundert. Wenn das Kind über zwei Jahre alt ist, wird der Beitrag des Vaters zunehmend wichtig; der Verlust des Vaters ist jedoch in allen Altersstufen nicht so verheerend wie der Verlust der Mutter. Bei den Kipsigi in Kenia in unserem Jahrhundert war hingegen die Anwesenheit des Vaters für das Überleben des Kindes unerheblich. Aber auch bei diesem Volk war es für den langfristigen Fortpflanzungserfolg der Mutter von Bedeutung, ob sie einen Partner hatte; bei Präsenz des Vaters bekam sie von jedem Sohn und jeder Tochter mehr Enkelkinder.

Für die Frau ist es vorteilhaft, wenn ihr ein Mann bei der Aufzucht der Kinder hilft, einmal in dem direkten Sinne, daß jemand da ist, der mit aufpassen und zupacken kann, aber auch in dem Sinne, daß er das Geld, die Nahrung und den Raum beschafft oder dabei hilft, den ihre Kinder für eine gesunde Entwicklung brauchen. Wenn ein Mann hilft, haben die Kinder einer Frau größere Chancen, von Unfällen und Krankheiten verschont zu bleiben und zu gesunden, fruchtbaren Erwachsenen heranzuwachsen. Dadurch gelingt es einer Frau vielfach, mehr Kinder aufzuziehen und folglich mehr Enkelkinder zu haben. Doch so sehr ein Partner auch zum Fortpflanzungserfolg einer Frau beitragen kann, muß man doch genauer hinschauen, was der Mann denn wirklich zur Kinderbetreuung beisteuert. Als Väter spielen Männer durchaus nicht in der Oberliga, vergleicht man sie mit den Männchen der Primatenarten. Neben dem durchschnittlichen Orang-Utan oder Schimpansen mögen sie sich sehr fürsorglich ausnehmen, doch im Vergleich zum Krallenäffchen und zum Berberaffen schneiden sie schlecht ab.

Unter den Primaten insgesamt sind Männer eher »Gesellschafter« als »intensive Pfleger«. Die Interaktion mit Kleinkindern ist generell schwach. In zwanzig Prozent der achtzig Kulturen, in denen man weltweit die väterlichen Beziehungen untersuchte, waren die Väter selten oder nie in der Nähe ihrer Kleinkinder, und in nur vier Prozent der Kulturen beobachtete man eine enge Beziehung zwischen Vater und Kleinkind. Und selbst in dieser letzteren Gruppe, etwa bei den Kung-San-Buschmännern in Namibia, verbrachten die Väter nur vierzehn Prozent ihrer Zeit in Interaktion mit ihren Kindern. Das entspricht ungefähr den drei Stunden täglich, die bei den aktivsten Männern in Industriegesellschaften ermittelt wurden. Es gibt jedoch moderne Väter, die sich gerade mal fünfundvierzig Minuten in der Woche mit ihren Kindern beschäftigen.

Väter übernehmen kaum eine größere Verantwortung für die Kinderbetreuung und beteiligen sich selten an der eigentlichen Pflege. Bei den Kung San trugen sie nur sechs Prozent der Pflegeaufgaben, obwohl sie mindestens während der Hälfte ihrer Zeit sonst nichts für die Familie zu tun hatten. Die Beschäftigung mit dem Kind erfolgt in Gestalt des Spiels, in Industriegesellschaften wie in nichtindustriellen Gesellschaften. Nur bei der Nahrungsbeschaffung können die aktivsten Väter sich mit den übrigen Primaten vergleichen. Typischerweise wird die Nahrung aber der Mutter übergeben, die sie dann an die Kinder verfüttert.

Wenn man die Perspektive erweitert, fallen die Menschen – freilich nicht nur sie – insofern aus dem Rahmen, als *beide* Eltern sich an der Kinderaufzucht beteiligen. Bei den meisten Tieren gibt es überhaupt keine elterliche Fürsorge für den Nachwuchs; die Jungen müssen von Geburt an für sich selbst sorgen. Bei etlichen Arten, vornehmlich Wirbeltieren, gibt es zwar eine elterliche Fürsorge, aber die Pflege durch einen Elternteil ist die Regel, nicht die Ausnahme. Bei Fischen, Fröschen und Kröten kümmert sich meistens der Vater um die Brut, und die Mutter geht fort. Bei Vögeln und Säugetieren ist es gewöhnlich umgekehrt. Außer beim Menschen gibt es nur bei ganz wenigen Arten eine Pflege durch beide Eltern, am häufigsten bei Vögeln, aber auch bei einigen Fischen und Säugetieren.

Dieses Bild der Elternschaft im Tierreich hat zu dem verbreiteten Irrtum geführt, daß die Pflege durch beide Eltern das höchste System sei und daß die Evolution versucht habe, alle Tiere dahin zu bringen, aber bei den meisten gescheitert sei. Die Pflege durch beide Eltern ist nicht ein Gipfel der Evolution, von dem die meisten Tiere durch körperliche oder seelische Mängel ausgeschlossen wurden, im Gegenteil. Es gibt nur ganz wenige Situationen, in denen die Pflege durch beide Eltern tatsächlich den Fortpflanzungserfolg fördert. Die Situation der Menschen ist nun einmal einzigartig. Bei den meisten Tieren wäre es kontraprodukiv, wenn beide Eltern sich mit der Hilfe aufhielten. Die Beispiele der Enten und Schwarzbären sollen das verdeutlichen.

Die meisten Entenarten bilden unter den Vögeln insofern eine Ausnahme, als das Männchen sich nicht an der Aufzucht der Jungen beteiligt. Er bleibt gerade lange genug bei seiner Partnerin, bis all ihre Eier befruchtet sind, dann verschwindet er und überläßt es ihr, die Jungen allein aufzuziehen. Das mag vielleicht hart erscheinen, aber das Weibchen kommt ohne ihn besser zurecht. Erstens können die Entchen sich, sobald sie ausgeschlüpft sind, selbst ernähren, sie brauchen nur den Kopf ins Wasser zu stecken oder zu tauchen – als würden sie in einer Suppenschüssel leben. Die Mutter hält ihren Nachwuchs zusammen, verhindert, daß er sich verirrt, und bringt ihm bei, wie er es vermeidet, von Raubtieren gefressen zu werden; mehr braucht sie nicht zu tun. Nicht nur, daß sie keine Hilfe benötigt, ein Partner wäre sogar eine Last für sie. Da das Gefieder der meisten Enteriche auffällig bunt ist, könnte der Vater Freßfeinde in die Nähe der Familie locken. Deshalb ist es für alle besser, daß er fortgeht.

Nicht anders ist es bei Schwarzbären. Die Bärin, im Herbst gedeckt, bringt während der Überwinterung zwei Welpen zur Welt und säugt sie, und im Frühjahr sind dann alle abgezehrt und müssen sich im Laufe des Sommers wieder aufpäppeln. Ob die Mutter und ihre Welpen den Winter überleben, hängt davon ab, wie viele Beeren sie im Herbst fressen konnte, um davon Fettreserven anzulegen. Bliebe der Vater nach der Zeugung in ihrem Revier, hätte sie weniger Futter, und das Überleben der beiden Welpen wäre eher gefährdet. Auch bei Schwarzbären wird also der Fortpflanzungserfolg durch das Alleinsein gefördert.

Dies kann, wie wir noch sehen werden, auch für Frauen zutreffen, doch in der Regel ist es wohl nicht der Fall. Bedauerlicherweise wird der Fortpflanzungserfolg bei soziologischen Studien über Ein-Eltern-Familien nicht berücksichtigt. Meistens geht es um soziale Probleme wie die hohe Zahl von Schulabbrechern, jugendlichen Müttern und Arbeitslosen. Nur bei den schon erwähnten Beispielen – den Ache, den Kipsigi und den Ostfriesen des 18. Jahrhunderts – war es eindeutig so, daß auch wenn die Mutter in einer Großfamilie lebt, die Abwesenheit des Vaters und die Alleinerziehung durch die Mutter sich nachteilig auf die Fortpflanzung auswirkt. Alle übrigen Untersuchungen zeigen lediglich, daß Kinder aus Ein-Eltern-Familien sozial benachteiligt sind. Die vorhandenen Zahlen geben also nur indirekt Aufschluß über den Fortpflanzungserfolg. Bei alleinerziehenden Müttern dürfte zum Beispiel die Sterblichkeit höher liegen als bei Müttern, die mit einem Partner leben, und die Kinder von alleinerziehenden Müttern werden wahrscheinlich eher Gesundheitsprobleme haben als die aus Kernfamilien. Beide Faktoren dürften den langfristigen Fortpflanzungserfolg der Mutter beeinträchtigen und damit die in direkten Untersuchungen gewonnene Schlußfolgerung bestätigen.

Daß es für eine Frau nachteilig ist, alleinerziehender Elternteil zu sein, ist vielfach belegt, aber woran das liegt, ist keineswegs klar. Aus fast allen Untersuchungen, in denen die relative Bedeutung der einzelnen Faktoren ermittelt werden konnte, geht hervor, daß die finanzielle Lage dafür verantwortlich ist. Die Art der Erziehung, ob allein oder gemeinsam, spielt allenfalls eine untergeordnete und in vielen Fällen überhaupt keine Rolle.

Unter sich verschlechternden Lebensumständen leiden Ein-Eltern-Familien stärker als Kernfamilien oder gemischte Familien. Wenn es durch niedriges Einkommen und Kränklichkeit zu Schwierigkeiten kommt, ist das Risiko eines Unfalls, einer Erkrankung oder des Mißbrauchs von Kindern von alleinerziehenden Eltern erhöht, und in Ein-Eltern-Familien sind diese Bedingungen eher gegeben. In allen Industrieländern, aus denen Zahlen vorliegen, besteht für Kinder von alleinerziehenden Müttern ein größeres Armutsrisiko. In Australien, Kanada und den USA leben über fünfzig Prozent der Kinder von alleinerziehenden Müttern unterhalb der Armutsgrenze. In Australien, Norwegen und den USA machen diese Kinder mehr als die Hälfte der Kinder aus, die in Armut leben. In anderen Ländern werden die Folgen sozialpolitisch gemildert. So haben Dänemark, Finnland und Schweden ebenfalls einen hohen Prozentsatz von Kindern, die mit alleinerziehenden Müttern leben, doch weniger als zehn Prozent leben unterhalb der Armutsgrenze.

Der Fortpflanzungserfolg vieler alleinerziehender Mütter wird weniger durch die Qualität ihrer mütterlichen Fürsorge, sondern mehr durch die harten wirtschaftlichen Folgen des Alleinseins beeinträchtigt. Es hat bei ihnen und ihren Kindern nicht nur Konsequenzen für Überleben, Gesundheit und Fruchtbarkeit, es hat auch soziale Auswirkungen. So neigen Kinder von alleinerziehenden Müttern zu Verhaltensweisen, die man eher bei den unteren sozialen Schichten antrifft. Im Durchschnitt weisen Kinder aus Ein-Eltern-Familien schlechtere Schulnoten und eine höhere Straffälligkeit auf; man beobachtet auch eine verschlechterte psychische Gesundheit der Mutter wie der Kinder. Und da zugleich die Wahrscheinlichkeit höher liegt, daß Töchter aus solchen Familien früh schwanger werden, wächst hier vielfach eine weitere Generation in Ein-Eltern-Familien auf. (Auf frühe Schwangerschaften gehen wir im Anschluß an Szene 19 ein.)

Da zwischen Alleinerziehung und Armut ein Zusammenhang besteht, hat die unvollständige Familie nicht nur ein geringeres Einkommen, sondern Armut ist ihrerseits dafür verantwortlich, daß Ein-Eltern-Familien entstehen. Amerikanische Untersuchungen über Ursachen und Folgen von Ehescheidungen haben gezeigt, daß Arbeitslosigkeit und niedrige Entlohnung erheblich zu Ehestreitigkeiten beitragen. Die gestiegene Zahl von geschiedenen oder getrennt lebenden Müttern zwischen 1968 und 1988 ging, so die Analyse einer Untersuchung von Scheidungen während der drei Rezessionen zwischen 1970 und 1982, zur Hälfte aufs Konto der Rezession. In den USA sank auch bei Familien, die vor der Trennung nicht unterhalb der Armutsgrenze lebten, das Einkommen nach der Trennung um fünfzig Prozent. Aber wenn bei Armut eher mit Ein-Eltern-Familien gerechnet werden kann, beschränken diese sich doch nicht auf die unteren sozioökonomischen Kategorien. In der zweiten Woche des Dezember 1992 lebten zum Beispiel alle sechs Enkelkinder der Königin von England mit alleinerziehenden Müttern!

Der Einkommensunterschied zwischen alleinerziehenden Eltern und Kernfamilien ist mindestens zur Hälfte, vielleicht aber sogar zu achtzig Prozent für die verringerte soziale und psychologische Kompetenz von Kindern aus Ein-Eltern-Familien verantwortlich. Dabei hat, wie Untersuchungen zeigen, der Rückgang des Einkommens nach der Trennung oft größere Bedeutung als die absolute Einkommenshöhe. Das vermag zu erklären, warum Kinder von verwitweten Müttern, die erheblich weniger unter einer Einkommensverminderung zu leiden haben, oft genauso gut abschneiden wie Kinder aus Kernfamilien. Kinder, die durch die Trennung der Eltern in einer unvollständigen Familie leben, schneiden dagegen sozial und psychologisch im Durchschnitt schlechter ab. Die ermittelten Unterschiede zwischen diesen Kindern und solchen aus intakten Kernfamilien bestanden jedoch zum großen Teil schon vor der Trennung der Eltern, und sie verschlechtern sich danach nicht unbedingt. Entscheidend ist offenbar die Qualität der Beziehungen innerhalb der Familie, von denen die Trennung nur ein Aspekt ist. Das heißt natürlich nicht, daß Probleme nicht auch aus der Alleinerziehung entstünden. Für die verringerte soziale Kompetenz ist in einem gewissen Maß – nach einer Schätzung bis zu zwanzig Prozent – auch die Qualität der elterlichen Erziehung verantwortlich. Das hat aber nichts mit unterschiedlichen Fähigkeiten der Mütter zu tun – eine Frau, die zur alleinerziehenden Mutter wird, ist nicht minder kompetent als eine, die es nicht wird. Es hat mehr mit der Situation zu tun, in der sie sich befindet. Es ist nicht zu vermeiden, da sie, wie wir in der obigen Szene sahen, eben nur zwei Hände und zwei Augen hat.

Sieht man von der Unfallgefahr ab, die in unserer Szene durch den Zwischenfall am Kühlschrank verdeutlicht wurde, von Krankheit und den Folgen einer Einkommensverminderung, so deutet nichts darauf hin, daß Kinder nennenswert darunter leiden, daß sie nur einen Elternteil haben. Insbesondere scheint sich – auch wenn Traditionalisten es gern anders hätten – das Fehlen eines im Haushalt lebenden männlichen Vorbilds auf die Leistung des Kindes im späteren Leben kaum auszuwirken. In modernen Gesellschaften schneiden Kinder, die von beiden Eltern aufgezogen werden, in sozialer und psychologischer Hinsicht nicht besser ab als Kinder, die von einer verwitweten (im Gegensatz zu einer getrennt lebenden) Mutter oder von Mutter und Großmutter aufgezogen werden. Auch der Umstand, wie lange ein Kind ohne einen Mann im Haushalt lebt, wirkt sich nicht aus. Aus biologischer Sicht ist dies wohl auch zu erwarten. Bei den meisten Primaten werden die Jungen von einer Gruppe von Weibchen gemeinsam aufgezogen. Oft sind diese Weibchen miteinander verwandt – sie sind Schwestern, Tanten, Nichten und Großmütter. In vielen menschlichen Gesellschaften ist es nicht anders. Bei den Menschen wie bei anderen Primaten tauchen die Männer hin und wieder in diesen weiblichen Gruppen auf und bieten gelegentlich »väterliche« Fürsorge an, doch meistens kümmern sie sich nur um ihre eigenen Interessen, das heißt, sie sammeln Nahrung und versuchen, Weibchen zu besamen. Es gibt deshalb keinen Grund, warum Kinder in Industriegesellschaften auf einmal ein Bedürfnis nach einem im Haushalt lebenden männlichen Vorbild entwickelt haben sollten. In der weiteren Umgebung gibt es Männer genug, von denen Kinder lernen können, was sie lernen müssen.

Es könnte auf den ersten Blick scheinen, als befinde sich eine Frau, die mit einem Kind oder mehreren Kindern, aber ohne Mann dasteht, in einer bösen Falle, weil sie mit zwei nicht wünschenswerten Optionen konfrontiert ist: ihre Kinder den Gefahren entweder einer gemischten Familie oder einer unvollständigen Familie auszusetzen. Welche Entscheidung ihren Fortpflanzungserfolg am stärksten fördern oder am wenigsten beeinträchtigen wird, hängt sowohl von ihren Lebensumständen als auch von den verfügbaren Stiefvätern ab.

Weil es in Szene 17 vornehmlich um den Mißbrauch ging, dürfte ein entschieden negatives Bild der gemischten Familie entstanden sein. Es besteht hier jedoch, wie wir dargelegt haben, die Möglichkeit, daß zwei alleinerziehende Eltern vom Zusammenschluß ihrer Familien erheblich profitieren. Profitieren könnten beide von der dadurch erzielten Zunahme der gesamten Ressourcen – nicht nur der offensichtlichen Ressourcen wie Einkommen und Raum, sondern auch der weniger offensichtlichen wie der Zunahme an elterlicher Energie, Zeit und Aufmerksamkeit. Außerdem können beide Eltern ihren Fortpflanzungserfolg durch weitere Kinder mit ihrem neuen Partner steigern. Wir haben auch erwähnt, daß Männer in Sachen Fortpflanzung davon profitieren könnten, daß sie und ihre Söhne sexuellen Zugang zu Töchtern erhalten, die ihre neue Partnerin unter Umständen mitbringt. Noch mehr wird schließlich der Partner von der gemischten Familie profitieren, der es bewerkstelligen kann, daß seine Kinder von den gesamten Ressourcen der Familie den größeren Anteil erhalten. Er braucht dazu nur seine eigenen Kinder zu bevorzugen, doch kann er unter extremeren Bedingungen auch dazu übergehen, seine Stiefkinder zu mißhandeln oder zu mißbrauchen.

Aufgrund der vorhandenen Erkenntnisse können wir nicht sagen, welche Handlungsweise für eine Frau, die in die Lage einer alleinerziehenden Mutter gerät, die beste ist.

Doch je mehr ihre Fähigkeit eingeschränkt ist, sich und ihre Kinder zu unterhalten, desto eher wird sie wahrscheinlich ihren Fortpflanzungserfolg fördern, wenn sie das Risiko einer gemischten Familie eingeht. In den Vereinigten Staaten gehen von den weißen Frauen die Hälfte und von den schwarzen ein Drittel eine neue Ehe ein. Andere leben mehr oder weniger lange in einem eheähnlichen Verhältnis mit einem Mann zusammen. Genau das tat die Frau mit der mißbrauchten Tochter in Szene 17, und wenn es auch unzweifelhaft auf Kosten ihrer Tochter ging, schien es doch, als würde sie in Sachen Fortpflanzung am Ende davon profitieren. Doch wenn die entsprechenden Bedingungen gegeben sind, kann eine Frau in Sachen Fortpflanzung allein besser fahren als mit einem Partner, der mehr eine Last als eine Hilfe ist. Wie sich zum Beispiel aus den Ernährungsdaten für die Nordprovinz von Sambia ergibt, ist Mangelernährung bei unter fünfjährigen Kindern in Haushalten mit einer Frau als Vorstand weniger häufig als bei Kindern in Haushalten, die ein wenig besser gestellt sind und wo beide Eltern da sind, weil von den wenn auch geringeren Ressourcen der Familie ein größerer Teil den Kindern zugewendet wird, wenn der Vater nicht da ist. Da die gesetzlichen Unterhaltsregelungen für Kinder in den Industriegesellschaften zunehmend verbessert werden und immer mehr Frauen sich selbst erhalten können, ist damit zu rechnen, daß immer mehr Frauen sich dafür entscheiden, ihre Kinder allein aufzuziehen, und davon profitieren.

Anders als bei Fischen oder Fröschen sind, wie schon erwähnt, über neunzig Prozent der alleinerziehenden Eltern Frauen; bei Männern ist die Wahrscheinlichkeit, daß sie ihre Kinder verlassen und daß sie sterben, während ihre Kinder noch jung sind, größer. Auch besteht bei Männern nicht die Gefahr, daß sie nach einem einmaligen sexuellen Abenteuer oder einer Vergewaltigung mit einem Kind allein bleiben. Wenn Männer – wie in Szene 16 – doch in die Rolle des alleinerziehenden Elternteils geraten, gelten die Überlegungen, die wir hier im Hinblick auf die alleinerziehende Mutter angestellt haben, genauso für sie.

Alles in allem scheinen Kinder mit einem alleinerziehenden Vater besser zu fahren als mit einer alleinerziehenden Mutter. Das ist nicht eine Folge besserer elterlicher Fürsorge, sondern eines höheren Einkommens und der Fähigkeit, für eine Tagesbetreuung zu sorgen. Wie neuere Untersuchungen zeigen, schneiden Kinder von alleinerziehenden Vätern gesundheitlich besser ab als die von alleinerziehenden Müttern, während sie in ihrer sozialen Entwicklung nur genauso gut dastehen wie diese. Negativ schlägt zu Buche, daß Töcher von alleinerziehenden Vätern eher im Teenageralter schwanger werden. Klammert man das höhere Einkommen aus, sind Männer als alleinerziehender Elternteil weniger kompetent als Frauen. Wenn Frauen über die Ressourcen entscheiden, kommen diese, wie Untersuchungen in Ghana in den achtziger und neunziger Jahren gezeigt haben, eher den Kindern zugute, als wenn Männer darüber entscheiden. In Brasilien zeigte sich, daß es für die Gesundheit des Kindes fast zwanzigmal förderlicher ist, wenn statt des Vaters die Mutter über das Einkommen verfügt; auch die Überlebensaussichten des Kindes sind besser. Hinter der geringeren Kompetenz von Männern als alleinerziehender Elternteil steckt vermutlich wieder einmal das Schreckgespenst der väterlichen Ungewißheit. Dieser Faktor und der Drang, neue Frauen zum Besamen zu finden, dürfte dafür verantwortlich sein, daß Männer im Hinblick auf die Gesundheit und Sicherheit ihrer Kinder größere Risiken eingehen.

DER WEG ZUR GROSSELTERNSCHAFT

Szene 19
Die Bedingungen schaffen

Die Mutter erwachte aus einem kurzen Schlaf. Sie hielt sich die Hand über die Augen, um nicht von der Sonne geblendet zu werden, und schaute sich im Garten um. Ihre siebenjährige Tochter hockte in einer Ecke im Schatten eines Baumes und starrte aufmerksam auf den Boden.

»Was gibt es dort?« rief sie, das Radio übertönend, das neben ihr im Gras stand.

»Eine große Biene«, antwortete die Tochter, »ich glaube, sie stirbt.« Sie pikte sie mit einem Stock und lief dann zu ihrer Mutter auf der Sonnenliege hin. Sie langweilte sich, es ärgerte sie, daß ihre Mutter immer wieder einschlief, und es war ihr heiß. »Mama, muß ich meine Sachen anbehalten? Mich juckt es überall.«

Die Mutter konnte ihr nicht helfen. An einem Tag wie heute trugen sie normalerweise nichts in ihrem abgeschlossenen Garten, aber an diesem Nachmittag war ein Spielkamerad ihres achtjährigen Sohnes da. Er kam ihr irgendwie merkwürdig vor, und etwas sagte ihr, daß es nicht gut wäre, wenn er sie und ihre Tochter nackt sähe.

»Tut mir leid, Schatz«, sagte sie und richtete sich auf. »Du kannst dich nicht ausziehen, solange der Freund deines Bruders da ist – wo sind die beiden überhaupt?«

Schmollend erwiderte das Mädchen, die beiden seien nach oben gegangen, um mit der Eisenbahn ihres Bruders zu spielen. Die Frau spähte zu dem Fenster im Obergeschoß hinauf und stellte für einen Augenblick das Radio leiser, um zu hören, ob dort oben Unfug getrieben wurde, aber es war still. Sie stellte das Radio wieder lauter, drehte sich auf den Bauch und machte das Bikinioberteil hinten auf. Bevor sie wieder die Augen schloß, bat sie ihre Tochter, nach oben zu gehen und nachzusehen, was die Jungen trieben. Es blieben ihr noch zehn Minuten, bis sie ihnen Tee machen mußte, und sie wollte die letzten Sonnenstrahlen ausnutzen. Hätte sie gewußt, worüber sich die beiden oben unterhielten, hätte es sie vermutlich sehr interessiert.

Der Besucher, neun Jahre alt, aber naiv für sein Alter, fragte ungläubig: »Du und deine Schwester, ihr zieht euch wirklich nackt aus und geht zusammen in die Badewanne? Dann sieht sie ja dein ... dein Dings, und du siehst ihres!«

Der junge Gastgeber ließ sich nicht in seinem Spiel beirren; er schob den Zug einen steilen Hügel hinauf und stieß dabei die Geräusche einer Dampflokomotive aus. Es war eine elektrische Eisenbahn, aber sie funktionierte nicht, und bislang hatte er seinen Vater nicht dazu bewegen können, sie zu reparieren.

»Macht dich das nicht verlegen?« bohrte der Besucher weiter. »Wird er nicht steif und steht in die Höhe? Bei mir würde er das, wenn ein Mädchen ihn angucken würde. Hast du dabei kein komisches Gefühl?«

»Sie ist doch bloß meine Schwester, und sie ist erst sieben«, sagte er, als der Zug oben auf dem Hügel angekommen war. Er ließ ihn auf der anderen Seite herunterrollen. »Manchmal steht er schon in die Höhe, besonders, wenn sie ihn berührt. Mein Papa sagt, das ist normal, seiner steht auch manchmal in die Höhe. Manchmal soll er in die Höhe stehen.«

Es trat eine Pause ein, weil keiner wußte, was er jetzt sagen sollte. Dann fuhr der Jüngere fort: »Meine Schwester findet den von Papa echt lustig. Sie tätschelt ihn gern und läßt ihn von einer Seite zur anderen pendeln.«

Der Ältere, dem dies offenbar noch unglaublicher vorkam, bohrte nach: »Du hast den von deinem Papa wirklich gesehen? Und deine Schwester auch? Und sie hat ihn berührt? Wie sieht er aus? Wie unserer?«

»Eigentlich nicht«, erwiderte sein Freund, verwirrt von dem Interesse, das der andere an dem Thema fand. »Er ist ziemlich groß, hat einen komischen roten Kopf am Ende und blaue Adern. Überall sind Haare, und seine Eier sind auch groß. Es ist scheußlich, echt.« Er verstummte und blickte zu seinem Freund auf, zum zweiten Mal während dieses Gesprächs. »Wieso? Hast du den von *deinem* Papa noch nicht gesehen?«

Schaudernd bei dieser Vorstellung, schüttelte der Ältere den Kopf. Nur unanständige Jungen und schlimme Erwachsene zeigten anderen ihre »intimen Körperteile«, hatten seine Eltern ihm erklärt. Er hatte seine Eltern noch nie nackt gesehen und war entsprechend neugierig. »Und dein Papa erlaubt, daß deine Schwester ihn *berührt*? Macht ihm das nichts aus?«

»Keine Ahnung«, erwiderte der andere, leicht verlegen. Dann lachte er auf. »Manchmal tut sie ihm weh. Sie haut so fest drauf oder zieht so fest daran, daß er sie anschreit. Mit den Dingern der Männer muß man sanft umgehen, sagt er ihr dann.« Er zögerte einen Moment, unschlüssig, ob er weiterreden sollte. »Jedenfalls hab' ich ihn auch berührt – und meine Mutti auch.« Er hielt sich die Hand vor den Mund, als solle niemand das hören, was er nun sagen würde. »Weißt du, was ich manchmal mache?«

Er kicherte über das, was er nun sagen würde. »Manchmal erlaubt mir meine Mutti, über das Haar auf ihrem Bauch zu streichen. Am liebsten tue ich es, wenn sie gerade gebadet hat. Dann riecht es echt gut.« Er brach ab, um sich wieder seinem Zug zuzuwenden, und bemerkte nicht den Ausdruck auf dem Gesicht seines Freundes.

»Ist das wahr? Deine Mutti hat Haare auf dem Bauch?« Er fand die Vorstellung entsetzlich. Seine Mutti hatte ganz bestimmt keine Haare auf dem Bauch.

»Hast du denn gar keine Ahnung?« fragte der Achtjährige seufzend. Seine Eltern gingen oft unbekleidet, und er war den Anblick ihrer Körper von Geburt an gewohnt. Es war für ihn unvorstellbar, daß jemand, der ein Jahr älter war als er, von diesen Dingen keine Ahnung hatte. »Hier ist es«, sagte er, auf seinen eigenen Körper deutend, »und es ist 'ne Menge. Ganz schwarz und dicht.«

»Hat deine Schwester dort auch Haare?« fragte sein Freund und fürchtete sich beinahe vor der Antwort.

Der Jüngere mochte nicht glauben, daß sein Freund so naiv war. In diesem Moment kam seine Schwester ins Zimmer. »Er meint, du hättest Haare auf dem Bauch, wie Mutti«, sagte er lachend und deutete dabei auf seinen Freund.

»Eines Tages kriege ich welche, hat Mutti gesagt«, entgegnete sie ungehalten. Sie war verlegen und verärgert, aber auch ein wenig erregt darüber, daß die beiden Jungen über sie gesprochen hatten. Sie war ein bißchen verknallt in diesen großen Jungen, der zwei Jahre älter war als sie.

Sie nahm sich das Kopfkissen vom Bett ihres Bruders und schlug damit nach ihm. »Was hast du über mich erzählt?« fragte sie kämpferisch.

»Nichts«, sagte er kichernd, ihren Angriffen mit dem Kissen ausweichend, während sie ihn durchs Zimmer verfolgte. Der Ältere schaute voller Neid zu. Als Einzelkind hätte er alles dafür gegeben, eine Schwester oder einen Bruder zum Spielen zu haben.

Das Mädchen nagelte seinen Bruder in der Zimmerecke fest und versuchte, ihm das Kissen aufs Gesicht zu drücken, um vor dem großen Jungen anzugeben. Noch immer lachend, versuchte ihr Bruder sie zu kitzeln, und die beiden sanken zu Boden. Obwohl sie zwanzig Monate auseinander waren, war sie nicht viel kleiner als ihr Bruder, und sie waren einander bei dem rauhen Getümmel ziemlich ebenbürtig. Oft wälzten sie sich in Scheingefechten auf dem Fußboden, gelegentlich auch nackt, wenn sie vorher gebadet hatten.

Der Neunjährige schaute zu, wie Bruder und Schwester auf dem Fußboden miteinander rangen, und bekam große Augen, als das kurze, weite Kleid des Mädchens bis über die Hüfte hochrutschte. Unbeholfen warf er sich auf die beiden. Es war sein erster körperlicher Kontakt mit einem Mädchen, und es erregte ihn. Diese Gelegenheit wollte er sich nicht entgehen lassen, aber er wußte nicht, wie weit er gehen durfte. Wenn das Mädchen nichts dagegen hatte, in Gegenwart ihres Bruders nackt zu sein, dann würde sie wohl auch bei ihm nichts dagegen haben. Er verkündete seinen Entschluß, ihr die Unterhose auszuziehen, und bat ihren Bruder um Hilfe. Dieser, ebenfalls erregt und bestrebt, den Älteren zu beeindrucken, setzte sich der Schwester auf die Brust, während der andere versuchte, ihre zappelnden Beine so lange festzuhalten, daß er ihr die Hose herunterziehen konnte. Kreischend und wild mit den Armen fuchtelnd, versetzte sie ihm einen Schlag ins Gesicht, dem er aber keine Beachtung schenkte. Als er beide Beine fest im Griff hatte, spürte er, wie seine Erregung wuchs. Gleich würde er zum ersten Mal eine Möse sehen.

Und er sah sie, ganz kurz. Doch als er ihr die Hose bis zu den Knien heruntergezogen hatte und erblickte, was ihm eben noch so wichtig vorgekommen war, verspürte er plötzlich Gewissensbisse. So erging es auch ihrem Bruder. Er stand von ihrer Brust auf und sagte zu dem anderen, er solle aufhören und seine Schwester loslassen, was dieser auch tat. In den wenigen Sekunden, die sie brauchte, um sich die

Hose hochzuziehen, blieb sein Blick auf die präpubertäre Scham des Mädchens fixiert, durch das, was er sah, mehr verwirrt als erregt.

Das Mädchen beschimpfte die beiden mit Ausdrücken, die den Neunjährigen überraschten. Ihr Bruder war daran gewöhnt – er konnte genauso grob sein. Sie saß eine Weile da und machte ein finsteres Gesicht, während die beiden Jungen verlegen herumzappelten. Dann griff sie wieder nach dem Kissen und warf es schwunglos nach dem Älteren. Sie drohte, der Mutter zu erzählen, was die beiden getan hatten. Er hätte das nicht zu tun brauchen, sagte sie mißmutig. Sie hätte es ihm auch so gezeigt, wenn er darum gebeten und ihr auch sein Ding gezeigt hätte. Aber nach dem, was er gemacht hatte, würde sie ihm keinen Blick mehr gestatten.

Um Wiedergutmachung bemüht, griff der Bruder ihren Wink auf und schlug vor, dem anderen Jungen die Hose herunterzuziehen. Über das, was vorgefallen war, mehr erregt als empört, wollte das Mädchen im Grunde eine Fortsetzung des rauhen Getümmels, und ehe der Besucher wußte, wie ihm geschah, stürzten sich beide auf ihn. Doch bevor sie ihre Absicht wahr machen konnten, wurde ihr Spiel unterbrochen. Die Frau hatte sich gewundert, wieso ihre Tochter so lange brauchte, und war ins Haus gekommen, um nachzusehen. Was macht ihr da für einen Krach? rief sie von unten, und ohne auf eine Antwort zu warten, fügte sie hinzu, sie sollten zum Tee herunterkommen.

Dies war fast das letzte Mal, daß der Junge bei den beiden Geschwistern zu Besuch war. Das Mädchen wurde seiner Versuche, ihr den Rock hochzuheben und nach ihrer Hose zu grabschen, bald überdrüssig. Wenn sie da war, hatte er anscheinend nichts anderes mehr im Sinn. Anfangs hatte es ihr Spaß gemacht, ihn damit zu necken, daß sie ihm beinahe erlaubte, einen Blick auf ihr Geschlecht zu werfen, und es sich dann im letzten Augenblick anders überlegte. Bei einem seiner Besuche hatte er plötzlich seine Hose heruntergelassen, und zum Vorschein war ein steifes, rosiges kleines Ding gekommen, das auf sie keinen Eindruck machte; sieht ja wie eine winzige Karotte aus, dachte sie. Jetzt müsse sie sich aber auch ausziehen, forderte der Junge. Aber sie tat es nicht. Der flüchtige Blick, den er sich mit Hilfe ihres Bruders erzwungen hatte, sollte das einzige Bild von den weiblichen Genitalien bleiben, das er auf seinen Weg zur Mannbarkeit mitnehmen würde.

Auch der Junge verlor das Interesse an der Gesellschaft seines Freundes; er brauchte jemanden, der sich wie er für Fußball und Eisenbahnen interessierte, und nicht einen, der nur darauf aus war, flüchtige Blicke auf unbekleidete Mädchen zu erhaschen, für ihn ein alltäglicher Anblick. Es blieb ein alltäglicher Anblick, bis er zwölf und seine Schwester elf wurde. Nun machten beide, ungeachtet des Vorbildes ihrer Eltern, aus ihrem Körper und den sich vollziehenden Veränderungen mehr und mehr ein Geheimnis. Sie blieben einander eng verbunden, aber mit gemeinsamen Bädern und nackten Balgereien war es vorbei. Dennoch sahen sie einander oft genug nackt, um über die Veränderungen, die sich mit der näher rückenden Pubertät einstellten, im Bilde zu sein. Bei ihren Eltern wuchs dagegen die Enttäuschung über die Auswirkungen des Älterwerdens auf den eigenen Körper, und die Abneigung, sich nackt vor ihren Kindern zu zeigen, wurde immer stärker.

Mit der Art, wie sie die frühe Sexualerziehung ihrer Kinder gehandhabt hatten, waren sie gleichwohl zufrieden. Wenn sie es recht sahen, hatten sie beide ein gesundes Verständnis für und Respekt vor dem eigenen Körper und dem des anderen. Die Kinder, so hofften sie, waren für die Aufregungen und Enttäuschungen der kommenden Jahre gut gerüstet. Sie würden ihr Bestes tun, um sie durch die

Pubertät zu begleiten, mochten ihre Kinder sie auch, wie die meisten, nur bruchstückhaft in ihre Erfahrungen einweihen.

Die Tochter war gerade elf geworden, als innerhalb eines Monats zwei Ereignisse eintraten. Sie hatte ihre erste Periode, die eine längere Diskussion zwischen ihr und ihrer Mutter auslöste. Und der Sohn hatte seine erste Ejakulation, die keinerlei Diskussion auslöste, weil niemand davon erfuhr. Er hatte nackt vor einem Ganzfigurspiegel gestanden und absichtslos an sich herumgespielt, wie er es schon oft getan hatte, wenn es ihn plötzlich im Schritt gejuckt hatte. Der erste Spritzer landete auf dem Spiegel, der Rest tropfte auf den Boden. Eine halbe Stunde nachdem er, zunächst von Panik ergriffen, verzweifelt versucht hatte, die Spuren zu verwischen, entdeckte er, daß er das Erlebnis wiederholen konnte, doch fing er den Spritzer diesmal mit einem Kleenextuch auf. Er hatte die Masturbation entdeckt, und es gab Wochen, in denen er jeden Tag ejakulierte, mitunter auch zweimal. Einmal wollte er wissen, wie oft er es hintereinander konnte, aber er brauchte zwei Stunden, um es dreimal zu schaffen, und danach verlor er das Interesse an dieser Herausforderung.

Es folgte ein Jahr, in dem er viele einsame Stunden in seinem Zimmer damit verbrachte, immer erotischere Bilder heraufzubeschwören und dank der findigen Nutzung von Kissen und Toilettenpapierhaltern sexuelle Stellungen und Empfindungen zu simulieren. Dann weckte Spielplatzgerede in ihm die Sorge, daß er sich möglicherweise schädigte, daß er Warzen bekommen und erblinden könne. Also versuchte er, es nicht mehr zu machen. Aber dem Bemühen war kein dauerhafter Erfolg beschieden. Wenn er sich enthielt, hatte er feuchte Träume – da war es schon besser, er riskierte Warzen und Blindheit, als Gefahr zu laufen, daß seine Mutter dahinterkam, was er trieb.

Eigentlich war sie ein bißchen stolz, als sie die ersten verräterischen Flecken auf seinem Bettlaken entdeckte. Aus ihrem kleinen Jungen wurde ein Mann, und alles lief, wie es sollte. Den Verdacht, daß er mit Masturbieren angefangen hatte, hatte sie aus der Art und Weise abgeleitet, wie er regelmäßig in seinem Zimmer verschwand und die Tür für eine ganze Stunde abschloß, aber so recht konnte sie nicht glauben, daß er ejakulierte, bis sie den Beweis vor Augen hatte. Sie hatten mit ihren Kindern offen über die Masturbation gesprochen, wann immer sich zwanglos die Gelegenheit ergab; Szenen im Fernsehen waren gewöhnlich der Anstoß gewesen. Dennoch drängte sie jetzt ihren Partner, mit ihrem Sohn zu sprechen, nur um sicherzustellen, daß er bei seinen Freunden keine falschen Dinge aufgeschnappt hatte.

Obwohl sie sonst freimütig miteinander umgingen, war es beiden äußerst peinlich, als der Vater endlich die Gelegenheit fand, die er brauchte. Das Gespräch war unzusammenhängend, unaufrichtig und sehr kurz. Dennoch kapierte der Junge, worum es ging. Seine Eltern wußten Bescheid, was er machte, hatten nichts dagegen, und es war unbedenklich. Was er nicht glauben mochte, war die Behauptung seines Vaters, daß er es immer noch machte. Er versuchte sich ein paarmal vorzustellen, wie sein Vater masturbierte, aber es ging einfach nicht, und er schlug sich den Gedanken aus dem Kopf. Auch war er sich nicht sicher, daß sein Vater vollkommen aufrichtig war, als er sagte, es sei unschädlich. Für seinen Vater war *alles*, was mit Sex zu tun hatte, in Ordnung, deshalb war er nicht überzeugt, daß man sich in diesem Punkt ganz auf ihn verlassen konnte.

Wieviel er dem Gespräch mit seinem Vater verdankte, fand er nie heraus, doch von da an hatte er ein volles und aktives Sexualleben mit sich selbst. Seine Sehnsucht, es einmal richtig zu probieren, wuchs, doch eine Verabredung mit einem Mädchen aus der Schule wollte lange nicht klappen. Was er vor allem brauchte, war Gewißheit. Jede Woche konnte er im Duschraum sehen, daß er nicht der am besten Ausgestattete war. Er mußte herausbekommen, was Mädchen von ihm hielten, er brauchte die Bestätigung, daß sie von seinem Penis und dessen Fähigkeiten ebenso beeindruckt waren wie er selbst.

Da er bei den Mädchen, die er kannte, nicht weiterkam, wandte er seine Aufmerksamkeit seiner Schwester zu. Nicht, daß er sich zu ihr hingezogen fühlte, im Gegenteil – ihm wurde ganz sonderbar bei dem Gedanken, sie dort unten zu berühren. Aber sie gehörte zum anderen Geschlecht, und deshalb mußte er von ihr erfahren können, was er wissen wollte. Er versuchte monatelang, eine Situation herbeizuführen, in der sie ihn mit einer Erektion sähe. Wenn seine Eltern aus waren, ließ er seine Zimmertür unverschlossen oder sogar einen Spalt weit offen, während er nackt herumlief und Ewigkeiten brauchte, um sich umzuziehen oder sich zum Duschen vorzubereiten. Eines Tages, kurz nachdem er vierzehn geworden war, kam seine Schwester herein, als er sich gerade einen enormen Ständer besorgt hatte. Sie würdigte seine Männlichkeit gerade mal eines flüchtigen Blikkes, bat ihn, den verhakten hinteren Reißverschluß an ihrem Kleid zu entwirren, und ging wieder. Enttäuscht darüber, daß das, was für ihn rasch zum wichtigsten Punkt im Leben geworden war, auf sie anscheinend gar keinen Eindruck gemacht hatte, hatte er sich mit dem Gedanken getröstet, daß sie wohl noch zu jung war, um überhaupt darüber urteilen zu können. Sie war schließlich erst dreizehn.

Er wußte nicht, daß seine Schwester ihn, wie er es beabsichtigt hatte, schon vorher durch die geöffnete Tür mit einer Erektion gesehen hatte. Sie hatte jedoch angenommen, daß sein Körper für ihn inzwischen etwas so Selbstverständliches sei wie für sie, und deshalb war es ihr überhaupt nicht in den Sinn gekommen, sich darüber zu äußern. Sie hatte jedenfalls über die männlichen Genitalien Bescheid gewußt, solange sie zurückdenken konnte. Als sie mit ungefähr elf Jahren ihren Vater zum letzten Mal nackt gesehen hatte, begann der Körper ihres Bruders, sich in etwas Ähnliches zu verwandeln. Sie hatte ihren Vater nicht mehr mit einer Erektion gesehen, seit sie neun war, und das letzte Mal, daß sie ihn berührt hatte, lag nochmals zwei Jahre zurück, aber unterschwellig waren die Erinnerungen an den Anblick und den Tasteindruck noch da. Der männliche Körper hatte für sie nichts Bedrohliches oder Geheimnisvolles.

Das einzige, was sie kürzlich, nach einem flüchtigen Blick auf ihren Bruder durch seine geöffnete Zimmertür, als Reaktion auf Männlichkeit empfunden hatte, war gelindes Entsetzen gewesen. Würde sie jemals in der Lage sein, ein solches Objekt in sich aufzunehmen? Doch dann hatte sie mit einer Schulfreundin gesprochen, derjenigen, die behauptete, keine Jungfrau mehr zu sein, und das hatte sie beruhigt.

Die Eltern sahen, wie ihre Kinder allmählich zu Erwachsenen wurden, und vermerkten mit wachsender Befriedigung, daß es ihnen offenbar leichtfiel, Freundschaften zu schließen. Beide waren anscheinend beliebt, nicht zuletzt deshalb, so dachten sie, weil sie ganz unverkrampft mit dem anderen Geschlecht umgingen, als seien diejenigen, mit denen sie »gingen«, bloß ein bißchen aufregender für sie als Bruder beziehungsweise Schwester. Zu gern hätten sie gewußt, welche Fortschritte die Sexualerziehung ihrer Kinder machte, aber ihre vorsichtigen Anfragen brachten nie das zutage, was sie vor allem herauszufinden suchten.

Tatsächlich machten beide rasche Lernfortschritte. Wenige Monate nach seinem vierzehnten Geburtstag gestattete eine der Freundinnen seiner Schwester dem Jungen, in ihre Bluse zu fassen, und er hatte sich mit den Fingerspitzen bis zu ihren Brustwarzen vorgetastet. Nur wenige Wochen später gestattete seine Schwester einem seiner Freunde dasselbe bei sich. Darauf folgte bald sein erster zögernder Versuch, einen Finger in die Scheide eines Mädchens zu stecken, und die entsprechende Erfahrung seiner Schwester. Sie war mit einem Freund aus gewesen, und als sie vor der Hintertür standen, spreizte sie ihre Beine gerade weit genug, daß ihr hitziger junger Begleiter sich in ihre Unterhose vortasten konnte. Sie führte seine Hand zu der richtigen Stelle, ließ ihn einige Sekunden lang seinen Erfolg genießen und stieß ihn dann mit einer Ermahnung von sich.

Nichts davon wurde den Eltern verraten, die es dabei beließen, die Augen offenzuhalten und ihnen die Daumen zu drücken. Sie wußten, daß beide Kinder des öfteren mit Freunden vom anderen Geschlecht allein waren, und meistens wurden sie irgendwie darüber informiert, wie das Treffen verlaufen war. Besonders der Vater begann sich zu fragen, ob sein Sohn noch jungfräulich war, und unwillkürlich empfand er den Wunsch, er sei es nicht mehr. Daran, daß seine Tochter noch Jungfrau war, zweifelte er jedoch nie.

In dem langen heißen Sommer, als der Bruder sechzehn und die Schwester fünfzehn war, machten beide einen großen Fortschritt in ihrer Sexualerziehung. Er war eingeladen worden von der Freundin seiner Schwester, die mit dreizehn ihre Unschuld verloren hatte, was seine Schwester ihm erzählt und er nicht vergessen hatte. Er kam am frühen Nachmittag und traf sie allein an, während sie im Garten ein Sonnenbad nahm. Irgendwann gingen sie auf ihr Zimmer, um sich Musik anzuhören. Während die Klänge durch das geöffnete Fenster mit voller Lautstärke nach draußen drangen, geriet er in einen Zustand so hochgradiger Erregung, daß er, als sie ihn aufforderte, ihr den Bikini auszuziehen, während er noch vollständig angezogen war, beim Anblick ihrer Schamhaare ejakulierte. Belustigt und fasziniert schaute sie zu, wie er sich, äußerst verlegen, saubermachte. Danach forderte sie ihn auf, ihren nackten Körper zu streicheln. In den fünfzehn Minuten, die er brauchte, um seine Potenz wiederzuerlangen, führte sie ihn allmählich in die Feinheiten des weiblichen Körpers ein; es waren Dinge, auf die er vom bloßen Betrachten seiner Schwester und seiner Mutter jedenfalls nicht gekommen war. Dann endlich verlor er seine Jungfräulichkeit. Es war der erste von mehreren Besuchen, die er in diesem Sommer ihrem Zimmer abstattete, und sie endeten erst, als sie sich mit dem Drummer von der Rockband der Schule zusammentat, der ein Auto hatte.

Ein Auto war auch beteiligt, als seine Schwester in ihrem Streben nach sexueller Erfahrung den ersten großen Schritt tat. Verlockt von der Aussicht, einen Ausflug aufs Land zu machen, nahm sie die Einladung jenes Burschen an, der ihr – es lag schon so lange zurück – im Zimmer ihres Bruders die Unterhose heruntergezogen hatte. Er hatte im Kreis ihrer Freundinnen ein gewisses Ansehen gewonnen, als seine Eltern ihm zum siebzehnten Geburtstag ein Auto geschenkt hatten. Er fuhr mit ihr zu einer Stelle an einem Fluß, die er kannte und die nur über eine steil abfallende Wiese zu erreichen war. Während sie sich vorsichtig zwischen den Kühen hindurch ihren Weg bahnten, bat er sie um einen Kuß.

Es war heiß, und sie genoß es, draußen auf dem Lande zu sein. Sie fand, er verdiente einen Kuß dafür, daß er sie hierhergebracht hatte. Er verdiente aber auf keinen Fall das Recht, seine Hand unter ihr Kleid zu schieben, was er versuchte, kaum daß ihre Lippen sich berührten. Sie fand auch nicht, daß der Kuß die Erektion bewirkt haben konnte, die sie durch seine Shorts spürte, als er sich an sie preßte. Er murrte, als sie ihn von sich stieß, versuchte sie jedoch nicht aufzuhalten, als sie weiter die Wiese hinunterlief.

Er holte sie erst ein, als sie fast das Flußufer erreicht hatte, und bat sie nochmals um einen Kuß. Einer reiche für den Augenblick, sagte sie, aber wenn er brav sei, könne er später im Auto noch einen haben. Sie lief die letzten paar Meter zum Ufer hinunter und starrte ins Wasser. Eine Bewegung fesselte ihre Aufmerksamkeit. »Schau mal«, rief sie, »hier gibt es Forellen oder so.«

»Nein, schau du mal«, hörte sie ihn hinter sich sagen. »Schau mich an.«

Etwas Seltsames in seiner Stimme, so als blieben ihm die Worte in der Kehle stecken, veranlaßte sie, sich schnurstracks umzudrehen. Sie konnte nicht anders, sie mußte einfach lachen. Da stand er, nackt bis auf Schuhe und Socken, ein paar Meter oberhalb. Seine Erektion war gewiß bemerkenswerter als das kümmerliche Ding, das er ihr damals im Zimmer ihres Bruders gezeigt hatte, aber sie machte heute genausowenig Eindruck auf sie wie damals.

»Sei nicht albern«, sagte sie scharf und wandte ihm wieder den Rücken zu. »Zieh dich an, du siehst lächerlich aus. Jemand könnte dich sehen. Komm und schau dir die Fische an.«

Eine Sekunde später lag sie mit dem Gesicht nach vorn auf dem Boden. Ein rüder Angriff von hinten hatte ihr den Atem verschlagen. Sie mit seinem ganzen Gewicht niederdrückend und sein Knie auf ihrem Rücken, hatte er ihr, ehe sie recht wußte, wie ihr geschah, den Rock hoch- und die Unterhose heruntergezogen. Doch während er sich abmühte, ihr die Unterhose über die Schuhe zu ziehen, kämpfte sie sich allmählich frei. Auf einmal war sie wieder sieben und balgte sich mit ihrem Bruder. Ihr fielen all die alten Tricks wieder ein, und bald merkte sie, daß ihr Angreifer die Gewalt über sie verlor. Er begriff, daß er sie nicht halten konnte, und statt weiter zu versuchen, ihr die Hose auszuziehen, verlegte er seine Anstrengungen darauf, sie zu Boden zu drücken. Wieder warf er sich mit seinem ganzen Gewicht auf sie und versuchte, sich mit Gewalt zwischen ihre Schenkel zu zwängen. Die Hose saß aber immer noch um ihre Fußgelenke, und er bekam ihre Beine nicht auseinander. Er begriff, daß er so nicht weiterkommen würde. Am Ende überwältigte ihn sein Drang, und er ejakulierte auf ihre Gesäßbacken.

Ihn mit wilden Flüchen belegend, kämpfte sie sich frei, wischte sich mit einer Handvoll Gras sauber, bewarf ihn damit und zog sich die Hose hoch. Verschlossen für seine Entschuldigungen und seine Bitten, doch zu bleiben, stapfte sie wütend den Abhang hinauf, und die Kühe nahmen vor ihr Reißaus. Wenn er angezogen sei, dürfe er sie heimfahren, rief sie ihm über die Schulter zu, und wenn er sie auch nur einmal anfasse, werde sie ihm die Männlichkeit abschneiden.

Ihre Eltern, ja selbst ihr Bruder, erfuhren nichts vom Versuch des jungen Mannes, sie zu vergewaltigen.

Mehrfach haben wir in diesem Buch darauf hingewiesen, daß das Fortpflanzungsergebnis eines Menschen sich nicht auf die eigenen Kinder beschränkt; für die natürliche Auslese ist die Fortpflanzungsrate von deren Nachkommen entscheidend. Auf die Zeugung und Aufzucht der eigenen Urenkel kann kaum jemand nennenswerten Einfluß nehmen, und jenseits dieser Generation der Urenkel gibt es praktisch keine Chance mehr, etwas zu bewirken. Erheblichen Einfluß kann man jedoch auf die Erzeugung seiner Enkelkinder ausüben, und wie wir im vorigen Kapitel gesehen haben, ist die Erzeugung von Enkelkindern in vieler Hinsicht sogar wichtiger als die Erzeugung von Kindern. Es ist ein wenig überspitzt, aber man kann sagen, daß die Menschen, soweit es die natürliche Auslese betrifft, Kinder zeugen und aufziehen, um Enkelkinder zu bekommen.

Die drei Szenen dieses Kapitels illustrieren jeweils einen Aspekt des Weges zur Großelternschaft in evolutionärer Perspektive. Es geht immer um dieselben Personen auf verschiedenen Etappen dieses Weges. Es wird gezeigt, wie Eltern ihre Kinder beeinflussen können, damit diese ihrerseits zu erfolgreichen Eltern werden. Wir verfolgen, was sich zwischen Eltern und Kindern abspielt, während diese sich von der Kindheit über die Jugendzeit bis zum Erwachsenenalter entwickeln.

Je mehr und je qualifiziertere Enkel man bekommt, desto mehr wird man von der natürlichen Auslese begünstigt. Bei der Maximierung der Zahl der Enkelkinder sind, wie wir schon im Zusammenhang mit der Bevorzugung durch die Eltern, der Familienplanung und der Familiengröße gesehen haben, viele Faktoren im Spiel. Doch wenn die den jeweiligen Lebensumständen entsprechende optimale Kinderzahl einmal erreicht ist, geht es im wesentlichen darum, diese Kinder zu möglichst gesunden, fruchtbaren und attraktiven Menschen heranzuziehen. Dadurch gewinnen Eltern in der Regel die optimale Zahl von Enkelkindern.

Eltern wissen gewöhnlich, wie sie die Erfolgsaussichten ihrer Kinder steigern können, und ihre bewußten Entscheidungen entsprechen ziemlich genau den unbewußten Entscheidungen, die von der natürlichen Auslese geprägt wurden.

Eltern sind bestrebt, die besten Wohnbedingungen und die besten Entwicklungschancen für ihre Kinder zu schaffen. Weniger eindeutig ist jedoch ein bestimmter Aspekt der Kinderaufzucht. Dieser Aspekt wird in der obigen Szene beleuchtet. Welches ist die beste Sexualerziehung der Kinder? Sollten Eltern möglichst liberal sein, wie es die Eltern in der Szene versuchten, aber nicht wirklich schafften? Oder sollte man sein Kind möglichst lange vor der eigenen Sexualität und der anderer Menschen abschirmen, wie es die

Eltern des Freundes aus Kindheitstagen in unserer Szene taten? Oder sollte man vielleicht einen Mittelweg vorziehen?

Anthropologen finden Extrembeispiele für jede Strategie. Es gibt, wie wir noch sehen werden, Kulturen, in denen die offene Erforschung der Sexualität und der Sexualkontakt unter Kindern sowie zwischen Erwachsenen und Kindern normal sind und gefördert werden. In anderen Kulturen werden jegliche sexuellen Handlungen, an denen jüngere Kinder beteiligt sind, mit der vollen Härte des Gesetzes verfolgt. Und dann gibt es natürlich viele Kulturen, die Mittelwege einschlagen und manche Handlungen erlauben, andere dagegen nicht. Früher verfolgten die westlichen Industriegesellschaften einen konservativ eingefärbten Mittelweg, doch jetzt geht die Tendenz zusehens dahin, Sexualkontakte mit Kindern in jeglicher Form zu verbieten, auch für andere Kinder. Warum? Warum gibt es solche Abweichungen zwischen den Kulturen? Was ist denn nun das beste für Eltern und ihre Kinder? Und warum hat die natürliche Auslese diese Frage anscheinend offengelassen, statt eine »beste Antwort« in unser Verhalten einzuprogrammieren, wie sie es mit vielen anderen Aspekten der Elternschaft getan hat?

Die Antwort auf all diese Fragen mag nicht auf den ersten Blick erkennbar sein, aber die natürliche Auslese hat die beste Antwort in unser Verhalten einprogrammiert. Sie ist nicht so offenkundig wie die Antworten auf viele der anderen Fragen, die wir erörtert haben, weil die beste Antwort, wie wir im Fall der Geburtenfolge fanden, eine bedingte ist: Handle je nach Situation. Die Abweichungen, die wir zwischen Kulturen und innerhalb von Kulturen zwischen den Menschen beobachten, beruhen zum Teil darauf, daß die Menschen sich in unterschiedlichen Lebensumständen befinden.

Die natürliche Auslese steht vor dem Problem, daß das Sexualverhalten von Kindern mit Vor- und Nachteilen verbunden ist, mit Vor- und Nachteilen für sie wie für ihre Eltern. Einerseits profitieren Kinder von frühen sexuellen Erfahrungen, aus Gründen, auf die wir gleich eingehen werden. Andererseits unterliegen sie, je früher sie mit der Erforschung der Sexualität beginnen, einem erhöhten Risiko sexuell übertragener Krankheiten, wie wir im Zusammenhang mit dem Kindesmißbrauch gesehen haben. Deshalb hat die natürliche Auslese, wie bei den meisten anderen bedingten Reaktionen, den Menschen Verhaltensregeln einprogrammiert, die damit beginnen, ihre Situation zu überwachen und unbewußt im Hinblick auf Vor- und Nachteile zu bewerten. Das Problem ist, daß Kinder, besonders jüngere, wenig von der Welt, in der sie sich befinden, wissen und daher die Vor- und Nachteile ihres Verhaltens schlecht beurteilen können. Die Evolution hat offensichtlich die Lösung gewählt, Kinder darauf zu programmieren, möglichst viele sexuelle Erfahrungen zu suchen, und Eltern darauf, die Triebe ihrer Kinder zu fördern oder zu hemmen, je nachdem, wie sie, die Eltern, die Situation wahrnehmen. Wenn Eltern zu dem Urteil gelangen, daß die Vorteile einer frühen Erforschung der Sexualität groß und die Risiken gering sind, sollte man daher erwarten, daß sie zur Sexualerziehung ihrer Kinder eine permissive Haltung einnehmen. Halten sie die Vorteile für gering und die Risiken für hoch, müßten sie dagegen repressiver sein.

Daß Kinder darauf programmiert sind, von früh an sexuelle Erfahrungen zu suchen, zeigt sich unmißverständlich an ihrem Verhalten, gleichgültig, ob ihre Eltern und die Gesellschaft insgesamt nachgiebig oder repressiv sind. In unserer Szene machten sich die Kinder liberaler Eltern die herrschende Permissivität voll zunutze, um von früh an den eigenen Körper und den der Eltern zu erforschen. Das Kind mit repressiven Eltern folgte, als es die Gelegenheit erhielt, nicht ihren Wünschen, sondern seinem natürlichen Drang, zu sehen und zu lernen. Das in der Szene gezeigte Verhalten spiegelt sich auch in größeren sozialen Zusammenhängen.

Anfang des 20. Jahrhunderts war es in bestimmten Gesellschaften üblich, daß die Kinder nicht nur ungehindert sexuelle Spiele treiben durften, sondern auch Gelegenheit hatten, das sexuelle Verhalten der Erwachsenen zu beobachten und an Gesprächen über sexuelle Dinge teilzunehmen; die Kinder machten sich diese Situation zunutze und lernten von früh an. Wie zum Beispiel aus einer 1952 veröffentlichen Studie hervorgeht, waren die Kinder der Bewohner der Insel Alor in Ozeanien mit fünf Jahren über alle Einzelheiten des Fortpflanzungsaktes informiert. Das richtige Sexualleben begann für die Trobriand-Insulaner in Ozeanien bei Mädchen mit sechs bis acht, für Jungen mit zehn bis zwölf Jahren. Beide Geschlechter wurden von älteren Gefährten ausführlich instruiert und ahmten deren sexuelle Aktivitäten nach. Das sexuelle Spiel umfaßte die Masturbation, die orale Stimulation der Genitalien des eigenen und des anderen Geschlechts sowie die heterosexuelle Kopulation. Ein Paar konnte sich jederzeit mit voller Zustimmung der Eltern an einen geeigneten Ort zurückziehen und sich dort ausgiebig dem sexuellen Spiel hingeben.

In repressiven Gesellschaften des frühen 20. Jahrhunderts änderte die Strafandrohung nichts daran, daß Kinder jede Gelegenheit nutzten, um heimlich sexuelle Aktivitäten zu entfalten. Die Kinder der Truk-Inseln im nördlichen Pazifik spielten von einem frühen Alter an Geschlechtsverkehr, obwohl sie, wenn die Eltern sie dabei erwischten, Prügel bezogen. Bei den Apinaye, nordamerikanischen Indianern, war die Masturbation bei Jungen und Mädchen üblich, obwohl man sie bestrafte, wenn sie beobachtet wurde. Sie ließ sich auch nicht dadurch unterbinden, daß man die halbreifen Kinder in einer Zeremonie untersuchte und verprügelte, wenn sich Anhaltspunkte für Masturbation fanden. In Nordamerika, das, wie alle modernen Industriegesellschaften, restriktiv ist, scheint der Bruder-Schwester-Inzest heute in Haushalten mit puritanischen und repressiven Eltern häufiger zu sein. Der Grund ist vermutlich, daß die Geschwister sich einander zuwenden, da sie die Sexualität anderweitig nicht erforschen können.

Wohin wir auch schauen, finden wir Anhaltspunkte dafür, daß Kinder einen angeborenen Drang haben, vom frühen Alter an die Sexualität zu erkunden. Wie oft es ihnen gelingt, hängt von den Beschränkungen ab, die ihre Eltern anwenden, nachdem sie die potentiellen Vor- und Nachteile früher sexueller Erfahrung für ihre Kinder bewertet haben.

Die meisten Nachteile einer frühen Erkundung der Sexualität, auf die wir gleich kommen werden, liegen auf der Hand. Weniger offensichtlich sind ihre Vorteile. Sollte die natürliche Auslese etwas so Wichtiges wie die Fortpflanzung nicht bis ins letzte Detail geregelt haben, um nichts dem Zufall zu überlassen? Sie hat es nicht getan, aus gutem Grund. Bestimmte Grundreaktionen wurden natürlich in uns einprogrammiert, die Chemie des Interesses, der Anziehung und der Erregung zum Beispiel oder die Physik der Befeuchtung und die Mechanik der Penis- und der Klitoriserektion, nicht aber die Feinheiten des Werbungsverhaltens, der Stimulation, des Geschlechtsverkehrs und der Beziehungen. Die natürliche Auslese hat dies beim Menschen wie auch bei anderen Primaten dem Lernen überlassen, damit diese Phänomene durch das allmähliche Erlernen die programmierten Triebe den jeweiligen Erfordernissen anpassen konnten.

Primatenmännchen müssen zum Beispiel das Kopulieren erlernen. Die Erektion kommt von allein, ebenso wie der Drang zu stoßen, aber wohin mit dem Penis, das muß erlernt werden. Selbst ein so intelligentes Tier wie ein ausgewachsenes Schimpansenmännchen ist gänzlich ungeschickt, wenn ihm in der Kindheit und Jugend, in der das sexuelle Lernen hauptsächlich stattfindet, sexuelle Erfahrungen verwehrt wurden. Die Untersuchung der sexuellen Entwicklung zweier in Gefangenschaft lebender Schimpansen begann bei einem Alter, das, auf Menschen übertragen, sieben Jahren entsprach. In diesem Alter bekam das junge Männchen vor dem Weibchen Erektionen, und sie griff nach seinem Penis und spielte damit, oft minutenlang. Er legte sich auf dem Boden manchmal auf sie und rieb seinen Penis an ihrem Körper. Als sie etwas älter waren, begannen, mit gegenseitiger Unterstützung, die Penetrationen. Auch fingen sie an, mit der Kopulationsstellung der erwachsenen Tiere zu experimentieren, bei der das Schimpansenmännchen gewöhnlich von hinten eindringt. Eine gewisse Zeit vor der Pubertät beherrschten die beiden Penetration und Stoßen wie erwachsene Tiere.

Ein erwachsenes Schimpansenmännchen, dem wie hier frühe sexuelle Erfahrungen verwehrt werden, wird in Anwesenheit eines Weibchens erregt und bekommt eine Erektion, hat aber keine Ahnung, was es dann tun soll. Er weiß nicht einmal, von welcher Seite er sich mit seinem Penis dem Weibchen nähern soll, und es ist selten, daß die Kopulation bei der ersten Begegnung oder auch bei den ersten Begegnungen gelingt.

In der obigen Szene war der Achtzehnjährige auf der Wiese genauso ungeschickt. Bei einer liberalen Sexualerziehung in der Kindheit und genaueren Kenntnissen von Mädchen, der weiblichen Psychologie und des weiblichen Körpers hätte der Nachmittag am Flußufer ganz anders verlaufen können. Mit denselben Erfahrungen wie ihr Bruder wäre es ihm vielleicht sogar gelungen, das Mädchen zu umwerben und dazu zu verführen, sich ihm hinzugeben, und er hätte nicht geglaubt, nur mit Gewalt zum Ziel zu kommen. Er hätte jedenfalls gewußt, daß der geeignetste Weg, sie zu beeindrucken, nicht darin bestand, ihr seine Erektion vorzuzeigen, und als es soweit war, hätte er sie vielleicht besamen können, statt auf ihr Gesäß zu ejakulieren.

Was die Grundlagen des Geschlechtsverkehrs angeht, müssen junge Frauen natürlich längst nicht so viel lernen wie junge Männer. Dennoch profitieren Mädchen davon, wenn sie die Feinheiten der Selbstdarstellung und Verführung erlernt haben. Außerdem müssen sie lernen, Männer im Hinblick auf Status, Kraft, Erfahrung und potentielle Treue auf die Probe zu stellen. Sie müssen mit anderen Worten lernen, all die Informationen einzuholen, die sie benötigen, um sich einen möglichst guten Partner auszusuchen, einen, der ihnen hilft, ihre Kinder aufzuziehen, und der obendrein vielleicht der genetische Vater dieser Kinder wird. Zusätzlich müssen sie lernen, wie sie das anstellen, ohne sich unabsichtlich dem Risiko einer erzwungenen Besamung durch einen Mann auszusetzen, den sie sich unter anderen Umständen nicht als genetischen Vater ihres nächsten Kindes aussuchen würden.

Schon in frühem Alter werden Mädchen von ihrer genetischen Programmierung dazu getrieben, Männer beziehungsweise Jungen auf die Probe zu stellen. Das Mädchen in unserer Szene war schon mit sieben Jahren recht geschickt im Necken und Provozieren. Sie lernte auch, wann Provokationen riskant sind und wann nicht. In der spielerischen Balgerei mit ihrem Bruder und seinem Freund erfuhr sie, daß sie die beiden nicht daran hindern konnte, sie physisch zu überwältigen, aber sie lernte auch, welche Techniken und Kniffe man anwenden muß, um beim Ringen nicht so leicht überwältigt zu werden. In ihrem Gedächtnis begraben, kamen diese Erfahrungen wieder zutage, als sie sie benötigte, und sie halfen ihr, neun Jahre später an einem malerischen Flußufer eine unerwünschte Besamung zu vermeiden.

Wenn die natürliche Auslese Kinder beiderlei Geschlechts programmiert hat, sexuelle Erfahrungen zu suchen, dann aus dem guten Grund, daß sie die groben Strategien, die ihnen angeboren sind, instinktiv testen und verfeinern können. Und das tun sie auf unterschiedlichste Weise, angefangen mit der Faszination vom Körper des anderen. Beide Geschlechter sind damit beschäftigt, ihre Fähigkeit zu erproben, den anderen für sich zu gewinnen und sich seiner zu erwehren, wobei Jungen sich eher auf Kraft und Prahlerei und Mädchen eher auf Neckerei und Behendigkeit verlassen. Beide Geschlechter müssen zudem lernen, wie man potentielle Partner beurteilt und vergleicht, wie man denjenigen oder diejenige, die man sich ausgesucht hat, umwirbt und verführt und wie man eine unerwünschte sexuelle Aufmerksamkeit vermeidet. Schließlich müssen beide die strategischen Feinheiten von kurz- und langfristigen Beziehungen erlernen, einschließlich der Untreue und ihrer Verhinderung.

Je früher Jungen und Mädchen anfangen, all diese Dinge zu erlernen, desto geringer ist die Wahrscheinlichkeit, daß sie Fehler machen oder Gelegenheiten verpassen, wenn sie die Pubertät und das Erwachsenenalter erreichen. Besonders für Mädchen ist es offenkundig von Vorteil, wenn sie dies erlernen, solange sie noch zu jung sind, um schwanger zu werden. Es ist daher keine überraschende Feststellung, daß die Evolution schon die jüngsten Kinder programmiert hat, ihre eigene Sexualität und die anderer zu erkunden. Diese Erkundung ist im Streben jedes einzelnen nach Fortpflanzungserfolg ein wichtiger Schritt. Für die Mehrheit sind die am leichtesten zugänglichen – und, wie wir noch sehen werden, unbedenklichsten – Ziele der Erforschung in der Kindheit die eigenen Eltern und Geschwister.

In vielen vorindustriellen Kulturen, in denen man keine Bekleidung kennt, brauchen die Kinder nicht zu lernen, wie der Körper aussieht oder wie er sich mit der Zeit verändert, da es für alle von Geburt an offensichtlich ist. Bei den südpazifischen Pukapuka schliefen zum Beispiel alle Haushaltsmitglieder in einem Raum unter einem einzigen Moskitonetz. In vielen Kulturen schlafen die Kinder bei ihren Eltern oder gar bei anderen Familien, und sie sehen, wie ihre Eltern und andere Erwachsene Geschlechtsverkehr haben. In dem Bestreben, es ihren Eltern gleichzutun, konzentriert sich ihre Erkundung darauf, wie Körper auf Berührung und Stimulation reagieren und wie potentielle Partner und Konkurrenten umworben und verführt werden können. Die jungen Menschen haben oft Gelegenheit, Erwachsene bei sexuellen Aktivitäten zu beobachten, und oft wird über sexuelle Dinge gesprochen.

In permissiven vorindustriellen Gesellschaften steigerten die Kinder im Vorstadium der Pubertät und während der Adoleszenz nach und nach ihre sexuellen Aktivitäten. In manchen Gesellschaften unterlag die sexuelle Aktivität der Heranwachsenden nur einer Beschränkung – sie hatten die Inzestgesetze zu beachten. Ihr sexuelles Spiel umfaßte zunächst die Selbstbefriedigung und die gegenseitige Masturbation mit Angehörigen des eigenen und des anderen Geschlechts, bis dann, als sie älter wurden, der Versuch der heterosexuellen Kopulation in den Vordergrund trat. In den meisten dieser Gesellschaften waren die Äußerungen der Sexualität zum Zeitpunkt der Pubertät mehr oder weniger voll entwickelt und blieben während der sexuell aktiven Jahre unverändert.

Einige dieser Gesellschaften verfolgten mit ihrer permissiven Haltung bewußt einen erzieherischen Zweck. Bei den Chewa in Ostafrika war man zum Beispiel überzeugt, daß Kinder früh mit ihrer sexuellen Aktivität beginnen müssen, weil sie sonst keinen Nachwuchs bekämen. Die älteren Kinder bauten in einiger Entfernung vom Dorf kleine Hütten, wo sie mit Zustimmung ihrer Eltern Mann und Frau spielten. Die entsprechenden Paarungen dauerten vielfach bis weit in die Adoleszenz an, wobei in gewissen Abständen die Partner ausgetauscht wurden, bis es zur Eheschließung kam. Der Promiskuität wurde nur durch die Kinder selbst Einhalt geboten. Doch in den meisten Industriegesellschaften werden die Kinder heute davon abgehalten, die Sexualität zu erkunden. Die repressive Umgebung des Jungen in der Szene, der seine Eltern nie nackt gesehen hatte, dürfte dennoch ein Extremfall sein, ebenso wie die sexuell liberale Umgebung des Bruders und der Schwester. Die meisten modernen Familien dürften irgendwo dazwischen liegen.

Man ist versucht, Gesellschaften, die keine Bekleidung kennen, mit modernen Gesellschaften zu vergleichen und aus dem Vergleich zu folgern, daß die Industriegesellschaft irgendwie vom Naturzustand der Menschheit abgekommen sei, so als habe die Evolution eine nackte, permissive Gesellschaft geschaffen, die dann von der Kultur abgelehnt und unterdrückt wurde. Das sexuell repressive Milieu der modernen Durchschnittsfamilie erscheint dann als ein Werk der Gesellschaft, ein Sieg der Kultur über die Evolution. Doch eine Aufteilung des menschlichen Verhaltens in Natur und Kultur ist nicht so einfach, und es spricht mehr für eine andere Interpretation. Vielleicht fördern die Eltern ihren Fortpflanzungserfolg in bestimmten Gesellschaften dadurch, daß sie ihren Kindern sexuelle Freiheit gewähren, und in anderen dadurch, daß sie die Sexualität ihrer Kinder unterdrücken. Die natürliche Auslese hat die beiden Extreme der elterlichen Reaktion ebenso vorgesehen wie jede Reaktion, die dazwischen liegt, doch da jede Gesellschaft sich das Verhalten, das sich in ihr entwickelt hat, zu eigen macht, kommt sie zu der irrigen Vorstellung, es sei eine Erfindung der Kultur.

Wenn das Argument, daß kulturelle Unterschiede in Wahrheit verschleierte, von der Evolution diktierte Unterschiede seien, stimmt, muß es einen Grund geben, warum der Fortpflanzungserfolg in manchen Kulturen durch sexuelle Permissivität und in anderen durch Unterdrückung der Sexualität gefördert werden kann. Die prinzipielle Antwort haben wir schon gegeben: Welche Haltung die beste ist, hängt vom Kosten-Nutzen-Verhältnis in der jeweiligen Situation ab. Doch warum unterscheiden sich die Vor- und Nachteile von einer Gesellschaft zur anderen?

Wenn keine Nachteile auftreten, profitieren, wie wir gesehen haben, Kinder *und* ihre Eltern davon, daß sie so früh wie möglich sexuelle Erfahrungen erwerben. Wenn man jedoch Nachteile in Kauf nehmen muß, ändert sich das Bild; der wichtigste biologische Nachteil früher sexueller Erfahrungen ist das Krankheitsrisiko, wie wir im Zusammenhang mit dem Kindesmißbrauch sahen. Spricht etwas dafür, daß die Frage, ob eine Gesellschaft permissiv oder repressiv wird, weitgehend von dem Risiko für ihre Kinder, sich Infektionskrankheiten zuzuziehen, abhängt? Ehe wir diese Frage beantworten, müssen wir uns mit dem Problem befassen, warum Gesellschaften sich in ihrer Krankheitsanfälligkeit unterscheiden.

Unsere Sammler-und-Jäger-Vorfahren lebten in kleinen, isolierten Gemeinschaften, zwischen denen es relativ wenig Mobilität gab, und sie hatten eine gesunde, proteinreiche Kost.

Darum war das Risiko gering, durch sexuell oder sonstwie übertragene Infektionskrankheiten zu sterben oder unfruchtbar zu werden. Daß solche Gemeinschaften damals wie heute relativ frei von Krankheiten sind, hat zwei Gründe. Erstens sind Krankheiten, die früher bösartig waren, inzwischen harmlos geworden, weil sie die Anfälligen dahingerafft haben und nur diejenigen überleben ließen, die immun waren. Zweitens kommen neue, virulente Krankheiten selten vor, weil die Bevölkerung zu klein ist, als daß sie häufig durch Mutation entstehen können, und die Mobilität zu gering, als daß sie häufig durch Migration von außen hereingetragen werden können.

Zu einer Plage werden Krankheiten erst, wenn die Menschen in großen seßhaften Gemeinschaften mit einer erheblichen Mobilität innerhalb der Bevölkerung leben; dann entstehen neue Krankheiten häufig durch Mutation. So sind der Weltgesundheitsorganisation zufolge allein in den letzten zwanzig Jahren dreißig gefährliche neue Infektionskrankheiten entstanden, und die Mobilität sorgt dafür, daß die Menschen ständig mit neuen Krankheiten konfrontiert werden. Unsere ackerbauenden Vorfahren mit ihrer ungesunden, kohlehydratreichen Kost, aber ohne die Segnungen der modernen Medizin, litten besonders stark unter Infektionskrankheiten. In der modernen Welt leben die Menschen in großen Ballungen, und sie besitzen eine weltweite Mobilität, so daß sie ein entsprechend größeres Risiko als unsere Vorfahren eingehen, neuartigen Infektionskrankheiten zu begegnen, auch wenn sie dank der modernen Medizin selten daran sterben. Dennoch ist das häufige Vorkommen von Unfruchtbarkeit einer der Nachteile, die wir mit unserer modernen Lebensweise in Kauf nehmen müssen, und je früher unsere Kinder mit ihren sexuellen Abenteuern beginnen, desto größer ist ihr Risiko, unfruchtbar zu werden oder gar zu sterben.

Die Krankheitsanfälligkeit ist also von Gesellschaft zu Gesellschaft verschieden. Aber spricht etwas dafür, daß das

Krankheitsrisiko etwas mit der Entstehung einer sexuell permissiven oder repressiven Gesellschaft zu tun hat? Was Anthropologen in der ersten Hälfte dieses Jahrhunderts in vorindustriellen Kulturen gefunden haben, scheint eine klare Sprache zu sprechen. Die schon erwähnte, 1952 erschienene Untersuchung zeigte, daß von den siebzehn kleinen Gesellschaften, die relativ isoliert über den Pazifik verstreut leben und in der jüngeren Vergangenheit relativ frei von Krankheiten gewesen sein dürften, zwölf, etwas mehr als siebzig Prozent, völlig permissiv waren, und nur eine, die Bewohner von Truk, war repressiv. Von den Gesellschaften, die in dem Streifen leben, der sich von Nordwestafrika bis zum Indischen Ozean zieht, einem Gebiet mit hohem Krankheitsrisiko, war demgegenüber nicht eine permissiv, und siebzig Prozent waren hochgradig repressiv. Zwischen diesen beiden Extremen hinsichtlich Krankheitsrisiko und Permissivität fanden sich die kleinen Gesellschaften des kontinentalen Süd- und Nordamerika, Eurasiens und des südlichen Afrika, von denen jeweils zwanzig, siebzehn, neunundzwanzig und fünfundvierzig Prozent vollkommen permissiv waren.

Diese Tendenz setzt sich in den modernen Industriegesellschaften fort, den größten und mobilsten Verbänden, in denen Menschen je gelebt haben. Wenn eine solche Gesellschaft permissiv ist, sind ihre Kinder einem hohen Krankheitsrisiko ausgesetzt. Wie wir gesehen haben, zieht sich jedes zehnte Kind, das Sexualkontakt mit Erwachsenen hat, eine sexuell übertragene Krankheit zu. Die brasilianischen Straßenkinder liefern ein überdeutliches Beispiel für die Gefahren, die auf Kinder lauern, wenn man ihnen in einer modernen Industriegesellschaft die Zügel schießen läßt. Diese Kinder sind der Ausbeutung durch Erwachsene in besonderem Maße ausgesetzt. Jungen erfahren mit etwa elf, Mädchen mit zwölf ihre sexuelle Initiation. Mehr als jedes dritte zieht sich schließlich eine sexuell übertragene Krankheit zu. Angesichts solcher Gefahren ist es wohl nicht überraschend, daß moderne Gesellschaften wahrscheinlich die puritanischsten und repressivsten aller Gesellschaften sind oder sich zusehends dahin entwickeln.

Frühe sexuelle Betätigung ist in der modernen Gesellschaft mit weiteren Nachteilen verbunden, die aus ihr selbst erwachsen. Dazu zählt die Schwangerschaft im frühen Teenageralter. Zwar wurde in Großbritannien 1994 weniger als ein Prozent der Mädchen unter vierzehn Jahren schwanger (von ihnen trieben einundsechzig Prozent das Kind legal ab), aber vier Prozent wurden schwanger, bevor sie sechzehn waren (vierzig Prozent trieben ab). In der industrialisierten Welt haben die Vereinigten Staaten die höchste Rate von jugendlichen Müttern, während Japan die niedrigste hat, dicht gefolgt von der Schweiz und den Niederlanden. In der heutigen Welt ist eine Schwangerschaft im frühen Teenageralter gewöhnlich von Nachteil, doch früher war sie manchmal für das Mädchen und folglich auch für seine Eltern von Vorteil. Trotzdem war eine frühe Schwangerschaft wohl immer mit Nachteilen verbunden, sowohl für das Mädchen als auch für das Kind. Bei diesen Müttern gibt es auch heute noch häufiger Komplikationen bei der Geburt, und für ihre Kinder besteht ein erhöhtes Risiko der Frühgeburt, des geringen Geburtsgewichts, des Todes im ersten Lebensjahr und von Entwicklungsproblemen. Müttern im frühen Teenageralter kann es auch passieren, daß sie insgesamt weniger Kinder bekommen. Doch gelegentlich werden solche potentiellen Nachteile durch andere Dinge wettgemacht, etwa die Abkürzung des Abstands zwischen den Generationen oder die Schwängerung durch einen ausgesprochen begehrenswerten Mann (darauf gehen wir in anderen Kapiteln ein).

Um diese Vor- und Nachteile zu berücksichtigen, hat die natürliche Auslese die Fruchtbarkeit in den einzelnen Lebensphasen der Frau auf die schon erörterte Weise gestaltet. In den ersten Jahren nach der Pubertät gibt es Zyklen, die fruchtbar sind, aber die meisten sind es nicht. Auch in den permissivsten Gesellschaften wurden Mädchen nur selten in den ersten Jahren nach der Pubertät schwanger, auch nicht bei häufigem Geschlechtsverkehr. Auf diese Weise konnte ein Mädchen gelegentlich die ersten Fortpflanzungsmöglichkeiten nutzen, blieb aber gewöhnlich vor Schwangerschaften bewahrt, die ihr Körper für unklug hielt. Wenn sie tatsächlich schwanger wurde, dann lag es im Grunde daran, daß ihr Körper die Schwangerschaft für vorteilhaft hielt.

In der modernen Welt sind jedoch andere Faktoren wie Bildung, soziale Aufstiegschancen und Reichtum für die langfristigen Fortpflanzungsaussichten eines Mädchens bedeutsam; sie können sich zu seinem Nachteil wenden, wenn es sich allzu früh auf die Mutterschaft einläßt. Der Schutz und die opportunistische Wahrnehmung von Chancen, welche die natürliche Auslese den Mädchen in der Vergangenheit gewährte, ist in der modernen Welt unzureichend, und so geschieht es sehr oft, daß die Schwangerschaften, die der Körper des Mädchens zuläßt, ihren langfristigen Fortpflanzungserfolg nicht mehren, sondern schmälern. Eltern bemühen sich nach Kräften, ihre Tochter im Teenageralter zu zügeln und zu beschirmen. Dabei arbeiten sie jedoch gegen einen jungen weiblichen Körper, den die natürliche Auslese dazu prädisponiert hat, gelegentlich eine Schwangerschaft zu erlauben oder sogar anzustreben.

Ein neues Risiko erwächst für das Kind heute aus dem Zusammenhang zwischen Sexualkontakten mit Erwachsenen und der Gefahr, getötet zu werden. Wie oft wird in westlichen Ländern ein Kind im Zusammenhang mit einem

Sexualkontakt ermordet? Und wie oft wird ein Kind ermordet, weil der Täter, nachdem er eine sexuelle Handlung an ihm verübt hat, der Strafe zu entgehen sucht, indem er den einzigen Zeugen tötet? In einer permissiven Gesellschaft wären solche Mordtaten weit seltener, weil sich aus einem Sexualkontakt mit Kindern für Erwachsene keine strafrechtlichen Folgen ergeben würden. Freilich wären Sexualkontakte weit häufiger.

Für den durchschnittlichen Vater und die durchschnittliche Mutter in der modernen westlichen Gesellschaft sind diese Überlegungen nicht von Belang. Krankheit (insbesondere das Aids-Gespenst), Mord (vor allem im Zusammenhang mit Pädophilie) und Schwangerschaften im frühen Teenageralter scheinen zuzunehmen, weil sie zunehmend in das Rampenlicht der Medien geraten. Ob sie wirklich zunehmen, wäre eine interessante Debatte, die aber nicht hierhergehört. Die natürliche Auslese hat Eltern so programmiert, daß sie den Drang ihrer Kinder nach Erkundung der Sexualität in Reaktion auf eine scheinbare Erhöhung des Risikos noch strenger zügeln. Dies beobachten wir in den neunziger Jahren in allen westlichen Gesellschaften.

In sozialer Hinsicht bedeutet eine strenge Zügelung, daß ein als gefährlich beurteiltes Verhalten als Mißbrauch eingestuft wird. Wie wir im Anschluß an Szene 17 vermerkten, ist die Definition des Kindesmißbrauchs in einigen Ländern dermaßen ausgeweitet worden, daß heute auch Formen des elterlichen Verhaltens darunter fallen, die früher nie als Mißbrauch gegolten hätten. Selbst Verhaltensweisen, die in der Vergangenheit von vielen als positive elterliche Maßnahmen betrachtet wurden – lange Stillzeiten, Aufnahme in das Bett der Eltern und Nacktheit –, liegen heute im heiklen Grenzbereich zwischen Mißbrauch und Erziehung. Die Familie in unserer Szene hätte durchaus zum Gegenstand einer Untersuchung werden können, wenn ihre Erziehungsformen je ins Blickfeld eines eifrigen Sozialarbeiters geraten wären. Es wird solche Familien immer geben, weil Eltern darauf programmiert wurden, die Vor- und Nachteile ihres Sexualverhaltens und des Sexualverhaltens ihrer Kinder abzuwägen und ihre Kinder entsprechend zu zügeln oder die Zügel zu lockern. In jeder Gesellschaft wird es immer Menschen geben, die unabhängig und abweichend von den jeweils geltenden gesetzlichen Regelungen die Risiken und Vorteile bewerten, welche für ihre Kinder mit der Erkundung der Sexualität verbunden sind.

Szene 20
Auflehnung, Erkundung und Flüggewerden

»Eben habe ich im Garten einen Zigarettenstummel gefunden«, sagte der Vater verwundert. »Er hat doch wohl nicht mit Rauchen und all den anderen Unarten angefangen, oder was meinst du?«

Die Mutter hatte diesen Moment gefürchtet, aber daß es mit einem Zigarettenstummel im Garten beginnen würde, hatte sie nicht gedacht. Sie wußte, daß ihr Sohn angefangen hatte zu rauchen. Obwohl das Fenster in seinem Zimmer dauernd offenstand, hatte sie den Geruch mehr als einmal wahrgenommen, aber sie hatte sich nicht getraut, es ihrem Partner zu sagen. Bestimmt würde es noch eine andere Szene, einen anderen Grund geben, daß Vater und Sohn aneinandergerieten. Die Atmosphäre war bereits gespannt. Das eintönige Gebumse der neuesten musikalischen Vorliebe ihres Sohnes ließ das ganze Haus erzittern. Sie beschloß, ihren Partner nicht wissen zu lassen, was sie wußte, zumindest jetzt noch nicht.

»Der Stummel kann sonstwoher stammen«, log sie. »Deine, äh, unsere Ablehnung ist ihm ja bekannt. Ich glaube nicht, daß er rauchen wird, jedenfalls nicht, solange er noch im Hause ist. Vielleicht ist die Kippe dort hingeweht worden, oder der Fensterputzer hat sie weggeworfen.«

Das Stirnrunzeln wich nicht aus dem Gesicht des Mannes. »Es ist nicht die erste, die ich dort gefunden habe, direkt unter seinem Fenster.« Er schwieg, und sein Blick wanderte in die Richtung, aus der der Krach kam. »Ich schaffe sie jedenfalls fort. Vielleicht war es wirklich der Fensterputzer.«

Die Mutter stieß einen Seufzer der Erleichterung aus, als ihr Partner wieder in den Garten ging. Wenn er wüßte! Nicht nur sein sechzehnjähriger Sohn hatte angefangen zu rauchen, sondern auch seine Tochter.

Ihr Partner hatte nie geraucht. Als Siebenjähriger auf dem Dorf hatte er sich einst geweigert, mit einigen älteren Jungen, mit denen er sich angefreundet hatte, zu rauchen. Seine Weigerung hatte sie dermaßen in Rage gebracht, daß sie ihn über die Felder gehetzt hatten, um ihn schließlich zu fangen, zu Boden zu werfen und ihm eine halbe Zigarettenpackung in den Mund zu stopfen. Seitdem schauderte ihn bei dem Gedanken, eine Zigarette zwischen den Lippen zu haben. Sie hatte früher geraucht, und sie tat es noch, wenn sie etwas getrunken hatte und bei geselligen Anlässen, besonders wenn ihr Partner nicht dabei war, aber sie betrachtete sich trotzdem als Nichtraucherin. Der Gedanke, daß ihre Kinder rauchten, gefiel ihr auch nicht, aber zur Zeit waren die Beziehungen innerhalb der Familie dermaßen angespannt, daß sie lieber ein Auge zudrückte, als wieder einen Zusammenstoß zu riskieren. Ihr Partner würde es anders sehen, das war ihr klar.

Sie machte sich einen Kaffee, ging ins Wohnzimmer, griff nach einer Zeitschrift und ließ sich in einen Sessel sinken.

Zumindest an diesen langen Sommerabenden war der eine oder der andere meistens draußen – sei es, daß ihr Partner im Garten herumwerkelte, sei es, daß ihr Sohn mit Freunden ausgegangen war. Je weniger die beiden zusammenkamen, um so friedlicher war das Leben für sie.

Die Streitereien drehten sich hauptsächlich um drei Dinge. Erstens ging es um die viele Zeit, die ihr Sohn damit zubrachte, Musik zu hören, die weder sie noch ihr Partner ausstehen konnte. Zweitens ging es um die wenige Zeit, die er für seine Hausaufgaben aufwendete. Drittens ging es um die Freunde, die er sich ausgesucht hatte, und um die vielen Stunden, die er mit ihnen zusammen war. Beide Eltern trauten dieser Clique durchaus zu, mit Drogen zu experimentieren. Bestimmt tranken sie Alkohol. Einer der Freunde, der älter war als die anderen, hatte eine eigene Wohnung. Oft blieb ihr Sohn dort übers Wochenende. Wenn sie achtundvierzig Stunden oder länger nichts von ihm hörten, malten sie sich aus, wie er ausgestreckt auf dem Fußboden lag, vom Alkohol oder von Drogen benebelt.

Bei der jüngsten Auseinandersetzung war es um das Vorhaben der Clique gegangen, in den Sommerferien eine Rundreise durch Europa zu machen, im Freien zu kampieren und gelegentlich zu jobben. Ihr Sohn wollte, daß seine Eltern ihm die Fahrt finanzierten; er würde es ihnen natürlich zurückzahlen ... Sie hatten das abgelehnt, und seitdem hatte er ein Gesicht geschnitten, nicht mehr mit ihnen geredet und im Haus geholfen. Jetzt mußten sie ihn drei- bis viermal auffordern, seine Musik leiser zu stellen; vorher hatte zweimal genügt.

Gestern abend hatte er ihnen mitgeteilt, daß er auch so fahren würde. Einer seiner Freunde war bereit, ihm das Geld zu leihen. Unterwegs, davon war er überzeugt, würde er leicht eine Gelegenheitsarbeit finden und ihm das Geld rasch zurückzahlen können.

Tagtäglich kam es drei- bis viermal zu einem leichteren Scharmützel zwischen Vater und Sohn, und es verging kaum eine Woche ohne einen derben Krach. Sie versuchte sich zwar herauszuhalten, aber das Verhalten ihres Sohnes machte ihr solche Sorgen, daß sie sich oft einmischte und ihn zu bewegen suchte, sein Auftreten und seine Absichten zu ändern.

Sorgen machten ihr auch die Auswirkungen des Familienstreits auf ihre Tochter. Sie betete ihren großen Bruder an und wünschte, ihn auf seinen Fahrten begleiten zu können. Mit fünfzehn wirkte sie bereits erwachsen, besonders wenn sie sich zurechtmachte. Immer öfter kam es zu Reibereien zwischen Mutter und Tochter über ihr Make-up und über die offenherzigen Kleider, die sich in ihre Garderobe eingeschlichen hatten. Die Frau wußte, daß ihre Tochter alkoholische Getränke kaufte, wenn sie mit ihren Freunden ausging, und daß ältere Jungen hinter ihr her waren. Sie machte sich ernste Sorgen, unter was für Einflüsse sie geriet. Heute nachmittag war sie sogar mit einem Jungen weggefahren, der drei Jahre älter war als sie. Sie wußte nicht, ob ihr Sohn oder einer der Freunde ihrer Tochter schuld daran war, daß sie angefangen hatte zu rauchen, aber sie sah schon die Schwierigkeiten voraus, die auf sie zukamen. Ihr Partner war so eifersüchtig wegen seiner Tochter; wenn er erfuhr, daß sie rauchte, trank und vermutlich auch von Jungen angefaßt wurde, würde er ihr sicher Ausgehverbot erteilen. Früher waren sie einmal stolz auf ihre Liberalität gewesen, doch im letzten Jahr war ihnen aufgefallen, daß ihre permissiven Prinzipien ihnen abhanden kamen.

Sie blätterte in der Zeitschrift, ohne eigentlich hinzuschauen. Als sie hörte, daß die Hintertür aufging und ihr Partner ins Haus kam, wurde ihr flau zumute. Er marschierte schnurstracks zum Treppenabsatz und brüllte nach oben:

»Stell sofort die verdammte Musik leise! Gerade hat sich ein Nachbar beschwert.«

Es war nicht leicht zu entscheiden, aber sie hatte den Eindruck, als habe ihr Sohn die Musik in dem Moment lauter gestellt, als er aufgefordert worden war, sie leise zu stellen. Sie seufzte. Käme ihre Tochter doch bloß von ihrem Ausflug zurück – dann könnte sie das Abendessen auftragen.

Man sollte meinen, daß es für die Auflehnung der Jugend keine Notwendigkeit gibt. Wenn es darum geht, am Ende Enkelkinder zu erzeugen, sollten die Ziele von Eltern und Kindern eigentlich identisch sein. Es ist in beider Interesse, daß das Kind sich so verhält, daß ihm das Beste im Leben geboten wird und daß es in der bestmöglichen Umgebung lebt, bevor es mit der Fortpflanzung beginnt. Die natürliche Auslese sollte deshalb dafür gesorgt haben, daß die Adoleszenz, diese Übergangsphase zwischen der Abhängigkeit von den Eltern und der Selbständigkeit, als eine Zeit des friedlichen Zusammenwirkens, des Lehrens und Lernens verläuft. Warum verläuft die Adoleszenz dann in vielen Familien so stürmisch?

Teilweise beruhen die Schwierigkeiten der Adoleszenz wohl darauf, daß sie sich an eine Phase von zehn bis fünfzehn Jahren anschließt, in der Kinder mehr oder weniger das tun, was ihre Eltern von ihnen verlangen, Geschwisterrivalität und Bevorzugung durch die Eltern einmal beiseite gelassen. Diese Folgsamkeit ist im Interesse des Kindes, denn in der Regel werden die Eltern am besten wissen, wie man in der gemeinsamen Umwelt überlebt und weiterkommt. Kinder können sich nicht aussuchen, wo sie geboren werden und aufwachsen, und so bleibt ihnen nichts anderes, als aus der Umgebung, die ihre Eltern ihnen bereitstellen, das Beste herauszuholen. Am besten erreicht man das im allgemeinen, wenn man den Verhaltenscode der Eltern übernimmt. Von ihren Eltern und anderen Menschen in ihrer Nähe lernen die Kinder. Der Verhaltenscode und der soziale Code, den sie erlernen, ist der Umgebung, in die sie hineingeboren wurden, gewöhnlich gut angepaßt, weil es der Code ist, den ihre Eltern erlernt haben, und die waren in Sachen Fortpflanzung erfolgreich. Deshalb sind Kinder zwangsläufig darauf programmiert worden, zunächst das Verhalten der Eltern nachzuahmen und die Wertvorstellungen und Einstellungen der Eltern zu übernehmen.

Nachdem ihre Kinder so lange ihrem Vorbild gefolgt sind und ihre Ansichten beachtet haben, kann es für Eltern wie die in unserer Szene ein großer Schock sein, wenn die Kinder in die Adoleszenz kommen. Auf einmal werden ihre Wertvorstellungen in Frage gestellt, beginnt das Kind mit Dingen zu experimentieren, die sie mißbilligen oder gar verabscheuen. Allmählich gewinnen sie den Eindruck, daß das Kind sie selbst, ihr Heim und alles, was ihnen heilig ist, zunehmend mißachtet. Zu der Unzufriedenheit, wie sie in der Szene deutlich wurde, kommt oft ein wachsendes Mißfallen am heimischen Territorium oder auch eine Rastlosigkeit und ein Drang, in ferne Länder zu reisen.

Wenn das Kind alles, was seinen Eltern teuer ist, in Frage stellt, kommt es unausweichlich zu Streit und Sorgen. Das Kind, glauben die Eltern, weiche von den Prinzipien ab, mit denen sie gut gefahren sind, und werde deshalb in seinem eigenen Leben weniger erfolgreich sein. Es wird zwar kaum Eltern geben, die sich ihre Gefühle auf diese rationale Weise erklären, doch aus der Sicht des Evolutionsbiologen fassen Eltern die Auflehung der Jugendlichen unbewußt als eine Gefährdung ihres langfristigen Fortpflanzungserfolges auf. Sie werden nicht so viele Enkelkinder bekommen, wie sie haben könnten, wenn ihre Kinder nicht fraglos ihren Wünschen gehorchen. Warum folgen Kinder nicht dem Vorbild ihrer Eltern?

Das Prinzip ist einfach. Die Menschen sind verschieden, und die Umwelt ändert sich. Daß ein bestimmter Standort und Verhaltenscode das beste für die Eltern waren, heißt nicht automatisch, daß sie auch das beste für ihre zwanzig oder dreißig Jahre später geborenen Kinder sind. Durchaus möglich, daß ein Mensch mit den Eigenschaften des Kindes (und nicht der Eltern) jetzt einen besseren Ort finden könnte, an dem er leben wird, und einen besseren Verhaltenscode. Doch wie kann ein Kind am besten herausfinden, welche Wege ihm offenstehen, die seinen Eltern nicht offenstanden? Es gibt nur eins: erkunden und experimentieren, geographisch und im Verhalten. Das Kind vermag sich so zu verhalten wie seine Eltern. Und nachdem es jahrelang mit ihnen gelebt hat und möglicherweise auch gereist ist, kennt es auch die Orte, die sie kennen. Bis es den Ort und das Verhalten findet, die für es selbst am geeignetsten sind, bleibt ihm nur, Orte aufzusuchen, die sie noch nie gesehen haben, und sich auf eine Weise zu verhalten, wie sie sich nie verhalten würden.

Die meisten Eltern empfinden das als Auflehnung. Sie haben, als sie selbst jung waren, für sich entschieden, wo sie leben und wie sie sich verhalten wollen. Sie sind mit ihrer Entscheidung gut gefahren, deshalb neigen sie zu der Annahme, auch ihre Kinder müßten gut damit fahren. Diese Annahme kann stimmen, das muß sie aber nicht. Kinder, die nicht möglichst viele Wege erkunden, ehe sie sich ihrerseits fortzupflanzen beginnen, laufen Gefahr, Möglichkeiten zur Maximierung ihres Fortpflanzungserfolges zu versäumen. Es kann durchaus sein, daß sie nach einer Zeit des Experimentierens zu dem Schluß kommen, daß das, was für ihre Eltern das beste war, auch für sie das beste ist und daß sie sich nach einer Phase der Auflehnung und Erkundung wieder für die Verhaltenscodes ihrer Eltern entscheiden. Es kann aber auch anders kommen.

Eltern und Kinder gehören verschiedenen Generationen an, und die Umwelt verändert sich, mit dem Ergebnis, daß sie über den Weg zur langfristigen Maximierung des Fortpflanzungsergebnisses verschiedener Meinung sind. Wenn die Umwelt stabil ist und sich nur langsam wandelt, ist es sehr wahrscheinlich, daß ein Kind nach der Phase der Auflehnung zurückkommt, um sich in der Nähe der Eltern niederzulassen, und traditionelle Werte übernimmt. In einer sich rasch wandelnden Umwelt, wie sie die Jugendlichen von heute erleben, ist dies weniger wahrscheinlich, aber in unterschiedlichem Maß für die verschiedenen Kinder der Familie. Vieles hängt, wie wir schon gesehen haben, von der Geschwisterrivalität, der elterlichen Bevorzugung und der Geburtenfolge ab. Insgesamt werden eher die später geborenen Kinder sich auflehnen und die elterlichen Wertvorstellungen auf Dauer zurückweisen.

Warum hat die natürliche Auslese es so eingerichtet, daß der Drang zur Auflehnung und zur Erkundung der Welt am stärksten in der Adoleszenz ist und nicht vorher oder nachher? Das liegt vor allem an zwei Gründen. Erstens ist es wichtig, daß ein Mensch, bevor er sich irgendwo niederläßt, um sich fortzupflanzen, seine Umwelt ausreichend erkundet hat, um einen guten Platz zum Leben zu finden, den besten, der sich erreichen läßt. Außerdem muß er, bevor er sich an die schwierige Aufgabe der Fortpflanzung und Elternschaft macht, einen schlüssigen Code der Ethik und des Verhaltens gefunden, erlernt, eingeübt und vervollkommnet haben, der ihm ermöglicht, in der von ihm gewählten Familie und Umwelt erfolgreich zu sein. Zweitens ist das Verlassen der Familie und das Selbständigwerden ein Sprung ins Unbekannte und deshalb mit Gefahren verbunden. Er kann erst bedenkenlos gewagt werden, wenn der Mensch hinreichend erfahren und körperlich stark ist, um für sich selbst zu sorgen. Auflehnung und Erkundung sind deshalb für Kinder zu gefährlich, aber andererseits zu wichtig, um sie bis ins Erwachsenenalter aufzuschieben. Die Welterkundung während der Adoleszenz hat den zusätzlichen Vorteil, daß sie Gelegenheit bietet, eine Reihe von potentiellen Fortpflanzungspartnern kennenzulernen. Außerdem läßt sich, wie schon erwähnt, der Inzest vermeiden, weil dies alles sich fern vom Elternhaus abspielt.

Auflehnung und Erkundung haben ihren Höhepunkt in der Adoleszenz, beginnen aber viel früher im Leben des Kindes. Das Selbständigwerden ist ein wichtiger Prozeß, der sich nicht über Nacht vollziehen kann; er bedarf der Einübung. Die Anfänge lassen sich bis ins zweite Lebensjahr zurückverfolgen, das »Trotzalter«. In diesem Alter beginnt das Kind, seine Fähigkeit zu erproben, gegen die Eltern zu opponieren, erlernt es die Anfänge des Drohens, Herausforderns und Verhandelns. Das setzt sich durch die ganze Kindheit fort, als Bestandteil des dauernden Hickhacks der Geschwisterrivalität und der elterlichen Bevorzugung, wo jedes Kind um seine eigenen Interessen kämpft. Den Eltern kann das Trotzalter allerdings, verglichen mit der Zeit davor und danach, zur Hölle werden, weil die subtilen Drohungen und Bestechungsversuche, die man verbal bei einem älteren Kind anwenden kann, bei einem Zweijährigen versagen. Auch kann ein Zweijähriger seine Bedürfnisse nicht so geschickt artikulieren, und so bleiben ihm als Mittel nur das Weinen, Brüllen, Hauen und Weglaufen. Da ihm außerdem jegliches Gefühl der Peinlichkeit und der eigenen Gefährdung fehlt, kann ein rebellischer Zweijähriger seinen Eltern das Leben mindestens genauso schwer machen wie ein rebellischer Jugendlicher, nur dauert die Trotzphase zum Glück bei weitem nicht so lang.

Man könnte meinen, die jugendliche Auflehnung und Erkundung sowie die Übernahme neuer Verhaltensmuster und die Wahl eines neues Wohnsitzes spiele sich weitgehend im Kopf ab. Doch der Drang zum Reisen und Erfahrungenmachen ist von den Genen programmiert und wird von den Hormonen vermittelt; zahlreiche Experimente belegen das.

Nicht nur Menschen durchlaufen in der Adoleszenz eine Erkundungsphase, sondern alle Wirbeltiere. Wenn in einem Dorf Äquatorialafrikas, meilenweit vom nächsten Gorillahabitat entfernt, ein Gorilla aufkreuzt, kann es nur ein adoleszentes Tier sein. Wenn in einem Garten Nordamerikas ein Bär aufkreuzt, ist es sicher ein adoleszentes Tier. Diese Jungtiere haben sich nicht verirrt – sie erkunden die Umwelt. Versieht man ein solches Tier nach der Geburt mit einem Peilsender, kann man sehen, daß es mit Eintritt der Adoleszenz herumzuwandern beginnt. Es verläßt seinen Geburtsort und wandert, manchmal sehr weit; in Nordamerika wurde einmal ein männlicher Schwarzbär mittels Peilsender verfolgt, der auf seiner Erkundungsreise zweihundert Kilometer wanderte. Die Tiere wandern nicht ziellos umher, sondern folgen einem leistungsfähigen Suchschema. Oft kehrt der verlorene Sohn kurz in seine Heimat zurück, bevor er sich endgültig seßhaft macht, dort oder anderswo, in der besten Gegend, die er auf seinen Wanderungen entdeckt hat. Untersuchungen wie diese wurden auch für Fische, Frösche, Reptilien, Vögel und verschiedene Säugetiere durchgeführt.

Am eingehendsten wurde dieser jugendliche Drang bei Ratten und Mäusen untersucht. Auch bei Käfighaltung kann man den starken Erkundungsdrang der adoleszenten Nager feststellen; sie verbringen dann wesentlich mehr Zeit damit, in einem Laufrad zu laufen. Die Aktivität setzt mit der Pubertät ein, wenn die Hoden beginnen, Sperma zu produzieren, oder die Eierstöcke die ersten Eier ausstoßen; sie erreicht ihren Höhepunkt kurz nach der Pubertät und geht in dem Alter, in dem Ratte oder Maus normalerweise mit der

Fortpflanzung anfangen würden, langsam zurück. Wenn das Tier dann tatsächlich mit der Fortpflanzung beginnt, geht seine Erkundungstätigkeit auf das normale, relativ niedrige Niveau zurück, das die erwachsenen Tiere kennzeichnet.

Der Erkundungsdrang ist Teil eines Lebensfahrplans, den die Gene der Maus streng in ihren Körper einprogrammiert haben, wie durch Züchtungsversuche bewiesen wurde. Es lassen sich Spielarten herauszüchten, die dauernd auf Erkundung gehen, und andere, die kein Interesse an der Erkundung zeigen. Die »Erkundungsgene« – das zeigten andere Untersuchungen – üben ihren Einfluß über die Sexualhormone aus. Der Drang verschwindet, wenn man ein Männchen kastriert oder einem Weibchen die Eierstöcke entfernt. Viele Haustierbesitzer haben dieses Experiment selbst durchgeführt. Hund und Katze hören nach der Kastration auf, längere Strecken zu wandern, und führen ein zufriedenes häusliches Leben, genau wie ein kastrierter Nager. Injiziert man ihnen die entsprechenden Hormone, ist der Erkundungsdrang wieder da. Aus all diesen Experimenten ergibt sich, daß bei Säugetieren einschließlich der Menschen das adoleszente Verhalten von den Genen programmiert ist und über die Sexualhormone geregelt wird.

In vielen Gesellschaften durchlaufen männliche Jugendliche als Bestandteil ihrer Kultur eine Erkundungs- und Entdeckungsphase. Am bekanntesten ist die Wanderung, die früher zur Kultur der zentralaustralischen Ureinwohner gehörte. In der Pubertät verließen männliche Jugendliche das elterliche Territorium und damit den elterlichen Einflußbereich, um sich auf Erkundungs- und Entdeckungsreisen zu begeben, die mehrere Jahre dauern konnten. Zunächst gingen sie nicht weit, nur ein kleines Stück, um danach wieder zurückzukehren. Waren sie dann besser mit ihrer Umgebung vertraut und eher in der Lage, sich allein durchzuschlagen, wanderten sie weiter und blieben länger fort.

Schließlich konnten ihre Wanderungen sich über Hunderte von Kilometern erstrecken. Sie verirrten sich nicht, ebensowenig wie die erwähnten Schwarzbären und Gorillas. Sie fanden jederzeit zurück, sei es zum elterlichen Territorium, sei es zu den besten Plätzen, die sie auf ihren Fahrten entdeckt hatten, um sich dort anzusiedeln. In modernen Industriegesellschaften ist aus diesem Wandertrieb eine akute Rastlosigkeit geworden, die sich in einer Unzufriedenheit mit dem häuslichen Umfeld äußert, einem Drang, neue Orte zu sehen, neue Menschen kennenzulernen und neue Erfahrungen zu machen. Ob die Eunuchen in früheren Kulturen genau wie kastrierte Katzen und Hunde weniger von dem Drang geplagt wurden, die Welt zu erkunden und sich aufzulehnen, wissen wir nicht, aber wir dürfen es vermuten. Wir wissen dagegen, daß ein Mensch, der Steroide nimmt, rastloser und streitbarer und auch sexuell stärker motiviert wird, genau wie Ratten und Mäuse, denen man Steroide injiziert. Jugendliche Rastlosigkeit und Auflehnung sind, mögen sie sich auch noch so sehr als eine Sache des Kopfes darstellen, genauso genetisch programmiert und von Hormonen vermittelt wie andere Teile des menschlichen Lebensfahrplans – die Pubertät, die Menopause und die Senilität.

Dank der Präzision, mit der die natürliche Auslese das genetische und das darauf aufbauende hormonale Programm der Jugendlichen geformt hat, werden die meisten ihre Rebellionen und Erkundungen zeitlich so gestalten, wie es ihren Interessen am besten entspricht, und sich schließlich unversehrt in Erwachsene verwandeln. Einige wenige, bei denen möglicherweise ein genetischer Programmfehler vorliegt, bleiben dann vielleicht zu lange im Elternhaus und verpassen viele Gelegenheiten. Einige, die noch mehr Pech haben, verlassen vielleicht allzufrüh die elterliche Obhut und führen als schutzlose Obdachlose ein elendes, manchmal sehr kurzes Leben auf den Straßen der Städte der industrialisierten Welt. Ein solcher vorzeitiger Abschied vom Elternhaus mag gelegentlich auch auf einem fehlerhaften genetischen Programm beruhen, das bei dem Kind Rastlosigkeit und Auflehnung auslöst, ehe es über entsprechende Erfahrung verfügt und hinreichend körperlich entwickelt ist. In der Regel flüchten solche Kinder jedoch vor Mißbrauch oder Vernachlässigung durch Eltern oder Stiefeltern; sie sind zu dem klugen oder unklugen Schluß gelangt, daß ihre unsicheren Aussichten in einer fernen Stadt wahrscheinlich besser sein werden als ihre leichter berechenbaren Aussichten bei einem weiteren Verbleib im Elternhaus.

Auflehnung und Rastlosigkeit der Jugendlichen werden zwar von einem aus der Evolution hervorgegangenen genetischen und hormonalen Programm angetrieben, aber für ihren Erfolg ist das Gehirn natürlich nicht unwichtig. Angetrieben vom Drang des Körpers, die Umwelt zu testen und zu bewerten, fällt dem Gehirn die wichtige Aufgabe zu, alle gewonnenen Informationen zu sammeln und sich einzuprägen. Außerdem hat das Gehirn die Folgen zu erfassen und sich einzuprägen, die eintreten, wenn ich mich an diesem oder jenem Ort anders verhalte. Verantwortlich ist es – oder war es in der Vergangenheit – auch für das Sammeln der Informationen, die zum Navigieren erforderlich sind; es muß nicht nur darüber Bescheid wissen, wo der Körper sich jeweils befindet und wo er sich am besten als nächstes hinbegibt, sondern auch darüber, wie man dort hinkommt. Letztlich ist es der Körper, der schließlich sagt, er habe genug. Langsam müsse man daran denken, sich niederzulassen. Wo sei der beste Platz gewesen, den wir gefunden haben, wie kämen wir dorthin, und wie nähmen wir wieder Kontakt zu den Eltern auf? Das Gehirn braucht nur die gesammelten und gespeicherten Informationen durchzusehen und die Antworten zu liefern.

In diesem Fall wird es keiner großen Mühe bedürfen, um die Eltern zu überzeugen, daß das Verhalten ihres Kindes nicht seinem Geist entspringt, sondern vom Körper bestimmt wird. Oft wird die Auflehnung der Jugend ihnen irrational erscheinen, als eine Rebellion um ihrer selbst willen. Für ihr Kind ist sie jedoch, wie wir gesehen haben, ein sehr wichtiger Teil seines Strebens nach Fortpflanzungserfolg. Es kommt zwar vor, daß Jugendliche sich Krankheiten zuziehen, daß sie zum Opfer von Drogen werden oder umkommen, doch die meisten sind hinterher besser für ihre Lebenswelt gerüstet, als wenn sie nur auf ihre Eltern gehört hätten. Im großen und ganzen fördert das Verhalten des Kindes seinen Fortpflanzungserfolg und den seiner Eltern. So verwirrend, bedrückend und Unruhe stiftend das Verhalten des Kindes in der Adoleszenz auch sein mag, ist es doch eine unverzichtbare Etappe auf dem Weg der Eltern zu einer erfolgreichen Großelternschaft.

Szene 21
Partnerwahl

Das junge Mädchen schlug die Autotür zu und ging den Weg zum Haus hinauf, ohne dem blöden Ausdruck auf dem Gesicht des Fahrers Beachtung zu schenken. Mit angetrocknetem Samen auf den Gesäßbacken und Kuhmist an den Schuhen war sie nicht gerade bester Laune. Was sie jetzt brauchte, war eine Dusche. Als sie die Haustür öffnete, schlug ihr aus dem Zimmer ihres Bruders das gewohnte Dröhnen seiner Musikanlage entgegen, das ihre Eltern zu übertönen suchten. Als sie die Tür ins Schloß fallen hörte, brach ihre Mutter die erhitzte Diskussion ab und verkündete, in Kürze sei das Abendessen fertig. Das Mädchen blieb am Fuß der Treppe stehen und rief zurück, sie brauche eine Dusche, und Hunger habe sie sowieso nicht.

Die Mutter schaute ihr nach, während sie die Treppe hinauflief. Etwas in der Stimme ihrer Tochter verriet ihr, daß nicht alles in Ordnung war. Der Nachmittagsausflug war wohl kein Erfolg gewesen. Ihre Tochter war erst fünfzehn, aber ihr schoß doch der Gedanke durch den Kopf, daß sie vielleicht einmal mit ihr über Empfängnisverhütung reden sollte.

Das junge Mädchen war sich in seiner Einstellung zum Sex nicht mehr sicher. Einerseits hatte sie Angst, schwanger zu werden. Andererseits machte sie sich ein bißchen Sorgen darüber, daß sie sitzenbleiben könnte und daß sie noch Jungfrau war. Es schien, als würde sie bald die einzige sein, obwohl sie im Grunde wußte, daß sie immer noch zur Mehrheit gehörte.

Ihr Bruder hatte allerdings schon Geschlechtsverkehr gehabt. Sie wußte es, weil ihre beiden besten Freundinnen und er selbst, kurz nachdem es passiert war, es ihr erzählt hatten. Und auch einige ihrer sonstigen Freundinnen machten allmählich ihre ersten Erfahrungen mit Geschlechtsverkehr. Gelegentlich wurde die eine oder andere zum Mittelpunkt einer kichernden Gruppe, die sich mit eifrigen Fragen in der Toilette um sie scharte. Kaum eine konnte die Erfahrung empfehlen, doch was immer sie über Unannehmlichkeiten und Enttäuschungen sagen mochten, es änderte nichts daran, daß die anderen es selbst probieren wollten. Was ihre beste Freundin anging, so schien sie auf einem regelrechten Kreuzzug zu sein. Nachdem sie es erst mit ihrem Bruder und dann mit dem Drummer versucht hatte, probierte sie andere, und binnen Jahresfrist war sie auf eine zweistellige Zahl gekommen. Dann lernte sie einen Zwanzigjährigen mit einer eigenen Wohnung kennen und ging mit ihm eine jahrelange Beziehung ein, deren Grundlage das gemeinsame Interesse an Trinken, Tanzen und Sex war.

Das Mädchen selbst hatte, als sie sechzehn wurde, wenig Erfolg mit Jungen gehabt. Seit dem Vorfall auf der Wiese mit dem ehemaligen Spielkameraden ihres Bruders hatte sie sich mit mehreren netten, aber langweiligen Jungen verabredet, doch mit kaum einem ging sie öfter als ein-, zweimal aus. Meistens saßen sie nur auf Parkbänken herum oder standen an Straßenecken, während der Junge nach Vorwänden suchte, sie zu befummeln. Manchmal hatte sie Lust, ihm entgegenzukommen, aber meistens wehrte sie ihn ab. Sex mit einem von ihnen konnte sie sich überhaupt nicht vorstellen, nicht zuletzt, weil sie sich in den neuen Biologielehrer verknallt hatte. Bald füllte er ihre ganze Phantasie aus. Immer wenn sie ihn sah und er in der Nähe stand, durchfuhr es ihren ganzen Körper. Das war ihr mit ihren fummelnden Altersgenossen nie so ergangen. Sie fand immer wieder Vorwände, um in seinem Klassenzimmer vorbeizuschauen und ihm während des Unterrichts Fragen zu stellen. Vor allem arbeitete sie fleißig, um in Biologie zu glänzen und von ihm beachtet zu werden. Sie lenkte seine Aufmerksamkeit auf dieses oder jenes Objekt, so daß er sich über sie beugen mußte, um es zu sehen, und dann suchte sie ihn leicht zu berühren. Ihre Freundinnen merkten das und zogen sie auf, doch statt sich zu ärgern, freute sie sich darüber. Sie war glücklich, daß zumindest in den Augen ihrer Freundinnen zwischen ihr und ihm eine Verbindung bestand. Bald war sie überzeugt, daß er vorsichtig reagierte und es darauf anlegte, scheinbar zufällig mit ihr zusammenzutreffen.

Am Anfang ihres letzten Schuljahrs bekam sie dann eines Nachmittags den Beweis, den sie brauchte. Sie war auf dem Heimweg, als er im Auto vorbeikam, anhielt und ihr anbot, sie mitzunehmen. Doch als sie die rund hundert Meter von der Stelle aus ging, wo er sie abgesetzt hatte, war ihre Erregung in Trübsal umgeschlagen. Sie hatte kein vernünftiges Wort herausgebracht. Die quälende Erinnerung an jenen Nachmittag legte sich erst, als er ihr eine Woche später wieder anbot, sie mitzunehmen – und diesmal brachte sie tatsächlich ein paar vernünftige Sätze zusammen. Als sie an diesem Tag den restlichen Heimweg zu Fuß zurücklegte, war sie selig. Immer häufiger nahm er sie mit, bis er sie an einem verregneten Nachmittag unmittelbar vor ihrer Haustür absetzte. Sie stieg aus dem Wagen, direkt vor den Augen ihrer Mutter, die an einem der oberen Fenster stand, und geriet aus einem Sturm geradewegs in den nächsten.

Die Frau hatte ihre Tochter jetzt seit über einem Monat zunehmend bedrängt; sie wünschte, daß sie mit einem Jungen ausging, dessen wohlhabende Eltern ihr einmal im Vertrauen erklärt hatten, ihr Sohn finde ihre Tochter wundervoll. Die Mutter war von der Idee, daß ihre Tochter mit dem Sohn eines der angesehensten Paare der Stadt ausging, dermaßen angetan, daß sie jede Gelegenheit ergriff, um Loblieder auf ihn anzustimmen und jeden anderen Mann, an dem sie eventuell Interesse zeigte, schlechtzumachen. Den Anblick, wie sie aus dem rostigen Auto eines kümmerlichen jungen Lehrers stieg, konnte sie nicht unkommentiert lassen.

Die Tochter beteuerte, ihr Lehrer habe doch nichts anderes getan, als sie an einem verregneten Nachmittag im Auto mitzunehmen; die neun früheren Gelegenheiten bei schönem Wetter ließ sie unerwähnt. Doch es half nichts: sie mußte sich eine lange Tirade anhören, in der es vor allem darum ging, wie gefährlich es sei, sich von Männern mitnehmen zu lassen. Auch bei Lehrern, behauptete die Mutter, säße das Gehirn in der Hose, und fragte dann, ob er sie jemals berührt, sexuelle Anspielungen gemacht oder sonstwie belästigt habe. Sie könne sich ihr ganzes Leben verderben, wenn sie so jung schwanger würde, und sie brauche sich keine Hoffnungen zu machen, daß sie, die Mutter, sich um das Baby kümmern würde. Am gemeinsten war die Bemerkung der Mutter, die zugleich die eigene Befürchtung des Mädchens ausdrückte, sie solle sich nicht einbilden, daß der Lehrer an *ihr* interessiert sei. Er sei, wie alle Männer, nur auf eines aus, und wenn er es mit ihr getrieben habe, werde er blitzschnell verschwinden und der nächsten Jungfrau nachsteigen, die ihn anhimmelte, und sie gleich vergessen.

Für sie hatte die Episode dennoch etwas Gutes. Ihre Mutter schlug vor, forderte geradezu, daß sie zur Familienberatungsstelle ginge und sich Anti-Baby-Pillen verschreiben ließe, »für alle Fälle«. Das war für sie eine Entlastung, brauchte sie nun doch nicht länger den Vorrat zu verstecken, den sie sich bereits zugelegt hatte. Schon vor Monaten hatte sie beschlossen, ihre Hemmungen abzulegen, wenn sich die Gelegenheit ergeben würde, und sei es nur, damit sie sich nicht länger als Jungfrau betrachten mußte. Und ihre Mutter mochte sagen, was sie wollte – wenn einer ihr die Unschuld nahm, dann kam kein anderer für sie in Frage als ihr Lehrer. Zehn Jahre älter als sie, mußte er sich in Sachen Sex auskennen. Sie stellte sich vor, stundenlang nackt in seinen Armen zu liegen, malte sich die Küsse, Zärtlichkeiten und Komplimente aus, mit denen er sie überschütten würde, während er ihr alles zeigte, wozu ihr Körper fähig war. Sie hatte sogar schon festgelegt, wann es geschehen sollte. Anfang des nächsten Jahres war eine einwöchige biologische Exkursion vorgesehen. Vorläufig wartete sie geduldig, aber mit steigender Erregung darauf, daß ihre Phantasievorstellung Wirklichkeit würde, und begnügte sich mit gelegentlichen Kontakten im Klassenzimmer und dem einmal in der Woche vorkommenden erregenden Ereignis, daß er sie im Auto mit nach Hause nahm, jetzt allerdings nicht mehr bis zur Haustür.

Sie ertrug es auch, sich ein paarmal mit gleichaltrigen Jungen zum Kino zu verabreden. Einer drückte ihre Brüste so fest, daß sie ihr hinterher noch stundenlang weh taten. Der andere – es war der, den ihre Mutter bevorzugte – versuchte während der ganzen ersten Hälfte des Films, ihre Hand auf seinen Schritt zu legen. Als sie schließlich nachgab, fiel ihr ein, was ihr Vater gesagt hatte: Mit den Dingern der Männer müsse man sanft umgehen. Also zog sie die Vorhaut des Jungen so heftig zurück, daß sein mühsam unterdrückter Aufschrei mehrere Leute in der Vorderreihe veranlaßte, sich umzudrehen. Er verschwand in die Toilette, um sich den Schaden zu besehen, und als er wieder auftauchte, hatte er mehr Interesse an Popcorn als an Sex.

Am nächsten Morgen fragte ihre Mutter neugierig, wie der Abend verlaufen sei. Sie berichtete, daß der Junge dauernd verlangt habe, sie solle ihn anfassen, worauf die Mutter zu ihrer Überraschung bloß entgegnete, so seien die Jungs nun mal, und sie werde schon lernen, damit klarzukommen. Beim nächsten Mal werde er sich vermutlich besser benehmen. Aber es gab kein nächstes Mal. Zu ihrer Erleichterung und zur Enttäuschung ihrer Mutter lud er sie nicht wieder zu einem Treffen ein.

Am zweiten Abend der Exkursion stahl sich das Mädchen ins Zimmer des Biologielehrers, mit einem fadenscheinigen Vorwand, einem pochenden Herzen und einer feuchten Unterhose. Er kam gerade aus der Dusche und hatte sich ein Handtuch umgewickelt. Als er ihr nach ein paar dürftigen Worten über den vorgeblichen Grund ihres Besuchs anbot, seine Dusche zu benutzen, weil sie so vermeiden könne, sich mit den anderen Schülern zum Duschen anzustellen, willigte sie ein und zog sich hinter der halbgeöffneten Badezimmertür aus. Vom Anblick ihres Körpers unwiderstehlich angezogen, bot er ihr an, mit ihr zusammen zu duschen. Wieder willigte sie ein und zog ihm daraufhin mit einem Ruck das Handtuch weg. Schlüpfrig vom Duschgel, schlang sie die Arme um seinen Hals, umklammerte seine Hüften mit ihren Beinen und bot ihm ihre Scheide dar. Er konnte jedoch nur mühsam das Gleichgewicht bewahren, und in der engen Duschkabine klappte es nicht recht. Sie wären vielleicht umgezogen ins Bett, doch da klopfte es dringlich an der Tür, und beide suchten hektisch nach etwas zum Anziehen.

Die nächsten zwei Stunden sollte er im Krankenhaus, bei ihrer besten Freundin verbringen, die sich bis zum Koma betrunken hatte.

In der dritten Nacht der Exkursion schaffte sie es in sein Bett. Dreimal glaubte sie, gleich werde sich ihre Phantasievorstellung erfüllen, doch er streichelte und liebkoste sie zwar, doch mit dem Herzen schien er nicht bei der Sache zu sein. Wenn sie gerade begonnen hatte, sich auf die Empfindungen einzustellen, von denen sie so lange geträumt hatte, kletterte er auf sie, drang in sie ein und stieß so hart, daß sie es gar nicht erwarten konnte, daß er sich erleichterte und aufhörte. Zwischendurch döste er. Nach dem dritten Geschlechtsverkehr meinte er, sie solle auf ihr Zimmer zurückkehren, damit ihre Zimmergenossinnen keinen Argwohn schöpften und sie beide noch etwas Schlaf bekämen. Als sie in der vierten Nacht an seine Tür kam, in der Hoffnung, diesmal werde er ihren Erwartungen gerecht werden, hörte sie, gerade als sie klopfen wollte, die gedämpften, aber unverkennbaren Geräusche des Geschlechtsverkehrs. Ebenso unverkennbar war die Stimme des Mädchens – offensichtlich war es vollständig von seinem Koma genesen.

Am Ende der Woche fuhr sie enttäuscht und ernüchtert nach Hause. Sie war nicht nur unbefriedigt von dem Sexualakt als solchem, sondern ärgerte sich auch – ohne es ihr allerdings zu sagen –, daß ihre Mutter recht gehabt hatte. Nach der Exkursion vermied sie außerhalb des Unterrichts jeglichen Kontakt mit dem Biologielehrer, und eine Zeitlang hatte sie nichts mehr mit Männern zu tun.

Acht Monate später zog sie auf die Universität, dreihundert Kilometer weit weg. Ungeachtet der Warnungen ihrer Mutter und ihrer eigenen Erfahrungen mit dem Lehrer war sie so erleichtert, von zu Hause fort zu sein, daß sie auf den ersten attraktiven Mann hereinfiel, der ihr sagte, sie seien füreinander geschaffen. Von der Begrüßungsparty für Studienanfänger, wo sie ihn kennenlernte, fuhr sie mit ihm hinaus in die nächtliche Landschaft, wo sie ihm nach einigen weiteren Drinks und Versprechungen erlaubte, seinen Drang zu befriedigen. An die Rückfahrt konnte sie sich kaum erinnern, und sie sollte ihn längere Zeit nicht wiedersehen.

Im Laufe der nächsten Monate erweckten zwei weitere gutaussehende Männer den Eindruck, als könne der Geschlechtsverkehr etwas Lohnendes sein, aber beide verließen in aller Herrgottsfrühe ihr Bett und verschwanden. Sie war fast ein Jahr auf der Universität und glaubte schon nicht mehr daran, daß jemand an einer Beziehung mit ihr interessiert sein könnte, als sie ihren ersten richtigen Freund kennenlernte. Er war nicht so attraktiv wie die, die sie vorher verlassen hatten, und mit Sicherheit war er nicht so gut betucht, doch er war freundlich und aufmerksam. In den ersten Sommerferien lud sie ihn zu sich nach Hause ein. Ihre Eltern waren von ihrer Wahl enttäuscht und versuchten kaum, ihre Einstellung zu verbergen. Sie brauchte gar nicht zu fragen, ob sie in einem Zimmer schlafen dürften – sie kannte die Antwort schon im voraus. Wie es sich gehörte, gab ihre Mutter ihm das Gästezimmer, das von ihrem Zimmer aus am anderen Ende des Hauses lag. Dadurch ließen sie sich natürlich nicht aufhalten; er schlich sich mitten in der Nacht am Zimmer ihrer Eltern vorbei in ihres und kehrte vor Anbruch der Dämmerung in sein Zimmer zurück.

Das war zwar besser als nichts, aber so richtig wohl fühlten sie sich beim Geschlechtsverkehr nicht. Ihr Bruder durfte zwar auch nicht mit seiner Freundin ein Zimmer teilen, wenn sie auf Besuch war, aber zumindest bekamen sie zwei benachbarte Zimmer; das ärgerte sie besonders. Diese Episode bestätigte ihr etwas, was sie seit Jahren wußte: Was sie auch tat, ihre Mutter billigte es nicht, anders als bei ihrem Bruder.

Das Mädchen blieb eine Zeitlang mit seinem Freund zusammen, und für einige Monate hatten sie eine gemeinsame Wohnung. Doch mit der Zeit und unter dem Einfluß ihrer Freundinnen, die immer öfter andeuteten, daß sie nicht verstehen könnten, was sie an ihm fand, stellten sich Überdruß und Enttäuschung über die Beziehung ein. Kurz nachdem sie zusammengezogen waren, wurde sie ihm untreu. Von da an fand sie immer häufiger Vorwände, um ihn nicht zu begleiten, wenn er seine Eltern besuchte oder mit Freunden ausging. Bei drei weiteren Gelegenheiten nahm sie in Abwesenheit ihres Partners die Einladungen von Männern an, die aufregender waren als er, nur um am nächsten Morgen verlassen und mit einem schlechten Gewissen zu erwachen.

Da traf sie ganz zufällig drei Wochen vor dem Ende ihres zweiten Studienjahres den selbstbewußten jungen Mann mit dem Sportwagen, der sie in ihrer ersten Woche an der Universität entführt hatte. Doch diesmal bat er darum, sie wiedersehen zu dürfen. Sie fand rasch Gefallen daran, mit einem Mann zusammenzusein, der Geld und ein Auto hatte, und sie genoß die Freiheit, für ein paar Stunden in ein teures Hotel auf dem Land hinausfahren zu können, wenn die Lust sie überkam. Aber schließlich machten sich Gewissensbisse bemerkbar, weil sie ihren Partner betrogen. Außerdem hatte sie das Gefühl, ungeschützt zu sein, fürchtete, nur zweite Wahl für ihn zu sein. Am Ende drängte sie ihn, sich zwischen ihr und seiner Partnerin zu entscheiden – beide könne er nicht haben. Ihre Spekulation ging auf. Nach den Prüfungen zum Semesterende machten beide mit ihren Partnern Schluß.

Der schönste Moment ihrer neuentdeckten Beziehung kam für sie, als sie zum ersten Mal gemeinsam zu ihren Eltern fuhren. Deren Zustimmung war eindeutig. Es war für sie eine neue Erfahrung, im Mittelpunkt der Aufmerksamkeit ihrer Eltern zu stehen, die sich alle Mühe gaben, ihren Freund zu beeindrucken und ihnen beiden einen freundlichen Empfang zu bereiten. Sie hatte sogar den leisen Verdacht, daß auch ihre Mutter für ihn schwärmte. Und ihr Vater war besonders beeindruckt, als ihr Freund ein Problem an seinem Auto behob, mit dem er sich lange herumgeschlagen hatte. Von beiden Eltern kam kein Einwand, als ihnen mitgeteilt wurde, daß die beiden den Sommer über ins Ausland fahren würden, und auch später nicht, als sie ihnen sagten, sie würden für das letzte Studienjahr zusammenziehen.

Dieses ganze Jahr über nahm das Mädchen mit wachsender Belustigung zur Kenntnis, wie ihre Mutter sich um die Gesundheit, die Prüfungsvorbereitungen und die Aussichten ihres Freundes sorgte. Sie hatte manchmal den Eindruck, beide Eltern seien mehr als an ihrem an seinem Fortkommen interessiert. Und wenn sie einmal andeutete, daß sie mal nicht nur außer sich vor Glück waren, verdoppelten sich die Anrufe ihrer Mutter. Zweimal konnten sie und ihr Freund es so einrichten, ihre Eltern an einem Wochenende zu besuchen, an dem auch ihr Bruder und seine Freundin eingeladen waren. Wieder war es eine neue Erfahrung für sie, zu sechst als eine große Familie um den Tisch zu sitzen und über ihre Zukunftspläne zu sprechen.

Nach dem Studienabschluß fanden das Mädchen und sein Freund gute Stellungen, die so nah beieinander lagen, daß sie weiter zusammenwohnen konnten. Vier Jahre nach

Verlassen der Universität wurde sie erstmals schwanger. Als sie wenige Stunden nach der Entbindung von einem Jungen das Gesicht ihrer Mutter sah, während sie ihr erstes Enkelkind in den Armen hielt, wußte sie, daß sie zu guter Letzt etwas absolut Richtiges getan hatte.

Die Szenen 19 und 20 zeigten jeweils einen Konfliktbereich zwischen Eltern und Kindern auf dem Weg zur Großelternschaft. Diese Szene verdeutlichte einen dritten: die Auswahl eines Partners. Warum hat die natürliche Auslese Eltern dazu disponiert, sich so lebhaft dafür zu interessieren, was für Freunde und Freundinnen ihre Kinder sich aussuchen?

Die Antwort ist, wie schon erwähnt, daß die Anzahl und Qualität der Enkelkinder direkt von der Qualität des Partners oder der Partner des eigenen Nachwuchses beeinflußt wird. Oft werden Eltern, wie in der obigen Szene, durch ihr Interesse und ihre Sorge veranlaßt, auf die Auswahl Einfluß zu nehmen, und das kann so weit gehen, daß sie ihr Kind ermuntern, ja gelegentlich auch nötigen, sich für einen bestimmten Partner zu entscheiden. Der Extremfall solcher elterlichen Einflußnahme ist das Phänomen der abgesprochenen Ehe. Solche Pressionsversuche kommen auch in den liberalsten Gesellschaften noch vor.

Man könnte meinen, die Partnerwahl sei ein Gebiet, auf dem es relativ wenig Konflikte zwischen Eltern und Kindern gibt. Es liegt schließlich in aller Interesse, daß der Sohn und die Tochter sein beziehungsweise ihr Fortpflanzungsergebnis maximiert. Dennoch ist die Partnerwahl vielfach Anlaß zu Streitigkeiten – einer der letzten Schauplätze für *baby wars* unter Erwachsenen. Das Mädchen in unserer Szene würde wahrscheinlich nicht zustimmen, doch Tatsache ist, daß ihre Eltern sich relativ wenig eingemischt haben, als sie die Männer ihrer Umgebung testete. Wenn man sich einen Partner sucht, muß man sich nach Genen und Ressourcen umschauen, um dann den besten Kompromiß zu schließen zwischen der besten, geeignetsten Person, die überhaupt da ist, und der besten, geeignetsten Person, die man dafür gewinnen kann, eine Beziehung einzugehen. Diesen Prozeß kann man am »Testverhalten« des Mädchens deutlich verfolgen. Doch warum sind Eltern und Kinder so oft uneins darüber, wer sich als Partner eignet und wer nicht? Im wesentlichen gibt es zwei Gründe dafür. Erstens erlebt jede Generation den Prozeß der Partnerwahl anders. Zweitens haben Eltern und ihre Kinder unterschiedliche Prioritäten.

Betrachten wir den ersten Punkt. Es gibt Dinge, die von Generation zu Generation gleichbleiben, und nachdem sie Zeugen oder Opfer vieler der strategischen Fehler waren, die bei der Partnersuche gemacht werden können, sind die Eltern in dieser Hinsicht wahrscheinlich die besser Informierten. In der Szene konnte die Mutter zum Beispiel besser als ihre unerfahrene Tochter die Absichten des Lehrers durchschauen. Es gibt jedoch auch Dinge, die sich von Generation zu Generation ändern. Wie im Zusammenhang mit der Auflehnung der Jugend schon erörtert, gibt es Verhaltensweisen, die in einer Generation einen Hinweis auf den besten Partner liefern mögen, aber in der nächsten nicht mehr. Die Kinder, nicht ihre Eltern, müssen den Anforderungen ihrer Generation genügen, und sie lernen durch direkte Erfahrung, wer von der vorhandenen Auswahl für sie am geeignetsten ist. Reibereien sind fast unvermeidlich, egal, ob Eltern oder Kinder im gegebenen Fall recht haben.

Zweitens sind da die unterschiedlichen Prioritäten der beiden Generationen, die eine komplizierte Rolle spielen. Die Eltern sehen es gern, daß jedes ihrer Kinder so unabhängig wie möglich wird. Je weniger sie eines ihrer Kinder unterstützen *müssen*, desto freier können sie ihre Unterstützung innerhalb der Familie so aufteilen, wie es ihrem Interesse entspricht. Im Sinne der Maximierung von Anzahl und

Qualität der Enkel und vielleicht sogar der Urenkel müssen die eigenen Kinder vermeiden, einen Partner zu wählen, der sie zu einer Belastung werden läßt. Eine Tochter, die ohne Hilfe von seiten des Kindsvaters ein Kind großzieht, oder ein Sohn, der sich Unterhaltsansprüchen für ein Kind aussetzt, das möglicherweise gar nicht von ihm und folglich auch nicht das Enkelkind seiner Eltern ist, kann die Absichten der Eltern durchkreuzen, ihre Unterstützung ihrem Interesse gemäß zuzuteilen. Doch wie schon im Zusammenhang mit der Geschwisterrivalität ausgeführt, ist andererseits jedes Kind bestrebt, seinen eigenen Fortpflanzungserfolg zu fördern, notfalls auch zu Lasten des Erfolgs seiner Eltern und Geschwister. Eine Möglichkeit dazu bietet die Ausnutzung der vorprogrammierten Neigung seiner Eltern, ihm zu helfen, wenn es in Schwierigkeiten gerät. Wäre das Mädchen in unserer Szene zum Beispiel von dem Lehrer geschwängert worden, hätte die Mutter sie wahrscheinlich nicht im Stich gelassen, auch wenn sie das Gegenteil verkündete. Eine Tochter, die ihre Familie auffordert, Farbe zu bekennen, wird wohl nur dann allein dastehen, wenn die Möglichkeiten der Familie vollkommen ausgereizt sind.

Wegen dieser unterschiedlichen Prioritäten neigen Kinder im Endeffekt dazu, mehr Risiken einzugehen, als ihren Eltern recht ist. Es kommt vor, daß Söhne und Töchter sich beim Testen potentieller Partner ausgiebiger des Geschlechtsverkehrs bedienen, als ihren Eltern geboten erscheint. Wenn Sohn oder Tochter sich nach einem Partner umschauen, tun sie es in dem wenn auch unbewußten Vertrauen, daß, sollten sie tatsächlich ein Kind zeugen, das sie nicht unterhalten können, den murrenden Eltern doch noch Hilfe abgerungen werden kann, die sie sonst vielleicht nicht gewährt hätten. Dank dieses Sicherheitsgefühls kann eine Tochter es wagen, die Gene eines Mannes stärker sowie seinen Besitz und seine Fähigkeit, sie zu unterhalten, geringer zu gewichten, als ihren Eltern recht ist. Ein Sohn wird vielleicht mehr auf die genetischen Qualitäten – die äußere Attraktivität – eines Mädchens achten, als seine Eltern wünschen, und weniger darauf, ob sie eine gute Mutter abgibt. Auch wird ihm vielleicht die Anzahl der Mädchen, die er besamt, wichtiger sein als die Frage, ob er die von ihm gezeugten Kinder unterhalten kann.

Es gibt also für Eltern Anlaß genug, mit Söhnen und Töchtern wegen deren Partnerwahl die Klingen zu kreuzen. Ein Sohn, der auf Abwege geraten ist, wird seine Eltern seltener für den Unterhalt eines Kindes in Anspruch nehmen als eine auf Abwege geratene Tochter. Die sexuellen Aktivitäten eines Sohnes beim Ausprobieren potentieller Partnerinnen können daher zu Enkelkindern führen, die, wenn überhaupt, eine weit geringere Belastung sein werden als Enkelkinder, die eine Tochter in diesem Stadium hervorbringt. Deshalb neigen Eltern im allgemeinen dazu, das entsprechende Treiben ihrer Söhne großmütiger zu betrachten als das ihrer Töchter. Außerdem sind Väter wie Mütter stärker an der Partnerwahl ihrer Töchter als an der ihrer Söhne interessiert, weil sie sicher sein können, daß die Kinder der Tochter wirklich von ihr sind, was sich bei einem Sohn nicht so leicht sagen läßt. Deshalb interessieren sie sich auch stärker dafür, wie treu die Auserwählte ihres Sohnes vermutlich sein wird. Deutet bei ihr etwas auf Promiskuität hin, könnten sie hereingelegt werden und am Ende dazu beitragen, fremder Leute Enkel aufzuziehen. Anders verhält es sich mit der Sorge um die wahrscheinliche Treue des Auserwählten ihrer Tochter, denn jedes Kind, das sie zur Welt bringt, ist ihr Enkelkind, ob ihr Partner nun der Vater ist oder nicht. Wahrscheinlich sorgen sie sich mehr um seine Fähigkeit und Bereitschaft, für ihre Tochter und eventuelle Kinder zu sorgen: Deutet bei ihm etwas auf Promiskuität hin, könnte er irgendwann ihre Tochter und ihre Enkelkinder im Stich lassen und sich einer anderen zuwenden. Dann könnten sie gezwungen sein, ihr zu helfen, statt nur dort beizustehen, wo es ihren Plänen entspricht.

Die Partnersuche der Kinder kann Konflikte nicht nur zwischen ihnen selbst und den Eltern hervorrufen. Auch Mutter und Vater sind sich – wenngleich das in der obigen Szene nicht der Fall war – in der Beurteilung der Partner ihrer Kinder oft uneinig. Warum? Gibt es Faktoren, die sich auf das langfristige Fortpflanzungsergebnis des Vaters anders auswirken als auf das der Mutter, wo doch beide in Gestalt ihrer Enkelkinder ihren gemeinsamen Erfolg feiern? Abgesehen von dem oft erwähnten Umstand, daß Männer sich ihrer Vaterschaft nicht so sicher sein können und daher zu erwarten ist, daß sie an der Partnersuche ihres Nachwuchses generell ein geringeres Interesse zeigen, gibt es noch andere Dinge zu berücksichtigen.

So wird sich die Mutter, da sie, wie wir im nächsten Kapitel sehen werden, die Hauptlast der großelterlichen Fürsorge zu tragen hat, mehr als der Vater darum kümmern, ob die Auserwählte ihres Sohnes eine gute Mutter sein wird, die allein zurechtkommt. Ist dies der Fall, so wird ihre Hilfe bei der Aufzucht ihrer Enkelkinder keine Notwendigkeit, sondern eine Prämie sein. Auch aus diesem Grund wird die Mutter sich besonders dafür interessieren, wie gut sie sich mit dem Mädchen in der gemeinsamen Fürsorge für die zu erwartenden Kinder vertragen wird.

Beim Vater kann das Interesse jedoch etwas anders gelagert sein. Es ist durchaus schon vorgekommen – und hat Stoff für so manches Revolverblatt geliefert –, daß eine junge Frau sich anfangs zu einem jungen Mann hingezogen fühlte und dann, als sie ihn kennenlernte, seinen Vater vorgezogen hat. Das heißt, daß die jungen Frauen, die sein Sohn nach Hause bringt, für einen Vater allesamt potentielle Partnerinnen sind, und für viele Männer, die alt genug sind, um einen erwachsenen Sohn zu haben, ist dies eine der wenigen Möglichkeiten, jüngere Frauen kennenzuleren. Folglich hat ein Vater an den Frauen, die sein Sohn nach Hause bringt, ein Interesse, das die Mutter nicht teilt, ja, je mehr die Auserwählte des Sohnes dem Vater gefällt, desto weniger wird sie möglicherweise der Mutter gefallen und desto mehr wird sie ihr als eine Bedrohung erscheinen. Es mag vorkommen, daß eine Mutter ein sexuelles Interesse an dem Auserwählten ihrer Tochter entwickelt, aber wohl seltener, als daß der Vater sich zur Auserwählten seines Sohnes hingezogen fühlt.

Einen Vater wird beim Auserwählten seiner Tochter – und so dürfte es auch früher gewesen sein – vor allem interessieren, wie weit die beiden sich ergänzen und zusammenarbeiten können, um die Gesamtressourcen der erweiterten Familie zu vergrößern. In der Szene fand die endgültige Partnerwahl des Mädchens bei ihrem Vater sofort Anklang, als jener sein Auto reparierte. Für ihr gemeinsames Fortpflanzungsergebnis werden gemeinsame und sich ergänzende Interessen von Bedeutung sein, weniger für die Mutter.

In einer idealen Welt wird es kaum Konflikte zwischen Eltern und Kindern sowie unter den Eltern geben, falls die Partnerwahl des Kindes jedermanns Prioritäten erfüllt. Es wird jedoch nur wenige potentielle Partner geben, die alle Anforderungen erfüllen können. Obwohl die Eltern auf dem Weg zur Großelternschaft viele gemeinsame Prioritäten haben, gibt es doch genügend Differenzen zwischen ihnen, die dafür sorgen, daß die Partnerwahl eines Kindes bisweilen den Vater entzückt, aber die Mutter enttäuscht, und umgekehrt.

GROSSELTERNSCHAFT

Szene 22
Erweiterte Hilfe

Die Frau blieb in der Schlafzimmertür stehen und blickte, den Finger auf dem Lichtschalter, zurück auf ihr Werk. Sie ging jetzt auf die Sechzig zu, und obwohl sie nie besonders ordentlich gewesen war, hatte sie sich für dieses Wochenende wirklich Mühe gegeben. Zwei ihrer Enkelkinder würden zu Besuch kommen; erstmals würde sie sie zwei Tage lang ganz für sich allein haben. Während ihr Blick auf den beiden Betten ruhte – sie hatte sie nebeneinander gestellt, weil die beiden gern Seite an Seite schliefen –, ließ eine großmütterliche Rührung ihre Augen feucht werden. Sie und ihr Partner hatten das Bettzeug erst diese Woche gekauft: Kissen- und Bettbezüge mit Eisenbahnmotiven für den Enkel und mit Teddybären und Häschen für die Enkelin. Sie konnte sich genau ausmalen, wie die kleinen Gesichter beim Gutenachtsagen strahlten, behaglich in die neuen Betten gepackt. Sie machte das Licht aus und schloß die Tür. Morgen abend. Sie konnte es kaum erwarten.

Dreihundert Kilometer entfernt jagte die Tochter der Frau mit einem Handtuch hinter ihren beiden Kindern her, um ihnen die Haare abzutrocknen, aber sie wollten nichts davon wissen. Nach dem Baden waren sie immer aufgekratzt, aber heute abend, mit der Aussicht, die Großmutter zu besuchen, waren sie überhaupt nicht zu bändigen. Ihre Eltern waren wirklich gut zu ihnen und im Umgang mit ihnen aufmerksam und fröhlich. Die Frau hatte bisher gezögert, sie bei ihren Eltern zu lassen. Sie konnte sich einfach nicht vorstellen, sie nicht um sich zu haben, nicht zu wissen, was sie machten, nicht zu wissen, daß alles mit ihnen in Ordnung war. Doch nun hatte sie, immer noch ein wenig zögernd, zugestimmt, daß sie übers Wochenende ohne die Kinder verreisen würden. Sie würden in einem teuren Hotel am Meer absteigen, und sie freute sich schon auf die Sauna und ein erstklassiges Essen.

Als sie ihren Kleinen so zuschaute, die sich, nach dem Baden noch immer nackt, auf dem Boden wälzten und einander kitzelten, mußte sie daran zurückdenken, wie sie und ihr Bruder so alt waren wie ihre Kinder jetzt. Ihre Tochter war knapp fünf und ihr Sohn, der in Kürze sieben wurde, fand, wie früher ihr Bruder, offensichtlich Spaß an dem Getümmel.

»Nun mal los, ihr beiden«, sagte sie, allmählich ungeduldig werdend. »Ab ins Bett. Wir müssen morgen früh raus, wenn ihr die Oma besuchen wollt, und mit nassen Haaren könnt ihr nicht zu Bett gehen.« Trotzdem verging nochmals eine halbe Stunde, bis sie die beiden so weit beruhigt hatte, um ihnen gute Nacht zu sagen. Dann ging sie dazu über, die Unmengen von Kleidern und Spielsachen einzupacken, die sie nach ihrer Ansicht unbedingt brauchten, um zwei volle Tage fern dem Elternhaus zu überstehen.

Als sie am nächsten Morgen aufbrachen, war es noch dunkel, und es regnete. In der letzten Stunde vor der Abfahrt war es hoch hergegangen. Die Kinder waren aufgeregt, sie und ihr Partner waren noch müde und reizbar, und obwohl sie am Vorabend alles vorbereitet hatte, kamen sie mit Verspätung los. Vor der Abfahrt hatte sie nochmals die Mutter angerufen und ihr mitgeteilt, daß sie sich möglicherweise ein bißchen verspäten könnten, während ihr Partner schimpfte, sie zögere die Abfahrt nur noch weiter hinaus.

Sie machten sich gegenseitig Vorwürfe, nicht genügend mitzuhelfen, und als sie losfuhren, waren beide verstummt. Normalerweise besserte sich ihre Stimmung rasch wieder, doch heute morgen sorgten die Witterungsverhältnisse ebenso für zusätzliche Spannung wie ihre halblaut geäußerte Mißbilligung, als er eine Kurve schneller nahm, als sie es getan hätte. Beide brüllten die hinten sitzenden Kinder an, die aber viel zu aufgeregt waren, um von der Stimmung der Eltern Notiz zu nehmen.

Als sie fast vier Stunden später in die Straße einbogen, auf der sie die letzte Viertelstunde der Fahrt zurücklegen würden, regnete es immer noch. Die Kinder schliefen, mit geneigtem Kopf linkisch in den Sicherheitsgurten hängend, und inzwischen hatte sich wieder eine freundliche, wenn auch nicht vollkommen friedliche Atmosphäre eingestellt. Wenn überhaupt noch eine Spannung spürbar war, dann beruhte sie darauf, daß sie hinter ihrer geplanten Ankunftszeit fast eine Stunde zurücklagen. In der letzten halben Stunde hatten sie geschwankt, ob sie weiterfahren oder anhalten sollten, um ihre nochmalige unerwartete Verspätung telefonisch mitzuteilen. Schließlich hatten sie sich fürs Weiterfahren entschieden. Jetzt, da die lange, gerade Strecke vor ihnen lag, drückte ihr Partner aufs Gas.

Einige Minuten später brach in Fahrtrichtung die tiefstehende Wintersonne durch die Bewölkung und spiegelte sich auf der nassen Straße. Der Mann drehte seinen Sonnenschutz herunter und bemerkte dabei im Rückspiegel einen Regenbogen vor der schwarzen Wolkenwand, die hinter ihnen lag. »Schau dir das an!« sagte er, und sie drehte sich um und wünschte, ihre Kinder wären wach, um an dem Schauspiel teilzuhaben.

Als sie sich wieder umdrehte, stach ihr aus der Ferne ein Lichtstrahl in die Augen. Weit weg zu ihrer Linken war gerade ein Auto aufgetaucht, auf dessen Dach sich die Sonne spiegelte – wie ein Juwel inmitten der dunklen Hügel, dachte sie. Ruhig folgte sie dem Wagen, der hin und wieder von fernen Bäumen und Senkungen im Straßenverlauf ihrem Blick entzogen wurde. Die Straße, auf der der andere Wagen dahinrollte, schlängelte sich den Berg hinunter und stieß an einer Kreuzung, die etwa einen Kilometer vor ihnen lag, auf ihre Straße. Sie würden als erste die Kreuzung erreichen, schätzte sie, doch im nächsten Augenblick war sie sich dessen nicht mehr so sicher. Der andere Wagen fuhr schneller als sie selbst, dachte sie. Aus dem Augenwinkel sah sie, daß ihr Partner im Rückspiegel wieder einen verstohlenen Blick auf den Regenbogen warf. Sie holte Luft, um ihn auf den anderen Wagen aufmerksam zu machen, doch dann zögerte sie. Wenn sie ihn auf Dinge hinwies, die er schon bemerkt hatte, war er immer wütend auf sie. Als sie im letzten Moment erkannte, daß der andere Wagen sogar noch beschleunigte, wollte sie eine Warnung ausstoßen, aber es kam ihr kein Wort über die Lippen.

In dem Sekundenbruchteil, den der andere Wagen brauchte, um vor ihnen über die Kreuzung zu schießen, registrierte sie darin zwei lachende Jungen, von denen der eine mit der Faust herumfuchtelte. Ihr Partner bremste instinktiv, aber er erwischte das Heck des anderen Wagens gerade noch mit so viel Wucht, daß er ihn von der Straße schleuderte. Als er gegen den Laternenmast prallte, knickte die Front ihres Wagens auf der Fahrerseite ein, und in der Sekunde, bevor ihr Kopf gegen das Armaturenbrett schlug, sah sie ihren Partner eingeklemmt in einer Masse von knitterndem Metall und zerbrochenem Glas.

Knapp fünf Fahrminuten entfernt wurde die Mutter der Frau langsam ärgerlich. »Jetzt sind sie eine Stunde über der Zeit«, sagte sie zum dritten Mal. »Nie sind sie pünktlich. Hoffentlich bilden sie sich nicht ein, sie könnten einfach so hereinflattern und wieder auf und davon. Das eine oder andere über die Kinder müssen sie mir schon noch sagen, wenn ich mich um sie kümmern soll.« Wieder erhob sie sich aus ihrem Sessel und trat ans Fenster.

Nach einer weiteren Stunde wich ihre Verärgerung allmählich der Angst. Nun war sie sicher, daß etwas passiert sein mußte. Bei einer bloßen Verspätung oder einer Panne hätte ihre Tochter inzwischen angerufen. Ihr Partner versuchte sie zu beruhigen; vielleicht waren sie ja weit vom nächsten Telefon liegengeblieben. Aber es half nichts. Sie ertrug es nicht länger, einfach nur dazusitzen. Wo sollte sie sich erkundigen, bei der Polizei oder bei den Krankenhäusern? Bei den Krankenhäusern. Sie fing mit dem nächstgelegenen an. Wenn sie dort nichts erfuhr, würde sie es weiter weg probieren, und dann bei der Polizei. Aber das war nicht mehr nötig – das dritte Krankenhaus, bei dem sie anrief, hatte gerade nicht identifizierte Unfallopfer aufgenommen, die der von ihr gegebenen Beschreibung entsprachen. Weitere Auskünfte wollten sie zu ihrer größten Qual nicht geben. Sie möge doch so rasch wie möglich herkommen, baten sie.

Ihre schlimmsten Befürchtungen bewahrheiteten sich, als sie ihre Tochter und ihre Enkelkinder dort liegen sah. Erleichtert nahm sie die Mitteilung auf, daß ihre Enkelkinder nur Schrammen und Prellungen davongetragen hatten; sehr viel ernster war der Zustand ihrer Tochter, die noch nicht das Bewußtsein wiedererlangt hatte. Den Partner ihrer Tochter durfte sie nicht sehen. Er war auf der Stelle tot gewesen.

Drei Tage nach dem Unfall durfte sie ihre Enkelkinder mit nach Hause nehmen, doch ihre Tochter lag noch im Koma – sie kämpfte, so schien es, einen aussichtslosen Kampf. Als sie an diesem Abend ihre Enkelkinder betrachtete, die mit immer noch verweinten Gesichtern unter ihren nagelneuen Federbetten lagen, dachte sie an den Abend vor dem

Unfall zurück. Könnte sie doch nur die Uhr zurückstellen! Sie war so glücklich gewesen, so voller Vorfreude auf die Aussicht, sie für ein paar Tage bei sich zu haben. Jetzt sah es so aus, als würde sie sich noch lange um sie kümmern müssen.

Die tragischen Umstände der obigen Szene führen zu einer Lage, die in der modernen industriellen Welt recht selten ist: daß Kinder von ihren Großeltern aufgezogen werden. Eine vergleichbare Situation war bei unseren Vorfahren und ist für etliche der eher stammesmäßig geprägten Kulturen noch heute eher die Regel als die Ausnahme. Der Unterschied ist nur, daß die Kinder nicht von ihren Großeltern *anstelle* ihrer Eltern aufgezogen wurden, sondern *sowohl* von ihren Großeltern *als auch* von ihren Eltern. Während der längsten Zeit der Evolution zum Menschen lebten Kinder normalerweise in einer Großfamilie. Die natürliche Auslese hat die Menschen fast genauso streng programmiert, sich um ihre Enkel zu kümmern, wie sie sie programmiert hat, sich um ihre Kinder zu kümmern.

Der Einfluß eines Menschen auf seinen Fortpflanzungserfolg endet nicht mit der Zeugung und Aufzucht von Kindern; immer wieder wurde in diesem Buch darauf verwiesen, daß der Erfolg sich auch an der Zahl der Enkel, Urenkel und fernerer Nachkommen bemißt. Aus diesem Grund kann der Fortpflanzungserfolg auch dadurch gesteigert werden, daß man weniger Kinder zeugt, aber durch größere Investitionen in jedes einzelne mehr Enkelkinder bekommt. Die Frage, »ob Qualität oder Quantität«, läßt sich natürlich über die erste Generation hinaus fortsetzen; denkbar ist, daß das Kind einer bestimmten Person wiederum weniger Kinder bekommt, um mehr in die Qualität zu investieren. Doch irgendwo in der Kette der Nachfahren muß sich diese Betonung der Qualität dann natürlich in Gestalt einer größeren Quantität auszahlen. Wir sahen das in Szene 12, wo eine Frau ihre Auszahlung mit Hilfe eines Enkelsohnes einstrich, der so erfolgreich war, daß sie am Ende ihre größte Rivalin aus Kindheitstagen in der Zahl der Nachkommen übertraf, obwohl sie selbst weniger Kinder hatte als diese.

Jede der drei Szenen dieses Kapitels verdeutlicht einen Aspekt menschlichen Verhaltens, der evolutionär entstanden ist, um den Fortpflanzungserfolg auf dem Weg über die erfolgreiche Aufzucht von Enkelkindern zu steigern. In den Szenen 23 und 24 geht es um speziellere Phänomene, die nur auf bestimmte Familien zutreffen; hier wollen wir uns vornehmlich mit einigen allgemeinen Punkten der großelterlichen Fürsorge befassen.

Beginnen wir mit den Faktoren, die während der Evolution der großelterlichen Fürsorge beim Menschen von Bedeutung waren. Die Großfamilie war in der Regel patriarchalisch organisiert; ihren Mittelpunkt bildete die Familie des Vaters. Bei den Hochlandbewohnern von Neuguinea war es zum Beispiel üblich, daß ein junger Mann während der Adoleszenz auszog, sich bei einem benachbarten oder auch bei einem fernen Stamm eine Partnerin suchte, sie heimbrachte und die beiden dann in seiner Großfamilie lebten. In matriarchalischen Familien – etwa bei verschiedenen afrikanischen Hirten und Ackerbauern – war es zwar auch der männliche Jugendliche, der hinauswanderte, doch ließ sich das junge Paar in der Familie der Frau nieder. Unter extremen Bedingungen – zum Beispiel bei den Yumbri in den Regenwäldern Thailands – lebten Männer und Frauen fast das ganze Jahr hindurch getrennt, und die Kinder wurden hauptsächlich von einer Großfamilie aufgezogen, die aus miteinander verwandten Frauen bestand.

So wie Eltern durch die Qualität der Fürsorge, die sie ihnen angedeihen lassen, das Überleben, die Gesundheit und den Erfolg ihrer Kinder beeinflussen können, können auch Großeltern durch die Qualität ihrer Fürsorge das Schicksal ihrer Enkel beeinflussen. Wie bei der elterlichen Fürsorge sind auch hier die Faktoren der Bevorzugung und der Rivalität wirksam, und den größten Erfolg haben Großeltern, die ihre Hilfe und ihre Investitionen bestmöglich zuteilen. Es gibt jedoch zwei Faktoren, die bei der großelterlichen Fürsorge bedeutsamer sind als bei der elterlichen.

Erstens können Großeltern ihre Fortpflanzungsrate bisweilen dadurch steigern, daß sie ein Enkelkind aufzuziehen helfen oder einige Jahre lang als ihr eigenes Kind aufziehen, während ihr Sohn oder ihre Tochter noch zu jung sind, um die vollständige elterliche Fürsorge zu übernehmen. So können sie den Abstand zwischen den Generationen verringern und damit ihre Fortpflanzungsrate erhöhen. Zweitens stehen Großeltern vor dem Problem, ihre Investitionen auf zwei Generationen verteilen zu müssen, und strategisch besteht die Gefahr, daß eine allzu große Investition in ein bevorzugtes Enkelkind zu Lasten der eigenen Kinder die Gesamtzahl der Enkelkinder verringern kann. Sogar das kann natürlich von Vorteil sein, wenn der größere Erfolg des bevorzugten Enkelkindes die geringere Gesamtzahl der Enkelkinder wettmacht – doch die Strategie muß sorgfältig abgewogen werden.

Großeltern können zum Erfolg ihrer Enkel direkt beitragen in dem Sinne, daß zusätzlich jemand da ist, um beim Füttern, Tragen und Vermeiden von Unfällen zu helfen. Sie können auch indirekt dazu beitragen in dem Sinne, daß sie Lebensraum bieten oder verteidigen sowie Ressourcen und Erfahrungen bereitstellen. Doch wie wir im Zusammenhang mit der Partnerwahl sahen, ist Erfahrung eine zweischneidige Sache. Wenn sich die Umwelt nur allmählich wandelt, kann die Erfahrung der Großeltern aus früheren Jahrzehnten von unschätzbarem Wert sein, ändert sich die Umwelt dagegen rasch, kann sie zum Hindernis werden. Eltern stehen dazwischen und sieben aus dem ständigen Strom großelterlicher Ratschläge das heraus, was für die Generation ihrer Kinder relevant ist. Am erfolgreichsten sind jene Großeltern und Eltern, die diesen Konflikt in der Weise zu lösen vermögen, daß sie sich gegenseitig als eine Fortpflanzungseinheit ergänzen.

Die Großeltern-plus-Eltern-Einheit, also die Großfamilie, entwickelte sich in frühen Umgebungen, die sich nur langsam wandelten. Außerdem lebte das Kind zusammen mit einem seiner Großelternpaare in dessen Heimat, einer Umgebung, mit der sie von Kindesbeinen an vertraut waren. Informationen, Fertigkeiten und Techniken, die eine Generation von Sammlern, Jägern und in geringerem Maße Ackerbauern erwarb, blieben über Generationen gültig. Für die frühen Gesellschaften – sowohl die von Sammlern und Jägern als auch die von Agrarbauern – dürfte das Motiv, in Großfamilien zu leben, vor allem darin gelegen haben, die Vorteile der großelterlichen Fürsorge zu genießen. Großelterliche Fürsorge finden wir auch bei den meisten langlebigen, sozial lebenden Tieren wie Löwen, Pferden, Schafen und Primaten. Die Rolle der Männchen ist allerdings begrenzt. Sozialverbände bestehen in der Regel aus miteinander verwandten Weibchen: Müttern, Töchtern, Enkeltöchtern, Schwestern, Tanten und Nichten. Wenn sich dem Verband ein Männchen anschließt, das Kinder zeugt und vielleicht auch Schutz bietet, so ist es, wie schon beim Thema Inzest erwähnt wurde, meistens nicht mit den Weibchen verwandt. Dadurch haben Männchen kaum Kontakt mit ihren Enkelkindern, und wenn doch, wie es bei einigen in Großverbänden lebenden Primaten vorkommt, zeigen sie geringeres Interesse als die Weibchen.

Die Erklärung liegt wieder einmal in der Wahrscheinlichkeit der Elternschaft oder in diesem Falle der Großelternschaft: Ein Weibchen kann absolut sicher sein, daß das Kind ihrer Tochter ihr Enkelkind ist, doch bei einem Kind ihres Sohnes ist sie zwangsläufig weniger sicher. Beim Menschen hängt vieles davon ab, wie sicher sich eine Frau der Treue der Partnerin ihres Sohnes ist – einer der Gründe, warum sie sich so stark für die Partnerwahl ihres Sohnes interessiert. Ein Männchen beziehungsweise ein Mann kann dagegen nie ganz sicher sein, ob er der Großvater des Kindes seiner mutmaßlichen Tochter ist, gar nicht zu reden vom mutmaßlichen Kind seines mutmaßlichen Sohnes!

Die Tatsache, daß ein Weibchen sich absolut sicher sein kann, die Großmutter der Kinder ihrer Tochter zu sein, ist vermutlich der Hauptgrund, warum Sozialverbände nichtmenschlicher Arten sich zumeist um einen Kern von miteinander verwandten Weibchen bilden. Es wäre deshalb zu erwarten, daß dies auch beim Menschen der Fall ist, daß frischgebackene Paare eher bei den Eltern der Frau als bei den Eltern des Mannes leben, doch wie wir gesehen haben, leben sie in der Regel eher im Einflußbereich der Eltern des Mannes. Dennoch zeichnet sich ein Erklärungsmuster für dieses überraschende Verhalten ab. Am ehesten leben Paare in Verbänden miteinander verwandter Männer, wenn die Umstände so sind, daß die physische Verteidigung des Verbandes von entscheidender Bedeutung ist. Eindeutige Beispiele lieferten zum Beispiel die Hochlandbewohner von Neuguinea in der ersten Hälfte des 20. Jahrhunderts und noch bis in die achtziger Jahre die Yanomamö im südamerikanischen Urwald. Das Überleben der Großfamilien hing bei diesen Stämmen entscheidend von der Fähigkeit der Männer ab, sie gegen umherstreifende Krieger aus angrenzenden Gebieten zu verteidigen, die auf Vergewaltigung und Mord aus waren. Unter solchen Umständen treten andere Erwägungen gegen die Stabilität zurück, welche die Verwandtschaft der kämpfenden Einheit verleiht.

Doch wie auch immer es mit der Struktur der Großfamilie bestellt sein mag – beim Menschen wie bei Tieren gilt fast universell, daß Weibchen ein sehr viel stärkeres Interesse zeigen als Männchen, ihren Enkelkindern zu helfen, weil die Gewißheit der Großmutterschaft erheblich die Wahrscheinlichkeit erhöht, daß sie durch ihre großmütterliche Aktivität den eigenen Fortpflanzungserfolg fördern werden. Und dieser Grund ist wohl auch mit dafür verantwortlich, daß Frauen in ihrer Vorbereitung auf die Großelternschaft einen Schritt weiter gegangen sind als Männer. Denn nicht nur ihr Verhalten ändert sich und geht vom elterlichen zum großelterlichen über; auch die Chemie ihres Körpers ändert sich in dem Sinne, daß sie nicht mehr Mutter werden können. Sie durchlaufen die Menopause.

Die Menopause, das Aufhören der Periode, ist ein physiologischer Abschnitt im Leben einer Frau, in dem sich ihre Körperchemie verändert. Die komplizierten Zyklen, die so wichtig waren, als sie nach Fortpflanzung strebte, werden abgeschaltet, und an ihre Stelle tritt eine Körperchemie, die eher geeignet ist, die Fortpflanzung zu vermeiden und eine bessere Großmutter zu sein. Die Evolution hat für den Eintritt der Menopause das Alter zwischen Mitte Vierzig und Mitte Fünfzig gewählt, als die beste Zeit im Sinne der Maximierung des Fortpflanzungsergebnisses der Frau. In diesem Alter sollte sie ihre optimale Zahl von Kindern erreicht haben, von denen die ältesten sich ihrerseits fortzupflanzen beginnen, und ihrem Fortpflanzungsbemühen ist jetzt am besten gedient, wenn sie ihre Zeit und Mühe darauf konzentriert, etwa noch vorhandene jüngere Kinder aufzuziehen und ihren älteren Kindern bei ihren Enkelkindern zu helfen. Könnte sie weiterhin schwanger werden, würde sie am Ende vielleicht weniger statt mehr Enkelkinder haben, aus den schon erwähnten Gründen.

Daß Männer keine Menopause haben, jedenfalls nicht im physiologischen Sinne, liegt vornehmlich an zwei Gründen: erstens an der geringeren Gewißheit, die sie zwangsläufig haben, der Großvater eines bestimmten Kindes zu sein, und zweitens an der Tatsache, daß weitere Kinder für einen Mann, gleichgültig, wie alt er sein mag, nicht unbedingt mit großen Kosten verbunden sein müssen. Männer leiden nicht unter den Belastungen und Zwängen der Schwangerschaft und der Kinderpflege. Sie können weiter Kinder zeugen, solange sie jüngere Frauen dazu bringen können, sich für ihre Gene, ihren Reichtum oder ihren Status zu interessieren. Wenn sie bloß eine junge und fähige Frau zu besamen brauchen, können sie, vor allem wenn sie dabei einem jungen und fähigen Mann Hörner aufsetzen, bis zu ihrem letzten Atemzug ihr Fortpflanzungsergebnis verbessern.

Bei vielen Tieren hören die Weibchen früher als die Männchen auf, fortpflanzungsfähig zu sein, von den Primaten über die Rinder bis zu den Pferden. Bei den meisten dieser Arten besteht Kontakt und Einflußnahme nicht nur zwischen Müttern und Kindern, sondern auch zwischen Großmüttern und Enkelkindern.

Bei unseren Sammler-und-Jäger-Vorfahren leisteten Frauen nach der Menopause einen unschätzbaren Beitrag zum Fortpflanzungserfolg ihrer Kinder und damit auch zu dem eigenen. Deshalb war die nahende Menopause keineswegs das Schreckgespenst, das sie für die moderne Frau ist. Die Medien stiften Verwirrung, und auch anderweitig wird Druck ausgeübt, so daß viele Frauen vor und während der Menopause unter einer psychischen Belastung stehen. Viele gelangen zu der Ansicht, die Menopause bedeute das Ende des wichtigsten und reizvollsten Lebensabschnitts und nicht den Anfang eines ebenso wichtigen. Verstärkt wurde diese Einstellung zur Menopause durch das Verschwinden der

Großfamilie. Der technische Fortschritt und die erweiterten Reisemöglichkeiten der modernen Welt haben im Laufe weniger Generationen die Kontakte zwischen Menschen aus verschiedenen Teilen der Welt vermehrt und rasche gesellschaftliche und sonstige Veränderungen der Umwelt nach sich gezogen. Dadurch wurde der Beitrag, den das Wissen der Großeltern zum Erfolg ihrer Enkel leisten kann, entwertet, wie wir es schon am Ende des letzten Kapitels dargestellt haben. Diese Entwertung, die dazu führt, daß Eltern Ratschläge der Großelterngeneration immer häufiger als überholt zurückweisen, verstärkt die Konflikte zwischen den Generationen, und man vermeidet sie am besten, indem man getrennt lebt. Dadurch erhalten Großmütter immer seltener Gelegenheit, sich in der Weise zu verhalten, wie sie von der natürlichen Auslese programmiert wurden.

Natürlich wird sich kaum jemand wünschen, in die Lage der Frau in unserer Szene zu kommen – noch so viel Umgang mit den Enkelkindern kann den Verlust der Tochter nicht wettmachen. Dennoch wird sie, von den Umständen gezwungen, ihre Enkelkinder aufzuziehen, ihr Leben nach der Menopause vermutlich reizvoller finden als das ihrer meisten Altersgenossinnen. Der praktische Beitrag beschränkt sich bei den meisten Großmüttern auf gelegentliches Babysitten. Sie können noch anderes beisteuern, zum Beispiel Geschenke und finanzielle Hilfe, doch so schätzenswert diese auch sind, ihre programmierten Triebe werden dadurch weit weniger befriedigt.

In der Entwicklung zur modernen Industriegesellschaft steckt also eine Ironie. Sie hat einerseits für alle die Möglichkeit geschaffen, weit länger zu leben und dadurch länger auf Kinder und Enkelkinder Einfluß zu nehmen, als es früher üblich war. Weil die Gesellschaft sich aber so rasch verändert hat, ist der Wert des großelterlichen Beitrags auf der anderen Seite stark gesunken. Insofern könnte die

Menopause in bezug auf die moderne Umwelt als eine Fehlanpassung betrachtet werden. Vielleicht würde die moderne Frau, die erst einmal Besitz, Status und Erfahrung sammelt, ehe sie Ende der Dreißiger beginnt, Kinder zu kriegen, einen größeren Fortpflanzungserfolg erzielen, wenn die Menopause später einträte. Falls diese Annahme zutrifft, ist damit zu rechnen, daß der Eintritt der Menopause sich im Laufe der Generationen nach hinten verschieben wird.

Szene 23
Jenseits der Fortpflanzung?

»Wie abgedroschen!« dachte der Mann, während er sich im Spiegel betrachtete. »Um vier unter der Bahnhofsuhr, mit einer roten Nelke im Knopfloch. Wie abgedroschen!«

Trotzdem war er mit seinem Vorschlag zufrieden, und was noch wichtiger war, auch ihr schien er zu gefallen. Das war vielleicht ein gutes Vorzeichen. Vielleicht würden sie sich verstehen. Nie hatte er gedacht, daß er einmal im Club der einsamen Herzen auftreten würde. Und jetzt hatte er sich mit einer Frau verabredet, die er nie gesehen und mit der er nur einmal, und zwar am Telefon, gesprochen hatte. Ob er wollte oder nicht, er war aufgeregt. Die Aussichten, daß sich aus dem Treffen etwas entwickeln würde, waren gering, aber eine gewisse Chance bestand doch, während vorher keinerlei Chance bestanden hatte.

Es klingelte an der Tür – das Taxi war da. Mit einem letzten kurzen Blick in den Spiegel strich sich der Mann den Kragen glatt, dann reckte er den Kopf in die Höhe. Er lächelte noch einmal sein Spiegelbild an, um zu prüfen, ob keine Speisereste zwischen den Zähnen saßen, und eilte zur Tür.

Die Frau, die am anderen Ende der Stadt an einer Bushaltestelle wartete, war entschieden auffällig. Offenbar hatte sie den Vormittag überwiegend mit Bügeln, Baden und Anziehen verbracht. Sie hatte mit dem Gedanken gespielt, sich ein Taxi zu genehmigen, aber das war ihr dann doch zu weit gegangen, so als sei dieser Nachmittag wirklich etwas Besonderes. Das war er natürlich schon, doch nachdem sie beschlossen hatte, den Weg der Partnerschaftsanzeige zu beschreiten, war ihr klar, daß sie diese Szene wahrscheinlich noch viele Male würde spielen müssen, bevor sie jemand Passenden fand, und bestimmt konnte sie sich nicht jedesmal ein Taxi leisten. Sie war erleichtert, als ihr Bus um die Ecke kam; dort würde sie Wärme und Anonymität finden.

Als der Mann, dessen Taxi im Stau steckte, spürte, wie sich eine Erektion entwickelte, befahl er seinem Körper, sich nicht lächerlich zu machen. Es ging bei dem Treffen nicht um Sex, sagte ihm sein Gehirn, doch sein Körper wollte nicht hören. Seit er es vor drei Tagen verabredet hatte, hatte er zweimal masturbiert, und seine Phantasien waren dabei in die Vergangenheit und in die Zukunft geschweift, genährt von kostbaren Erinnerungen und hoffnungsvoller Erwartung.

Er hatte alles bis ins letzte Detail geplant und sogar den Treffpunkt so gewählt, daß er in der Nähe der Bushaltestelle und des Taxistands lag, damit sie in keinem Fall weit laufen mußte.

Die Frau stieg vorsichtig aus dem Bus und ging auf die Uhr zu. Sie erspähte ihn sofort. Er wirkte elegant, stand aber leicht gebeugt. Sie blieb einen Moment stehen und beobachtete, wie er sich erwartungsvoll fast jeder vorbeikommenden Frau zuwandte. Eine plötzliche Anwandlung, Reißaus zu nehmen, legte sich allmählich, und ihre Füße begannen, so als hätten sie einen eigenen Willen, sie langsam in seine Richtung zu tragen. Als sein suchender Blick sich auf sie heftete, hob sie die Hand, zum Zeichen, daß sie diejenige war, auf die er wartete.

Minuten später saßen sie an einem Tisch und bestellten sich etwas zu trinken. Auf Anhieb fühlte jeder sich in der Gesellschaft des anderen wohl, und sie machten sich lustig über die Art und Weise, wie sie sich kennengelernt hatten. Es war ein großer Raum mit Tischen an den Seiten, und auf der Tanzfläche schob ein halbes Dutzend älterer Paare einen Foxtrott. Das Alter des anderen war für beide keine Überraschung. Beide hatten in ihrer Anzeige nicht nur erwähnt, daß sie Mitte der Sechziger waren, sondern auch, daß sie nach einem Partner von entsprechendem Alter suchten.

Sie gaben einander eine kurze Beschreibung ihres bisherigen Lebens, genauer gesagt, eine nett zurechtgestutzte Version, die sie als dem Anlaß angemessen empfanden. Er hatte studiert und dann ein kleines Unternehmen betrieben, das leidlich erfolgreich war. Seine Frau war vor einem Jahr gestorben, knapp eine Woche nachdem sie erfahren hatte, daß ihr jüngstes Kind, eine Tochter, ihrem sechsten Enkelkind das Leben geschenkt hatte. Sie hatte diese jüngste Erweiterung ihrer Familie nicht mehr gesehen, weil ihre Tochter, ja sogar ihre beiden Töchter am anderen Ende der Welt lebten. Doch ihr ältestes Kind, ein Sohn, hatte das Familienunternehmen übernommen und lebte in der Nähe, und sie hatten ihn und seine drei Kinder regelmäßig besucht. Seit seine Frau nicht mehr lebte, kam die Familie aber nur noch hin und wieder auf einen Sprung vorbei; zu Besuch blieben sie nicht mehr.

Die Frau war Lehrerin gewesen, ihr Mann Lehrer. Sie hatten dreißig Jahre miteinander verbracht, bis er eines Tages mit einer vierzig Jahre jüngeren Schülerin durchgebrannt war. Die Frau konnte ein gequältes Lächeln nicht unterdrücken, als sie dem Mann erzählte, ihr Exmann sei weniger als ein Jahr, nachdem er sie verlassen hatte, einem Herzanfall erlegen, allerdings nicht ohne seiner jungen Geliebten vorher ein Kind zu machen.

Als ein graziöses Paar, jünger als all die anderen, auf der Tanzfläche vorbeirauschte, brach die Frau ihre Geschichte ab und schaute ihnen nach. Die beiden erinnerten sie an ihren Sohn und seine Partnerin, erklärte sie ihrem Begleiter. Er sei ihr einziges Kind, aber er habe ihr vier wunderbare Enkelkinder geschenkt. Früher hätten sie sie immer besucht, aber seit sie allein war, sei es ihr zu lästig geworden, selbst wenn es nur übers Wochenende war. Kostspielig waren sie auch, und wenngleich sie mit ihrer Pension sehr gut zurechtkam, konnte sie ihre Enkelkinder doch nicht so verwöhnen, wie sie gerne wollte.

Als jetzt die ersten Takte einer neuen Melodie ertönten, sagten beide fast gleichzeitig: »Tanzen wir.« Beide hatten in ihrer Anzeige erwähnt, daß sie gern tanzten und daß sie jemanden wünschten, der Kinder mag.

Als der Spätnachmittag in den frühen Abend überging, war die leichte Unbeholfenheit ihres ersten Tanzes einer schwungvollen Eleganz gewichen, mit der sie, ihre Jahre Lügen strafend, über die Tanzfläche glitten. Anfangs hatten sie sich ein wenig steif gehalten, doch mit wachsender Vertrautheit hatten sie sich so weit entspannt, daß ihre Körper sich gelegentlich berührten. Es war drei Jahre her, daß er eine Frau so eng in den Armen gehalten hatte; damals war seine Frau bettlägerig geworden. Zu seiner großen Verlegenheit machte sich wieder eine Erektion bemerkbar. Diese Frau hatte ihm auf Anhieb gefallen, und das letzte, was er wünschte, war, daß sie dachte, er sei nur auf Sex aus. Sie ließ jedoch nicht erkennen, ob sie seine Erregung bemerkt hatte. Flüchtig machte sie sich Gedanken über seine Motive, aber sie fühlte sich mehr geschmeichelt als gekränkt, und es war ihr nicht unangenehm, daß er noch reagierte.

Als der Tanz zu Ende war, nahmen sie ein Taxi. Er setzte sie zu Hause ab, und sie verabredeten ein neues Treffen im Laufe der Woche. Nicht lange, und sie trafen sich regelmäßig zweimal in der Woche zum Tanzen. Sechs Monate nach ihrem ersten Treffen lagen sie, beinahe nackt, zusammen im Bett, und sie entdeckten, daß Sex weder ganz so einfach war, wie sie es in Erinnerung hatten, noch entfernt so schwierig, wie sie befürchtet hatten.

Binnen Jahresfrist hatte sie ihren Bungalow verkauft, und sie lebten zusammen in seinem sehr viel geräumigeren Haus. Anfangs hatten vor allem seine Kinder ihr unlautere Motive unterstellt und sich darüber aufgeregt, daß die beiden so schnell ein Verhältnis eingegangen waren. Doch es dauerte nicht lang, und die Enkelkinder beider Seiten kamen zu Besuch und genossen die Verwöhnung, die sie in den beiden letzten Jahren vermißt hatten. Nach und nach gewannen der neue Stiefgroßvater und die neue Stiefgroßmutter einen Platz in ihren Herzen. Für beide war es die schönste Reise ihres Lebens, als das ältliche Paar ans andere Ende der Welt flog, um die beiden Töchter des Mannes und deren Kinder zu besuchen.

Doch mit dem Gleichmut ihrer neubegründeten gemischten Familie war es vorbei, als der Mann plötzlich einem Herzanfall erlag, nachdem sie fast zehn Jahre zusammen verbracht hatten. Sein Sohn – allerdings keine der beiden Töchter – erhob Einspruch gegen den Umfang des Erbteils seiner Stiefmutter. Zwei Jahre später klagte er erneut, als beim Tod seiner Stiefmutter ein Großteil vom Besitz seines Vaters an ihre Enkelkinder fiel.

Das Paar in dieser Szene ist durchaus nicht ungewöhnlich. Die Menschen sind so programmiert, daß das Interesse an einer Beziehung und am Sex weit über das Alter hinaus erhalten bleibt, in dem man die Fähigkeit, Kinder zu bekommen, normalerweise verliert. Woran liegt das, und wie kann das von der natürlichen Auslese geformt worden sein?

Die meisten werden natürlich der Meinung sein, daß der Grund, aus dem ältere Menschen einen Partner zu behalten oder einen neuen zu finden suchen, nichts mit Evolution und natürlicher Auslese zu tun habe. Was Menschen wie das Paar in unserer Szene antreibt, werden sie sagen, sei das Bedürfnis nach Geselligkeit, nicht nach Fortpflanzungserfolg. Damit ist zwar die Motivation der Menschen richtig beschrieben, aber es ist keine Erklärung für ihr Verhalten. Es ist ebensowenig erhellend wie die Aussage, daß die Menschen essen, weil sie Hunger haben. Der Satz ist natürlich richtig, aber er ist keine Erklärung. Menschen essen, weil sie Energie, Eiweiß und Vitamine brauchen, um ihr Fortpflanzungsergebnis zu maximieren. Deshalb ist ihr Körper von der natürlichen Auslese darauf programmiert worden, den Hunger zu erzeugen, der sie dazu treibt, nach Nahrung zu suchen. Ebenso ist es im Sinne eines gesteigerten Fortpflanzungsergebnisses für ältere Menschen von Vorteil, mit einem Mitglied des anderen Geschlechts zu leben, und deshalb erzeugt ihr Körper das Bedürfnis nach Geselligkeit, das sie dazu treibt, einen Partner zu suchen. Der Evolutionsbiologe hat herauszufinden, welchen Vorteil Beziehungen nach dem fortpflanzungsfähigen Alter haben und welche Rolle die Sexualität dabei spielt.

Es gibt hier jedoch ein offenkundiges Problem. Über lange Strecken unserer Evolution hinweg war die mittlere Lebenserwartung unserer Vorfahren vermutlich nicht länger als vierzig bis fünfzig Jahre. Noch heute liegt die weltweit niedrigste mittlere Lebenserwartung bei der Geburt – in Sierra Leone – bei knapp vierzig, und in mindestens achtzehn weiteren Ländern Afrikas liegt sie noch immer bei fünfzig oder darunter. Einer der Vorteile des Lebens in einer modernen Industriegesellschaft ist der, daß mehr Menschen als jemals zuvor erwarten können, über sechzig, siebzig, achtzig Jahre oder noch älter zu werden. Die mittlere Lebenserwartung bei der Geburt betrug 1995 weltweit über fünfundsechzig Jahre und war damit seit 1985 um über drei Jahre gestiegen; sie betrug über fünfundsiebzig in den entwickelten Ländern, und in Japan, dem Land mit der höchsten Lebenserwartung, betrug sie 79,7 Jahre.

Man könnte behaupten, die natürliche Auslese habe das Verhalten nach dem fortpflanzungsfähigen Alter gar nicht beeinflussen können, weil in der fernen Vergangenheit niemand lange genug lebte, um dieser Auslese ausgesetzt zu sein. Wenn das stimmen würde, könnte das Interesse, das Menschen nach dem fortpflanzungsfähigen Alter heutzutage an Beziehungen und Sexualität zeigen, nur eine Farce sein, ein sinnloses Handeln, angetrieben von Körpern, die sich irrtümlich noch immer für jung und fortpflanzungsfähig halten. Doch es spricht wenig dafür, daß diese Auffassung stimmt. Wenn nur einige unserer Vorfahren – etwa ein Prozent dürfte genügt haben – älter als, sagen wir, sechzig geworden sind, hat die natürliche Auslese das moderne Verhalten nach dem fortpflanzungsfähigen Alter mit Sicherheit genauso geformt wie das Verhalten im frühen und mittleren Lebensabschnitt.

Es gibt in der Einwirkung der Evolution auf das Verhalten älterer Menschen drei wesentliche Faktoren, die alle schon erwähnt wurden. Erstens fördern alte Menschen ihren Fortpflanzungserfolg über ihren Einfluß auf die Anzahl und Qualität von Enkelkindern. Zweitens hat ein Großelternpaar, das als Paar zusammenbleibt, wahrscheinlich größeren Einfluß als ein einzelner Großelternteil, so wie beide Eltern gewöhnlich besser sind als ein alleinerziehender Elternteil. Drittens haben leibliche Großeltern wahrscheinlich einen positiveren Einfluß als Stiefgroßeltern, so wie leibliche Eltern gewöhnlich besser sind als Stiefeltern.

Aus diesen drei Faktoren folgt, daß es für Menschen gewisse Vorteile hat, wenn sie in einer festen Beziehung mit dem leiblichen Vater oder der leiblichen Mutter ihrer Kinder bleiben, auch wenn sie zusammen keine Kinder mehr bekommen können. Falls ihr Partner sie jedoch verläßt, stirbt oder sie selbst ihren Partner verlassen, können sie es machen wie die zwei in unserer Szene und sich einen neuen Partner suchen, der sie in ihrer großelterlichen Rolle unterstützt. Es besteht kaum ein Zweifel, daß sowohl der Mann als auch die Frau ihren Fortpflanzungserfolg durch ihr Handeln förderten, vor allem deshalb, weil ihre neue Beziehung ihnen mehr Gelegenheit gab, sich wieder mit ihren Enkelkindern auszutauschen. Auch wenn es schwer zu messen sein wird, kann es deshalb sehr wohl sein, daß all diese Enkelkinder in Sachen Fortpflanzung erfolgreicher wurden.

Es ist daher relativ einsichtig, daß Menschen einen Antrieb haben, über das normale Alter des Kinderkriegens hinaus feste Beziehungen fortzusetzen oder neue oder bessere Beziehungen anzustreben, und daß sie bemüht sind, die Zeit und die Ressourcen, die sie zusammen aufbieten können, optimal zwischen Kindern und Enkelkindern aufzuteilen. Natürlich können Geschwisterrivalität und andere Konflikte, die wir im Zusammenhang mit gemischten Familien erörtert haben, auch auftauchen, wenn Stiefgroßeltern ihre eigenen Enkelkinder bevorzugen. In unserer Szene traten solche Konflikte erst auf, als der Mann starb und ein Großteil seines Besitzes, der sonst seinen Nachkommen zugefallen wäre, seiner Partnerin und anschließend ihren Enkelkindern zufiel. Wohl haben vermutlich beide, der Mann und die Frau, ihren Fortpflanzungserfolg durch ihre Beziehung gesteigert, doch dürfte von den beiden die Frau wahrscheinlich mehr profitiert haben, auch weil sie anfangs ärmer war als er, aber länger lebte.

Die Frage, warum die Sexualität zu solchen Beziehungen gehört, ist nicht so leicht zu verstehen. Auch hier werden die meisten kein Problem sehen. Es liege auf der Hand, werden sie sagen, daß ältere Menschen keinen Geschlechtsverkehr haben, um sich fortzupflanzen. Jeder wisse, daß Frauen nach der Menopause nicht schwanger werden können. Also machten sie es einfach, weil sie Spaß daran haben. Auch in diesem Fall ist das für den Evolutionsbiologen keine Erklärung. Die Sexualität nach dem fortpflanzungsfähigen Alter muß einen Gewinn abwerfen, und zwar einen Gewinn für den Fortpflanzungserfolg. Worin besteht nun dieser Gewinn?

Hier muß man einen historischen Gesichtspunkt beachten. Manches von dem Wissen, das uns in der modernen Welt selbstverständlich geworden ist, stand unseren Vorfahren nicht zur Verfügung. So konnte man sich, da es keine amtlichen Dokumente gab, nicht auf die Aussagen eines Menschen über sein Alter verlassen. Und ebenso, wie unsere Vorfahren nicht genau wußten, wie Kinder empfangen werden, haben sie nicht gewußt, ab wann eine Frau nicht mehr empfangen kann. Uns sind dank der biomedizinischen Forschung die Zusammenhänge zwischen Ovulation und Empfängnis sowie zwischen der Menopause und dem Aufhören der Ovulation bekannt. Diese Wissensunterschiede zwischen Moderne und Frühzeit dürfen wir nicht übersehen.

Wenn wir den Fortpflanzungsvorteil der Sexualität für ältere Menschen klären wollen, müssen wir zwischen Männern und Frauen unterscheiden. Männer kommen, wie wir wissen, nie aus dem fortpflanzungsfähigen Alter heraus. Wenn das Durchschnittsalter bei der letzten Fortpflanzung sich zwischen Männern und Frauen kaum unterscheidet, liegt das nicht an einer ständig nachlassenden Fähigkeit, sondern an ständig abnehmenden Gelegenheiten. Tatsächlich produziert der Mann weniger Sperma, wenn er älter wird. Auch ejakuliert er weniger häufig, und er hat seltenere, schlaffere und kürzer dauernde Erektionen. Phasen der Impotenz werden häufiger. Dennoch sind die meisten Männer auch über das Alter hinaus, in dem körperliche Gebrechlichkeit den Geschlechtsverkehr schwierig macht, noch immer fähig, Kinder zu zeugen. Das einzige Problem für den Mann ist, eine junge und fruchtbare Frau als Sexualpartnerin zu gewinnen. Untersuchungen zeigen, daß ein Mann von fünfzig ziemlich reich sein muß, um junge Frauen anzuziehen, daß aber ein sehr reicher Mann es bis weit in die Siebziger hinein und darüber hinaus schaffen kann. Es ist daher nicht erstaunlich, daß Männer ihr Leben lang an jungen Frauen, an Sex und an der Anhäufung von Reichtum und Status interessiert bleiben. Die überwiegende Mehrheit muß sich allerdings mit Partnerinnen begnügen, die ihrem eigenen Alter sehr viel näher sind, doch viele bleiben an Sex mit diesen gealterten Partnerinnen interessiert. Warum ist das so? Welchen Fortpflanzungsgewinn hat ein Mann von Sex mit einer Frau, die zu alt ist, um sich fortzupflanzen?

Die Erklärung setzt sich aus drei Aspekten zusammen. Erstens behält, wie wir gerade festgestellt haben, auch ein älterer Mann die Fähigkeit, Kinder zu zeugen. Zweitens profitiert eine ältere Frau davon, wenn sie ihren Partner davon abhält, sie zugunsten einer jüngeren, noch fruchtbaren Frau zu verlassen, denn wenn er ginge, würde sie seine Unterstützung in der großelterlichen Rolle verlieren. Drittens ist es, auch wenn es seltsam klingen mag, sehr schwierig zu erkennen, wann eine Frau zu alt für die Fortpflanzung ist.

Nehmen wir zuerst den letzten Punkt. Ein Mann kann selten absolut sicher sein, daß eine Frau aus dem fortpflanzungsfähigen Alter heraus ist, selbst wenn er ihr Alter kennt. Es gibt Dokumente, nach denen Frauen bis zum Alter von neunundfünfzig schwanger geworden sind, und bis zu siebzig, wenn wir undokumentierten Berichten glauben dürfen. Wir müssen auch bedenken, daß unsere männlichen Vorfahren das Alter einer konkreten Frau nie richtig gekannt haben dürften. Die Frau selbst muß es nicht gekannt haben, und selbst wenn, kann sie immer noch gelogen haben. Die Dokumente über siebzigjährige Frauen, die schwanger wurden, sind deshalb zweifelhaft, weil auch im 20. Jahrhundert nicht alle wissen, wie alt sie sind, oder ein falsches Alter vorgeben.

Um die Fruchtbarkeit einer Frau abzuschätzen, kann ein Mann also nur nach ihrem Äußeren gehen. Einen Anhaltspunkt hätte er, wenn er wüßte, wann sie zuletzt menstruiert hat. Doch eine Frau nach der Menopause bekommt so oft vaginale Scheinblutungen, daß es unseren männlichen Vorfahren ohne die Erkenntnisse der modernen Medizin schwergefallen sein dürfte, die letzte echte Periode seiner Partnerin zu wissen. Jedenfalls sind Frauen schon bis zu zwei Jahre nach ihrer letzten scheinbaren Periode schwanger geworden. Wegen all diesen Ungewißheiten sind die Körper von Männern offenbar auf die Annahme programmiert worden, daß, solange eine Frau Interesse am Geschlechtsverkehr behält, Sex mit ihr für die Fortpflanzung nicht fruchtlos sein muß. Das gibt dem Körper einer Frau nach der Menopause eine ideale Möglichkeit, ihre Unfruchtbarkeit zu kaschieren: sie braucht nur Sex zu gestatten oder gar herauszufordern. Dadurch kann eine ältere Frau in gewissem Maß ihren Partner davon abhalten, mit der erstbesten jungen Frau, die sich für ihn interessiert, davonzulaufen. Dies klappt nicht immer, wie die Frau in unserer Szene feststellen mußte, als ihr Ehemann, der Lehrer, mit seiner Schülerin durchbrannte, aber es reicht oft aus, um den unbewußten Trieb eines älteren Mannes zu befriedigen, jede Möglichkeit zu nutzen, um weitere Kinder zu zeugen.

Im Sexualverhalten von Menschen zwischen fünfzig und achtzig setzt sich daher das Muster von Konflikt und Kooperation abgeschwächt fort, das ihr Verhalten im fortpflanzungsfähigen Alter kennzeichnete. Es ist jedenfalls keine sinnlose Farce, auf welche die natürliche Auslese keinen Einfluß nahm. Das Verhalten der Menschen mag mit zunehmendem Alter einen immer geringer werdenden Einfluß auf ihren Fortpflanzungserfolg haben, doch einen gewissen Einfuß behält es immer. Die natürliche Auslese dürfte es über die Erfolge und Mißerfolge unserer älteren Vorfahren ebenso geformt haben, wie sie das sexuelle und das elterliche Verhalten in den ersten vierzig Lebensjahren geformt hat.

Szene 24
Die Helferin der Familie

Durch das Klingelgeräusch aufgeschreckt, packte die alte Frau den Haltegriff, der an der Wand ihres Wohnzimmers angebracht war. Mühsam versuchte sie, ihren arthritischen Körper aus dem Sessel hochzuziehen, in dem sie den größten Teil des Tages verbrachte. Normalerweise ging ihre Tochter zur Tür, doch sie war einkaufen gegangen, und die alte Frau war allein zu Hause.

Beim dritten Versuch kam sie auf die Beine. Auf ihr Gehgestell gestützt, schleppte sie sich durchs Wohnzimmer in Richtung Haustür. Ihr Herz raste, teils von der Anstrengung und den Schmerzen, die das Gehen ihr bereitete, teils aus Furcht. Oft wurde im Fernsehen und der Zeitung davon berichtet, daß Frauen in ihrem Alter zu Hause überfallen worden waren. An der Tür angekommen, versuchte sie durch das Seitenfenster zu erkennen, wer da war. Doch mit ihrem nachlassenden Augenlicht erkannte sie lediglich, daß draußen zwei Menschen standen, möglicherweise ein Mann und eine Frau.

Während ihre steifen Finger sich mit dem Türschloß abmühten, rief sie so laut, wie es ihre dünne Stimme erlaubte, sie komme gleich. Vor der Tür lag eine Kette, und zunächst öffnete sie sie nur so weit, daß sie durch den Spalt spähen konnte. Erleichtert und froh, daß es sich um ihren Bruder und dessen Tochter handelte, fingerte sie aufgeregt an der Kette, um sie zu lösen.

Als sie die Tür endlich aufmachte, entschuldigte sie sich, daß es so lange gedauert habe, und begann mit einer weitschweifigen Erklärung. Ihre Nichte versicherte ihr beruhigend, daß es keiner Erklärung bedürfe. Auch der Bruder der alten Frau, der ebenso gebrechlich war und an demselben Familienleiden litt wie sie, stützte sich auf ein Gehgestell. Hinter ihm stand seine Tochter, die mittlerweile in den Sechzigern war. Sie habe ihren Vater auf Besuch mitgebracht, sagte sie zu der alten Frau. Sie müsse noch ein paar Besorgungen machen und werde ihn in etwa einer Stunde wieder abholen. Dann schob sie die Frage nach, wo denn ihre eigene Tochter sei. Als sie hörte, daß ihre Kusine ausgegangen sei, wurde sie unschlüssig. Ungern ließ sie die beiden Alten allein, aber sie wollte auch nicht ihre Pläne ändern, um bei ihnen zu bleiben. Sie hatte fest damit gerechnet, daß ihre Kusine da sei. Sie wußte von ihr, daß sie sich gern um den Besuch kümmerte und ihn bemutterte. Nachdem die alte Frau ihr versichert hatte, daß ihre Kusine bald zurück sein würde und sie bis dahin auch allein zurechtkämen, erbot sie sich, die Alten ins Haus zu begleiten und ihnen zu helfen, sich im Wohnzimmer niederzulassen. An alte Leute gewöhnt, mußte sie unwillkürlich lächeln, während sie geduldig ihrem Vater und seiner Schwester folgte, die sich, den Kopf über das Gehgestell gebeugt, langsam durch den schmalen Flur schoben.

Als sie unter sich waren, gaben die beiden Alten ihrer Freude Ausdruck, daß sie wieder einmal zusammen waren. Der Bruder, der inzwischen Witwer war und dessen Kinder übers ganze Land verstreut lebten, wohnte in einem Altenheim. Er war auf seine Verwandten angewiesen, um seine Schwester und den rasch schrumpfenden Kreis seiner Freunde besuchen zu können, und in der Zeit zwischen ihren Besuchen und Anrufen schlief er meistens. Sie dagegen konnte noch zu Hause wohnen, darum beneidete er sie. Zu den meisten ihrer Angehörigen bestand keine Verbindung mehr, doch seine Nichte, geboren, als seine Schwester Mitte Vierzig war, hatte ihr ganzes Leben bei der Mutter verbracht. Und als seine Schwester immer gebrechlicher geworden war, hatte die Jüngere zunehmend die häuslichen Aufgaben übernommen. Jetzt war sie die Rettungsleine für seine Schwester, eine umgekehrte Nabelschnur, ohne die die alte Frau überhaupt nicht zurechtgekommen wäre.

Er erkundigte sich nach seiner Nichte. Wie ging es ihr? Sie war inzwischen auch Ende Dreißig, und da konnte es schon gesundheitliche Probleme geben. Erleichtert vernahm er, daß sie zwar immer vergeßlicher wurde, aber so gesund und munter war wie eh und je. Nun begannen die beiden Geschwister Erinnerungen auszutauschen. Nur flüchtig gingen sie darauf ein, wie schockiert sie damals über die Geburt seiner Nichte gewesen waren; dann sprachen sie davon, welche Freude ihnen das Kind mit seinem fröhlichen und liebenswürdigen Wesen gemacht hatte und wie es geholfen hatte, nach den Nichten und Neffen zu schauen, als sie noch klein waren. Was er immer genossen habe, sagte der Mann, wenn er seine Schwester besuchte, seien die reizenden Umarmungen seiner Nichte gewesen; sie habe ihn nicht nur umarmt, wenn er kam und wenn er ging, sondern auch während des Besuchs. Wie gut kümmere sie sich um ihre Mutter, und wie gern sie es tue. Er wisse von Freunden, und seine Schwester wisse es auch, daß die Töchter, die ihr Leben der Aufgabe gewidmet hätten, sich um einen betagten Elternteil zu kümmern, dies oft als eine große Belastung empfänden, die Verbitterung in die Beziehung getragen habe.

Es trat eine Gesprächspause ein. Der Mann blickte zu der Uhr auf dem Kaminsims hinüber – in der Ferne sah er noch genauso gut wie eh und je – und überlegte, wann seine Nichte wohl käme. Er hatte sich so darauf gefreut, sie zu sehen, aber wenn sie noch lange ausblieb, würde seine Tochter vor ihr zurück sein, und dann würden sie gehen müssen.

Kaum hatte er seine Gedanken ausgesprochen, als es klingelte. Da er etwas beweglicher war als seine Schwester, ging er hin, um aufzumachen. Es war tatsächlich seine Tochter. Er empfand bei ihrem Anblick eine leichte Enttäuschung, denn jetzt hieß es, sich für Wochen oder Monate von seiner Schwester zu verabschieden, und neuerdings dachte er dabei jedesmal, es könne das letzte Mal sein. Er hätte sich jedoch nicht zu sorgen brauchen, daß er seine Nichte nicht mehr sehen würde. Kaum hatte er seiner Tochter die Tür geöffnet, als sie am Gartentor erschien. Als sie ihn erblickte, strahlte sie übers ganze Gesicht. Schwer beladen mit Einkäufen, eilte sie, so schnell sie konnte, auf ihn zu. Fröhlich grüßte sie ihre Kusine und setzte die Einkäufe bei ihrem Onkel ab. Mit strahlenden Augen küßte und umarmte sie ihn so heftig, daß sie ihm in der Aufregung fast das Gehgestell weggestoßen hätte.

Am Ende dieser Szene begegnen wir einer Frau, die keinen Versuch macht, sich fortzupflanzen. Sie sucht sich keinen Partner und bemüht sich nicht, eigene Kinder aufzuziehen, sondern widmet ihr Leben ihrer Mutter, womit sie nicht nur *ihr* Leben bereichert, sondern auch, während deren Kindheit, das Leben von deren Geschwistern, Neffen und Nichten sowie der Enkelkinder ihrer Mutter. Warum hat die natürliche Auslese manche darauf programmiert, auf die eigene Fortpflanzungsmöglichkeit zu verzichten, um anderen zu helfen?

Die Antwort auf diese Frage ist sehr aufschlußreich, sie verrät uns viel über die Mechanismen der natürlichen Auslese. Doch ehe wir darauf eingehen, müssen wir mehr über die betreffende Frau wissen, die *Helferin* in der Szene. Zunächst steht außer Frage, daß ihr Verhalten wie auch ihre Chemie von ihren Genen bestimmt werden, denn sie stellt einen bestimmten genetischen Typ dar, eine Person mit Down-Syndrom.

Das öffentliche Bild von Menschen mit Down-Syndrom ist noch immer negativ. Vielfach betrachtet man sie als »Fehler«, als genetische Irrtümer: Stellt man bei der routinemäßigen Amniozentese während der Schwangerschaft fest, daß der Fötus mit dem Down-Syndrom behaftet ist, wird er in der Regel abgetrieben. Auch die 1992 erschienene *Cambridge Encyclopedia of Human Evolution* definiert das Syndrom als »eine Form geistiger Unterentwicklung« und als die »häufigste Ursache schwerer geistiger Retardierung«.

Die Evolutionsbiologie stimmt diesem negativen Bild nicht zu. Erstens kommt dieses Syndrom im Unterschied zu anderen Syndromen, die eine ähnliche genetische Grundlage haben, zu häufig vor, um als bloßer Fehler abgetan werden zu können. Über zwei Prozent aller Kinder, deren Mutter bei der Empfängnis über fünfundvierzig Jahre alt war, weisen das Down-Syndrom auf. Außerdem haben Menschen mit Down-Syndrom eine Reihe sehr positiver Eigenschaften, die ihnen eine wertvolle Rolle innerhalb der Großfamilie vermitteln können. Fassen wir einmal diese positiven Eigenschaften ins Auge und betrachten wir die Möglichkeit, daß das Phänomen des Down-Syndroms von der natürlichen Auslese geformt wurde. Wir möchten betonen, daß wir mit dieser Erörterung nur eine Hypothese ausloten, daß wir versuchen, die biologische Theorie zu erweitern, um eine positive Erklärung für ein Phänomen zu finden, das allgemein als negativ gilt. Die entsprechenden Daten für eine abschließende Bewertung der Hypothese liegen nicht vor und werden vielleicht nie vorliegen.

Menschen mit Down-Syndrom findet man bei allen Völkern der Welt, und überall weisen sie dieselben Züge auf. Sie sind kleiner als der Durchschnitt, und Kopf, Augen, Augenlider und Gesicht zeigen eine eigentümliche Form. Nicht nur beim Menschen, auch bei Schimpansen wurde ein ähnliches Syndrom beobachtet. Doch obwohl es in der gesamten Menschheit vorkommt, wurde es erst 1866 wissenschaftlich beschrieben. Die überwältigende Mehrheit der Träger des Down-Syndroms ist unfruchtbar. Das heißt jedoch nicht, daß sie nicht an Sex interessiert wären, und unter den Frauen sind manche fruchtbar und pflanzen sich fort. In diesem Fall hat die Hälfte ihrer Kinder das Down-Syndrom. Die meisten Träger des Down-Syndroms finden Freude daran, etwas für andere zu tun, statt sich um ihre Fortpflanzung zu bemühen.

Wenn es aber stimmt, daß Träger des Down-Syndroms sich nicht nennenswert fortpflanzen, und wenn die Evolution Menschen mit Eigenschaften begünstigt, die den Fortpflanzungserfolg steigern, wie kann dann behauptet werden, daß Träger des Down-Syndroms von der natürlichen Auslese geformt wurden? Entscheidend ist das Prinzip, das hinter der Antwort steckt: Die Evolution hat das Phänomen der Sterilität in Verbindung mit dem Drang zu helfen hervorgebracht, indem sie nicht auf den Helfer einwirkte, *sondern auf die Mutter.*

Diese Interpretation enthält nur ein einziges Schlüsselelement: daß eine Frau nämlich insgesamt mehr Enkelkinder hervorbringen kann, wenn sie eines ihrer Kinder dafür gewinnt, zu helfen statt sich fortzupflanzen. Wem das unglaublich erscheint, der halte sich die beiden folgenden Szenarien vor Augen, in denen es um eine Frau geht, die drei Kinder zur Welt bringt; zu beiden Szenarien, wie überhaupt in all unseren Erörterungen der Großelternschaft und der damit zusammenhängenden Fragen, muß man sich vorstellen, daß die Menschen in einer vormodernen Umgebung in einer Großfamilie leben.

Im ersten Szenario pflanzen alle drei Kinder sich fort. Nehmen wir an, die Ressourcen, die Mittel zum Lebensunterhalt der Eltern und später der Großeltern, seien so knapp, daß jedes der Kinder seinerseits nur ein Kind bis zum Erwachsenenalter aufziehen kann. Im zweiten Szenario nehmen wir an, daß die Frau nicht alle drei sich fortpflanzen läßt, sondern es so einrichtet, daß eines ihrer Kinder seine ganze Kraft daran setzt, der übrigen Familie zu helfen. Das dafür ausersehene Kind verzichtet – und das gehört zu den wichtigsten Dingen, die es leisten muß – auf die mit dem Bemühen um Fortpflanzung verbundene Zerstreuung und Belastung der familiären Ressourcen. Dank der Hilfe, die sie alle von diesem sich nicht fortpflanzenden Kind erhalten, schaffen es die beiden anderen, jeweils zwei Kinder bis zum Erwachsenenalter aufzuziehen. Somit erzielt die Frau in diesem Szenario vier Enkelkinder, und ihr Fortpflanzungsergebnis wurde dadurch um ein Drittel vergrößert, daß sie eines ihrer Kinder dazu brachte, zu helfen, statt sich fortzupflanzen.

Theoretisch ist es offensichtlich möglich, daß eine Frau ihr Fortpflanzungsergebnis auf diese Weise verbessert. Was sie dazu braucht, ist klar: Sie muß ein Kind zur Welt bringen, das mehr am Helfen als an der Fortpflanzung interessiert ist, und die Hilfe muß ungefähr dann einsetzen, wenn ihre ältesten Kinder anfangen, ihre ersten Enkelkinder zu zeugen. Andererseits kann die Aufzucht eines Helfers kostspielig und unter bestimmten Umständen sogar ein Luxus sein. Insbesondere ist der (männliche oder weibliche) Helfer für die familiären Ressourcen mehr eine Last als eine Hilfe, bevor er nicht mindestens sechs oder sieben Jahre alt ist. In der Zeit von der Empfängnis bis zu dem Punkt, wo der Helfer einsatzfähig wird, profitiert die Mutter aus Sicht der Evolutionsbiologie dadurch, daß der Helfer eine vorprogrammierte Verwundbarkeit aufweist, denn wenn sich die Bedingungen für die Familie verschlechtern, wird ihnen als erstes der Helfer erliegen, nicht die sich fortpflanzenden Kinder. Betrachtet man das Leben des Helfers vom anderen Ende her, so geht seine Rolle dem Ende zu, wenn von seinen Neffen und Nichten, den Enkelkindern seiner Mutter, der letzte erwachsen und selbständig wird. Im allgemeinen werden die Helfer somit ihren größten Beitrag leisten, wenn ihre Mütter zwischen vierzig und achtzig sind.

Träger des Down-Syndroms erfüllen diese Bedingungen so genau, daß es schwerfällt, ihre Eigenschaften nicht als Ergebnis der natürlichen Auslese zu interpretieren. Erstens werden sie genau in der richtigen Lebensphase der Mutter geboren. Zweitens sind ihre Gaben und Fähigkeiten genau die, die einen Helfer auszeichnen. Drittens weisen sie von der Empfängnis bis zum Alter von etwa fünf Jahren eine angeborene Verwundbarkeit und eine relativ kurze Lebenserwartung von vierzig bis fünfzig Jahren auf – zweifellos der grausamste Aspekt ihrer Gestaltung durch die natürliche Auslese. Die Einzelheiten dieser drei Merkmalskomplexe, die der Allgemeinheit nicht bekannt sind, verdienen, genauer betrachtet zu werden.

Je älter Frauen werden, desto größer wird die Wahrscheinlichkeit, daß sie ein Kind mit Down-Syndrom gebären, gleichgültig, wie alt der Partner ist. In der Regel haben die Frauen vorher schon Kinder bekommen. Bei Frauen unter zwanzig liegt die Wahrscheinlichkeit, ein Down-Syndrom-Baby zu bekommen, bei 1 zu 2 300. Zwischen fünfundzwanzig und dreißig verdoppelt sich die Wahrscheinlichkeit auf 1 zu 1 200. Sie erhöht sich im Alter von dreißig bis fünfunddreißig auf 1 zu 880, zwischen fünfunddreißig und vierzig auf 1 zu 290, zwischen vierzig und fünfundvierzig auf 1 zu 100 und zwischen fünfundvierzig und fünfzig auf 1 zu 46. Was tun nun die Frauen, daß die Wahrscheinlichkeit eines Down-Syndrom-Babys in dem entsprechenden Alter steigt?

Im Unterschied zu den kaum faßbaren genetischen Unterschieden, die wir an anderer Stelle erörtert haben, ist die genetische Grundlage sogar mit dem Mikroskop zu sehen. Meistens liegt es daran, daß das Baby ein zusätzliches Chromosom besitzt (47 statt 46). Dieses Chromosom ist eine überzählige Kopie eines Chromosoms namens Chromosom 21. Normalerweise besitzt der Mensch nur zwei Kopien davon, eine vom Vater und eine von der Mutter, aber Down-Syndrom-Babys haben drei. Dieses zusätzliche Chromosom 21 stammt gewöhnlich von der Mutter, und meistens ist es das Resultat einer ungewöhnlichen Zellteilung in den frühen Stadien der Eiproduktion. Statt daß jede der neu entstehenden Zellen je eine Kopie vom Chromosom 21 erhält, erhält die eine zwei und die andere keine. Das entscheidende Ereignis kann schon eintreten, wenn die Mutter selbst noch ein Baby, ja sogar schon, wenn sie noch ein Fötus ist, denn zu dieser Zeit erzeugt sie die primären Follikel, aus denen später ihre Eizellen werden.

Die Eierstöcke des Fötus enthalten rund sieben Millionen primäre Follikel. Zum Zeitpunkt der Geburt hat der Körper die meisten davon abgestoßen, und es bleiben noch etwa vierhunderttausend übrig. Nur vierhundert davon werden sich im Laufe des Lebens der Mutter weiterentwickeln, und nur etwa sechzig entwickeln sich tatsächlich zu Eiern. Die meisten primären Follikel, die eine Frau zum Zeitpunkt ihrer Geburt besitzt, sind folglich dazu bestimmt, Eier mit nur einer Kopie vom Chromosom 21 zu produzieren, aus denen Babys hervorgehen, die fortpflanzungsfähig sind. Die Follikel, aus denen Eier mit zwei Kopien vom Chromosom 21 werden, ergeben potentielle Down-Syndrom-Babys. Eine ebenso große Zahl ergibt Eier ohne Chromosom 21; sollten sie von einem Spermium befruchtet werden, werden sie von der Mutter durch eine spontane Fehlgeburt abgetrieben.

In jedem Menstruationszyklus beginnen sechs bis zwölf der primären Follikel der Mutter zu wachsen, doch fast immer wächst eines stärker als die anderen und führt zu dem Ei, das mit dem Eisprung ausgestoßen wird. Die übrigen Follikel wachsen nicht weiter und lösen sich schließlich auf. Während der längsten Zeit ihres fortpflanzungsfähigen Lebens läßt ihr Körper ein Ei aus einem primären Follikel entstehen, das nur eine Kopie vom Chromosom 21 enthält. Wenn sie jedoch die Vierzig überschreitet, wächst zunehmend die Wahrscheinlichkeit, daß ihr Körper eines der Follikel auswählt, aus dem ein Ei mit zwei Kopien entsteht.

Inwiefern machen die Fähigkeiten und Gaben der Träger des Down-Syndroms diese geeignet für die Helferrolle? Ihre geistigen Fähigkeiten reichen in der Regel aus, damit sie die Fertigkeiten erlernen können, die für das Leben in einer eng verbundenen Großfamilie nötig sind, doch vermögen sie nur schwer oder gar nicht die Fertigkeiten zu erlernen, die für ein selbständiges Leben nötig sind. Die sozialen Fähigkeiten sind meistens weit stärker entwickelt als die intellektuellen. Insbesondere sind sie fröhlich, liebevoll und fürsorglich. Die Frau in unserer Szene hatte Glück, denn sie durfte die Helferrolle ausfüllen, für die sie genetisch programmiert war. In der modernen Gesellschaft finden viele Kinder mit Down-Syndrom diese Gelegenheit nicht.

Daß Helfer eine angeborene Verwundbarkeit aufweisen, die in schweren Zeiten wirksam wird, ist exakt das Bild, das wir bei einem Kind erwarten sollten, das geboren wird, um Helfer seiner Mutter zu sein. Von den Down-Föten werden rund sechzig Prozent durch spontane Fehlgeburt abgetrieben, und die Zahl steigt, wie bei allen Formen der spontanen Fehlgeburt, wenn die Mutter unter Streß steht. Etwa zwanzig Prozent der Down-Föten sind Totgeburten. Von den übrigen sterben fünfzehn bis zwanzig Prozent bis zum Alter von fünf Jahren, gewöhnlich an einer schweren und inoperablen angeborenen Herzkrankheit. Hier ist wiederum zu erwarten, daß die Häufigkeit solcher Todesfälle steigt, je stressiger die Lage von Mutter und Kind ist. Diejenigen, die das fünfte Lebensjahr überleben, haben, wie schon gesagt, eine Lebenserwartung von vierzig bis fünfzig Jahren. Ab Vierzig beginnen sie rapide zu altern.

Wenn es für den langfristigen Fortpflanzungserfolg einer Frau vorteilhaft sein kann, ein Kind mit Down-Syndrom zu gebären, warum tun das dann nicht alle Frauen? Vermutlich liegt es daran, daß die Frau von Ende Dreißig bis Mitte Vierzig im Hinblick auf die Vor- und Nachteile der Fortpflanzung eine sehr genaue Abwägung vornimmt. Einerseits könnte sie am meisten profitieren, wenn sie kein Kind mehr bekommt und alle Anstrengungen auf die schon vorhandenen Kinder konzentriert. Andererseits könnte sie profitieren, wenn sie noch ein voll fortpflanzungsfähiges Kind bekommt, auch wenn sie sich dadurch zu abermals achtzehn Jahren elterlicher Investitionen verurteilt. Igendwo zwischen diesen beiden Optionen gibt es wahrscheinlich einen sehr schmalen Bereich von Situationen, in denen die beste Option für die Frau darin besteht, einen Helfer zur Welt zu bringen, einen, der etwa halb so viele Jahre elterlicher Investition erfordert, danach aber ein Gewinn sein wird und keine weitere Belastung.

Es liegt wohl daran, daß der Bereich von Situationen so schmal ist, in denen ein Helfer die beste Option darstellt, wenn der Körper der Mutter, nachdem er ein Down-Baby empfangen hat, oft seine Strategie ändert und das Kind durch Fehlgeburt abtreibt, ungenügend ernährt oder gar tötet. Auch wenn ein Down-Baby geboren wird, wird es nur dann weiterleben, um seine Helferrolle zu erfüllen, wenn die Bedingungen während der ersten fünf Lebensjahre für die Mutter so günstig sind, daß sie einen Helfer aufziehen kann. Unter ungünstigen Bedingungen empfängt die Mutter entweder ein weiteres fortpflanzungsfähiges Kind, oder sie vermeidet die Empfängnis überhaupt, je nachdem, in welchem Sinne sich die Bedingungen verändert haben. Die Hypothese, wonach das Down-Syndrom von der natürlichen Auslese gestaltet wurde, muß nun durch eingehende Erforschung der Umstände überprüft werden, unter denen Down-Kinder empfangen werden, überleben und sterben. Vor allem brauchten wir – idealerweise sowohl aus Gesellschaften, die noch in Großfamilien leben, als auch aus Familien in modernen Industriegesellschaften – Erkenntnisse über die Auswirkung von Down-Kindern auf den Fortpflanzungserfolg ihrer Eltern in Gestalt von Enkelkindern.

In ihrem Streben nach größerem Fortpflanzungserfolg hat auch eine ganze Reihe Tierarten Helfer entwickelt. Nicht alle diese Helfer sind unfruchtbar, wie die Mehrheit der Träger des Down-Syndroms, aber viele sind es. Am bekanntesten sind die Beispiele der unfruchtbaren Arbeiterkasten von Ameisen, Bienen, Wespen und Termiten. Auch Vögel wie der amerikanische Eichelspecht und Säugetiere wie die afrikanische nackte Maulwurfsratte leben in Sozialverbänden mit Helfern, die sich nicht fortpflanzen. Nicht ganz anders verhält es sich bei einigen karnivoren Säugetieren, zum Beispiel Wölfen und jagenden Wildhunden, bei denen nur ein Paar im Rudel sich fortpflanzt, während die übrigen ihnen helfen, die Jungen aufzuziehen. Die Helfer sind bei diesen Arten gewöhnlich die früheren Nachkommen des sich fortpflanzenden Paares, nicht die späteren wie beim Menschen. Der Grund ist, daß ihre Rolle darin besteht, ihren Eltern zu helfen, mehr Kinder zu erzeugen und nicht mehr Enkelkinder. Das Prinzip ist aber dasselbe.

Einiges deutet darauf hin, daß auch Menschen bisweilen ein älteres Kind dazu benutzen, ihnen bei der Zeugung und Aufzucht von weiteren Kindern und nicht von Enkelkindern zu helfen. Die Helfer sind in diesen Fällen jedoch nicht genetisch von den anderen verschieden, und sie sind zumeist auch nicht körperlich unfruchtbar. Sie sehen nicht anders aus als die Kinder, die sich fortpflanzen, aber sie unterscheiden sich von ihnen in ihrem Verhalten, da sie sich von ihren Eltern leicht dazu verleiten lassen, zu Hause zu bleiben und zu helfen, statt fortzugehen und sich fortzupflanzen.

Die beste Untersuchung ist wohl die über Fortpflanzung und Wanderungsverhalten im Schweden des 19. Jahrhunderts. Sie zeigte, daß bei Frauen, die in ihrem Heimatdorf blieben, womöglich bei ihren Eltern, die Wahrscheinlichkeit, kinderlos zu bleiben, höher war. Andererseits hatten Frauen, die in ihrem Heimatdorf blieben, aber Kinder hatten, im Durchschnitt mehr Kinder als diejenigen, die ihr Heimatdorf verließen. Wir wissen nicht, ob zwischen diesen beiden Feststellungen ein direkter Zusammenhang bestand. Möglich ist aber, daß ein Teil der Frauen, die zu Hause blieben, die Rolle von »unfruchtbaren Helferinnen« für ihre Eltern und Geschwister übernahmen und so die Erzeugung und Aufzucht von Kindern und Enkelkindern ihrer Eltern förderten. Anthropologen berichteten von der Möglichkeit eines solchen Verhaltens auch in vorindustriellen Kulturen, besonders in Ostafrika.

Zum Schluß ein trauriger Nachtrag zu dieser Interpretation der Rolle der menschlichen Helfer. Mit dem Zerfall der Großfamilie wurde die Rolle zunehmend entwertet. Es kann durchaus sein, daß Träger des Down-Syndroms in modernen Gesellschaften weniger zum Fortpflanzungserfolg einer Frau beizutragen vermögen, als von der natürlichen Auslese vorgesehen war.

SCHLUSS

Szene 25
Die letzte Pflicht

Ich wünschte, sie würde sterben, ehrlich. Ich liebe sie sehr, und sie war eine wunderbare Mutter, aber jetzt macht sie mir und uns allen das Leben kaputt. Ich kann einfach nicht mehr. Wenn sie noch lange weiterlebt, werde ich verrückt.«

Die Frau, die so außer sich war, musterte ihre Freundin, um zu sehen, ob sie schockiert war. Sie hatte ihre Gefühle so lange unterdrückt, daß sie nicht mehr aufhören konnte, nachdem sie einmal angefangen hatte, sie auszusprechen. Sie hatte nicht sagen wollen, daß sie wünschte, ihre Mutter würde sterben, aber es war die Wahrheit. Ihre Freundin langte herüber und tätschelte ihr den Arm, wobei sie beinahe ihre halbgeleerte Kaffeetasse umgestoßen hätte.

»Es muß schrecklich sein«, sagte sie. »Als meine Mutter starb, kam es wenigstens unerwartet. Eben war sie noch ein Teil der Familie, fröhlich und geschäftig, und in der nächsten Minute war sie tot. Es war ein echter Schock – die Kinder waren wochenlang verstört. Trotzdem bin ich froh, daß es so gekommen ist. Was du durchmachst, würde ich nicht durchmachen wollen.«

»Es ist nicht bloß das Geld«, sagte die Frau und wischte sich die Tränen ab, »obwohl die Unterbringung in dem Heim wirklich ein Vermögen kostet. Große Ersparnisse hatte sie nicht, und wenn sie noch lange lebt, ist alles aufgebraucht, und wir müssen sie entweder herausnehmen oder selber zahlen. Die Kosten sind schon schlimm genug, aber was mich wirklich fertigmacht, ist der Zeitaufwand, der mein ganzes Leben zerrüttet. Ich gehe fast jeden Tag hin, nur um mit ihr zu reden – sie sagen, sie könnte eventuell hören, was ich sage. Ich kann sie doch nicht einfach so lassen, ohne jeden Besuch. Die Kinder mögen nicht hingehen. Es verstört sie, wie sie dort liegt, sabbernd und zuckend; sie sagt kein Wort, sondern starrt nur vor sich hin.«

Sie schwieg, um nach einem Taschentuch zu kramen.

»Ich vernachlässige sie, das ist mir klar. Mir fehlt einfach die Zeit und die Kraft, um sie zu besuchen und mich um sie zu sorgen und den Kindern gleichzeitig eine richtige Mutter zu sein. Ich mache ihnen nichts Anständiges zu essen, ich helfe ihnen nicht bei den Hausaufgaben. Sie kommen einfach zu kurz dabei.«

Ihre Freundin trank den Kaffee aus und stellte die Tasse so bestimmt auf den Tisch zurück, daß ihre Absicht zu gehen klar war.

»Tja«, sagte sie und überlegte, was sie ihrer Freundin Beruhigendes sagen könnte. »Vielleicht dauert es ja nicht mehr lange. Tut mir leid, aber ich muß jetzt wirklich weg. Heute bin ich dran, die Kinder von der Schule abzuholen.«

Sie stand auf und zog sich das Kleid zurecht.

»Sie war immer so aktiv, vor dem Schlaganfall«, fuhr die Frau fort, zu ihrer Freundin aufblickend und außerstande, ihren Redefluß zu stoppen. »Sie hat mir immer so viel bei den Kindern geholfen.«

Ohne zu antworten, ging ihre Freundin in Richtung der Tür, so daß die Gastgeberin endlich begriff, daß sie gehen mußte.

»Tut mir leid, ich konnte mich einfach nicht mehr beherrschen«, sagte die andere, als sie sie an der Tür einholte. »Ich muß dauernd daran denken, daß mein Leben kaputtgeht, und ich kann absolut nichts dagegen tun.«

Die Besucherin versuchte ein beruhigendes Lächeln aufzusetzen. »Ist ja schon gut«, sagte sie. »Tut mir leid, daß ich nicht länger bleiben kann.«

Die Frau schloß die Tür. Heute nachmittag würde sie die Kinder von der Schule abholen und mit ihnen direkt ins Pflegeheim fahren; ihr Gejammer klang ihr schon in den Ohren. Sie verabscheute sich selbst für den Gedanken, aber sie wünschte wirklich, ihre Mutter würde sie alle von ihrem Elend erlösen.

Der Tod ist ein bewegendes Thema, und es ist schwer, objektiv und gleichmütig darüber zu sprechen. Deswegen wollen wir einmal mit der Betrachtung nichtmenschlicher Arten beginnen und dann prüfen, ob unsere Feststellungen sich auf die Menschen übertragen lassen. Der Grundgedanke ist folgender: Irgendwann im Leben eines Tieres kommt ein Punkt, an dem sein langfristiger Fortpflanzungserfolg nicht dadurch gesteigert wird, daß es sich bemüht, länger am Leben zu bleiben, um sich später fortzupflanzen, sondern dadurch, daß es alles einsetzt, um sich *jetzt* fortzupflanzen. Es ist nicht leicht zu erkennen, wie das beim Menschen funktioniert, bei dem keine klar definierte Grenze bestimmt werden kann, an der diese strategische Entscheidung getroffen werden muß. Es gibt jedoch Arten, zum Beispiel den Pazifiklachs, die den Sachverhalt gut illustrieren.

Aus den Flüssen, in denen er geboren wird, wandert der Pazifiklachs über Tausende von Kilometern zum Pazifik, in dem er frißt und zum ausgewachsenen Tier heranreift. Dann wandert er, gut ein Jahr später, in die Flüsse zurück, um dort zu laichen. Wenn der ausgewachsene Lachs in seinen Heimatfluß zurückkommt, steht er vor einer strategischen Entscheidung. Entweder kann er seine Gesundheit und Vitalität schonen, so daß er in der Lage ist, seine erschöpfende Wanderung erneut anzutreten und einige Jahre später wieder zu laichen. Er kann sich aber auch ohne Rücksicht auf seine Gesundheit bis zur Erschöpfung verausgaben und schon beim ersten Anlauf mit der Fortpflanzung bis zum Äußersten gehen. Damit verzichtet er auf die Möglichkeit, jemals wieder zu wandern und sich fortzupflanzen.

Die natürliche Auslese hat den Pazifiklachs selbstverständlich so programmiert, daß er die Entscheidung trifft, die zum größeren Fortpflanzungserfolg führt, und die lautet, sich fortzupflanzen und dann zu sterben. Der moderne Pazifiklachs setzt, wenn er in den Bach zurückkehrt, in dem er geboren wurde, alles für seine Fortpflanzung ein. Er ist dermaßen vorprogrammiert, seine Fortpflanzungsanstrengungen zu maximieren, daß alle Organe, die nicht fürs Schwimmen oder für die Sexualität benötigt werden, verkümmern, sogar der Magen und das Gedärm. Die durch diese Verkümmerung frei werdende Energie setzt er dann ein, um die Fortpflanzungsanstrengung, zu der er einmal im Leben antritt, zu steigern. Doch nachdem all diese Energie verbraucht ist, gibt es kein Zurück mehr; nach erfolgter Fortpflanzung besteht keine Möglichkeit mehr, die verbrauchten Organe zu reparieren oder nachwachsen zu lassen, und der erschöpfte Lachs verendet rasch.

Dieser programmierte Tod ist für den Lachs die beste Möglichkeit, sein Fortpflanzungsergebnis zu maximieren. Erstens würde das Lachsweibchen, sollte es sich, im Heimatfluß angekommen, dafür entscheiden, nicht alles für die Fortpflanzung einzusetzen, sondern lieber am Leben zu bleiben, weniger Energie zur Verfügung haben und folglich weniger Eier produzieren. Das Männchen würde weniger Eier befruchten, denn es hätte weniger Energie zur Verfügung, um Kämpfe zu gewinnen und Sperma zu produzieren. Zweitens würden, angenommen, beide Geschlechter blieben am Leben, weil sie nicht alle Kräfte für die Fortpflanzung in einem Jahr verbraucht hatten, ihre Aussichten, die erschöpfende und gefährliche Wanderung ein weiteres Mal zu überleben, zu gering sein. Sie hätten nichts anderes erreicht als eine Verminderung ihres Fortpflanzungsergebnisses.

Der Mensch und die meisten Tierarten gehen offenbar bei der Förderung ihres Fortpflanzungserfolges nicht auf so spektakuläre Weise zugrunde wie der Pazifiklachs. Ein ähnlicher Prozeß läuft gleichwohl auch bei ihnen ab. Wie in den beiden letzten Kapiteln, müssen wir uns auch hier vorstellen, daß die natürliche Auslese im Rahmen der vormodernen Großfamilie ansetzt. Das maßgebende Prinzip ist, daß die Anwesenheit einer Person innerhalb dieser Großfamilie sich von einem bestimmten Punkt an negativ auf ihr Fortpflanzungsergebnis auswirkt. Ist dieser Punkt erreicht, bleibt dem einzelnen nur, sich zu entfernen, will er nicht all das Gute, was er bisher getan hat, zunichte machen. Sich zu entfernen heißt entweder, daß er fortgeht oder daß er stirbt. Auf den ersten Blick scheint Fortgehen im Vergleich zum Sterben die vernünftigere Option zu sein. Sie wäre es auch, gingen dem Zeitpunkt, zu dem diese Optionen anstehen, nicht schon Jahre des Alterns voraus. Gewöhnlich sind Senilität und Gebrechlichkeit schon so weit fortgeschritten, daß die Option, fortzugehen und ein neues Leben auf eigene Faust zu beginnen, gar nicht in Frage kommt. Warum also ist das Altern beim Menschen damit verbunden, daß er immer gebrechlicher und seniler wird, ein Prozeß, der fast unmerklich in den Fünfzigern einsetzt und in den Siebzigern oder später mit dem Tod endet?

Es sind im wesentlichen zwei Theorien, die das Alterssyndrom und das Sterben zu erklären versuchen. Der einen zufolge sind sie das Ergebnis der Mutationen und chemischen Fehler, die sich im Laufe der Lebenszeit angehäuft haben; die andere besagt, daß sie wie die Veränderungen während des fortpflanzungsfähigen Alters als die letzten

Schritte im Streben eines Menschen nach Fortpflanzungserfolg von der natürlichen Auslese gestaltet wurden. Auf den ersten Blick könnte man meinen, es handele sich um grundverschiedene Theorien. Aber vielleicht sind sie das gar nicht. In Wirklichkeit wird hier dasselbe nur auf unterschiedliche Weise ausgedrückt, und das wollen wir zeigen.

Die Mutationshypothese ist im Grunde einfach. Jedesmal, wenn sich im Körper eine Zelle teilt, müssen die Gene, die sie in Gestalt langer DNS-Stränge enthält, sich exakt replizieren, damit jede Zelle nach der Teilung genaue Kopien enthält. Ebenfalls teilen müssen sich andere, aus DNS bestehende Strukturen, nämlich die Mitochondrien, die das »Kraftwerk« der einzelnen Zelle darstellen. Im Regelfall repliziert sich die DNS der Zelle einwandfrei. Die Zelle besitzt sogar Gene, deren Aufgabe es ist, Fehler zu korrigieren, indem sie mutierte DNS ausschneiden und durch getreue Kopien ersetzen. Es kommt aber hin und wieder vor, daß Fehler der Korrektur entgehen und die Zelle mutiert. Zellstämme haben eine eingebaute Verschleißdauer. Bei ihren Teilungen werden sie von bestimmten DNS-Strukturen geleitet, den Telomeren, die sich an beiden Enden eines Chromosoms befinden. Durch Mutation entarten die Telomere nach und nach; das hat zur Folge, daß Zellen sich nur so lange teilen können, bis ihre Telomere verbraucht sind, dann geben sie auf. Es gibt nur drei Zelltypen, die diesem Verschleiß nicht unterworfen sind; sie werden von einem speziellen Enzym, das die Telomere repariert, verjüngt. Bei diesen Zelltypen handelt es sich um Eier, Spermien und Krebszellen.

Diese ganze zelluläre Aktivität führt dazu, daß sich im Körper mit zunehmendem Alter mehr und mehr Mutationen ansammeln, Mutationen von Genen, Mitochondrien und Telomeren. Nach und nach hören immer mehr Zellen, und damit auch der Körper selbst, auf, richtig zu funktionieren. Unausweichlich werden die Menschen senil und sterben.

Auf den ersten Blick scheint dies der Evolutionstheorie zuwiderzulaufen. Wir haben die Strategien erörtert, welche die natürliche Auslese zu dem Zweck ersonnen hat, daß Frauen und Männer ihr Fortpflanzungsergebnis maximieren können. In der Großelternphase besteht der Beitrag hauptsächlich in Hilfe, gutem Rat, materiellen Ressourcen und Erfahrung. Doch während der längsten Zeit der menschlichen Evolution – bei den Sammler-und-Jäger- und Ackerbauerstämmen bis heute – steht diesem Gewinn ein gewichtiger Kostenfaktor gegenüber: Großeltern beanspruchen Platz und verlangen Nahrung. In den Anfängen der Großelternschaft, wenn die Enkelkinder mehr beaufsichtigt und getragen werden müssen, aber relativ wenig Nahrung brauchen, ist der Beitrag der Großeltern beträchtlich. Doch wenn die Enkelkinder an Zahl und Größe zunehmen und mehr Platz und Nahrung brauchen, nimmt der Wert der großelterlichen Fürsorge ab, und die Präsenz der Großeltern wird eher zum Nachteil. Schließlich kehrt sich das Verhältnis von Vor- und Nachteilen um, und die weitere Präsenz der Großeltern beginnt, ihren Fortpflanzungserfolg zu schmälern, weil sie anfangen, Ressourcen zu beanspruchen, die von ihren eigenen Kindern und Enkelkindern benötigt werden.

Großeltern können die Belastung der Ressourcen, die sie bedeuten, reduzieren und den Moment, in dem ihre Kosten ihren Beitrag übersteigen, hinausschieben, indem sie weniger Platz beanspruchen (dadurch, daß sie immobiler werden) und weniger Nahrung erfordern (dadurch, das sie zusammenschrumpfen). Am Ende können sie, nachdem sie ihre Bedürfnisse schon auf ein Minimum reduziert haben, die Gefährdung ihres eigenen Fortpflanzungserfolges nur dadurch beenden, daß sie sterben. Hielten sie ihre Lebensoptionen aufrecht, schrumpften nicht und würden nicht gebrechlich wie der Pazifiklachs, würden sie wahrscheinlich ihren Fortpflanzungserfolg verringern. Deshalb hat die natürliche Auslese dafür gesorgt, daß die Menschen erst gebrechlich werden und dann sterben.

Diese evolutionäre Theorie kann die meisten Veränderungen, die im Alter eintreten, erklären. Sie erklärt auch einen der auffälligsten programmierten Unterschiede zwischen Männern und Frauen, die Tatsache, daß Frauen gewöhnlich mehrere Jahre länger leben als Männer. Frauen können heute damit rechnen, im Durchschnitt vier Jahre länger zu leben als Männer: 67,2 Jahre gegenüber 63. Der Vorsprung der Frauen ist mit fast acht Jahren am größten in Europa; am kleinsten ist er in Südostasien, wo er knapp ein Jahr beträgt. Die Abweichungen im Weltmaßstab sind wohl eher auf die Medizin als auf die Evolution zurückzuführen. Dennoch ist es nahezu sicher, daß die unterschiedliche Lebenserwartung von Männern und Frauen eine evolutionäre Grundlage hat. Da die Frau sich der Elternschaft und Großelternschaft sicherer sein kann, trägt sie mehr zur Pflege der Enkelkinder bei, und daher hat sie gegenüber dem Mann eine bessere Chance, als Großmutter ihren Fortpflanzungserfolg zu fördern. Zudem ist sie im Schnitt kleiner als der Mann und beansprucht weniger von der knappen Nahrung. Wenn ihre Enkelkinder heranwachsen, dauert es länger, bis der positive Einfluß, den sie auf ihren Fortpflanzungserfolg hat, von ihrem negativen Einfluß übertroffen wird. Das heißt, daß sie älter sein wird, ehe der Tod zu ihrer letzten Strategie wird, ihren langfristigen Fortpflanzungserfolg zu maximieren. Nach dieser Interpretation werden die Krankheiten, von denen wir heute wissen, daß sie eine genetische Grundlage haben, also gewisse Krebsarten und Herzkrankheiten, zu Werkzeugen, mit denen der Körper sich tötet, wenn die Zeit gekommen ist. Damit sind wir wieder bei der Mutationshypothese.

Welche der beiden Theorien des Alterns erklärt die Sache angemessener – Mutation oder natürliche Auslese? Beide stimmen und schließen einander nicht aus. An all den Folgen der Zellteilung ist sicherlich nicht zu zweifeln, aber vielleicht sind sie nur der Mechanismus, mit dessen Hilfe die natürliche Auslese den Alterungsprozeß gestaltet hat, und nicht dessen Ursache. Es ist denkbar, daß die Abfolge von Mutation und anschließender Reparatur von der natürlichen Auslese eingerichtet wurde, um zu jenem Prozeß von Senilität und anschließendem Tod zu gelangen, der den Fortpflanzungserfolg der Menschen am stärksten fördert.

Die Häufung der Mutationen ist nicht unvermeidlich. Wenn es ihnen paßt, können Zellen durchaus Mutationen und Telomere reparieren. Männer sterben vor den Frauen, weil sie eine höhere Mutationsrate und Frauen eine höhere Mutationsreparaturrate haben. Aber das ist nicht notwendig. Es ist mehr als wahrscheinlich, daß dieser Unterschied darauf beruht, daß Frauen mehr davon profitieren, daß sie länger leben; darum hat die Evolution sie mit einer geringeren Mutationsrate und einer höheren Reparaturrate ausgestattet. Könnten Menschen ihren Fortpflanzungserfolg dadurch fördern, daß sie zweihundert Jahre alt werden, dann hätte die natürliche Auslese sie vermutlich entsprechend programmiert, wie sie es bei den Schildkröten und den Bäumen gemacht hat. Dazu hätte sie nur die Rate von Mutation und Reparatur anders einzustellen brauchen.

Gleichgültig, welche der Theorien wir akzeptieren – oder ob wir beide zusammen akzeptieren –, scheint doch der Unterschied zwischen der vormodernen und der modernen Situation klar zu sein. Das Alterssyndrom dürfte sich bei unseren Sammler-und-Jäger-Vorfahren entwickelt haben, im Rahmen von Großfamilien, deren Lebensraum und Nahrungsangebot begrenzt waren. Es ist anzunehmen, daß die natürliche Auslese in einem solchen Rahmen für das Altern und den Tod ein Szenario geschaffen hat, das den Fortpflanzungserfolg der Menschen maximierte. Die Erosion des großelterlichen Einflusses in der modernen Welt, die auf dem rapiden Wandel der Umwelt und dem damit einhergehenden Niedergang der Großfamilie beruht, hatte dagegen zur Folge, daß der Beitrag schrumpfte, den Menschen in ihrer Zeit als Großeltern zu ihrem Fortpflanzungserfolg leisten können. Obendrein hat die moderne Medizin dafür gesorgt, daß die Menschen länger die Ressourcen ihrer Familie belasten. So kann ein Ungleichgewicht von Vor- und Nachteilen entstanden sein, das die natürliche Auslese bisher noch nicht korrigieren konnte.

Es ist daher nicht überraschend, daß immer mehr Familien in der modernen Welt ihre alternden Großeltern mehr als eine Last denn als einen Gewinn betrachten. Die mißliche Lage der Frau in unserer Szene wird bedauerlicherweise zu einem immer häufigeren Phänomen. Früher wurden die Erfahrungen und die Ressourcen, die Großeltern in ihrem Leben angehäuft hatten, an die folgenden Generationen weitergegeben; sie förderten den Fortpflanzungserfolg der Großeltern, indem sie das Leben und die Aussichten ihrer Nachkommen förderten. Heute werden diese Ressourcen davon aufgezehrt, daß man sie in ihrer verlängerten Altersphase auf eine erträgliche Weise am Leben erhält. Viele erreichen heute einen Punkt, an dem sie für ihre Kinder und Enkelkinder zu einer Last werden, zum Nachteil ihres eigenen Fortpflanzungserfolges.

Es erscheint angemessen, ein Buch über die Elternschaft damit zu beschließen, daß man vom Tod als einer Strategie spricht, mit der jemand die Fortpflanzungsaussichten seiner Nachkommen fördert. Viele werden den Grundgedanken, der sich durch alle Überlegungen dieses Buches zieht, überraschend finden, und einige werden sogar daran Anstoß nehmen. Es geht um das zentrale Prinzip der Evolutionsbiologie, welches besagt, daß sämtliche Aspekte der Elternschaft einschließlich des Todes von der natürlichen Auslese geformt wurden, daß sie folglich von Genen ins Werk gesetzt und von der Körperchemie vermittelt werden und daß sie sich in Form weitgehend unbewußter Motivationen und Antriebe äußern. (Diese angeborenen Strategien werden uns nur selten bewußt, doch meistens brauchen wir über das, was wir tun, gar nicht nachzudenken – wir tun es einfach.)

Das elterliche Verhalten ist deshalb so nachdrücklich von der natürlichen Auslese geformt worden, weil es sich direkt auf den springenden Punkt des Ausleseprozesses auswirkt: den Fortpflanzungserfolg. Jeder Aspekt, von der Empfängnis bis zum Tod, wirkt sich langfristig auf das Fortpflanzungsergebnis des Individuums aus. In den verschiedenen Szenen wurde deutlich, worin diese Auswirkungen im einzelnen bestehen; dabei gibt es ein paar Grundthemen, die sich durch den Gesamtbereich des elterlichen Erlebens und Verhaltens hindurchziehen.

Das erste Thema besagt, daß Kinder Trittsteine sind, die zu Enkelkindern und weiteren Nachkommen führen. Die natürliche Auslese belohnt nicht diejenigen, die einfach die meisten Kinder zeugen. Sie wartet ab und schaut, wie sich Qualität und Quantität der Kinder in ihren Abkömmlingen ergänzen. Weil die Messung des Erfolges sich in diesem Sinne erweitert, spielen Partnerwahl, Familienplanung und elterliche Bevorzugung eine so wichtige Rolle und besteht die Aufzucht von Kindern nicht nur darin, sie wohlbehalten durchzubringen. Für den langfristigen Fortpflanzungserfolg kommt es vielmehr darauf an, wie sie ernährt, erzogen, beschützt und losgelassen werden; deshalb ist das Ansammeln von Besitz und der Statusgewinn in der Biologie der Elternschaft ebenso wichtig wie im engeren Sinne biologische Phänomene wie Gesundheit, Fruchtbarkeit und Verhalten.

Das zweite Thema betrifft den Konflikt, und wie wir gesehen haben, bedeuten Babys Krieg. Konflikte treten in jedem Stadium auf – Empfängnis, Schwangerschaft, Wehen, Babyalter, Kindheit, Adoleszenz, Elternschaft und Großelternschaft –, bis wir unseren letzten Atemzug tun. Alle Mitglieder der Familie konkurrieren miteinander: die Eltern untereinander, Eltern und Kinder, die Geschwister untereinander, Großeltern und Eltern und so fort. Interessengegensätze zwischen Familienmitgliedern sind sogar derart häufig und vielfältig, daß man sich fast wundert, daß es überhaupt ruhige, stille Momente im Familienleben gibt, doch es gibt sie, und auch sie verdanken ihre Existenz der natürlichen Auslese. Je erfolgreicher eine Familie kooperieren und Ressourcen für die Gesamtheit erwerben kann, desto mehr profitiert jeder in der Familie. Mit der Erlangung dieser Ressourcen treten dann die Konflikte wieder zutage in Form der Geschwisterrivalität und der elterlichen Bevorzugung. Das Ergebnis ist der bekannte Drahtseilakt zwischen Konflikt und Kooperation, Liebe und Haß, Frieden und Tumult, aus dem das Familienleben für die meisten besteht.

Dann ist da die Frage der elterlichen Gewißheit, die sich als einer der wesentlichen Faktoren erwies, der für Familienkonflikte verantwortlich ist. Der Gedanke ist den meisten Frauen völlig fremd, und so können sie sich auch kaum in die Psyche der Männer bezüglich dieses Punktes versetzen. Allenfalls können Frauen sich mit Befürchtungen identifizieren, daß die Babys im Krankenhaus vertauscht worden sein könnten. Doch die Möglichkeit, daß ein Kind nicht von ihm sein könnte, ist tief in der Psyche des Mannes verankert. Es mag sein, daß manche Männer sie nicht wahrhaben wollen oder nicht aussprechen, aus Furcht, ihre Partnerin zu beleidigen, doch die Möglichkeit ist da und hat weitreichende Auswirkungen auf die Qualität der elterlichen Fürsorge. Die Tatsache, daß Männer sich ihrer leiblichen Elternschaft nicht so sicher sein können wie Frauen, erklärt so manchen Unterschied zwischen den Geschlechtern im Umgang mit Kindern, und je weniger ein Mann überzeugt ist, desto geringer ist die Qualität seiner väterlichen und großväterlichen Fürsorge. Wie zahlreiche Untersuchungen gezeigt haben, ist die Gewißheit in dieser Frage für die Qualität der elterlichen Fürsorge bei anderen Arten ebenso bedeutsam wie beim Menschen, was allein schon beweist, wie wenig uns die Triebe bewußt sind, die auf die Fürsorge Einfluß haben.

Das vierte Thema ist die Verwirrung, die aus der Evolution bedingter Strategien erwachsen kann, mit anderen Worten aus den in unseren Körper einprogrammierten Instruktionen, erst die Umstände zu prüfen, ehe wir handeln. Eine solche bedingte Strategie ist die Reaktion auf die Geburtenfolge, wie liberal man in der Sexualerziehung der Kinder sein soll, eine andere. Äußerlich mag es so erscheinen, als seien solche Strategien eine Manifestation der Kultur und nicht der Natur, der Umwelt und nicht der Gene; wenn man aber begriffen hat, daß die Instruktion, erst zu prüfen und dann zu handeln, von unseren Genen programmiert ist, sieht man das entsprechende Verhalten in seinem wahren Licht. Bedingte Strategien sind die Hauptursachen von Unterschieden im Verhalten, nicht nur zwischen Individuen, sondern auch zwischen Kulturen. Unterschiedliche geographische Regionen, unterschiedliche historische Perioden stellen unterschiedliche Lebenswelten dar, die unterschiedliche Chancen und Risiken aufweisen – zum Beispiel andersgeartete Krankheitsrisiken – und damit ein unterschiedliches Verhalten auslösen. So kommt es, daß Kulturen sich in den sozialen Normen für elterliches Verhalten unterscheiden. In Wahrheit war die natürliche Auslese der Architekt, doch die Kultur ist ein Plagiator und behauptet stets, selbst die Regeln erfunden zu haben.

Das fünfte Thema ist die erstaunliche Spannweite des Verhaltens, das zunächst unter vormodernen Bedingungen geformt und verfeinert wurde, dann aber erfolgreich auf die vollkommen andersartige Umwelt der modernen Industriegesellschaft übertragen wurde. Indem wir die vormodernen Bedingungen berücksichtigten, unter denen sich ein bestimmtes elterliches Verhalten entwickelt hat, konnten wir dieses Verhalten besser verstehen, sei es die Pflege von Babys, die Sexualerziehung der Kinder, die Großelternschaft, das Altern oder der Tod. Neue, von der natürlichen Auslese nicht vorgesehene Situationen traten auf, als der Mensch seine Blöße bedeckte, als er Rechtssysteme und Strafen einführte, als der Wandel der Umwelt und der Gesellschaft sich beschleunigte. Der Mensch blieb bei seinen alten, aus der natürlichen Auslese hervorgegangenen Reaktionen, aber sie brachten nun nicht mehr in jedem Fall die ideale Lösung. Die Folgen reichten von den kleineren Problemen, wie etwa wunde Brustwarzen und schlaflose Nächte, bis zu den verheerenden Konsequenzen, zu denen der Kindesmord nach sexuellem Mißbrauch zählt. Solche Phänomene sind der Preis, den wir für die moderne Lebensweise zu entrichten haben.

Das letzte Thema betrifft die folgenreichste moderne Entwicklung, das Ende der Großfamilie. Die dank der medizinischen Fortschritte verlängerte Lebenserwartung und die veränderten gesellschaftlichen Bedingungen führen dazu, daß einprogrammierte Antriebe und Motivationen ins Leere laufen. Die Antriebe von Großeltern bleiben ebenso unerfüllt wie die von Trägern des Down-Syndroms. Die natürliche Auslese wird mit der Zeit dafür sorgen, daß die

Menschen in einer Weise umprogrammiert werden, die der modernen Lebenswelt am besten entspricht. Sollte sich diese Lebenswelt aber weiterhin in dem Tempo wandeln, wie es derzeit der Fall ist, könnte die Elternschaft zu einem Erlebnis werden, das sich von allem, was wir bisher gekannt haben, grundlegend unterscheidet.

WEITERFÜHRENDE LITERATUR

Axelrod, Robert, *Die Evolution der Kooperation,* München [4]1997

Baker, Robin, *Migration: Paths through Time and Space,* London 1982

Baker, Robin, *Krieg der Spermien. Weshalb wir lieben und leiden, uns verbinden, trennen und betrügen,* München 1997

Baker, Robin/Bellis, M. A., *Human Sperm Competition: Copulation, Masturbation and Infidelity,* London 1995

Braecker, Solveig/Wirtz-Weinrich, Wilma, *Sexueller Mißbrauch an Mädchen und Jungen. Handbuch für Interventions- und Präventionsmöglichkeiten,* Weinheim u.a. [4]1994

Bruder, Klaus/Richter-Unger, Sigrid (Hrsg.), *Monster oder liebe Eltern? Sexueller Mißbrauch in der Familie,* Göttingen [2]1997

Buss, David M., *Die Evolution des Begehrens. Geheimnisse der Partnerwahl,* München 1997

Dawkins, Richard, *Das egoistische Gen,* überarbeitete und erweiterte Neuausgabe, Reinbek 1996

Dawkins, Richard, *Und es entsprang ein Fluß in Eden. Das Uhrwerk der Evolution,* München 1998

Diamond, Jared, *Warum macht Sex Spaß? Die Evolution der menschlichen Sexualität,* München 1998

Dreikurs, Rudolf/Blumenthai, *Erik, Eltern und Kinder – Freunde oder Feinde?,* München 1992

Ford, Clellan S./Beach, Frank A., *Patterns of Sexual Behaviour,* London 1952

Forsyth, Adrian, *Die Sexualität in der Natur. Vom Egoismus der Gene und ihren unfeinen Strategien,* München 1991

Freeman, Lucy, *Sexueller Mißbrauch und Persönlichkeitsspaltung,* München 1992

Gibson, David, *Down's Syndrome: The Psychology of Mongolism,* Cambridge 1978

Grammer Karl, *Signale der Liebe. Die biologischen Gesetze der Partnerschaft,* München 1995

Hoffmann, Anna u.a. (Hrsg.), *Kinder mit Down-Syndrom,* Stuttgart 1998

Jones, Steve, *Gott und die Gene. Die Berichte der Bibel und die Erkenntnisse der Genetik,* Hamburg 1998

Krebs, John R./Davies, Nicholas B. (Hrsg.), *Öko-Ethologie,* Berlin 1981
Krebs, John R./Davies, Nicholas B. (Hrsg.), *Einführung in die Verhaltensökologie,* Stuttgart 1984
McLanahan, Sara/Sandefur, Gary, *Growing Up with a Single Parent: What Hurts, What Helps,* Cambridge/Mass. 1994
Plaget, Jean, *Das Verhalten – Triebkraft der Evolution,* Salzburg 1980
Pilbeam, David (Hrsg.), *The Cambridge Encyclopedia of Human Evolution,* Cambridge 1994
Rasa, Anne E., *Die perfekte Familie. Leben und Sozialverhalten der afrikanischen Zwergmungos,* München 1988
Ridley, Matt, *Eros und Evolution. Die Naturgeschichte der Sexualität,* München 1995
Russen, Diana E., *Sexual Exploitation,* Beverly Hills/Cal. 1984
Selikowitz, Mark, *Down-Syndrom. Krankheitsbild – Ursache – Behandlung,* Heidelberg 1992
Silva, Elizabeth (Hrsg.), *Good Enough Mothering? Feminist Perspectives an Lone Motherhood, London* 1996
Smith, John M., *Evolutionsgenetik,* Stuttgart 1992
Sulloway, Frank J., *Der Rebell der Familie. Geschwisterrivalität, kreatives Denken und Geschichte,* Berlin 1997
Wickler, Wolfgang/Seibt, Uta, *Das Prinzip Eigennutz. Zur Evolution sozialen Verhaltens,* München 1991

Robin Baker

Krieg der Spermien

Weshalb wir lieben und leiden, uns verbinden, trennen und betrügen

»Am Anfang war der Seitensprung«, sagt Robin Baker und enthüllt die vielen geheimen Mittel und listigen Strategien, die unsere Körper im Laufe der Evolution herausgebildet haben, um sich – häufig gegen unseren bewußten Willen – erfolgreich fortzupflanzen. Er stellt auf unterhaltsame Weise die biologischen Grundlagen unseres Liebeslebens dar und zeigt, was beim Sex wirklich los ist. Ein schonungsloser Blick auf unser Sexualverhalten, der aufklärt, provoziert und amüsiert – *»... eine faszinierende Bettlektüre«* (Cosmopolitan).

»Baker hat ein faszinierendes, unterhaltsames Buch geschrieben, das provoziert und aufklärt. Als ungewohnter Blick auf unser Sexualverhalten ist diese verblüffende Mischung aus Science und Fiction überaus empfehlenswert.«
Die Welt

ISBN 3-404-60465-2

BASTEI LÜBBE

»Davis nimmt den Leser mit auf einen humorvollen Trip durch die Geographie.«
USA Today

Die Reise beginnt mit Elefanten in den Alpen, geht weiter über die größten Seen der Welt bis zum Sonnensystem. Der amerikanische Bestsellerautor Kenneth C. Davis hat sich all jenen Fragen gewidmet, deren Antworten man eigentlich kennen sollte, aber nie gelernt oder wieder vergessen hat. Gab es Atlantis, und wo findet man das El Dorado? Wie schnell ist das Licht, und wie lang ist ein Lichtjahr? Droht uns die globale Erwärmung oder eine neue Eiszeit?
Davis steuert auf intelligente und amüsante Weise die wichtigsten Winkel und Phänomene der Welt an, legt Anker und inspiziert sie sorgfältig. Meilensteine der Geographie werden mit amüsanten Anekdoten gewürzt – und los geht die ebenso spannende wie informative Reise durch die Welt, in der wir leben.

ISBN 3-404-60473-3

BASTEI
LÜBBE

»Dieses Buch ist wie eine Reise durch die biblische Zeit mit einem modernen, intelligenten Reiseführer, der sich in der Geschichte, Psychologie, Religion, Soziologie und Anthropologie perfekt auskennt.«

Carol Adrienne

Die Bibel ist das meistverkaufte Buch der Welt, doch wer kennt sich wirklich aus mit den verschiedenen Figuren und Gleichnissen des alten und neuen Testaments? Der amerikanische Bestsellerautor Kenneth C. Davis hat die Heilige Schrift anhand der neuesten wissenschaftlichen Erkenntnisse geprüft und Antworten auf die noch immer ungewissen Fragen gefunden: Wer hat die Bibel geschrieben, und lesen wir in ihr wirklich Gottes Wort? Gab es im Garten Eden einen Apfelbaum? Stimmt es, daß Gott mit dem Teufel gewettet hat? Hatte Jesus Geschwister? In einer einzigartigen Mischung aus Theologie, Geschichte, Soziologie und Psychologie erklärt uns Davis die Bibel aus heutiger Sicht. Ein Buch, das mit bestehenden Vorurteilen aufräumt und mit beeindruckender Sachkenntnis eines der einflußreichsten Bücher der Menschheitsgeschichte ins dritte Jahrtausend führt.

ISBN 3-404-60476-8

BASTEI
LÜBBE

DIE WEIBLICHE SEXUALITÄT

PATRICIA DUPIN
FRÉDÉRIQUE HÉDON

Viele Frauen haben durch ihre Erziehung vermittelt bekommen, daß sexuelle Lust etwas Unanständiges ist – während wir heute in einer scheinbar aufgeklärten und freizügigen Gesellschaft leben. Doch wie genau kennen wir uns wirklich aus in dem Thema Sexualität, das Medien und Gemüter bewegt?
Die Autorinnen beleuchten die weibliche Sexualität in ihrer ganzen Komplexität, beschäftigen sich ausführlich mit der weiblichen Anatomie und dem sexuellen Empfinden der Frauen – und zeigen anschließend, welches Verständnis Frauen von sich und ihrem Körper haben und wie dieses Selbstbild zunehmend durch äußere Faktoren wie Medien und Werbung beeinflußt wird.

ISBN 3-404-93037-1

Mensch & Wissen

BLT

DIE MÄNNLICHE SEXUALITÄT

SYLVAIN MIMOUN

Die männliche Sexualität unterscheidet sich grundlegend von der weiblichen – und gerade das Wissen um diese Unterschiede ist wichtig für ein gegenseitiges Verstehen der Partner, für die Vermeidung von Mißverständnissen. Im ersten Teil dieses Buches widmen sich die Autoren den physischen und psychologischen Aspekten der männlichen Sexualität. Sie thematisieren sexuelle Störungen ebenso wie deren mögliche Behandlung – bevor im zweiten Teil gefragt wird, wie Männer ihre Sexualität ausleben und inwieweit Ängste über mögliches sexuelles Versagen, aber auch Partnerschaftsprobleme das Sexualleben belasten können.

ISBN 3-404-93038-X

Mensch & Wissen

BLT